B. M. CHROMOW

Kombinierte Strahlenschädigungen

BORIS MICHAILOWITSCH CHROMOW

KOMBINIERTE STRAHLENSCHÄDIGUNGEN

In deutscher Sprache herausgegeben

von

Dr. med. Ernst Wilhelm Dörffel

Oberarzt an der Geschwulstklinik

der Humboldt-Universität zu Berlin, Charité

Mit 81 Abbildungen und 5 Tabellen

AKADEMIE-VERLAG · BERLIN

1964

Б. М. ХРОМОВ
Комбинированные лучевые поражения

Herausgegeben vom
Staatsverlag für medizinische Literatur, Leningrad
Aus dem Russischen übersetzt von
Dipl.-Ing. Werner Wulff, Berlin

Erschienen im Akademie-Verlag GmbH, Berlin W 8, Leipziger Straße 3—4

Lizenznummer: 202 · 100/415/64
Gesamtherstellung: Druckhaus „Maxim Gorki", Altenburg
Bestellnummer: 5545 · E S 17 A/17 E/17 R

Inhaltsverzeichnis

Vorwort VII

I. Grundsätzliches über die schädigenden Faktoren einer Atomexplosion . . 1
- Druckwelle 2
- Lichtstrahlung 7
- Durchdringende (ionisierende) Strahlung 10
- Radioaktive Verseuchung 14

II. Allgemeine Charakteristik der Schädigungen bei Explosion einer Atombombe. Kombinierte Strahlenschäden, ihre Klassifikation und Besonderheiten 21
- Reine Verletzungsformen 24
  - Mechanisches Trauma 24
  - Thermisches Trauma 27
  - Strahlenschäden 27
- Kombinierte Formen der Schädigung 43

III. Erste medizinische Hilfe und Behandlungsprinzipien bei kombinierten Strahlenschäden 65

IV. Transfusion von Blut und Blutersatzstoffen bei Strahlenschäden 87

V. Chirurgische Eingriffe bei kombinierten Strahlenschäden 114
- Indikationen und Kontraindikationen zum operativen Eingreifen bei kombinierten Strahlenschäden 116
- Präoperative Vorbereitung, postoperative Pflege und Behandlung . . 123
- Anästhesie 141
- Einige Besonderheiten in der Operationstechnik 157

VI. Wunden und ionisierende Strahlung 170

VII. Durch radioaktive Susbtanzen verseuchte Wunden 189

VIII. Thermische Verbrennungen und ionisierende Strahlung 205
- Reine Verbrennungsformen 206
- Kombinierte Verbrennungsformen 210

IX. Strahlenverbrennungen 223

X. Knochenbrüche und ionisierende Strahlung 235

XI. Kompressionssyndrom 258

XII. Prognose der kombinierten Strahlenschäden 270

Literatur 281

Sachregister 310

Vorwort

Die Anwendung der heutigen Massenvernichtungsmittel, besonders der Atom- und Wasserstoffwaffen, hat eine große Anzahl von sogenannten kombinierten Strahlenschäden zur Folge, d. h. Kombinationen mechanischer und thermischer Verletzungen mit Schäden durch Strahlung. Auch in Friedenszeiten können solche Schädigungen auftreten, wie das zum Beispiel infolge einer Störung im Atomreaktor des Laboratoriums von Los Alamos (USA) und an einigen anderen Orten der Fall war.

Ungeachtet der besonderen Aktualität werden diese Fragen, was Pathologie, Klinik und Behandlung der kombinierten Strahlenschäden anbelangt, in allen wesentlichen wissenschaftlichen Abhandlungen, Lehrbüchern und speziellen Monographien kaum behandelt. Es werden dort in der Regel nur die reinen Formen der Strahlenschäden besprochen, aber kombinierte Strahlenschäden höchstens mit einigen Zeilen erwähnt. Es besteht deshalb schon seit langem das Bedürfnis nach einem kurz gefaßten Lehrbuch über kombinierte Strahlenschäden.

Der Autor des vorliegenden Buches stellt sich die Aufgabe, eine kurze Abhandlung über Pathologie, Klinik und Therapie der kombinierten Strahlenschäden zu schreiben und die Fragen über chirurgische Hilfeleistung besonders eingehend zu behandeln. Wenn auch das Buch den kombinierten Strahlenschäden gewidmet sein soll, so enthält es doch auch Abschnitte über die reinen Formen der Schädigungen, wie Strahlenverbrennungen, thermische Verbrennungen infolge Explosion einer Atombombe und „Quetschungssyndrome", weil diese Arten von Schädigungen das besondere Interesse der Chirurgen beanspruchen, die Literatur auf diesem Gebiet jedoch sehr dürftig ist.

Dem Buch liegen entsprechende Arbeiten in- und ausländischer Autoren zugrunde sowie die in verschiedenen experimentellen Untersuchungen gesammelten Erfahrungen des Autors. Bestimmt ist es für Leser, die nicht nur mit der Chirurgie in Kriegs- und Friedenszeiten bereits hinreichend vertraut sind, sondern auch die Grundlagen der medizinischen Radiologie und des ärztlichen Luftschutzes kennen.

Das Buch enthält eine Reihe von Originalillustrationen, die mir freundlicherweise von vielen meiner Freunde, die auf dem Gebiet der Erforschung von kombinierten Strahlenschäden arbeiten, zur Verfügung gestellt wurden. Ich benutze die Gelegenheit, ihnen meinen herzlichsten Dank auszusprechen.

Soweit mir bekannt ist, stellt dieses Buch den ersten Versuch dar, die bereits gewonnenen Erfahrungen über diesen neuen, bisher noch wenig erforschten Zweig der chirurgischen Pathologie, die kombinierten Strahlenschäden, zusammenzufassen. Diese Probleme sind so neu, und unser Wissen ist in manchen Fragen infolgedessen so lückenhaft, daß ihre vollständige allseitige Darlegung dadurch erschwert wird. Deshalb erhebt das Buch keinen Anspruch auf eine umfassende und erschöpfende Beleuchtung all dieser neuen und wichtigen Probleme. Insbesondere sind aus diesen Erwägungen wichtige Kapitel, wie die Organisation der chirurgischen Hilfe bei kombinierten Strahlenschäden, fortgelassen worden. Diese Frage wird in einer speziellen Arbeit des Autors behandelt.

Trotzdem hofft der Autor, daß das im Buch dargestellte Material nicht nur dem Chirurgen und Traumatologen nützt, sondern auch allen denen, die Fragen der „Atompathologie" und der medizinischen Hilfe bei Luftangriffen bearbeiten.

Für alle kritischen Bemerkungen und Wünsche bin ich stets dankbar.

Der Verfasser

I

Grundsätzliches über die schädigenden Faktoren einer Atomexplosion

Zwei Tage, der 6. und der 9. August 1945, sind in die Geschichte der Menschheit als deren dunkelste Tage eingegangen. Zum ersten Mal in der Geschichte der Kriege wurde eine völlig neue und bis dahin unfaßbare Massenvernichtungswaffe zur Anwendung gebracht.

An diesen beiden Tagen, die der ganzen Menschheit in Erinnerung stehen, haben amerikanische Flugzeuge über den japanischen Städten Hiroshima und Nagasaki zum ersten Mal Atombomben abgeworfen, die beide Städte zerstörten und unzählige Todesopfer forderten. Die größte Entdeckung in der Geschichte der Wissenschaften — die Atomenergie — wurde damit unter den Bedingungen der kapitalistischen Gesellschaftsordnung zuerst für Kriegsziele als Massenvernichtungsmittel angewandt.

Im März 1954 veröffentlichten die USA eine Mitteilung über Versuche mit der neuen thermonuklearen Waffe, der Wasserstoffbombe, deren Leistung das Tausendfache der Atombombe sei!

Der Atomwaffenbesitz ist schon seit langem nicht mehr Privileg nur der USA, Atomwaffen besitzt insbesondere auch die UdSSR. Schon im August 1953 wurde in der Sowjetunion die erste Versuchsexplosion einer Wasserstoffbombe ausgelöst.

Es war die Sowjetunion, wo 1957 die erste interkontinentale ballistische Fernrakete der Welt geschaffen wurde, mit der man einen Atomsprengkopf an jeden beliebigen Ort der Erdkugel bringen kann. Viele Fachleute messen dem Bau einer solchen Rakete größere Bedeutung zu als der Erfindung der Wasserstoffbombe. Festigt doch dieser neueste technisch-wissenschaftliche Erfolg die Macht und Verteidigungsbereitschaft der Sowjetunion ganz bedeutend.

Ungeachtet seiner Erfolge auf dem Gebiet der Kernwaffenherstellung kämpfen das gesamte sowjetische Volk und seine Regierung beständig gegen die drohende Gefahr eines Atomkrieges, für Frieden und Fortschritt. Alle friedliebenden Menschen fordern entschieden das Verbot der Massenvernichtungsmittel und die Einstellung der Testexplosionen. Die gewaltige Energie des Atomkernes sollte statt für Kriegsziele besser für Frieden und Wohlstand aller Völker eingesetzt werden.

Trotz der entschiedenen Proteste der gesamten friedliebenden Menschheit gegen die Anwendung der Atomenergie für Kriegszwecke, ungeachtet der wiederholten Vorschläge der Sowjetunion zur Abrüstung und zur rechtzeitigen Abwendung eines drohenden Atomkrieges sowie zur unverzüglichen Einstellung der Kernwaffenversuche sind diese Probleme durch die Schuld der kapitalistischen

Staaten bedauerlicherweise bis heute noch nicht gelöst. Die kapitalistischen Staaten wenden ihre Aufmerksamkeit ausschließlich der Entwicklung und Vervollkommnung der verschiedensten Arten von Atomwaffen zu. Davon zeugen besonders die zahlreichen und ununterbrochenen Atomwaffenversuche in den USA und in letzter Zeit auch in England. Sie erfinden immer neue Typen von Atom- und thermonuklearen Waffen.

Man unterscheidet heute zwei Arten von Atomwaffen:

1. Waffen mit explosiver Wirkung: Das sind Atom- und Wasserstoffbomben, Flugzeuggeschosse, Raketen, Artilleriegeschosse, Minen, Torpedos u. a.
2. Radioaktive Kampfstoffe, die der Gegner anwendet, um Luft, Wasser, Gelände, Gebäude, Kriegsgeräte u. a. zu verseuchen.

Wir wollen hier nur kurz die Wirkungen einer Atombombenexplosion auf den menschlichen Organismus betrachten[1].

Die wichtigsten schädigenden Faktoren bei einer atomaren Explosion sind Druckwelle, Licht- oder Hitzestrahlung, durchdringende ionisierende Strahlung und radioaktive Verseuchung der Umgebung und der Luft. Jeder dieser schädigenden Faktoren kann für sich auf den menschlichen Organismus einwirken (reine Schädigungsformen), oder verschiedene dieser Faktoren (manchmal auch sämtliche Faktoren) wirken gemeinsam (kombinierte Formen der Schädigung). Die Möglichkeit und Intensität der Einwirkung auf den menschlichen Organismus durch diesen oder jenen schädigenden Faktor bei einer atomaren Explosion sind im wesentlichen abhängig vom Kaliber (Größe) der Atombombe, von der Art der Explosion, von der Entfernung der Menschen vom Epizentrum, von der Geländeformation, vom Zustand der Atmosphäre, davon, ob Deckung vorhanden ist, und von vielen anderen Faktoren.

Im folgenden konzentrieren wir uns auf eine kurze Charakterisierung der verschiedenen zerstörenden Faktoren bei einer Atombombenexplosion[2].

Die Druckwelle

Eine der wesentlichen physikalischen Begleiterscheinungen einer Atombombenexplosion ist die Entstehung und Wirkung der Druckwelle; sie stellt den stärksten Zerstörungsfaktor einer atomaren Explosion dar. Es werden nämlich tatsächlich 50% der riesigen Energie einer Atombombenexplosion in die Druckwelle umgesetzt, wobei in der Kernreaktionszone ein Überdruck von ca. 30 Milli-

[1] Überall, wo es nicht besonders hervorgehoben wird, handelt es sich um sogenannte nominelle Atombomben mit einem Trinitrotoluol-Äquivalentgewicht von 20000 t. Auf die japanischen Städte wurden bekanntlich Bomben dieses Kalibers abgeworfen.

[2] M. P. Archipov, Grundlagen des Baus von Atomwaffen und des Atomschutzes. Moskau 1956; Atomwaffen (Übersetzung aus dem Engl.). Moskau 1957; Wirkungen der Atomwaffen (Übersetzung aus dem Engl.) Moskau 1954, und viele andere.

arden Atmosphären und mehr herrscht. Durch diesen gewaltigen Druck[1] breitet sich die bei der Explosion entstehende Feuerkugel im Moment aus, das umgebende Medium wird stark komprimiert und erhält eine starke Vorwärtsbewegung. Dadurch breitet sich vom Explosionsort nach allen Seiten mit Überschallgeschwindigkeit eine Druckwelle, d. h. eine Masse von verdichteter, sich schnell bewegender Luft aus, die eine große Zerstörungskraft besitzt. Die Ausbreitung der Druckwelle ist von einem donnernden Geräusch begleitet, das auf viele 10 km Entfernung im Umkreis zu hören ist. Die Entwicklung der Druckwelle ist verschieden und hängt von dem umgebenden Medium ab. Bei der häufigsten Explosionsart, der Explosion in der Luft, besteht die Luftdruckwelle im wesentlichen aus zwei Zonen: der äußeren oder Verdichtungszone („Front der Druckwelle") und der zentralen oder verdünnten Zone. Die Hauptenergie der sogenannten *primären* Druckwelle wird reflektiert, wenn sie die Erdoberfläche erreicht; dadurch erzeugt sie eine sekundäre Druckwelle, die unmittelbar auf die primäre Welle folgt, deren Wirkung sie auf das Sechs- bis Achtfache steigert („Macheffekt").

Die Ausbreitungsgeschwindigkeit der Druckwelle ist im Moment ihrer Entstehung am größten. In der Nähe des Epizentrums der Atombombenexplosion erreicht sie eine Geschwindigkeit von 3000—4000 m/sec. Mit wachsender Ausdehnung nähert sie sich sehr schnell der Schallgeschwindigkeit (340 m/sec). Es sei darauf hingewiesen, daß bei einem Druck von 1,055 kp/cm² die Druckwelle auf ihrem Weg alles vernichtet, ausgenommen besonders befestigte Bauten. Durch einstürzende Gebäude können den Menschen verschiedenartige mechanische Verletzungen zugefügt werden. Nach Angaben von N. Kusano betrug der Druck im Zentrum der Atombombenexplosion von Hiroshima 4,5—6,7 t/m² und in Nagasaki sogar 6,7—10 t/m². Die heute üblichen Ziegelbauten fallen aber bereits bei einem Winddruck von etwa 5 t/m² ein; demzufolge wurden in Hiroshima auch 85—90% aller Gebäude total oder teilweise zerstört.

Die zerstörende Wirkung der Luftdruckwelle hängt von vielen Faktoren ab, insbesondere vom Kaliber der Atombombe, von der Höhe, in der die Explosion erfolgt, dem Bodenrelief, von Formen, Abmessungen und Festigkeit der Objekte (z. B. Bauten), auf die die Welle einwirkt, u. v. a. mehr (Abb. 1). Man nimmt an, daß die ausgedehntesten Zerstörungen von einer Atombombe verursacht werden, die in einer Höhe von 400—600 m explodiert. Bei der Atombombenexplosion in der Luft über Hiroshima erstreckten sich die Zerstörungen über ein Gebiet von 10 km², während man in Nagasaki, wo einige Stadtteile durch Hügel geschützt sind, Zerstörungen nur auf einem Gebiet von ca. 4 km² beobachtete.

Die Beobachtungen in Japan gestatten folgende Einteilung in Zerstörungszonen bei der Explosion einer nominellen Atombombe:

1. Zone der vollständigen Zerstörungen in einem Umkreis von 700 m vom Epizentrum der Explosion.
2. Zone der starken Zerstörungen in einem Umkreis von 1600 m vom Epizentrum der Explosion.

[1] Nach Sewerud und Merill kann er bis zu 1000 Milliarden Atmosphären betragen.

3. Zone der mäßigen Zerstörungen in einem Umkreis von 2500 m vom Epizentrum der Explosion.
4. Zone der teilweisen Zerstörungen in einem Umkreis von 3200 m vom Epizentrum der Explosion.

Leichte Schäden (an Fensterscheiben, Wandputz u. a.) können in einem Umkreis von 4—13 km entstehen. Geschwindigkeit und Zerstörungsgewalt der

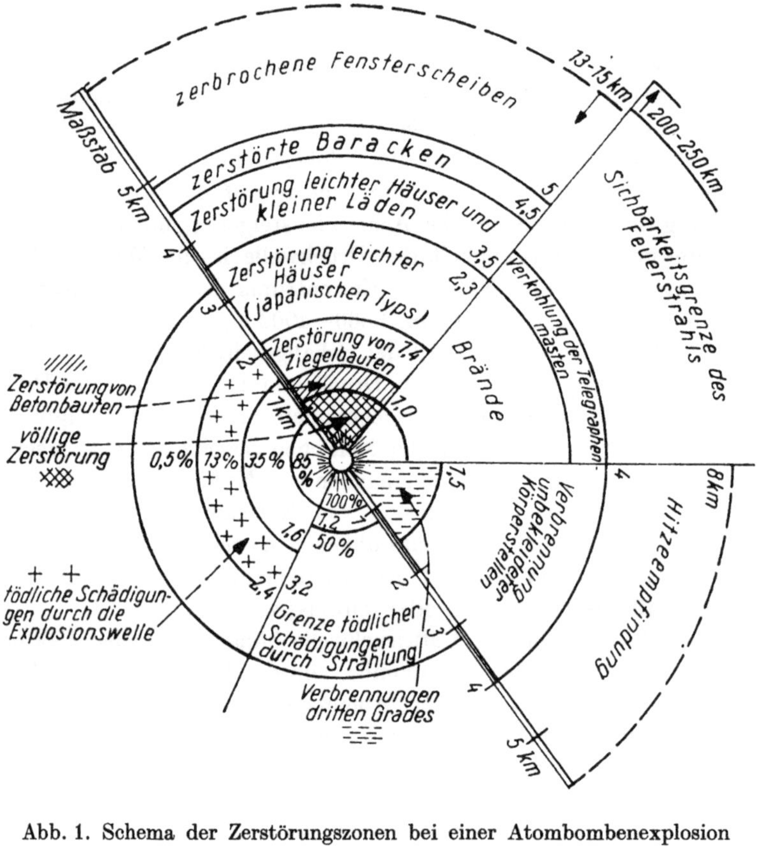

Abb. 1. Schema der Zerstörungszonen bei einer Atombombenexplosion (vom Typ der auf Nagasaki abgeworfenen Bombe).

Druckwelle werden natürlich durch Geländeformationen wie Waldstreifen, Hügel, Felsen u. a. verringert und schneller gebrochen.

Die Atombombenexplosionen in Japan verursachten Zerstörungen auf einer Fläche von etwa 7,5 km², bei der Explosion der Wasserstoffbombe, die die Amerikaner 1954 im Stillen Ozean vornahmen, betrug der Radius des Gebietes starker Zerstörungen etwa 13—16 km, bei den leichten oder teilweisen Zerstörungen lag er zwischen 32 und 50 km (Abb. 2).

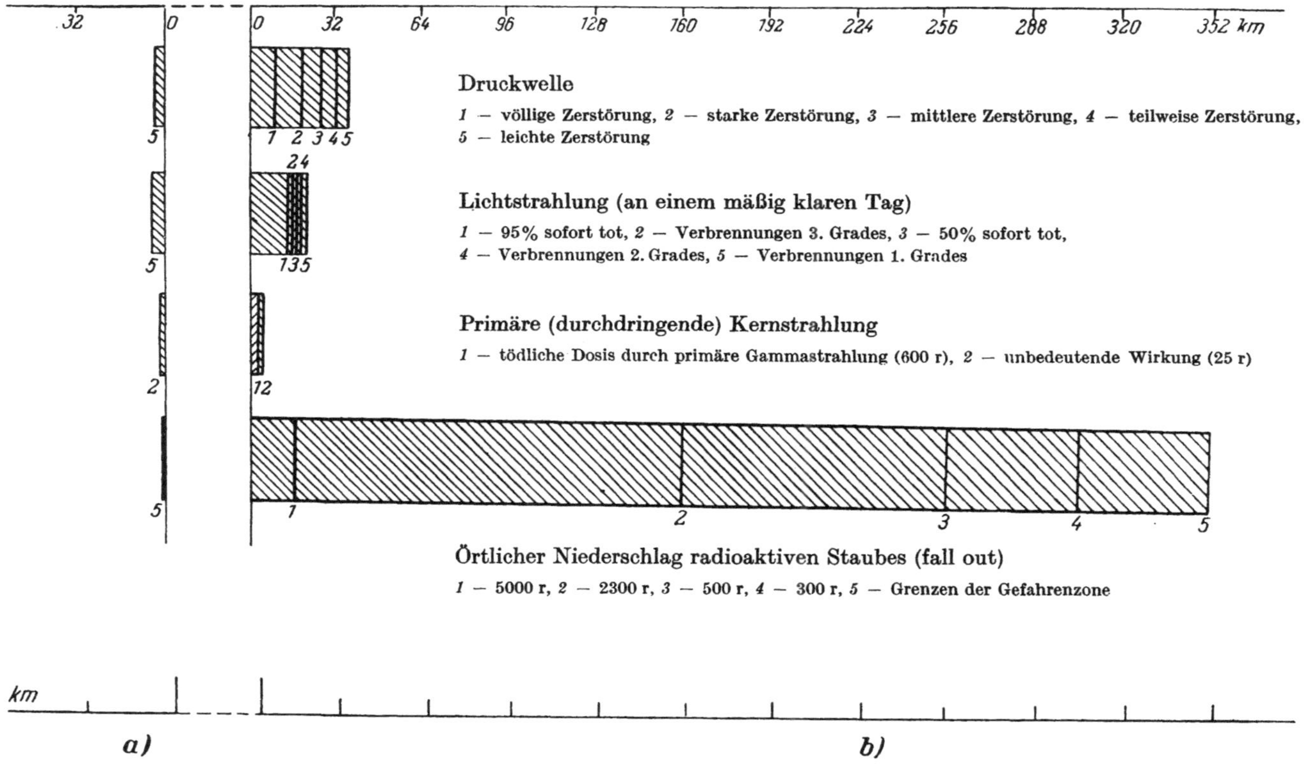

Abb. 2. Radien der schädigenden Wirkung einer nominellen Atombombe (*a*) und einer Bombe größerer Energie auf Spaltungsbasis (*b*). Vergleich der Radien von schädigender Wirkung der nominellen Atombombe und der nominellen Bombe größerer Energie auf Kernspaltungsbasis. Für Druckwelle, Hitzestrahlung und primäre (durchdringende) Kernstrahlung hat das Schadengebiet annähernd die Form eines Kreises, die Ziffern im Schema zeigen die Radien der Schädigungszonen.

Wird die Atombombenexplosion auf der Erdoberfläche ausgelöst, ist das Gebiet der Zerstörungen kleiner, weil ein bedeutender Teil der Energie von der Erde aufgenommen wird. Jedoch ruft eine Bodenexplosion sehr viel stärkere Zerstörungen der in der Nähe liegenden Bauten hervor.

Bei einer Atombombenexplosion über Wasser breitet sich die Druckwelle vorwiegend in der Luft aus.

Als Folge der Unterwasseratomexplosion entsteht eine starke Druckwelle im Wasser. An Ausbreitungsgeschwindigkeit und Höhe des Drucks übersteigt sie bei weitem die Druckwelle in der Luft, da die Explosionsenergie in einem Medium höherer Dichte einige Male schneller übertragen wird als in der Luft. Bei Unterwasserexplosionen entstehen an der Meeresoberfläche bis zu 25 m hohe Wellen, die durch ihren Energiegehalt auch größeren Schiffen empfindliche Schäden zufügen und Zerstörungen an Häfen und anderen Objekten der Küste hervorrufen können. So weit die Angaben über Auswirkungen der Druckwelle, die bei der Explosion einer nominellen Atombombe entsteht. Natürlich steigern sich bei Bomben größeren Kalibers Gewalt und Ausmaß der Druckwellenwirkung entsprechend. Die Zerstörungen, die von der Druckwelle einer Wasserstoffbombenexplosion (die Wasserstoffbombe ist etwa 1000mal stärker als eine Atombombe[1] hervorgerufen werden, erstrecken sich über ein Gebiet, das etwa 10mal größer ist als das Zerstörungsgebiet bei einer Atombombenexplosion. So geben also die Explosionen der Atombomben in Japan nur eine schwache Vorstellung von den möglichen Folgen der Anwendung moderner atomarer und thermonuklearer Bomben.

Was die schädigende Wirkung der Druckwelle auf den menschlichen Organismus anbelangt, so kann sie primär, d. h. unmittelbar, oder sekundär, d. h. indirekt, sein (Schädigungen durch einstürzende Gebäude usw.). Die tödliche Wirkung der Druckwelle auf den Menschen erstreckte sich beispielsweise in Hiroshima auf eine Entfernung von 750 m vom Epizentrum der Explosion, wo der Luftdruck 1,2—1,3 kp/cm² betrug. Einige Autoren schreiben, daß 60% aller Todesfälle in Japan durch die Druckwelle hervorgerufen worden seien (TH. SEARS u. a.). Sehr häufig hat die schädliche Wirkung der Druckwelle auf den Menschen nur sekundären Charakter, dann nämlich, wenn mechanische Traumen durch sogenannte sekundäre Geschosse entstehen. Dazu gehören herabfallende oder umherfliegende Splitter von Glas, Metall, Steinen, Brettern, Balken und vielem anderem, die bei der Zerstörung von Gebäuden, Anlagen, Autos, Waffen usw. durch die Druckwelle entstehen. Man muß sich darüber im klaren sein, daß durch die Druckwelle jeder beliebige Gegenstand eine gewaltige Geschoßwirkung erlangen kann.

[1] Das Wasserstoffbomben-Äquivalentgewicht beträgt 20 Mill. t Trinitrotoluol. Zur Zeit werden thermonukleare Bomben hergestellt, die 2000mal so stark und noch stärker sind als die nominellen Atombomben.

Lichtstrahlung

Bekanntlich entsteht bei der Atombombenexplosion eine Feuerkugel mit einem Durchmesser von mehreren hundert Metern, die bis zu einer Entfernung von 100—300 km vom Ort der Explosion sichtbar ist[1]. Bei der Explosion wird eine ungeheure Energiemenge frei, deren Folgen hohe Temperaturen am Explosionsort und eine ungeheure Lichtstrahlung sind. Nach theoretischen Berechnungen erreichen bei der Explosion einer Atombombe die Temperaturen im Zentrum einige Millionen Grad, an der Peripherie etwa 100000—300000 Grad Celsius![2] Noch in 1200 m Entfernung beträgt die Temperatur durch die Infrarotstrahlung 1800—2000 Grad! Diese gewaltigen Temperaturen der Feuerkugel sind nur für den Bruchteil einer Sekunde zu beobachten, dann sinken sie in 2—3 Sekunden auf 3000—4000 Grad und weniger. Erinnern wir uns zum Vergleich, daß

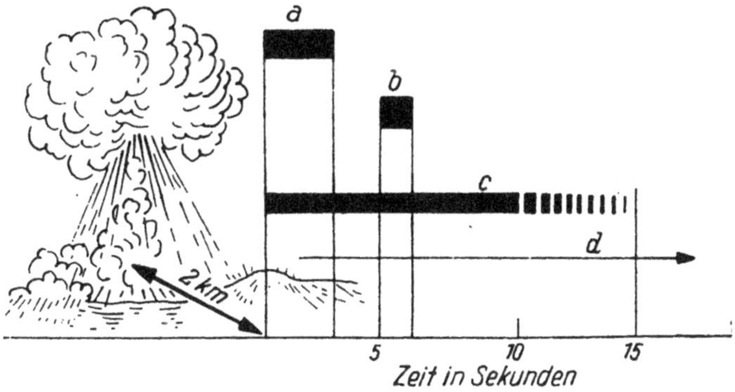

Abb. 3. Einwirkungsdauer der schädigenden Faktoren bei der Explosion einer nominellen Atombombe auf ein Objekt, das sich in 2 km Entfernung vom Explosionsort befindet.

a — Lichtstrahlung, *b* — Druckwelle, *c* — durchdringende Strahlung, *d* — radioaktive Verseuchung

im Zentrum der Sonne bis etwa 20 Millionen Grad Celsius herrschen, an ihrer Oberfläche bis 6000 Grad auftreten und daß bei der Explosion konventioneller (nicht atomarer) Bomben nur 2000—5000 Grad erreicht werden. Bei der Explosion der Atombombe am Bikini-Atoll war der Lichteffekt in 1 km Entfernung vom Explosionsort noch 2000mal größer als der der Sonne! Dieses ungewöhnliche Licht ist blitzartig und dauert nur etwa 3 Sekunden (Abb. 3). Jedoch wirkt gerade in diesem Zeitraum die Hitzestrahlung zwar kurz, aber sehr intensiv. Aus diesem Grunde ist die *Licht-(Hitze-)strahlung der wichtigste zerstörende Faktor*

[1] Bei Explosion thermonuklearer Bomben (ihre Energie beträgt das 2000fache der nominellen Atombombe) erreicht der Durchmesser der Feuerkugel wenige Sekunden nach der Explosion einige Kilometer.

[2] Nach einigen Angaben bis zu 200—300 Mill. Grad!

bei einer atomaren Explosion. Man nimmt an, daß 30% aller Geschädigten bei der Atombombenexplosion in Japan Opfer der Lichtstrahlung waren.

Der größte Teil (80—85%) der Lichtenergie einer Atombombenexplosion wird in der ersten Sekunde und der Rest (15—20%) in den nächsten 2 Sekunden ausgestrahlt. Spezielle Experimente an Hunden und Schweinen zeigten, daß die schwersten Hautschädigungen in der Zeit von 0,1—0,2 Sekunden nach der Explosion eintraten und daß schon nach 0,6 Sekunden keine erheblichen Wirkungen mehr beobachtet wurden (H. Pearse u. a.).

Das Spektrum der Hitzestrahlung ähnelt dem der Sonne. Außer dem sichtbaren Licht sind darin infrarote Strahlen enthalten, die augenblickliche Verbrennungen hervorrufen, und ultraviolette Anteile, die mit verzögerter Wirkung Verbrennungen bewirken, die denen der Sonnenbestrahlung ähneln. Je höher die Temperatur der Feuerkugel bei der Atombombenexplosion ist, um so größer ist der ultraviolette Strahlenanteil an der Gesamtstrahlung und umgekehrt. Die größte schädigende Wirkung geht von der infraroten Strahlung aus. Sie kann verschiedene Stoffe zum Schmelzen, Verkohlen und Zünden bringen und dem Menschen schwere Verbrennungen zufügen usw.

Die Lichtstrahlung oder Hitzewelle breitet sich mit sehr hoher Geschwindigkeit geradlinig über eine überaus große Entfernung aus, verliert jedoch nach etwa 4000 m ihre schädigende Wirkung. Erinnern wir uns daran, daß die Wirkung der Druckwelle bei der Explosion einer nominellen Atombombe sich nicht weiter als 2400 m ausbreitet und die schädigende Einwirkung der ionisierenden Strahlung in diesem Falle mit einem Radius bis zu 2000 m angegeben wird, so läßt sich erkennen, *daß von allen schädigenden Faktoren einer Atombombenexplosion die Lichtstrahlung den größten Wirkungsradius hat.* In dieser Hinsicht kann sie höchstens von der radioaktiven Verseuchung übertroffen werden, die sich manchmal über eine sehr große Entfernung erstreckt. Der Grad der schädigenden Wirkung der Lichtstrahlung wird vor allem durch den sogenannten Lichtimpuls bestimmt, d. h. durch die Energie, die während der Leuchtdauer auf einen Quadratzentimeter der Körperoberfläche fällt.

Selbstverständlich hängen Ausmaß und Stärke der Lichtstrahlenwirkung, d. h. die Größe des Lichtimpulses, von den nachstehenden sehr verschiedenartigen Faktoren ab.

1. *Größe (Kaliber) der Atombombe und Abmessungen der Feuerkugel, die bei der Explosion entsteht.* Die Angaben über Atombomben kleineren Kalibers wurden bereits gebracht (nominelle Atombombe). Es leuchtet ein, daß die Lichtstrahlung um so größer sein wird, je größer das Kaliber der Bombe ist. So gibt eine Wasserstoffbombe von 2 Mill. Tonnen Trotil-Äquivalent eine um 100mal stärkere Lichtstrahlung als die gewöhnliche nominelle Atombombe, die 20000 t Trotil äquivalent ist. Daher verwundert nicht, wenn sich die Hitzewirkungen einer Wasserstoffbombenexplosion über ein Gebiet ausbreiten, das um das Vielfache größer ist als das bei der Explosion einer Atombombe.

2. *Art der Explosion.* Die Lichtstrahlung ist besonders groß bei der Atombombenexplosion in der Luft, aber sehr viel kleiner bei der Explosion auf der Erdober-

fläche oder an der Wasseroberfläche, weil in diesen Fällen ein Teil der Lichtenergie zum Schmelzen des Bodens oder zum Erhitzen und Verdampfen des Wassers verbraucht wird. Bei Unterwasser- (oder unterirdischen) Atomexplosionen besteht kaum eine Gefahr der Lichtstrahlung, weil die gesamte Lichtenergie in diesen Fällen der Erhitzung der umgebenden Substanz dient.

3. *Zustand der Atmosphäre.* Die Lichtenergie (besonders die ultraviolette Strahlung) wird von den Luftmolekülen absorbiert bzw. gestreut, was eine Schwächung des Lichtimpulses zur Folge hat. Bei trockenem Wetter wirkt die Lichtstrahlung auf eine weit größere Entfernung als die anderen schädigenden Faktoren der Atombombenexplosion. Umgekehrt verrringert sich die Intensität der Lichtstrahlung bei Nebel, Regen, Schneefall oder bei Bewölkung. Es ist hier noch zu erwähnen, daß bei einer Atombombenexplosion zwischen den Wolken und der Erde die Lichtstrahlung nicht nur nicht geringer, sondern manchmal sogar infolge Reflexion durch die Wolken größer wird. Dieser reflektierte Strahlenanteil darf auf keinen Fall vernachlässigt werden, weil er unter manchen Bedingungen die Hälfte der Lichtstrahlung erreichen kann, die direkt von der Feuerkugel ausgeht.

4. *Abstand* des bestrahlten Objektes vom Epizentrum der Explosion. Aus der Physik ist bekannt, daß die Größe des Lichtimpulses umgekehrt proportional dem Quadrat der Entfernung von der Quelle der Lichtenergie zur bestrahlten Fläche ist. Der Lichtimpuls verkleinert sich also um das Vierfache, wenn sich die Entfernung verdoppelt usw.

5. *Ausmaß des Schutzes,* insbesondere Beschaffenheit der Kleidung, u. a. m.

Die Lichtstrahlung entflammt und verkohlt die verschiedensten Stoffe, ruft also Brände hervor. Die Anzahl der Brände und die Gesamtfläche, die vom Feuer ergriffen wird, ist von vielen Faktoren abhängig: vom Kaliber der Atombombe, vom Bodenrelief, von der Art und Dichte der Bauten, von Stärke und Richtung des Windes usw. Es ist allgemein bekannt, daß nach dem Abwurf der ersten Atombomben auf die japanischen Städte Hiroshima und Nagasaki der größte Teil der leichten hölzernen Bauten dieser Städte noch in einer Entfernung von 1300—1600 m vom Epizentrum der Explosion sofort in Flammen stand. Man muß jedoch in Betracht ziehen, daß viele Brände in den japanischen Städten nicht nur durch direkte Hitzestrahlung der Atomexplosion, sondern auch durch zerstörte Öfen und Gasleitungen, Kurzschlüsse im Elektronetz u. a. m. hervorgerufen wurden.

Aus all diesen aufgeführten Gründen entstanden in den Städten während der ersten Sekunden nach der Explosion zahlreiche Brände, die sich zu einer umfangreichen und um sich greifenden Brandzone ausbreiteten. Diese Brände dauerten mehrere Tage an, weil wegen des plötzlichen Auftretens der Katastrophe, des Todes der Feuerwehrkommandos, der Zerstörung der Wasserleitung usw. keinerlei Löschmaßnahmen ergriffen werden konnten. Es ist also nicht verwunderlich, daß die Japaner so zahlreiche Verbrennungen erlitten, wovon, wie bereits erwähnt, 20—30% auf das Konto der eigentlichen Lichtwelle entfallen. Die anderen, d. h.

der größere Teil, rührten aber von den nach der Explosion entstandenen mannigfachen Bränden her. Eine Reihe Autoren berichten, daß 25% der Fälle mit tödlichem Ausgang in Japan von der primären und sekundären Einwirkung der Lichtstrahlung herrühren (SEARS u. a.).

Durchdringende (ionisierende) Strahlung

Unter ionisierender oder durchdringender Strahlung versteht man Strahlungen, die in den menschlichen und tierischen Körper eindringen und dort die Atome und Moleküle derjenigen Stoffe ionisieren oder anregen, aus denen Zellen und Gewebe des Organismus bestehen und von denen die Strahlung absorbiert wird.

Das Wesen der Ionisation besteht im Losreißen negativ geladener Teilchen (Elektronen) aus neutralen Atomen (Molekülen) und in der Vereinigung dieser freien Teilchen mit anderen neutralen Atomen (Molekülen). Dabei wird das Atom, das ein Elektron verloren hat, zum positiv geladenen (positiven Ion), und das Atom, mit dem sich das Elektron verbunden hat, zum negativ geladenen (negativen Ion). Der Ionisationsprozeß besteht also im wesentlichen aus der Bildung von positiven und negativen Ionen aus neutralen Atomen oder Molekülen. Dabei ist wichtig, daß unmittelbar nach der Ionisation im ionisierten Stoff der umgekehrte Prozeß vor sich geht, d. h. eine Rückverwandlung der positiven und negativen Ionen in neutrale Atome und Moleküle (sogenannter Rekombinationsprozeß der Ionen). Der Anregungsprozeß der Atome besteht darin, daß die Elektronen der Atome bei der Absorption der Strahlung zusätzliche Energie erhalten und sich etwas weiter vom Atomkern entfernen als in Ruhe.

Nicht nur die Ionen, sondern auch die angeregten Atome haben eine erhöhte chemische Aktivität, womit sich auch die Wirkung der ionisierenden Strahlung auf die Gewebe und Zellen des lebenden Organismus erklären läßt. Zur ionisierenden Strahlung gehören: Alpha- und Betateilchen, Röntgen- und Gammastrahlen sowie Neutronen. Alle diese Strahlungen haben ungefähr die gleiche Wirkung auf den lebenden Organismus. Sie unterscheiden sich im wesentlichen nur darin, wie tief sie in das Gewebe eindringen und in welchem Grade sie Schädigungen hervorrufen.

Die Alphateilchen (α) sind Heliumkerne, deren positive Ladung dem absoluten Betrag der Ladung von zwei Elektronen entspricht. Die Masse dieser Teilchen ist etwa 7000mal größer als die der Elektronen. Die Alphateilchen weisen nur ganz geringes Eindringungsvermögen auf. Sie gelangen im lebenden Organismus nur bis zu einer Tiefe von einigen Hundertsteln von Millimetern (0,02—0,07 mm). Trotzdem ist ihr Ionisierungsvermögen sehr groß, denn auf 1 μ zurückgelegte Wegstrecke kommen einige tausend Ionenpaare. Dank der geringen Eindringtiefe stellen die Alphateilchen bei Bestrahlung von außen keine große Gefahr dar, zumal sie bereits von der Kleidung absorbiert werden. Bedeutend gefährlicher werden sie bei innerer Strahlung durch inkorporierte radioaktive Stoffe. Die besondere Gefährlichkeit der Strahlung hängt in diesen Fällen von dem bekannten hohen Ionisationsvermögen der Alphateilchen ab, was sich sehr negativ auf die Zellen eines Organs oder Gewebes auswirkt, in das die radioaktive Substanz eingedrungen ist.

Betateilchen (β) sind ein Strom leichter Teilchen, die negative (Elektron-β^-) oder positive Ladung (Positron-$\beta +$) tragen. Das Eindringvermögen dieser Teilchen ist etwa 100mal größer als das der Alphateilchen, so daß sie in den lebenden Organismus schon einige Millimeter eindringen und nur zu 30—70% von der Kleidung zurückgehalten werden. Jedoch ist das spezifische Ionisationsvermögen der Betateilchen[1] annähernd 800mal geringer als das der Alphateilchen, so daß auf 1 μ Weglänge nur etwa 10 Ionenpaare gebildet werden.

Gammastrahlen (γ) sind der Strom einzelner Quanten (Photonen) elektromagnetischer Strahlung kleiner Wellenlänge. Ihrer Natur nach sind sie den Röntgenstrahlen ähnlich. Ihr Durchdringungsvermögen im Gewebe ist 10- bis 100mal größer als das der Betateilchen. Gammastrahlen besitzen nicht die Fähigkeit, im Gewebe unmittelbar Ionisationsprozesse auszulösen (wie das den Alpha- und Betateilchen eigen ist), sondern sie erzeugen erst auf ihrem Wege ionisierende Teilchen.

Neutronen sind ein Bestandteil des Atomkernes selbst, sie sind ungeladen und haben deshalb die größte Durchdringungsfähigkeit im Vergleich zu den anderen Teilchen, die vom Atomkern ausgestoßen werden. Bei der Atombombenexplosion entsteht der Neutronenfluß hauptsächlich im Augenblick der Kernspaltung des Urans (Plutoniums) und in geringerem Ausmaß beim radioaktiven Zerfall einiger Spaltprodukte, die im Moment der Explosion entstehen. Die Neutronen haben ebenso wie die Gammastrahlen trotz gleichfalls großer Reichweite keine unmittelbar ionisierende Wirkung, sondern rufen die Ionisation erst durch einige sekundäre Prozesse hervor.

Man unterscheidet sogenannte schnelle und langsame (thermische) Neutronen. Schnelle Neutronen werden beim Eindringen in die Tiefe des Stoffes zu langsamen. Die schnellen Neutronen (mehr als 99% aller bei der Atomexplosion entstehenden), werden in Bruchteilen von Sekunden von den Spaltprodukten ausgestrahlt. Die langsamen, also ungefähr 1% aller Neutronen, werden dann etwa im Verlauf einer Minute ausgestrahlt. Beim Durchgang des Flusses schneller Neutronen durch das Gewebe des Organismus vollzieht sich der Ionisationsprozeß mittels der sogenannten Protonenabspaltung, die infolge der Wechselwirkung zwischen Neutronen und Wasserstoffkernen entsteht. Beim Durchfluß langsamer Neutronen durch das Gewebe vereinigen sich diese mit den Atomkernen, worauf in den Geweben stabile und radioaktive Isotope (*künstliche Radioaktivität*) entstehen. Die letzteren emittieren allmählich Beta- und Gammastrahlen, die nun auch zu Ionisationsprozessen in Zellen und Geweben führen. Die schädigende Wirkung des Neutronenflusses auf ungeschützte Menschen erstreckt sich

[1] Unter spezifischem Ionisationsvermögen versteht man die Zahl der Ionen, die pro durchlaufende Weglänge (1 μ) erzeugt wird.

bei einer Atomexplosion in der Luft auf einen Umkreis von ca. 700—900 m vom Epizentrum der Explosion.

Schließt man die mehr oder weniger konstante, meist unbedeutende Einwirkung der natürlichen kosmischen Höhenstrahlung und einiger natürlicher radioaktiver Stoffe aus, die in der Erde, im Wasser und in der Luft vorhanden sind, so kann in Friedenszeiten im wesentlichen bei der Arbeit mit Röntgenanlagen, mit natürlichen und künstlichen radioaktiven Substanzen, an Anlagen zur Gewinnung von Atomenergie (Kernreaktoren) u. a. m. ionisierende Strahlung auf den menschlichen Organismus einwirken. Die Literatur der letzten Jahre bringt bereits einige Fälle von allgemeiner Strahlenschädigung, die zum Beispiel infolge der Havarie eines Urankessels entstanden waren (L. H. HEMPELMANN, H. LISCO, J. G. HOFFMAN) oder durch Störung der Steuerung eines Versuchsreaktors (A. K. GUS'KOVA, G. D. BAJSOGOLOV u. a.).

Die Gesetzgeber der Sowjetunion und auch anderer Staaten haben eine Höchstgrenze der zulässigen Dosis für die verschiedenen Arten ionisierender Strahlung festgelegt. So darf zum Beispiel in der Sowjetunion bei einmaliger Gammabestrahlung die Dosis in 24 Stunden 50 Röntgen (r)[1] nicht überschreiten. Bei Dauereinwirkung sind 0,05 r/d, jedoch nicht mehr als 10 r/a zulässig. Es ist festgestellt worden, daß bei einmaliger Bestrahlung mit einer Dosis von mehr als 50 r eine Strahlenkrankheit entstehen kann, eine Dosis von 600 r und mehr aber tödlich wirkt.

Die hauptsächlichen Ursachen für mögliche Strahlenschäden in Friedenszeiten sind: das Nichteinhalten der festgelegten allgemeinen und speziellen Strahlenschutzbestimmungen bei der Arbeit mit Quellen äußerer oder innerer ionisierender Strahlung (Röntgenapparate, radioaktive Isotope), Defekte an Apparaturen, technische Mängel, ungenügende Qualifikation des Personals usw. sowie auch unvorhergesehene Zwischenfälle. Im Kriege kann die Explosion einer Atom- oder Wasserstoffbombe eine gewaltige Quelle ionisierender Strahlung sein (in der Hauptsache von Gammastrahlen und Neutronen). Der Anteil durchdringender Strahlung bei einer Atombombenexplosion beträgt etwa 10% der Gesamtenergie. Unmittelbar im Moment der Explosion (im Verlauf einer Minute) werden die Neutronen und ein Teil der Gammastrahlen (Primär- oder Anfangsstrahlung) ausgestrahlt. Der übrige Teil dieser Strahlen, ebenso Alpha- und Betateilchen werden erst etwas später frei, nämlich im Zerfallsprozeß der Explosionsprodukte. Die Alphastrahlen rühren vom Zerfall des Urans (oder Plutoniums) her, das sich bei der Kernreaktion nicht gespalten hat. Die Wolke, die bei der Explosion in der Luft entsteht, enthält eine große Anzahl radioaktiver Teilchen und wird damit ebenfalls zu einer gewaltigen Quelle ionisierender Strahlung (Reststrahlung). Da die Reichweite der Alpha- und Betateilchen in der Luft gering ist, besteht

[1] Die Maßeinheit von Röntgen- oder Gamma-Strahlung ist das Röntgen (r). Ein Röntgen ist eine Strahlendosis von Röntgen- oder Gamma-Strahlen, bei der die damit verbundene Corpuscularemission pro 0,001293 g Luft in Luft die Elektrizitätsmenge von einer elektrostatischen Ladungseinheit beiderlei Vorzeichens erzeugt.

die durchdringende Strahlung im wesentlichen aus Gammastrahlen und Neutronen.

Außer der Anfangs- und Reststrahlung spielt auch die induzierte Strahlung bei der Atombombenexplosion eine Rolle. Ihre Quelle sind die chemischen Elemente, die einem Neutronenbombardement ausgesetzt waren und dadurch radioaktiv, d. h. zu radioaktiven Strahlern wurden. Die praktische Bedeutung der induzierten Radioaktivität ist bei einer Atombombenexplosion in der Luft gering, sie wächst aber bei Explosionen unter der Erde und unter Wasser. In diesen Fällen wird die induzierte Radioaktivität gefährlich. Besonders gilt dies wegen des starken Neutronenflusses bei der Explosion einer Wasserstoffbombe. Obgleich die Energie der primären Gammastrahlung bei einer Atombombenexplosion nur 3% der Gesamtenergie der Bombe beträgt, also bedeutend geringer ist als die bei der Explosion auftretende Lichtenergie, können gerade die Gammastrahlen Ursache vieler Strahlenschädigungen und Todesopfer sein. Dies bezeugen die traurigen Erfahrungen von Hiroshima und Nagasaki eindrucksvoll genug, wo nach den Atomexplosionen viele Strahlenschädigungen auftraten. Man nimmt an, daß 15% aller Todesfälle in Japan durch die Wirkung der ionisierenden Strahlung verursacht waren. — Im Hypozentrum der Explosion kann die Strahlendosis 20000 r übersteigen (J. N. CRAWFORD, P. GENAUD, G. V. LE ROY, A. W. CHRISTENSEN, J. P. COONEY, J. M. LYON, R. SHIRABE, S. WARREN, E. I. EVANS, W. SCHLUNGBAUM).

Im folgenden werden die Dosen der primären Gammastrahlung für die verschiedenen Abstände vom Epizentrum der Explosion einer nominellen Atombombe angegeben.

Abstand (in m)	Strahlendosis (in r)
400	18000
600	10000
900	2500
1050	650
1150	450
1200	300
1500	90
1800	38
2300	6

Eine Gammastrahlendosis von 400—600 r ist sehr gefährlich für das Leben des Menschen. Diese Dosis erhalten Menschen ohne schützende Deckung durchschnittlich in einer Entfernung von 1000—1200 m vom Epizentrum der Atombombenexplosion.

Es ist nötig, *äußere und innere* Bestrahlung getrennt zu betrachten. Strahlenquellen von außen sind Röntgengeräte, radioaktive Stoffe usw. und besonders die Explosion einer Atombombe. Die größte Gefahr bei äußerer Strahleneinwirkung stellen die Gammastrahlen und Neutronen dar, weil sie so tief in das Gewebe eindringen, Quellen innerer Bestrahlung können radioaktive Stoffe sein, die auf irgendeine Weise in den menschlichen Organismus gelangen. In diesen Fällen bilden die Alpha- und Betastrahlen infolge ihres hohen Ionisationsvermögens die größere Gefahr (ausführlicher siehe unten).

Radioaktive Verseuchung

Nach einer Atombombenexplosion ist ein sehr großes Gebiet mehr oder weniger starker Verseuchung mit den verschiedensten radioaktiven Stoffen ausgesetzt[1]. Bekanntlich bilden sich bei einer Atombombenexplosion bis zu 200 radioaktive Isotope (CH. F. BEHRENS, R. E. LAPP). Außerdem können unter dem Einfluß des Neutronenflusses, der durch die Explosion der Atom- und besonders der Wasserstoffbombe entsteht, künstliche radioaktive Stoffe auf der Erdoberfläche auftreten, sogenannte induzierte Radioaktivität. Eine mögliche Quelle radioaktiver Verseuchung des Geländes sind schließlich Uran 235 oder Plutonium 239, die im Moment der Explosion nicht reagiert haben, sich auf der Erdoberfläche verteilen und Alphastrahlen aussenden. Einige Zerfallsprodukte der Atomexplosion sind langlebige Substanzen. So beträgt zum Beispiel die Halbwertzeit des radioaktiven Kohlenstoffs 5000 Jahre! Die Verseuchung der Erdoberfläche und der Atmosphäre mit solchen radioaktiven Stoffen stellt natürlich eine sehr große biologische Gefahr dar. Ausdehnung und Verseuchungsgrad eines Gebietes hängen vom Kaliber der Atombombe, von der Art der Atomexplosion oder dem Medium ab, in dem sie stattfindet, von meteorologischen Bedingungen u. a. m. Zum Beispiel kann bei einer Bodenexplosion ein starker Wind radioaktive Teilchen auf sehr große Entfernung davontragen und auf dem Wege starke Verseuchungen hervorrufen. Das Verseuchungsgebiet kann sich in diesem Fall auf eine Breite von 8—10 km und eine Länge von 50—60 km und mehr erstrecken.

Ausgedehnte und starke radioaktive Verseuchung der Umgebung verursacht die Explosion einer Wasserstoffbombe (Abb. 4). Bei der Explosion der ersten Wasserstoffbombe am Bikini-Atoll (1. März 1954) verseuchten die radioaktiven Stoffe aus der sich bewegenden Wolke ein Territorium von 15000 km², auf dem (wenn es bewohnt gewesen wäre) 50% aller Einwohner eine letale Dosis erhalten hätten (C. HUNTER). Es ist bekannt, daß nach dieser Explosion nicht nur japanische Fischer der radioaktiven Einwirkung[2] ausgesetzt waren, sondern auch die Bewohner der Marshallinseln und die amerikanischen Beobachter, die dem Test

[1] Der Autor schlägt die Bezeichnung „radioaktive Verschmutzung" statt „radioaktive Verseuchung" vor. Im Deutschen ist „Verseuchung" zur Zeit allgemein gebräuchlich. Von anderer Seite wurde die Bezeichnung „Verstrahlung" vorgeschlagen, die von gutem Sprachgefühl zeugt, sich aber noch nicht durchgesetzt hat (d. Hrsg.).

[2] Siehe Kapitel über „Strahlenverbrennungen".

beiwohnten. Besonders wurden 64 Einwohner der Insel Rongelap betroffen, die einer äußeren Bestrahlungsdosis von 175 r ausgesetzt waren und bei denen sich eine Strahlenkrankheit entwickelte. Die folgenden Versuche an dem gleichen Bikini-Atoll zeigten, daß in Windrichtung die radioaktive Strahlungsleistung in einer Entfernung von 1600 m noch 798 r/h betrug. Weniger gefährlich sind die radioaktiven Verseuchungen, die durch Atombombenexplosionen in größeren Höhen verursacht werden. So beobachtete man bei den Atombombenexplosionen in Hiroshima und Nagasaki, die in einer Höhe von 600 bis 700 m stattfanden,

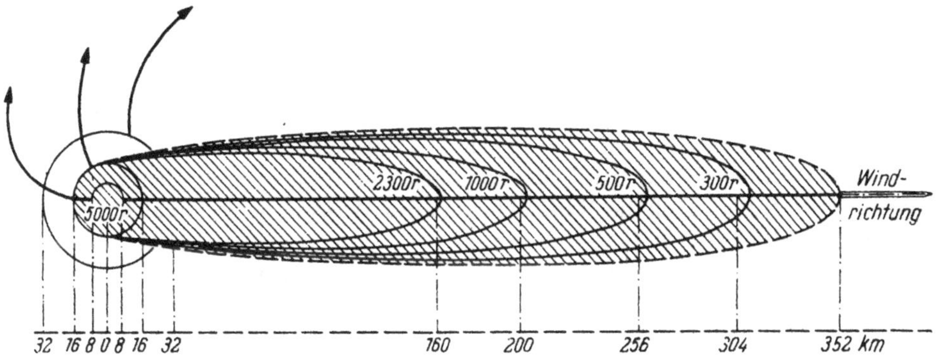

Abb. 4. Form des Gebietes, in dem radioaktiver Staubniederschlag nach der experimentellen Kernexplosion in den USA (1954) auftrat (Trinitrotoluol-Äquivalentgewicht etwa 15 Mill. t).

keine Schädigung von Menschen durch radioaktive Stoffe. Ohne spezielle Schutzmittel konnten die Menschen ungefährdet schon 4—5 Stunden nach der Explosion im Hypozentrum arbeiten. Bei einer Explosion in der Luft wird ein großer Teil der Spaltprodukte mit der entstehenden Wärmeströmung fortgerissen und dann durch den Wind auseinandergetrieben, so daß die radioaktiven Stoffe in ungefährlicher Konzentration bleiben. Jedoch überstieg zum Beispiel in Nagasaki noch 2 Monate nach der Explosion im Umkreis von 3 km die Menge an radioaktiven Stoffen den Normalgehalt um das 200- bis 300fache. Als Folge der bisherigen Atombombenversuche stieg die Radioaktivität des Regenwassers zum Beispiel in Dänemark um das Zwei- bis Dreifache. Je näher der Oberfläche der Erde oder des Wassers die Explosion erfolgt, um so größer ist die Gefahr der radioaktiven Verseuchung des betreffenden Gebietes.

Bedeutend größere radioaktive Verseuchungen beobachtet man bei Boden- (Überwasser-) und besonders bei unterirdischen (Unterwasser-)Explosionen, ebenso bei Verwendung von radioaktiven Kampfstoffen. Bei der Bodenexplosion einer Wasserstoffbombe können die radioaktiven Stoffe ein Gebiet von 200 bis 300 km Länge und 100 km Breite verseuchen und somit eine Gefahr auch für die Bevölkerung darstellen, die sehr weit vom Ziel des Atombombenabwurfes wohnt. In solchen Fällen besteht die große Gefahr, daß das Territorium und alles, was sich darauf befindet, für lange Zeit verseucht werden („verseuchende Explosion“).

Zu erklären ist dies damit, daß bei solchen Explosionen die radioaktiven Teilchen sich entweder in einem relativ begrenzten Gebiet ablagern oder im umgebenden Medium, d. h. Wasser oder Boden, verbleiben. Außerdem wird die radioaktive Verseuchung in diesen Fällen durch induzierte Radioaktivität einiger chemischer Elemente der oberen Erd- oder Wasserschichten (Natrium, Barium, Mangan u. a.) vermehrt.

Nach einer Atombombenexplosion setzen sich radioaktive Erd-, Staub- und Wasserteilchen ab, die natürlich auf Gebäude, Gegenstände, aber auch auf menschliche Haut oder Wundflächen gelangen und sie radioaktiv verseuchen. Bekannt ist zum Beispiel, daß nach der Explosion einer Atom- bzw. Wasserstoffbombe radioaktiver Regen fallen kann, wie dies bei der Atomexplosion am Bikini-Atoll der Fall war. Die bei dieser Explosion entstandene radioaktive Asche fiel auf japanische Fischerboote, die sich in großer Entfernung vom Explosionsort befanden, und verseuchte Trinkwasser und Nahrungsmittel (NISHIWAKI). Ebenso war zwei Monate nach der Explosion in 1920 km Entfernung vom Bikini-Atoll die Radioaktivität des Wassers noch 25mal höher als der höchstzulässige Wert für Trinkwasser.

Ein großer Teil des bei der Atomexplosion entstehenden radioaktiven Staubes steigt bis in sehr große Höhen (10—15 km und mehr). Dadurch kann der „fall out" der radioaktiven Teilchen manchmal sehr lange (bis zu 70 Tagen) andauern und ein Gebiet von einigen 10000 Quadratkilometern erfassen. In der Hauptsache bestehen die radioaktiven Ablagerungen aus kurzlebigen Spaltprodukten: Molybdän^{99}, Tellur^{132}, Jod^{131}, Barium^{140}, Praseodym^{143}, Zer^{143}. Der Ablagerungsprozeß bei Explosionen thermonuklearer Bomben dauert, da die Spaltprodukte in die Stratosphäre gelangen und eine Höhe von 30 km erreichen, wesentlich länger als bei Explosionen nomineller Atombomben. Ein großer Teil dieses radioaktiven Staubes kann eine Reihe von Jahren nach der Explosion in der Atmosphäre verbleiben. In diesem Fall bestehen die radioaktiven Niederschläge fast ausschließlich aus langlebigen Spaltprodukten, wie Strontium^{90}, Cäsium^{137}. Untersuchungen ergaben, daß sich im Jahre annähernd 10—20% des radioaktiven Staubes niederschlagen, der bei Explosionen thermonuklearer Bomben entstanden ist.

Nach den Veröffentlichungen der amerikanischen Atomenergiekommission umfaßte das Gebiet, auf das nach der Explosion der thermonuklearen Bombe am 1. März 1954 soviel radioaktive Spaltprodukte fielen, daß die Letaldosis für den ungeschützten Menschen erreicht wurde, etwa 18130 km^2. Auf einem weit größeren Gebiet war der Strahlenpegel immer noch sehr gefährlich für Mensch und Tier. Die radioaktive Verseuchung eines Territoriums kann sich erheblich ausdehnen, wenn die radioaktive Staub- oder Wasserwolke vom Wind fortgetragen wird, da die Wolke auf ihrem Wege einen langgestreckten Verseuchungsstreifen zurückläßt (radioaktive Spur). Man nimmt an, daß die radioaktiven Niederschläge in Windrichtung durchschnittlich in 350 km Entfernung vom Explosionsort der thermonuklearen Bombe fallen. Entgegengesetzt der Windrichtung beobachtet man sie bis zu einer Entfernung von 16 bis 30 km. Der Streifen dieser radioaktiven Niederschläge kann eine Breite bis zu 60 km haben (dies ist von einer Reihe von Faktoren abhängig).

Nach einer experimentellen Atombombenexplosion in Alamgordo (USA) im Juni 1945 wurde radioaktiver Staub mit empfindlichen Instrumenten noch nach 20 Tagen in einer Entfernung von mehr als 2500 km festgestellt. Die Atombombenexplosionen in Las Vegas hatten radioaktiven Schneefall in Michigan zur Folge. Sechs Tage nach der Explosion der englischen Atombombe auf den Montebello-Inseln (1952) wurde in dem 2000 Meilen entfernten Hafen von Adelaide ein stark erhöhter Nulleffekt gemessen u. a. m. Selbstverständlich ist auf diese große Entfernung die radioaktive Verseuchung unbedeutend. Außerdem klingt die Aktivität

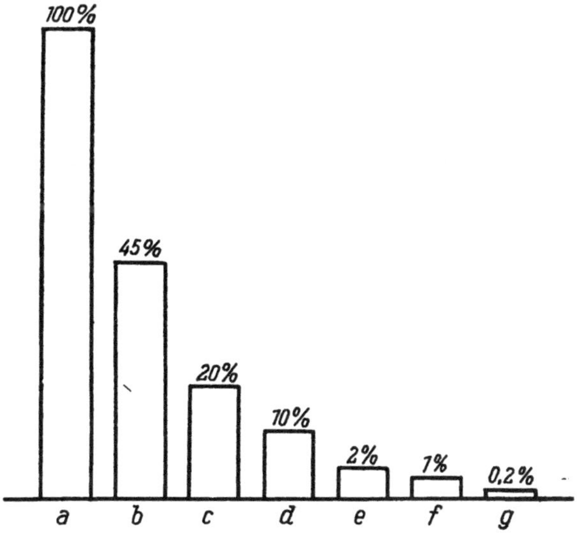

Abb. 5. Grad der örtlichen radioaktiven Verseuchung in Abhängigkeit von der Zeit nach Bodenexplosion einer Atombombe.

a – nach 30 Minuten, *b* – nach einer Stunde, *c* – nach 2 Stunden, *d* – nach 4 Stunden, *e* – nach 12 Stunden, *f* – nach 24 Stunden, *g* – nach 3 Tagen

vieler dieser radioaktiven Stoffe sehr rasch ab; einige von ihnen mit langen Halbwertzeiten sind aber lange aktiv genug, um eine ernste Gefahr für Menschen darzustellen (Abb. 5). Einen besonders schnellen Rückgang der Radioaktivität der verseuchten Zone beobachtet man bei Unterwasserexplosionen. Dafür sprechen zum Beispiel die Versuche am Bikini-Atoll, wo der mittlere Durchmesser der verseuchten Wasserzone 4 Stunden nach der Explosion 8,5 km betrug und als maximale Strahlendosis 75 r/d gemessen wurde. Dieses hohe Niveau der Radioaktivität der Wasseroberfläche verringerte sich laufend. Nach 100 Stunden betrug sie nur noch 0,6 r/d. Allerdings vergrößerte sich der Durchmesser des Verseuchungsgebietes unter dem Einfluß der Strömung, der Wellen, des Windes und der Diffusion auf 17,7 km. Die radioaktiven Stoffe haben weder spezifischen Geruch noch Farbe oder andere äußere Merkmale. Ihr Vorhandensein ist nur mit Hilfe von speziellen Geräten (Dosimetern) nachweisbar, mit denen man schnell und sicher das Vorhandensein und den Verseuchungsgrad feststellen kann. Die Gefährlichkeit für Menschen, die sich an dem verseuchten Ort aufhalten, hängt selbstverständlich vom örtlichen Strahlungspegel ab.

Menschen können direkt bei der Explosion der Atombombe geschädigt werden oder aber indirekt, d. h. später durch Kontaktverseuchungen oder durch den erwähnten radioaktiven Niederschlag (fall out). Durch die Einwirkung radioaktiver Substanzen auf die Hautoberfläche können Strahlenschädigungen auftreten, wie Strahlenverbrennungen usw. Die größte Gefahr stellen jedoch radioaktive Substanzen dar, die auf irgendeine Weise in den menschlichen Organismus gelangen. In solchen Fällen kann sich eine akute oder chronische Strahlenkrankheit mit den verschiedensten und gefährlichsten Folgen entwickeln. (Ausführlicher siehe die Kapitel VII, IX, X.) Nach den vorliegenden Erfahrungen ist bei einer Dosis bis zu 25 r in 24 Stunden die Wirkung der Strahlung unerheblich, so daß zum Beispiel medizinisches Personal in dieser Zone ruhig arbeiten kann. Eine Dosis von 25—75 r in 24 Stunden stellt bereits eine gewisse Gefahr dar, so daß in einer solchen Zone nur mit häufigem Schichtwechsel gearbeitet werden darf. Bei einer Strahlendosis von mehr als 75 r ist das Arbeiten nur unter Ausnahmebedingungen zulässig, weil ein großer Teil der unter solchen Verhältnissen arbeitenden Menschen erkrankt, manche sogar an schwerer Strahlenkrankheit.

Bisher war immer nur die Rede von der möglichen örtlichen radioaktiven Verseuchung durch Explosionen von Atom- und Wasserstoffbomben. Jedoch kann eine analoge Verseuchung auch Folge der Verwendung radioaktiver Kampfstoffe sein, die im allgemeinen aus Abfallprodukten der Atomindustrie gewonnen werden. Radioaktive Kampfstoffe haben eine lange Halbwertzeit, was eine Verseuchung besonders beständig und infolgedessen sehr gefährlich macht. Die radioaktiven Kampfstoffe können als Flüssigkeiten, Pulver und Nebel mit Hilfe von Artilleriegeschossen, Raketen, Fliegerbomben, Minen, Torpedos u. a. angewandt werden. Natürlich ist die Verseuchung bei solchen Waffen örtlich begrenzt und nicht so gleichmäßig wie bei der Atombombenexplosion.

Bei der radioaktiven Verseuchungsmöglichkeit für Gelände muß man daran denken, daß diese auch stets unter Friedensbedingungen durch Kernwaffenversuche gegeben ist. Die Strahlungswirkung solcher Versuche ist natürlich tausendmal geringer als die tödliche Wirkung radioaktiver Stoffe, der die Menschheit in einem Atomkrieg ausgesetzt wäre. Nach orientierenden Werten, die auf der wissenschaftlichen Konferenz in Paguosha (1957) angegeben wurden, ist in den nächsten Jahrzehnten mit der eindrucksvollen Zahl von 100000 Menschen als Opfer der bereits durchgeführten Atomexplosionen zu rechnen. Bis jetzt sind die durch die Atombombentests bedingten Strahlendosen noch gering. Trotzdem sind größte Anstrengungen notwendig, um zu verhindern, daß sich dieser Faktor eines Tages in eine Gefahr verwandelt. Es sei nochmals darauf hingewiesen, daß die durch Atomexplosionen entstehende Strahlung ausnahmslos auf die gesámte Bevölkerung der Erde wirkt und daß darum die Folgen (genetische u. a.) von größter Bedeutung sein können.

Die Hauptgefahr bei der Weiterführung von Kernwaffenversuchen besteht in radioaktiven Niederschlägen (fall out), besonders des radioaktiven $Strontium^{90}$. Die besondere Rolle des radioaktiven $Strontium^{90}$ gegenüber allen anderen langlebigen Spaltprodukten, die bei Kernwaffenexplosionen entstehen, beruht auf folgenden Faktoren: 1. auf dem relativ hohen Anteil von Strontium^{90}, 2. auf seiner Eigenschaft als Calciumbegleiter im Stoffwechselprozeß des Menschen, 3. auf der leichten Aufnahme in das Blut und 4. darauf, daß das Strontium einmal in den Organismus gelangt, sehr lange in den Knochen verbleibt und in ihnen Geschwülste, aplastische Anämien oder Leukämien hervorruft (als Folge der Bestrahlung des Knochenmarks). Da die Explosion die radioaktiven Spaltprodukte sehr fein zerstäubt, werden sie in hohe Schichten der Troposphäre und sogar in die Stratosphäre gerissen. Durch die Luftbewegungen werden sie auf große Entfernungen davongetragen, sinken allmählich nieder oder fallen als

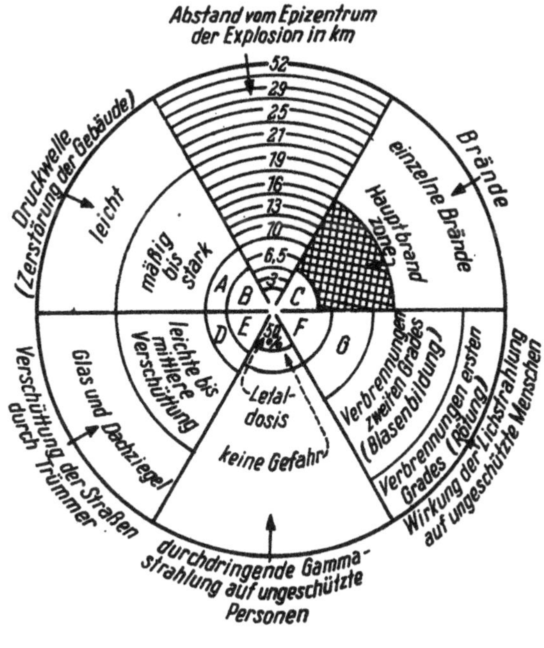

Abb. 6. Kombinierte Wirkung der schädigenden Faktoren bei der Bodenexplosion einer Bombe mit Trinitrotoluol - Äquivalentgewicht von 10 Mega t (ohne radioaktive Verseuchung).

Die Angaben über die Wirkung der Lichtstrahlung und der primären durchdringenden Gammastrahlung beziehen sich nur auf ungeschützte Stellen. *A* — starke Zerstörungen, *B* — völlige Zerstörungen, *C* — Epizentrum, *D* — schwere Zerstörungen, *E* — völlige Zerstörungen, *F* — tödliche Schädigungen, *G* — starke Verbrennungen dritten Grades (Verkohlungen)

atmosphärische Niederschläge auf die Erde. Nach der Explosion der Wasserstoffbombe im Gebiet der Marshallinseln war die Menge der Niederschläge auf einer Insel so hoch, daß diese mit Schnee bedeckt schien. Die Dosis der Ganzkörperbestrahlung, die jeder Einwohner erhielt, betrug 175 r.

Die sogenannten „reinen Bomben", von denen man in letzter Zeit in den USA so viel spricht und die geringere radioaktive Niederschläge hervorrufen sollen als die bisher untersuchten, verursachen nicht minder ungezählte Leiden für die Menschheit.

Die Frage der örtlichen radioaktiven Verseuchung hat eine so große Bedeutung, daß es viele mit Recht für eines der wichtigsten Probleme des medizinischen Dienstes halten, Maßnahmen zu treffen, um die Zahl der durch radioaktive Stoffe entstandenen Schädigungen zu verringern. Es wurden hier kurz die Grundtatsachen über die schädigenden Faktoren einer Atomexplosion dargelegt. Natürlich wirken alle diese schädigenden Faktoren häufig auch noch in großer Entfernung nicht isoliert, sondern zusammen (Kombination von 2—3 schädigenden Faktoren) und treten dann als die große und wichtige Gruppe der kombinierten Strahlenschäden in Erscheinung (Abb. 6).

Abschließend ist zu unterstreichen, daß schon recht wirksame und vielfältige Maßnahmen zum individuellen und kollektiven Schutz ausgearbeitet wurden, mit denen man die Gefährlichkeit aller schädigenden Faktoren der Atomexplosion für den Menschen erheblich herabzusetzen vermag. Dazu gehört auch rationelle und rechtzeitige ärztliche Hilfe für die durch die Atomwaffe Geschädigten. Gerade die rechtzeitige medizinische und chirurgische Hilfe kann das Leben vieler Atomwaffenopfer retten.

II

Allgemeine Charakteristik der Schädigungen bei Explosion einer Atombombe. Kombinierte Strahlenschäden, ihre Klassifikation und ihre Besonderheiten

Wie schon erwähnt, sind die schädigenden Faktoren einer Atombombenexplosion:

1. die Druckwelle;
2. die Licht- (Hitze-) Strahlung;
3. die durchdringende (ionisierende) Strahlung;
4. die radioaktive Verseuchung des Geländes.

Die wichtigsten Verletzungsarten bei einer Atombombenexplosion sind dementsprechend:

1. mechanisches Trauma;
2. thermisches Trauma;
3. Strahlenschäden;
4. kombinierte Schäden.

Jede der aufgezählten wichtigsten Verletzungsarten, die bei Atombombenexplosionen entstehen, unterteilt sich in eine Reihe von Unterarten oder Abarten; dies bedingt die Notwendigkeit einer Klassifikation der atomaren Schädigungen und die Beschreibung jeder Abart im einzelnen.

Die von uns vorgeschlagene Klassifikation der bei Atombombenexplosionen entstehenden Verletzungen ist in Abb. 7 schematisch dargestellt. Entsprechend dieser Klassifikation sind alle Schäden durch Atombombenexplosionen in zwei Hauptgruppen unterteilt:

1. reine Schädigungsformen (mechanische und thermische Traumen, Strahlenschäden).
2. Kombinierte Schädigungsformen, also verschiedene Kombinationen der hauptsächlichsten reinen Schädigungsformen (z. B. Kombination des mechanischen und thermischen Traumas, Kombination des mechanischen Traumas mit Strahlenkrankheit, Kombination der verschiedenen Formen von Strahlenschäden u. a.).

Es muß betont werden, daß eine charakteristische Besonderheit der Schädigungen bei der Explosion einer Atom- oder Wasserstoffbombe ihr gehäuftes und gleichzeitiges Auftreten und die Schnelligkeit des Vorganges sind. Dieser wichtige Umstand ist bei allen Überlegungen zu beachten. In Kapitel I wurde schon erwähnt, daß das Wirksamwerden und die Wirkungsintensität der verschiedenen den Menschen schädigenden Faktoren der Atombombenexplosion von sehr vielen Begleitumständen abhängen. Dazu einige Angaben, die diese Sachlage beleuchten.

Zur Zeit der Explosion der Atombombe waren in Hiroshima und Nagasaki etwa 500000 Menschen registriert. Ungefähr 215000 von ihnen erlitten bei den Explosionen Schädigungen (110000 davon wurden getötet)[1]. Dementsprechend wird statistisch angenommen, daß bei Explosion einer nominellen Atombombe an einem Ort mit einer Bevölkerung von 500000 Menschen die Zahl der Opfer im Mittel etwa 43% und die der Todesfälle rund 20% aller Bewohner betragen

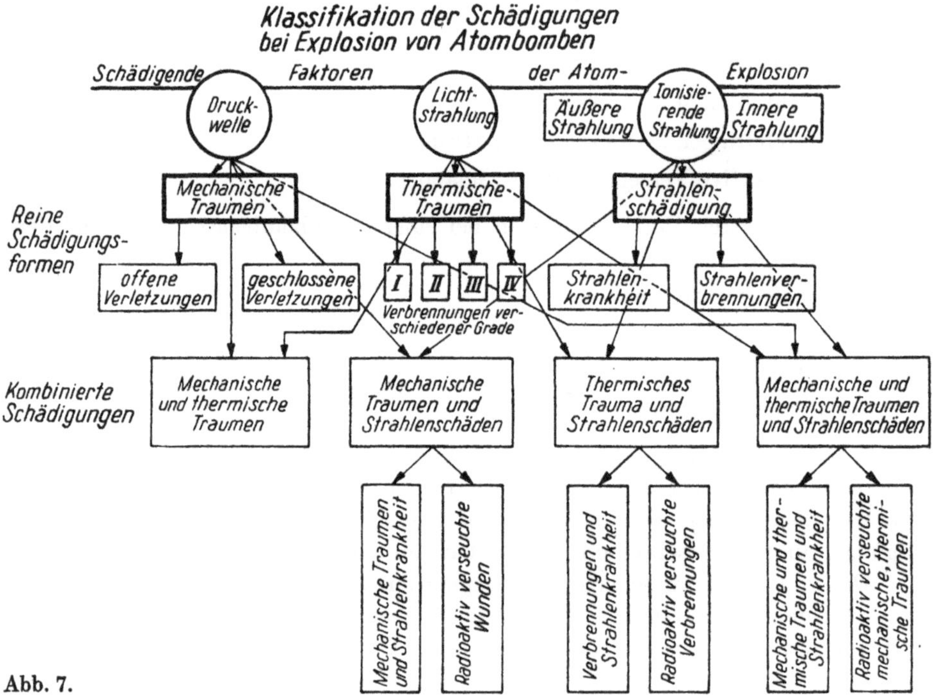

Abb. 7.

dürfte (A. V. Kozlova, E. I. Vorobjev, Shirabe, Sears, A. W. Oughterson, Warren, Tsuzuki). Die Beobachtungen in den japanischen Städten besagen, daß die Todesrate von der Entfernung vom Epizentrum der Explosion abhängt, und zwar starben in der Zone mit einem Radius

bis 800 m		100%	bis 1500 m	mehr als	30%
„ 1000 m	mehr als	60%	„ 1700 m	„ „	20%
„ 1200 m	„ „	50%	„ 2500 m	fast	10%

[1] Spätere statistische Berechnungen sprechen von einer höheren Zahl von Opfern in Hiroshima und Nagasaki (Kusano).

Nach der Explosion einer Wasserstoffbombe gehen auf einer Fläche von 2000 km^2 im Laufe von 36 Stunden mehr als 50% der nichtgeschützten Menschen zugrunde. Art und Häufigkeit der verschiedenen Verletzungen hingen weitgehend davon ab, wo sich die Geschädigten im Augenblick der Explosion befanden. Das Komitee zur Untersuchung der Opfer in Japan machte folgende Angaben:

Tabelle 1. Häufigkeit und Charakter der Verletzungen in Abhängigkeit vom Ort, an dem sich die Betroffenen befunden haben (in Prozenten)

Charakter der Schädigung	Ort, an dem sich die Geschädigten befunden haben				
	Im Freien	in Gebäuden			
		In Holzbauten	In Bauten aus Eisenbeton	In anderen Gebäuden	Insgesamt
Verbrennungen	81	15,0	2,3	1,7	19
Mechanische Traumen	19,7	66,2	12,3	1,8	80,3
Strahlenschäden	46,4	43,1	8,1	2,4	53,6

Aus diesen Angaben geht hervor, daß sehr häufig Verbrennungen bei Leuten auftraten, die sich im Freien aufgehalten hatten (81%); bei Menschen in Holzbauten wurden Verbrennungen häufiger beobachtet (15%) als bei solchen, die in Gebäuden aus Eisenbeton gewesen waren (2,3%). Unter den Opfern, die sich in Gebäuden aufgehalten hatten, wurden wiederum mechanische Schädigungen bei Menschen in Holzhäusern häufiger beobachtet (80,3%) als bei den Bewohnern von Gebäuden aus Eisenbeton (nach A. V. Kozlova).

Es ist jedoch zu beachten, daß die Häufigkeit der einzelnen Schäden vom Charakter der Atombombenexplosion abhängt. Bei Explosionen *in größeren Höhen* über dem Erdboden, wie in Hiroshima und Nagasaki, wird die Mehrzahl der Opfer durch Verbrennungen und die Wirkung der Druckwelle hervorgerufen. Die Zahl der Opfer durch Strahlenschädigung wird nicht sehr groß und hauptsächlich durch die Primärstrahlung bedingt sein, weil die Wirkung der Reststrahlung im gegebenen Fall unbedeutend ist. Bei der Explosion einer Bombe *in geringer Höhe* oder auf der Erdoberfläche wird die Zahl der Opfer durch Druckwelle und Verbrennungen geringer sein; jedoch ist das Gebiet dann besonders stark mit radioaktiven Stoffen verseucht. Wenn alle notwendigen Vorsichtsmaßregeln befolgt werden, macht die Zahl der durch die Reststrahlung Geschädigten einen geringen Bruchteil der Gesamtopfer aus. Auch bei einer Unterwasserexplosion der Atombombe *in geringer Wassertiefe* wird die Zahl der Opfer durch Druckwelle und Verbrennungen gering sein. Allein es wird eine Anzahl von Opfern aus der Wirkung der Primärstrahlung und der Spaltprodukte geben, in geringerem Maße auch infolge Strahlung der Stoffe, die nicht der Spaltung unterworfen waren und durch die Basiswelle[1] und die sich niederschlagenden Wasserteilchen über ein großes Gebiet verteilt werden. In den ersten beiden Monaten nach Abwurf der Bombe (es können auch mehr sein) liegt die größte Gefahr in der Gamma- und Betastrahlung der Spaltprodukte.

Ganz allgemein ist zu sagen, daß die Zahl der Verluste bei einer Atom- oder Wasserstoffbombenexplosion von sehr vielen Faktoren abhängt, und zwar vom Kaliber der Bombe, von der Zahl der Einwohner und der Ausdehnung einer Stadt, von der Lage des Epizentrums der Explosion, von der Explosionsart, vom Bodenrelief, von der Tageszeit und der Jahreszeit, in der der Abwurf erfolgte, von Art und Festigkeit der Gebäude der Stadt, von Qualität und Umfang des Schutzes der Bevölkerung, von der Überraschung durch den Abwurf, vom Grad der Vorbereitung der Bewohner des Ortes auf ein solches Ereignis, von der Vorbereitung und Organisation des gesamten Luftabwehrsystems und besonders des medizinischen Dienstes.

Nach diesen allgemeinen Betrachtungen gehen wir auf die prinzipiellen Schädigungsarten ein, die bei der Atombombenexplosion entstehen, wobei die reinen Formen der Verletzungen hier nur sehr kurz beschrieben werden sollen und den kombinierten Strahlenschäden größere Aufmerksamkeit geschenkt wird.[2]

Reine Verletzungsformen

Mechanisches Trauma

Denken wir daran, daß rund 50% der Explosionsenergie der Atombombe sich in die ungeheuren Kräfte der Druckwelle verwandelt und daß in der Kernreaktionszone ein Druck von 30 Milliarden atm entsteht, so verwundert uns nicht die große Zahl der verschiedenen mechanischenTraumen, die bei einer solchen Atombombenexplosion hervorgerufen werden. Auf die rein mechanischen Traumen entfallen rund 20—30% aller Schädigungen (M. Reynolds, R. Shirabe, M. Tsuzuki). Nach amerikanischen Angaben machen die mechanischen Traumen in einer Entfernung von 500—1250 m vom Epizentrum der Explosion 60% und in einer Entfernung von 4500 m rund 14% aller Schädigungen aus. Luftschutzanlagen verringern die Schäden durch die Druckwelle auf die Hälfte bis ein

[1] Unter Basiswelle versteht man die 250—300 m hohe Welle oder Wand dichten Nebels, die aus Schaum und kleinen Wassertropfen besteht und sich an der Basis der Wassersäule bildet. Die Basiswelle breitet sich schnell in radialer Richtung vom Explosionsort aus und bewahrt die Form eines geschlossenen, sich entfaltenden Ringes. Sie dehnt sich auf erhebliche Entfernung vom Explosionsort aus und kann je nach Stärke ihrer Radioaktivität eine ernste Gefahr darstellen.

[2] Die reinen Formen mechanischer oder thermischer Traumen und der Strahlenschäden sind ausführlich in den entsprechenden Handbüchern und Monographien der Chirurgie, Traumatologie und medizinischen Radiologie behandelt und dem Arzt aus der Praxis in Friedens- und Kriegszeiten hinreichend bekannt.

Drittel. Natürlich hängt die Schwere dieser Traumen vom Abstand des Verletzten vom Epizentrum der Explosion ab. So werden bei der Explosion der gewöhnlichen nominellen Atombombe leichte mechanische Traumen im allgemeinen bis zu einer Entfernung von 2,5 km und in seltenen Fällen auch bis zu 4 km hervorgerufen (Shirabe). Die durch ein solches Trauma Verletzten sind zur Selbsthilfe und zur gegenseitigen Hilfe fähig, können sich selbständig aus der Atomexplosionszone entfernen und zu Stationen für die erste medizinische Hilfe begeben. Traumen mittlerer Schwere treten in einer Entfernung bis zu 2 km und schwere Traumen bis zu 1,5 km vom Epizentrum der Explosion auf. Diese Verletzten benötigen sofortige medizinische Hilfe und müssen schnellstens aus der Atomexplosionszone evakuiert werden.

Es ist zu beachten, daß bei einer Atombombenexplosion mechanische Traumen nicht nur durch die Druckwelle selbst hervorgerufen werden, sondern auch durch die verschiedensten „sekundären Geschosse", die in großer Zahl bei der Explosion einer Atombombe entstehen. Man muß also mechanische Traumen nach ihrer Ursache in zwei Gruppen unterteilen: 1. primäre (unmittelbare) Traumen durch unmittelbare Einwirkung der Druckwelle, manchmal auch in bedeutender Entfernung vom Epizentrum (mehr als 4 km), 2. sekundäre (indirekte) Traumen durch Sekundärgeschosse, über die weiter oben gesprochen wurde. Zu den sekundären mechanischen Traumen gehören auch jene Fälle, in denen der Wirbelwind der Luftdruckwelle die Betroffenen mit in die Höhe reißt und sie dann mit Wucht auf die Erde fallen läßt. In diesen Fällen kann zum primären Trauma, entstanden durch die Luftdruckwelle, das Trauma durch den Fall und den Aufschlag des Körpers hinzukommen.

Die Erfahrungen in Japan zeigen, daß primäre mechanische Traumen relativ selten beobachtet wurden und nur bei Menschen auftraten, die sich in unmittelbarer Nähe des Epizentrums befanden. Tödliche und schwerste Verletzungen werden bei Explosionsdrucken von einem kg/cm^2 und mehr beobachtet. Bei der Explosion einer nominellen Atombombe findet man solche Schäden in einem Radius von 750—800 m um das Epizentrum der Explosion. Schädigungen mittlerer Schwere werden in einem Umkreis von 1600 m festgestellt, leichte (bei einem Überdruck von nur 0,2 kg/cm^2) bis zu 2400 m. Die Zahl der sekundären mechanischen Traumen war sehr hoch, besonders durch Glassplitter von zerbrochenen Fensterscheiben, auch bei Personen, die sich im Moment der Explosion in Räumen aufhielten. Verletzungen durch Gebäudetrümmer können noch im Umkreis von 3200 m vom Epizentrum auftreten (Kusano). Bei den durch die Atombombenexplosion verletzten Japanern war die Häufigkeit der einzelnen mechanischen Traumen, in Prozenten ausgedrückt, folgende: Knochenbrüche 11[1], Verwundungen 37[2], geschlossene Verletzungen 52 (Crawford, Cooney, Le Roy,

[1] Darunter überwiegend Patienten mit Brüchen der oberen Extremitäten, was offensichtlich darauf zurückzuführen ist, daß alle Verletzten mit anderen Brüchen (z. B. untere Extremitäten, Becken, Wirbelsäule u. a.) sich nicht selbständig bewegen konnten und im Feuer umkamen, das den größten Teil von Hiroshima und Nagasaki ergriff.

[2] Vorherrschend waren Quetsch- und Rißwunden.

F. A. Simeone, Ch. Sillevaerts, Sears und Tsuzuki). Demnach bilden den größten Teil der Schädigungen die verschiedenen geschlossenen Verletzungen, wozu auch die Schädigungen der Hohl- und parenchymatösen Organe, besonders der Lungen gehören.

Experimentelle Befunde besagen, daß die direkte Wirkung der Luftdruckwelle in 51,4% der Fälle Schädigungen der Bauchorgane und in 92,5% Schädigungen der Lungen hervorruft (S. M. Tichodeev). Man muß also beachten, daß sich unter der direkten Wirkung der Druckwelle der Druck auf die inneren Organe durch Mund, Nase, Ohren und Analöffnung plötzlich erhöht, was u. a. zu geschlossenen Verletzungen der Lungen, des Mastdarmes und anderer innerer Organe führt (Cooney). So haben japanische Ärzte etwa 200 Verletzte mit geplatztem Trommelfell registriert, die unter dem Einfluß der Druckwelle gestanden hatten.

Untersuchungen von V. K. Žgenti, G. P. Nazarišvili, A. A. Kvaliašvili, E. M. Semenskaja, Š. R. Topurija, E. N. Cverava zeigten, daß man beim Hund unter der Wirkung der Druckwelle eine Reihe von pathophysiologischen und morphologischen Veränderungen beobachtet, wie zum Beispiel zeitweilige Erhöhung der Erythrocytenzahl um 1,5—2 Mill. mit Nachschwankungen, die die Grenzen des Normalen nur wenig übersteigen, eine geringe neutrophile Leukocytose nach einer kurzen Leukopenieperiode, eine leichte Verringerung des Gesamteiweißes auf Kosten der Albumine, zahlreiche Blutungen in den parenchymatösen Organen u. a. Es ist interessant und wichtig, daß die Autoren bei Hunden, die der Wirkung einer Druckwelle geringer Kraft und einer Bestrahlung von 300—400 r ausgesetzt waren, klinisch keine schweren Strahlenschäden finden konnten, aber doch schwere Zeichen von seiten des Zentralnervensystems, der Lunge und des Darms, die für die Wirkung der Druckwelle sprechen. Jedoch sind fast alle Hunde nach einer solchen kombinierten Schädigung an traumatischer Kachexie gestorben. Unter der Wirkung einer *starken* Druckwelle und einer Bestrahlung (400—450 r) wurde bei Hunden eine schnellere und schwerere Entwicklung der Strahlenkrankheit beobachtet, wobei alle pathophysiologischen und morphologischen Veränderungen, die charakteristisch für die Druckwelle und die Bestrahlung sind, sich in diesen Fällen stärker entwickelten. Zu den geschlossenen Verletzungen muß man auch die allgemeinen Kontusionen oder das „Lufttrauma" (B. N. Nifontov)[1] rechnen, ebenso das sehr wichtige Crushsyndrom oder die traumatische Toxikose (Kap. XI). Die Erforschung der Folgen der Atombombenexplosion in Nagasaki zeigte, daß die durch die Druckwelle verursachten tödlichen Schäden mit der Entfernung vom Explosionsort abnehmen. In einer Entfernung bis zu 0,8 km vom Explosionsort (Zone der schweren Schädigungen) betrug die Zahl der Todesopfer durch die Druckwelle 85% der Gesamtzahl der Schäden als Folge der Druckwelle auf diesem Gebiet, in einer Entfernung von 1,6 km (Zone der mittleren Schädigungen) 35% und in einer Entfernung bis zu 3,2 km 0,5%.

[1] B. N. Nifontov, Luftexplosionstrauma. Moskau 1957.

Natürlich sind alle diese reinen Formen mechanischer Traumen weder nach Verlauf noch in bezug auf die erste Hilfe und Behandlung irgendwie spezifisch und sind den Ärzten, besonders den Chirurgen, aus der Friedens- und Kriegspraxis vertraut. Da sie ausführlich in den Handbüchern für Chirurgie und Traumatologie oder in einschlägigen Monographien dargelegt sind, (z. B. B. N. Nifontov u. a.) erübrigt es sich, bei einer genauen Beschreibung der rein mechanischen Traumen zu verweilen. Es bleibt lediglich zu unterstreichen, daß bei einer Atombombenexplosion eine große Anzahl verschiedenster geschlossener Verletzungen, darunter verschiedene Kontusionen (Lufttrauma) und auch das Crushsyndrom, entstehen. Gerade die *geschlossenen Verletzungen sind eine charakteristische Besonderheit der reinen Formen mechanischer Traumen bei Atombombenexplosionen.*

Thermisches Trauma

Es wurde bereits erwähnt, daß im Zentrum der Atombombenexplosion eine Temperatur von einigen Millionen Grad herrscht und daß der Anteil der Lichtstrahlung ein Drittel der Gesamtenergie der Atombombenexplosion ausmacht. Als Folge dieser ungeheuren Explosionstemperatur und der gewaltigen Licht-(Hitze-)Strahlung entstehen zahlreiche thermische Verbrennungen verschiedenen Grades. Außerdem rufen die Brände, die sich nach der Explosion entwickeln, weiterhin zahlreiche Verbrennungen hervor. So stellen die Verbrennungen bei Atombombenexplosionen eine äußerst wichtige und sehr häufige Art der „Atompathologie" dar, die einige Besonderheiten aufweist, so daß sie in einem besonderen Kapitel (s. Kap. VIII) behandelt werden.

Strahlenschäden

Die verschiedenartigen Strahlenschäden können entweder infolge äußerer ionisierender Strahlung entstehen (Atombombenexplosion, Röntgenapparate, Kernreaktoren, äußere Einwirkung durch radioaktive Stoffe usw.) oder als Folge der Einwirkung einer inneren Strahlenquelle (Strahlung radioaktiver Stoffe, die auf irgendeine Weise in den menschlichen Organismus gelangt sind). Die Ursache für eine Strahlenschädigung kann also eine äußere oder eine innere Bestrahlung sein. Vor der Abhandlung der verschiedenen Formen von Strahlenschäden wird kurz auf einige allgemeine Fragen einzugehen sein.

Unter der Wirkung ionisierender Strahlung entstehen im lebenden Organismus sogenannte primäre und sekundäre Reaktionen, deren Entwicklungsstufe eigentlich das verschiedenartige klinische Bild des Strahlenschadens bedingt. Die verschiedenen Arten ionisierender Strahlung rufen in bestimmten Grenzen die gleiche pathogenetische Wirkung hervor, der die Fähigkeit der Strahlung zugrunde liegt, in Wechselwirkung mit den Biosubstraten eine Ionisation der Atome und Moleküle hervorzurufen. Diese spezifische Eigenschaft der äußeren und inneren Bestrahlung ist es im wesentlichen, die die Einheitlichkeit des klinischen Bildes der

Strahlenschädigungen, unabhängig vom Charakter der Strahlung, bestimmt. Allerdings sind manchmal gewisse Symptome der Schädigungen durch Besonderheiten der einzelnen Strahlenquellen bedingt; diese Symptome spielen jedoch nur selten im allgemeinen klinischen Bild der Strahlenschädigung eine bedeutendere Rolle (P. D. GORIZONTOV).

Die primäre biologische Reaktion auf die Einwirkung ionisierender Strahlung beruht auf der Entwicklung der erwähnten Prozesse der Ionisation und der Anregung von Atomen und Molekülen der lebenden Materie. Diese Reaktion ist kurz und geht nur im Moment der Bestrahlung selbst vor sich. Das Auftreten von positiv und negativ geladenen Ionen in Zellen und Geweben, d. h. der Prozeß der Ionisation (hauptsächlich der Moleküle des Wassers), hat im Mechanismus der pathologischen Wirkung der verschiedenen Strahlungen grundlegende Bedeutung.

Es gibt einige Theorien, die den Mechanismus der primären Wirkung der ionisierenden Strahlung erklären, zum Beispiel die Theorie der direkten Wirkung oder der empfindlichen Bereiche (Treffertheorie), die Theorie der indirekten Wirkung oder der Zersetzung des Wassers unter Bildung biologisch aktiver Radikale u. a. Zur Zeit hat die Theorie der biologischen Wirkung aktiver Radikale die meisten Anhänger. Nach dieser Theorie spielen in der primären biologischen Wirkung der Strahlung die aktiven Radikale H, OH und HO_2 eine entscheidende Rolle (A. K. VEREŠČINSKI, A. M. KUZIN, WEISS, CLARK u. a.). Diese Radikale, die in erster Linie bei der Bestrahlung und Ionisation des wäßrigen Mediums entstehen (bekanntlich besteht der menschliche Organismus zu zwei Dritteln aus Wasser), sind chemisch sehr aktiv und reagieren schnell, nicht nur untereinander, sondern auch mit beliebigen anderen Molekülgruppen, die an einer Oxydation oder Reduktion teilnehmen können. Auf Grund der erhöhten chemischen Aktivität der Ionen und der angeregten Atome entstehen auch in den Biosubstraten verschiedene Schädigungseffekte, die sich in verschiedenen funktionellen und morphologischen Störungen der einzelnen Organe und Organsysteme äußern (Nervensystem, endokrine Drüsen und vieles andere), deren Gesamtheit auch die Entstehung und Entwicklung der Allgemeinreaktion des Organismus auf die Bestrahlung bestimmt. Der Grad dieser allgemeinen Reaktion (als Strahlenkrankheit oder ähnliches) hängt sowohl von der eigentlichen Bestrahlung (Art, Dauer der Einwirkung u. a.) als auch von der Natur des Objektes ab, auf das die Strahlen einwirken, also vom Organismus des Menschen (Alter, Geschlecht, individuelle Besonderheiten, Allgemeinzustand usw.). Es ist besonders zu betonen, daß der gleichzeitige Einfluß mechanischer und thermischer Traumen (Kombinationsschäden) den Verlauf der lokalen und der allgemeinen Strahlenschädigung entscheidend belastet und ihre Prognose verschlechtert.

Die sekundäre oder Folgereaktion des Organismus entwickelt sich in einer relativ langen Zeit und entspricht der sogenannten Latenzperiode der Strahlenschädigung, einer Periode scheinbaren Wohlbefindens. Die Natur dieser sekundären Reaktion ist bis jetzt noch nicht völlig geklärt. Man hat eine Reihe von Hypothesen in diesem Zusammenhang aufgestellt, zum Beispiel über die Störung des

Nukleoprotein-Stoffwechsels, über die Existenz eines primären Toxins in der Art von Histamin oder etwas anderem (S. A. Nikitin, F. Ellinger u. a.) und endlich die Theorie der Entwicklung von Kettenreaktionen (N. N. Semenov, B. N. Tarusov), die auch von vielen anerkannt wird. Während der Kettenreaktion und der späteren sekundären Reaktionen vollzieht sich im Organismus eine ständige Anhäufung verschiedener toxischer Produkte (Cholin, denaturierte Eiweiße, Histamin, Lipotoxine u. a.), die den phasischen Verlauf der Strahlenschädigung sehr gut erklären kann (V. N. Benevolenskij, B. N. Tarusov u. a.). Dabei ist wichtig, daß diese toxischen Produkte nicht immer im Blut zirkulieren müssen, sie können sich auch nur in den entsprechenden Organen und Geweben befinden. So ergaben zum Beispiel neuere Untersuchungen die Existenz eines haemolytischen Faktors, der sich nach einer inneren oder äußeren Bestrahlung von Tieren in der Leber, der Milz, den Nieren, dem Gehirn und anderen Organen bildet (V. D. Kudrjašov, A. S. Močalina, B. N. Tarusov u. a.).

Im folgenden werden wir nicht weiter auf die einzelnen Gesichtspunkte und Theorien[1] eingehen, erwähnen jedoch noch, daß die pathogenetische Wirkung ionisierender Strahlung auf den Organismus sehr vielseitig ist und zweifellos auf verschiedene Weise vor sich gehen kann, nämlich: auf dem Wege direkter schädigender Wirkung auf Zellen und Gewebe, der Wirkung auf das Nervensystem (mit Spätentwicklung einzelner indirekter Reaktionen) und schließlich durch Einwirkung auf die blutbildenden Organe und das Blut, das im flüssigen Milieu des Organismus sowohl direkt durch die Ionisation als auch später durch eine dystrophische Störung der Tätigkeit der Gewebe oder deren Tod verändert werden kann (P. D. Gorizontov, A. V. Lebedinskij u. a.). Die ionisierende Strahlung kann entweder vorwiegend Schädigungen der Hautoberfläche (Strahlenverbrennungen) hervorrufen oder zur Entstehung einer Strahlenkrankheit führen. Dies hängt im wesentlichen von der Durchdringungsfähigkeit der verschiedenen Strahlungen ab. So ruft zum Beispiel die äußere Bestrahlung mit Alpha- und Betateilchen, die nur wenig in das Gewebe eindringen, hauptsächlich eine Schädigung der Haut hervor. Im Falle einer Röntgen-, Gamma- oder Neutronenbestrahlung mit hoher Durchdringungsfähigkeit stehen allgemeine Strahlenschäden in Form einer Strahlenkrankheit im Vordergrund.

Die häufigste Form der Strahlenschädigung bei einer Atombombenexplosion ist die *akute Strahlenkrankheit*, die in Japan bei ungefähr 15% der Opfer auftrat (Behrens, N. S. Berlin, R. R. Wilson, Kuzano, Cooney, Lyon, Sears, Warren, K. Holubec, Tsuzuki u. a.). Bekanntlich entsteht die „akute Strahlenkrankheit" bei einmaliger Ganzbestrahlung mit mehr als 100 bis 200 r. Der Schädigungsgrad ist direkt abhängig von der Entfernung zwischen dem Explosionsort und dem Aufenthaltsort des Geschädigten im Augenblick der Explosion. Es lassen sich vier Schädigungszonen unterscheiden:

Die erste Zone mit einem Radius bis zu 1000 m vom Epizentrum der Explosion und einem Strahlungsniveau von 1000 r und mehr. Bei den Menschen, die sich in

[1] Ausführliches darüber steht in den Handbüchern der medizinischen Radiobiologie.

dieser Zone völlig ungeschützt aufgehalten hatten, wurde eine schwere Strahlenkrankheit beobachtet, die in fast allen Fällen den Tod nach 24 Stunden bzw. 4—10 Tagen nach der Bestrahlung zur Folge hatte.

Die zweite Zone hat einen Radius von 1000—2000 m vom Epizentrum. Von den Menschen, die sich in dieser Zone aufgehalten hatten, starben 50% an einer „akuten Strahlenkrankheit" im Verlauf von 3—5 Wochen.

Die dritte Zone entspricht einem Radius von mehr als 2000 m vom Epizentrum. In dieser Zone wurden leichtere Formen der Strahlenkrankheit beobachtet; von diesen Geschädigten überlebte ein größerer Teil. Bei den übrigen trat der Tod, wenn überhaupt, erst nach sechs Wochen Krankheit ein und stand in den meisten Fällen mit Komplikationen in Zusammenhang: aplastischen Anämien, Blutergüssen, Pneumonien oder schweren Enterokolitiden.

Die vierte Zone mit einem Radius von 3—4 km lag an der äußersten Grenze der schädlichen Strahlenwirkung. Da im allgemeinen keine Komplikationen auftraten, waren Todesfälle in dieser Zone sehr selten.

Die Strahlenkrankheit in ihrer reinen Form bedarf nur einer konservativen Behandlung durch den Therapeuten, worauf wir hier im einzelnen nicht einzugehen brauchen. Aber da sich der Chirurg mit der Strahlenkrankheit bei kombinierten Strahlenschädigungen möglicherweise zu befassen haben wird, müssen wir doch, wenn auch nur kurz, eine grundlegende Einführung geben. Der Verlauf der akuten Form der Strahlenkrankheit kann grob in vier Stadien oder Perioden eingeteilt werden:

Die *erste oder Anfangsperiode* (Periode primärer Reaktionen) entwickelt sich in Abhängigkeit von der Strahlendosis 10—20 Minuten oder wenige Stunden nach der Bestrahlung und dauert einige Stunden bis zu 1—2 Tagen, manchmal sogar 3—5 Tage. Bei den durch die Atombombenexplosion geschädigten Japanern dauerte sie durchschnittlich einen Tag. In einzelnen Fällen zog sie sich auch zwei und mehr Tage hin. Bei denen, die eine hohe Dosis (600 r und mehr) erhalten hatten, traten die Symptome der Strahlenkrankheit in 75% aller Fälle schon eine halbe Stunde nach der Explosion auf. In dieser Periode beobachtet man eine gewisse Benommenheit oder allgemeines Unwohlsein, leichte Ermüdbarkeit, Erhöhung der Temperatur, Verringerung des Appetits, Übelkeit, Erbrechen, Durchfälle, Kopfschmerzen, Schwindel, Schläfrigkeit, niedrigen Blutdruck, Lymphopenie u. a.

Nach und nach klingen alle diese Erscheinungen wieder ab, und es beginnt die *zweite oder Latenzperiode* (Periode relativen oder „scheinbaren" Wohlbefindens), die in Abhängigkeit von der Schwere der Schädigung von einigen Tagen bis zu 2—3 Wochen und länger andauern kann. Trotz des scheinbaren Wohlbefindens gehen im Organismus während dieser Periode erhebliche, wenn auch in der Hauptsache vorerst funktionelle Veränderungen vonstatten: Veränderungen der Bioströme im Gehirn, Schwankungen in der Tätigkeit des höheren Nervensystems, Veränderungen des Blutes (Leukopenie, Lymphopenie, Thrombocytopenie u. a.). Die Mehrzahl der Kranken verliert in dieser Periode an Gewicht. Es ist hervorzuheben, daß gleichzeitiges Vorliegen mechanischer oder thermischer

Traumen die erste und zweite Periode der Strahlenkrankheit in gewissem Grade verkürzt.

In ganz besonders schweren Fällen kann die Latenzperiode fehlen und die erste, d. h. die Anfangsperiode der Strahlenkrankheit, unmittelbar in die *dritte Periode* (toxische oder Fieberperiode) übergehen, in der alle typischen Zeichen des Höhepunktes der akuten Strahlenkrankheit vorhanden sind: Allgemeines Unwohlsein, Adynamie, verringerter Appetit, Fieber, Anämie, Leukopenie, Thrombocytopenie, Übelkeit, Erbrechen, Durchfall (nicht selten blutig), Geschwürsprozesse im Verdauungstrakt, Blutungsbereitschaft, Blutungen in verschiedenen Organen, Epilation, schnelle Abmagerung usw. Allmählich entwickelt sich das Bild einer Sepsis, die gegenüber den anderen Merkmalen der Strahlenkrankheit dominieren kann. Bemerkenswert ist, daß besonders in dieser Periode häufig Symptome einer Schädigung des Myocards und der parenchymatösen Organe mit Entwicklung degenerativer und nekrotischer Prozesse verschiedener Schwere auftreten. In der Höhepunktsperiode der Strahlenkrankheit verändern sich besonders die Stoffwechselprozesse im Organismus, die regenerativen Fähigkeiten aller Gewebe werden geringer, und die Wundheilung verlangsamt sich. Die natürliche Widerstandskraft des Organismus gegen Infektionen ist stark geschwächt; dadurch sinkt der Schwellenwert für eine Infektion mit pathogenen Bakterien. Eine besondere Bedeutung kommt der Autoinfektion des Verdauungstraktes zu. Das Hinzutreten einer Infektion verstärkt natürlich die Schwere der Strahlenkrankheit und der Wundprozesse. Bei den Opfern in Japan begann diese dritte Periode etwa 10 Tage nach der Bestrahlung und dauerte von wenigen Tagen bis zu 3 Wochen und länger.

Die dritte Periode der Strahlenkrankheit endet entweder mit dem Tod oder geht allmählich in die langdauernde vierte Periode, die Genesungsperiode, über, in der eine langsame Besserung des Allgemeinzustandes eintritt und die verschiedenen Organe und Systeme wieder zu funktionieren beginnen. Diese Periode dauert von einigen Monaten bis zu einem Jahr und länger und ist häufig durch Asthenie, Blutveränderungen, funktionelle oder organische Veränderungen der inneren Organe, Stoffwechselstörungen, trophische Schäden der Haut u. a. gekennzeichnet. Mit anderen Worten: diese Periode stellt eine eigene chronische Form der Strahlenkrankheit dar. Nach Überwinden einer akuten Strahlenkrankheit traten später nicht selten verschiedene Früh- und Spätfolgen auf: Dauerepilation, Hautnarben, chronische Geschwüre auf den Schleimhäuten, chronische Anämie und Herabsetzung der Widerstandskraft gegen Infektionen, dauernde oder zeitweilige Unfruchtbarkeit usw. Bei einem Teil der Kranken traten nach langer Latenzzeit Leukämien, Katarakte, bösartige Geschwülste und andere Komplikationen und Folgen auf (Kap. XII).

Je nach Schwere der Strahlenkrankheit (die im Grunde wiederum von der Gesamtdosis der absorbierten Strahlung abhängt) *unterscheidet man vier Grade oder Formen*, nämlich

1. Leichte Strahlenkrankheit (Strahlenkrankheit 1. Grades) bei einer Strahlendosis von 100—300 r;

2. Mittelschwere Strahlenkrankheit (Strahlenkrankheit 2. Grades) bei einer Strahlendosis von 300—400 r;
3. Schwere Strahlenkrankheit (Strahlenkrankheit 3. Grades) bei einer Strahlendosis von 400—600 r;
4. äußerst schwere oder blitzartige Form der Strahlenkrankheit, die bei einer Dosis von 1000 r und mehr entsteht.

Klinik und Perioden der akuten Strahlenkrankheit sind nach Schwere der Erkrankung schematisch in Tab. 2 dargestellt, die mit geringfügigen Änderungen der Arbeit von J. G. Grigor'ev entnommen wurde.

Die Sterblichkeit hängt entscheidend von der Dosishöhe der ionisierenden Strahlung ab:

Dosis (r)	Sterblichkeit der Menschen (in %)
100	0
200	5
300	15
400	50
500	85
600	95
700	100

Natürlich haben auf die Sterblichkeit eine ganze Reihe von Faktoren Einfluß: individuelle Empfindlichkeit, Geschlecht, Alter, Zustand des Organismus u. a. m. So verläuft zum Beispiel unter gleichen Bestrahlungsbedingungen die Strahlenkrankheit bei Kindern und Greisen schwerer als bei Menschen mittleren Alters. Erkrankungen des Herzens, der Leber, der Milz, aber auch Diabetes, Thyreotoxikose, Infektionskrankheiten u. a. erhöhen die Strahlenempfindlichkeit erheblich. Besonders schwer verläuft die Strahlenkrankheit während der Schwangerschaft und nach der Niederkunft. Die Literatur bringt einzelne Fälle, bei denen Menschen noch eine Ganzbestrahlung von 1000 r überstanden. Nach den Angaben der japanischen Autoren wurden tödliche Schädigungen durch die ionisierende Strahlung bei 100% der Menschen beobachtet, die sich ungeschützt in einer Entfernung bis zu 0,8 km vom Explosionszentrum befunden hatten; in einer Entfernung bis zu 1,2 km wurden 50% der Opfer von der durchdringenden Strahlung getötet.

Wir sind hier auf die hauptsächlichsten Charakteristika der reinen Form der Strahlenkrankheit nur insoweit eingegangen, als diese für Chirurgen und Traumatologen von besonderem Interesse sind (Fragen der Schmerzausschaltung, Indikationen und Gegenindikationen operativer Eingriffe u. v. a.; siehe auch die entsprechenden Kapitel[1]). Außer akuter oder chronischer Strahlenkrank-

[1] Einige ergänzende Angaben über Strahlenschäden sind in anderen Kapiteln dargestellt.

heit können unter der Einwirkung einer äußeren Strahlenquelle Hautschäden auftreten, in erster Linie die sogenannten Strahlenverbrennungen, weiter eine ganze Reihe anderer Komplikationen. Da die Strahlenverbrennungen und andere Folgen der Einwirkung ionisierender Strahlung für den Chirurgen von besonderem Interesse sind, wird eine ausführliche Zusammenfassung in gesonderten Kapiteln gebracht (s. Kap. IX u. XI).

Wie oben erwähnt, können nicht nur äußere Strahlenquellen die Ursache für Strahlenschäden sein, sondern es können auch verschiedene radioaktive Stoffe durch Inkorporation zu inneren Strahlenquellen werden. Mit dieser wichtigen Strahlenschädigungsform müssen wir uns eingehender befassen. Zunächst sei erwähnt, daß der menschliche Organismus normalerweise ganz geringe Mengen verschiedener radioaktiver Stoffe enthält, zum Beispiel Kohlenstoff, Kalium, Radium u. a. Bis zu 70% dieser radioaktiven Stoffe sind in den Knochen gespeichert. Umstände, unter denen verschiedene radioaktive Stoffe in den Organismus gelangen, können in Friedenszeiten (beim Umgang mit radioaktiven Stoffen) ebenso wie im Krieg (Explosion einer Atombombe, Anwendung radioaktiver Kampfstoffe) eintreten.

Radioaktive Stoffe können in den menschlichen Organismus durch die Atmungsorgane (radioaktiver Staub), den Magen-Darmtrakt (durch Nahrung und Wasser, die mit radioaktiven Stoffen verunreinigt sind) und über die unbeschädigte oder beschädigte Haut gelangen (Verschmutzung der Wundflächen mit radioaktiven Stoffen). Verständlicherweise hat der letztere Weg für Chirurgen oder Traumatologen besonderes Interesse, um so mehr, als das Eindringen radioaktiver Stoffe in den Organismus durch Wunden eine erhebliche Gefahr innerer Bestrahlung mit sich bringt[1]. Abgesehen von der Aufnahme radioaktiver Stoffe von außen in den Organismus muß man noch die Möglichkeit ihrer Entstehung im Organismus selbst berücksichtigen. Unter der Wirkung des Neutronenflusses (der bei der Atombombenexplosion entsteht) laufen im Organismus Kernreaktionen an, durch die sich verschiedene radioaktive Substanzen bilden. Dies ist die sogenannte induzierte Radioaktivität, die oben bereits besprochen wurde. Zum Beispiel fand sich nach der schon erwähnten Havarie des Uranreaktors im Los-Alamos-Laboratorium im Blut der Opfer induzierte Radioaktivität in Form von Phosphor und Natrium. Allerdings erreichte nach der Explosion der Atombombe in Japan die induzierte Radioaktivität der Körpergewebe bei den Geschädigten keine klinisch erhebliche Dosis, was im entscheidenden Maße durch die Explosionshöhe der Bombe bedingt war.

Welches ist das weitere Schicksal der in den Körper gelangten radioaktiven Stoffe? Wie sie auch in den Organismus gelangt sein mögen, sie werden nur kurze Zeit an den Eintrittspforten nachweisbar sein, da schon in den nächsten Minuten eine ziemlich rasche Resorption in das Blut einsetzt, dessen Strom sie in alle Organe und Gewebe trägt. Die Resorption der radioaktiven Stoffe in den Organismus hängt von sehr vielen Faktoren ab: von der Resorptionsfähigkeit der

[1] Siehe Kap. VII.

Tabelle 2. Die Klinik der akuten Strahlen-

Perioden	Schweregrad	
	leicht	mittel
1. Anfangsperiode (Periode primärer Reaktionen)	Geringe allgemeine Schwäche, erhöhte Ermüdbarkeit. Leichte Übelkeit, unbedeutende Erniedrigung des arteriellenDruckes. Eventuell Granulocytose bis 10000–14000. Leichte Lymphopenie. Dauer 1–2 Tage	Allgemeine Schwäche, erhöhte Ermüdbarkeit, Schläfrigkeit, Schwindelgefühl, Verschärfung des Geruchsinns, Übelkeit, manchmal Erbrechen. Rückgang des Appetits, Erniedrigung des arteriellen Druckes, Leukocytose (16000–20000), mäßige Lymphopenie, geringe Linksverschiebung, Reticulocytose. Dauer 1–2 Tage
2. Periode des scheinbaren Wohlbefindens (oder Latenzperiode)	Besserung des Allgemeinzustandes, Wiederherstellung der Arbeitsfähigkeit. Die Zahl der Leukocyten schwankt in den Grenzen der Norm. Leichte Lympho- und Thrombocytopenie. Dauer etwa 5–6 Wochen	Unbedeutende allgemeine Schwäche. Atemnot bei physischer Anstrengung. Schwankung der Leukocytenzahl, öfters mäßige Leukopenie, ausgeprägte Lymphopenie, Thrombocytopenie, Reticulocytopenie. Dauer 10–20 Tage
3. Periode des Höhepunktes der Krankheit (toxische oder Fieber-Periode)	Erscheinungen leichter Schwäche, Ermüdbarkeit. Verschlechterung des Appetits. Der arterielle Druck kann sinken. Leukopenie (2500–5000), unbedeutende Lymphopenie (800 bis 1000), Thrombocytopenie (auf 80000–120000), leichte Anämie (nach 1–2 Monaten), unbedeutende Reticulopenie,	Allgemeine Schwäche, gesteigerte Ermüdbarkeit, Appetit verringert, Temperatur ist im Verlauf von 8–28 Tagen öfters erhöht, mäßige Epilation, katarrhalische Angina, seltener phlegmonöse. Die hämorrhagischen Erscheinungen erreichen ihren Höhepunkt in der 4. Woche: Blutungen aus Nasenhöhle, Zahnfleisch; Blut und Schleim im Kot,

krankheit beim Menschen

Schweregrad	
schwer	äußerst schwer
Allgemeine Schwäche, depressive Zustände (auch Euphorie möglich), Erscheinungen der Prostration, Übelkeit, Erbrechen (häufig unstillbar), Verringerung des Appetits oder widernatürlicher Appetit, Schwere im Kopf, Kopfschmerz, Schläfrigkeit, Geruchs-Halluzinationen, Verringerung des Muskeltonus. Gefühl der Brustbeklemmung, Pulslabilität. Hypotonie, Atemnot bei geringer physischer Anstrengung, manchmal Durchfall. Granulocytose bis 18000—30000, starke Lymphopenie, unbedeutende Linksverschiebung, Thrombocytopenie, Reticulocytose. Gegen den 2. Tag geht die Zahl der Leukocyten bis zum Ausgangswert und tiefer zurück. Dauer 1—2 Tage	Starke Schwäche, Erscheinungen der Prostration, schockartiger Zustand. Unstillbares Erbrechen, Durchfall, vom 2. Tag an manchmal unter Beimengung von Blut und Schleim. Völliges Fehlen des Appetits, Durst. Ausgeprägte Leukozytose (35000 bis 45000), starke Lymphopenie. Tödlicher Ausgang durch Kollaps und Schockwirkung möglich. Dauer 1 Tag
Allgemeinzustand bessert sich, manchmal kann die allgemeine Schwäche bleiben, Atemnot bei physischer Anstrengung, schlechter Appetit, Übelkeit, Schwindelgefühl, Schlafstörungen, Halluzinationen, Pulslabilität. Anzahl der Leukocyten auf 1000 bis 2000 gesunken, starke Lymphopenie. Neigung der Erythrocyten zur Geldrollenbildung. Heftige Reticulocytopenie, Thrombopenie (50000—100000). Dauer 2—10 Tage	Die Latenzperiode entfällt oder ist sehr kurz und ist nur durch eine gewisse Besserung des Allgemeinbefindens gekennzeichnet. Dauer 1—2 Tage
Starke Verschlechterung des Allgemeinzustandes. Prostration, Adynamie, schnelle Ermüdung von Bewegung im Bett, Besprechung mit dem Arzt, durch Nahrungsaufnahme. Ausgeprägte Erscheinungen von Asthenisation. Temperatur ist immer auf 39—41° erhöht. Ausbreitung der Epilation auf Kopf, Brauen, Bart, Leistengegend, Achselhöhlen, Brust. Störungen von seiten des Magen-Darmtrakts vom 8.—12. Tag an: starke Verschlechterung des Appetites, Trockenheit im Mund, trockene Zunge,	Sehr schlechter Allgemeinzustand; Adynamie, Muskelhypotonie. Einsetzen starker Funktionsstörungen von seiten des Magen-Darmtraktes, Durchfall (20- bis 30mal tägl.) mit Beimengung von Schleim und geringen Mengen Blut. manchmal pausenloses Erbrechen. Temperatur sinkt auf 35—36°!

Perioden	Schweregrad	
	leicht	mittel
	Eosinophilie, Monocytose. BSG kann beschleunigt sein.	Unterhautblutungen, verlängerte Blutungszeit. Von der 3. Woche ab Stomatitis mit Höhepunkt um den 28. Tag. Infektiöse Komplikationen möglich. Absolute Neutropenie (600—1800), starke Lymphopenie. Maximale Entwicklung der Leukopenie wird gegen die 2.—3. Woche beobachtet. Linksverschiebung. Entwicklung der Thrombocytopenie gegen die 2. Woche (bis 50000); unbedeutende Anämie, Anzahl der Reticulocyten stark vermindert (am Ende der Periode setzt Reticulocytose ein). BSG beschleunigt. Möglichkeit des tödlichen Ausganges in der 3.—4. Woche nach Einsetzen der Krankheit. Dauer 12—14 Tage
4. Genesungsperiode	Wiederkehr der Arbeitsfähigkeit. Manchmal asthenische Erscheinungen. Langsame Wie-	Besserung des Allgemeinzustandes. Die allgemeine Schwäche kann bis zu 3 Monaten anhalten. Beginnender

Schweregrad	
schwer	äußerst schwer
belegt mit geschwürigen Stellen; manchmal Übelkeit und Erbrechen, Durchfall mit Blut und Schleim. Spasmen und Schmerzen im Bauch, ausgeprägter Meteorismus, Druckschmerz bei Palpation des Dickdarms, akuter Ileus möglich. Entzündung der Mundschleimhäute mit Geschwürbildung am 17.–24. Tag, Zahnfleischschwellung („Strahlenstomatitis"). Nekrotische oder phlegmonöse Angina. Sichtbare Schleimhäute blaß. Puls und Atmung beschleunigt; dumpfe Herztöne, systolisches Geräusch, arterieller Druck verringert. Stark ausgeprägte hämorrhagische Erscheinungen (vom 6.–16. Tag): Blutungen an Injektionsstellen, Nasenbluten, ausgedehnte Unterhautblutungen am ganzen Körper, besonders häufig am Kopf, Gesicht, Oberarm, vorderen Thorax, Blutungen der sichtbaren Schleimhäute, Blut im Auswurf und Speichel, Blutungszeit nach DUKE auf 15–20 Minuten verlängert, Blutgerinnungszeit sehr stark verlangsamt. Unbedeutendes Trauma führt zur Entwicklung eines Hämatoms. Sehr starke Leukopenie (manchmal bis zum gänzlichen Fehlen von Leukocyten). Lymphopenie (50–500 Zellen und weniger), Thrombocytopenie (manchmal bis zum Verschwinden der Thrombocyten am 10.–16. Tag); Retikulocytopenie, manchmal bis zum völligen Fehlen der Reticulocyten. Erniedrigung des Hämoglobingehaltes um 20–40% (bis 35–45%), der Erythrocyten um 1500000–3 Millionen (auf 2500000–3 Millionen); Aniso- und Poikilocytose; Beschleunigung der Senkung bis 50–70 mm in der Stunde, Mikro- und Makrohämaturie, Albuminurie; Reaktion auf Urobilin positiv. Beim Fehlen einer Therapie tödlicher Ausgang vom 8.–14. bis 20.–25. Tag.	Hämorrhagische Erscheinungen fehlen. Im peripheren Blut Leukopenie, Lymphopenie und mäßige Thrombocytopenie, der prozentuale Gehalt an Hämoglobin und die Zahl der Erythrozyten sind bedeutend erhöht! Tödlicher Ausgang nach 3–4 Tagen unter Erscheinungen starker Wasserverarmung des Organismus.
Allmähliche Besserung des Allgemeinzustandes. Es verbleibt die schnelle Ermüdbarkeit. Aufgedunsenheit des Gesichtes und der Extremitäten fallen auf.	

Perioden	Schweregrad	
	leicht	mittel
	derherstellung der Leukocytenzahl; Monocytose und Eosinophilie kommen vor.	Haarwuchs nach etwa 40–45 Tagen, die volle Haarbedeckung wird etwa in 4–5 Monaten erreicht. Bei Frauen gestörter Menstrualcyclus, beim Mann Aspermie. Nach 2 Monaten kann man eine völlige Normalisierung der Zahl der Leukocyten und Thrombocyten beobachten. Linksverschiebung, Eosinophilie. Zu Beginn dieser Periode beobachtet man eine Verringerung der Zahl der Erythrocyten auf 1300000 bis 3800000 und des Hämoglobins auf 20–30% (!). Die Zahl der Reticulocyten ist meist erhöht. Anhaltende Anämie. Mit der 7. Woche verringert sich die Blutungszeit. Die Besserung des Allgemeinzustandes und die Normalisierung des Blutes können unvollständig sein. Am Ende des 3. Monats kann erneut eine gewisse Verschlechterung des Zustandes der Kranken eintreten, geringe Erniedrigung der peripheren Blutwerte. Arbeitsfähigkeit tritt in der Regel 2–3 Monate nach der Bestrahlung wieder ein.
5. Sofort- und Spätfolgen, die einige Jahre nach der Bestrahlung beobachtet werden		Erschöpfung des Organismus Alterung des Organismus, Asschaft. Erkrankungen des Blutbil- Infektiöse Komplikationen. Kataraktentwicklung. Späte Hautkrebs. Keloide, Strahlen- Geschwülste verschiedener Lo-

Schweregrad	
schwer	äußerst schwer
Die restlichen Haare werden trocken und spröde. Mehrmalige Epilation ist möglich. Die Wiederherstellung des peripheren Blutes geht langsam vor sich mit deutlicher Linksverschiebung. Im Verlauf des 1. Monats entwickelt sich die Anämie weiter. Störungen von seiten der Sexualsphäre werden beobachtet.	
Krankenhausaufenthalt dauert etwa 3—4 Monate. Tödlicher Ausgang ist wahrscheinlich durch Komplikation mit infektiöser Erkrankung. Bei Genesung tritt die Arbeitsfähigkeit etwa im 3.—4. Monat oder später wieder ein.	

mit Auftreten verschiedener dystrophischer Veränderungen, ständige Blässe, schnelle
permie, Störungen des Menstrualcyclus, negative Auswirkung auf die Nachkommen-

dungssystems.

Nekrosen und Hautgeschwüre.
nekrosen, spontane Knochenbrüche, Osteosarkome.
kalisation.

Oberfläche, auf die die radioaktiven Stoffe gefallen sind (so geht etwa über Schleimhaut, Serosa und Synovia die Resorption radioaktiver Stoffe intensiver vor sich als über die Haut), von physikalisch-chemischen Eigenschaften der radioaktiven Stoffe (insbesondere von ihrer Löslichkeit in den Gewebsflüssigkeiten), von ihrer Menge, von individuellen Besonderheiten des Organismus und von vielem anderen. Von Einfluß auf die Resorption radioaktiver Stoffe ist auch der Zustand des Zentralnervensystems. So änderte sich nach Versuchen von V. I. Bajdak und V. I. Zapadnjuk die Resorption von radioaktivem Schwefel oder Phosphor durch die Schleimhäute erheblich bei Reizung (Coffein, Strychnin) oder Dämpfung (Barbiturate) des Nervensystems. Einige Befunde sprechen dafür, daß sich unter dem Einfluß von Phenamin die Anreicherung von radioaktivem Phosphor in normalen Geweben um das 1,5 bis 2fache erhöht (S. P. Sizenko und L. F. Arendarevskij).

Ein großer Teil der radioaktiven Stoffe (70—90%) wird auf natürliche Weise (Verdauungstrakt, Harnsystem, Atmungsorgane, Haut) innerhalb von 1—20 Tagen aus dem Körper ausgeschieden (V. A. Sanockij, B. N. Tarusov u. a.).[1] Man muß jedoch beachten, daß die Geschwindigkeit der Ausscheidung radioaktiver Stoffe aus dem Organismus ebenfalls von sehr vielen Faktoren abhängt, besonders vom Körperzustand (Leukämiekranke z. B. scheiden Radiophosphor langsamer aus als Gesunde), von der Art und Weise, wie die radioaktiven Stoffe in den Körper gelangt sind (z. B. werden sie bei intravenöser Einführung schneller ausgeschieden als bei peroraler Zufuhr), von den physikalisch-chemischen Besonderheiten der radioaktiven Stoffe (Strontium wird schneller ausgeschieden als Plutonium, Yttrium oder Zer) und von vielen anderen Faktoren (P. N. Kiselev, J. M. Slavutskij, O. Itikawa, B. V. Low-Beer u. a.). In den ersten Tagen werden die radioaktiven Stoffe vorwiegend aus den Weichteilgeweben ausgeschieden, aus den Knochen jedoch nicht, sondern hier im Gegenteil allmählich angereichert.

Trotz aller Ausscheidungsprozesse wird ein gewisser Prozentsatz der radioaktiven Stoffe (10—30% und mehr)[2] nur sehr langsam aus dem Organismus ausgeschieden. Die Unterschiede der Verweildauer sind sehr groß und hängen von einer ganzen Reihe von Faktoren ab: von der Menge der radioaktiven Stoffe, von ihrer Halbwertszeit, vom Speicherungsort im Organismus, von seinem Zustand und von vielen anderen Faktoren. Die Hauptursache für die verzögerte Ausscheidung radioaktiver Stoffe aus dem Organismus ist die Bildung von in Wasser unlöslichen Verbindungen mit Biosubstraten. Bei der Ablagerung radioaktiver Stoffe im Organismus tritt eine interessante und in der Praxis wichtige Eigenschaft vieler inkorporierter radioaktiver Stoffe in Erscheinung: ihre Affinität zu bestimmten Organen und Geweben, in denen sie vorzugsweise gespeichert werden („Organotropie"). So wird bekanntlich Radiojod vorwiegend von der Schilddrüse

[1] Darum können die radioaktiven Ausscheidungen solcher Kranker (Urin, Kot) eine Gefahr für die Umgebung darstellen (besonders in den ersten Tagen).

[2] Bei parenteraler Zufuhr radioaktiver Stoffe können 50—80% der Dosis im Organismus gespeichert werden.

aufgenommen, Radiophosphor in den Knochen usw. Diese spezifische Verteilung der radioaktiven Stoffe in den verschiedenen Organen und Geweben hängt sowohl von den physikochemischen Eigenschaften der radioaktiven Stoffe selbst als auch vom Charakter und den Besonderheiten der physiologischen Prozesse ab, die im Körper ablaufen.

Ein erheblicher Teil der erwähnten radioaktiven Stoffe wird selektiv in den Knochen abgelagert. Das sind „osteotrope“ radioaktive Stoffe oder „Knochensucher“. Zu ihnen gehören: Plutonium^{239}, Radium^{226}, Strontium^{89}, Strontium^{90}, Yttrium^{91}, Zer^{144}, Phosphor^{32} u. a.[1] Die Folgen der selektiven Ablagerung mancher radioaktiver Stoffe in den Knochen hängen wiederum von vielen Faktoren ab: von den physikalisch-chemischen Eigenschaften der radioaktiven Stoffe (Halbwertszeit, Strahlenart u. a.), von der Menge, die in den Organismus gelangt ist, von der Ausscheidungsgeschwindigkeit und vielen anderen. Wenn sich in den Knochen radioaktive Stoffe mit einer geringen Halbwertszeit von einigen Stunden oder auch Wochen ablagern, zum Beispiel Yttrium^{90}, (Halbwertszeit 60 Stunden), Barium^{140} (12,8 Tage), Phosphor^{32} (14,3 Tage), Yttrium^{91} (57 Tage), Calcium^{45} (180 Tage) usw., so ist das in der Regel von geringer praktischer Bedeutung. Das wird besonders deutlich, wenn man bedenkt, daß in die Organe meist sehr kleine Mengen radioaktiver Stoffe gelangen. Bedeutend ernsthaftere Folgen für den Organismus hat die Ablagerung und Anreicherung von solchen radioaktiven Stoffen in den Knochen, die langsam aus dem Organismus ausgeschieden werden und eine lange Halbwertszeit von Jahren haben, zum Beispiel Strontium^{90} (25 Jahre), Radium^{226} (1590 Jahre), Plutonium^{239} ($2,4 \cdot 10^4$ Jahre) usw. Im Knochengewebe gespeichertes Radium vermindert sich in rund 40 Jahren nur um 50%.

Alle radioaktiven Stoffe mit langer Halbwertszeit, die in die Organe gelangen und sich im Knochensystem ansammeln, sind als Herd dauernder *innerer Strahlung* mit ionisierender Wirkung anzusehen (Alpha-, Beta- und Gammastrahlung). Wie oben bereits erwähnt, ist bei innerer Strahlung die Alpha- und Betastrahlung besonders gefährlich wegen ihrer großen Ionisationsdichte. In diesen Fällen bleibt die radioaktive Substanz lange Zeit (Jahre und Jahrzehnte!) in den Knochen, und bei entsprechender Dosis können sich nachteilige Wirkungen nicht nur auf das Knochengewebe und Knochenmark selbst ergeben, sondern auch auf den Organismus als Ganzes. Während die äußere Strahleneinwirkung, zum Beispiel bei einer Atombombenexplosion, ganz kurzdauernd ist, wird die Strahlenwirkung durch radioaktive Stoffe, die sich etwa in einer Wunde befinden, auf die ganze Wunde und den ganzen Organismus so lange anhalten, bis die radioaktiven Stoffe aus der Wunde oder dem Organismus entfernt sind. Innere Strahlung kann also wegen ihrer langen Dauer bei weitem gefährlicher sein als äußere. Man kann ohne Übertreibung sagen, daß unter der Einwirkung radioaktiver Stoffe bis zu einem gewissen Grade alle Organe und Systeme des Organismus leiden. Hierdurch ent-

[1] V. S. Balabucha und G. E. Fradkin, Die Speicherung radioaktiver Elemente im Organismus und ihre Ausscheidung. Moskau 1958.

steht ein sehr vielgestaltiges Bild, bei dem entweder allgemeine oder örtliche Wirkungen vorherrschen. Es muß erwähnt werden, daß der nachteilige Einfluß radioaktiver Stoffe, die sich im Knochen anreichern, in den meisten Fällen nicht sofort wirksam wird, sondern erst nach einiger, manchmal sogar nach sehr langer Zeit (5—15 Jahre).

Der Allgemeineinfluß radioaktiver Stoffe, die sich im Knochen oder in anderen Teilen des Organismus anreichern, kann unter den verschiedensten Bildern einer akuten und besonders einer chronischen Strahlenkrankheit in Erscheinung treten. Wichtig ist, daß in diesen Fällen die erste (beginnende) Strahlenkrankheitsperiode gewöhnlich unbemerkt bleibt, weil sie sich über sehr lange Zeit hinzieht (manchmal über mehr als ein Jahr). Bei einigen Personen, die mit radioaktiven Stoffen gearbeitet hatten, traten als Folge der Schädigung des Knochenmarks[1] schwere Blutveränderungen auf (Anämie, Leukämie, Thrombozytopenien u. a.). Solche Allgemeinwirkungen (in Form einer Strahlenkrankheit), die durch den Einfluß von im Körper abgelagerten radioaktiven Stoffen entstehen, wurden zum Glück sehr selten beobachtet. Nur wenige Autoren, die radioaktive Stoffe therapeutisch anwendeten, fanden bei den Kranken Anzeichen einer Strahlenkrankheit. Natürlich handelt es sich in diesen Fällen nur um kleine Mengen radioaktiver Stoffe. Falls große Mengen radioaktiver Stoffe in den Organismus gelangen (was unter den Bedingungen eines Atomkrieges möglich wäre), können zweifellos alle Formen und Stadien der Strahlenkrankheit auftreten. Hier ist der Hinweis angezeigt, daß innere Bestrahlung durch inkorporierte radioaktive Stoffe genauso wie äußere Strahlung die natürliche Widerstandskraft des tierischen Organismus gegenüber Infektionen schwächt. Dies bewiesen in überzeugender Weise die Versuche von M. A. Tumanjan, die zeigten, daß Gabe von radioaktivem Phosphor und Jod bei Mäusen den Resistenzindex gegen Flexner- und Sonne-Ruhr stark herabsetzt. Eine analoge Minderung der natürlichen Immunität gegen andere Mikroben durch innere Bestrahlung beobachtete eine Reihe von Autoren (I. A. Pigalev u. a.).

Das klinische Bild der Strahlenkrankheit, die durch innere Strahlung inkorporierter radioaktiver Stoffe verursacht wird, weist eine Reihe charakteristischer Besonderheiten auf. Vor allem muß erwähnt werden, daß die Symptome der Anfangsperiode keine Möglichkeiten bieten, über den Grad der Schädigung zu urteilen, und manchmal sogar völlig fehlen. Für die zweite Periode sind charakteristisch: häufige Leberschäden, erhebliche Veränderungen des Magen-Darm-Traktes, das Fehlen von Gesetzmäßigkeit und Typik in den Blutveränderungen, häufig Schäden der Haut u. a. Die dritte Periode der Erkrankung wird durch allmähliches Erscheinen der Symptome und langsame Entwicklung des Krankheitsbildes mit vorherrschender Schädigung der Leber gekennzeichnet (schwere rezidivierende Gelbsucht). Die letzte, vierte Periode der Erkrankung ist charakterisiert durch eine sehr langsame (manchmal mehrere Jahre dauernde) und unvollständige Wiederherstellung der geschädigten Organ- und Gewebsfunktionen.

[1] B. N. Tarusov, Grundlagen der biologischen Wirkung radioaktiver Strahlung. Moskau 1955.

Die selektive Anreicherung vieler radioaktiver Stoffe in den Knochen kann außer der Allgemeinwirkung auch sehr schwere Veränderungen in den Knochen selbst hervorrufen, durch die ihr Wachstum gehemmt wird und Störungen der osteogenetischen Prozesse, Minderung der Regenerationsfähigkeit, Entstehung pathologischen Osteoids, „Strahlennekrosen“ und spontane Knochenbrüche, die Entwicklung osteogener Sarkome u. a. induziert werden.[1]

Kombinierte Formen der Schädigung

Die verschiedenartig kombinierten Formen von Schäden, die sich bei einer Atombombenexplosion ereignen, sind von besonderem Interesse für Chirurgen und Traumatologen wegen ihrer Häufigkeit und vor allem wegen ihrer Neuartigkeit; mit manchen hatten die Ärzte überhaupt noch nie zu tun. Erst durch die Anwendung von A- und H-Waffen entstanden diese neuen und sehr eigenartigen Formen chirurgischer Pathologie. *Gerade das Auftreten einer großen Anzahl der verschiedensten kombinierten Strahlenschäden ist die spezifische Eigenart der Anwendung von A- und H-Waffen.* Von den Atombombenopfern in Japan erlitten 70% mechanische Schäden, 75% Verbrennungen, 30% Strahlenschädigungen; das Ergebnis von 175% zeugt davon, daß der größte Teil der Geschädigten gleichzeitig mehrere Schädigungen verschiedener Art erlitt (Sears). Es ist darauf hinzuweisen, daß die Möglichkeit der Anwendung von Atomwaffen in Verbindung mit gewöhnlichen Waffen die Anzahl der kombinierten Schädigungen noch weiter erhöht. So können zum Beispiel Soldaten, die in ein radioaktiv verseuchtes Gebiet eindringen, zunächst einer ionisierenden Strahlung ausgesetzt sein und später durch herkömmliche Waffen verwundet werden.

Bei der Explosion einer nominellen Atombombe sind bei ungeschützten Menschen kombinierte Schädigungen durch alle drei Schädigungsfaktoren bis zu einem Radius von 1,5 km, mit Lichtstrahlung und Druckwelle bis zu einem Radius von 2,5 km möglich (Abb. 8). Natürlich sind bei der Explosion einer thermonuklearen Bombe die Radien der Schädigung durch Druckwelle, Lichtstrahlung und durchdringende Strahlung noch wesentlich größer. Man rechnet damit, daß in einer Zone von 1—2 km um das Epizentrum keine ärztliche Hilfe möglich ist, da es dort nach der anschaulichen Darstellung

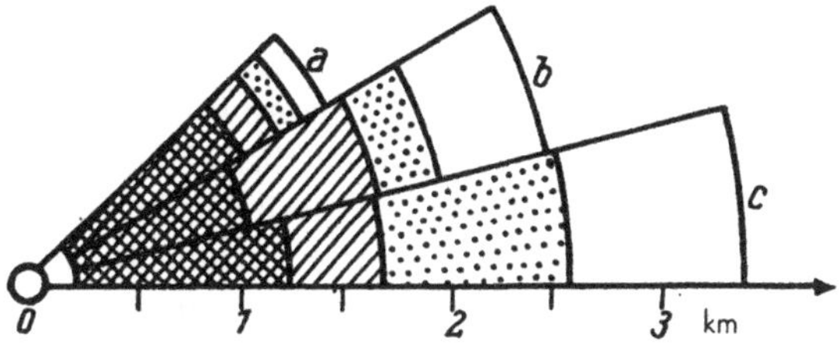

Abb. 8. Schädigungsradien ungeschützter Menschen bei der Explosion einer Atombombe mittleren Kalibers in der Luft.

a — durch ionisierende Strahlung, *b* — durch Druckwelle, *c* — durch Lichtstrahlung, schraffierte Würfel — äußerst schwere Schädigungen, schräge Strichelung — schwere Verletzungen, Punkte — Schädigungen mittlerer Schwere, weiß — leichte Schädigungen

[1] Siehe Kap. X.

von PEARSON infolge der unmittelbaren Einwirkung von Druckwelle, Lichtstrahlung und durchdringender Strahlung nur „dreimal Getötete" geben wird.

In der Gruppe der kombinierten Schäden sind folgende Hauptkombinationen zu unterscheiden:

1. Mechanisches und thermisches Trauma;
2. mechanisches Trauma und Strahlenschädigung;
3. thermisches Trauma und Strahlenschädigung;
4. mechanisches und thermisches Trauma mit Strahlenschädigung.[1]

Die erste Kombination, die Verbindung von mechanischem und thermischem Trauma, ist für den Chirurgen nichts Neues, weil man mit dieser Kombination schon immer in Friedens- und besonders in Kriegszeiten zu tun hat. Im Großen Vaterländischen Krieg 1941/45 wurden Verbrennungen, kombiniert mit Verwundungen, bei 8,1% aller Verwundeten beobachtet (J. J. DŽANELIDZE und B. N. POSTNIKOV). Da diese Form kombinierter Traumen ausführlich in der Literatur beschrieben und den Chirurgen bekannt ist, brauchen wir hier nicht auf sie einzugehen. Zu bemerken ist nur, daß die Kombination mechanischer und thermischer Traumen durch Einwirkung von Druckwelle und Lichtstrahlung bei der Explosion einer Atombombe mittleren Kalibers in einem Radius bis 2, 5 km entstehen kann.

Von weitaus größerem Interesse sind wegen ihrer Neuartigkeit die drei weiteren Gruppen kombinierter Schädigungen, bei denen mechanische und thermische Traumen mit verschiedenen Formen der Strahlenschädigung zusammentreffen. *Solche Schädigungsarten werden als kombinierte Strahlenschäden bezeichnet.*[2] Die Möglichkeit des Auftretens kombinierter Strahlenschäden und von Wunden, die mit radioaktiven Stoffen verschmutzt sind, ist in Friedenszeiten verständlicherweise nicht groß und beschränkt sich im wesentlichen auf Unglücksfälle beim Arbeiten mit radioaktiven Stoffen in modernen Anlagen zur Atomspaltung, in Röntgenanlagen, bei der Aufbereitung radioaktiver Erze usw. Die Möglichkeit, daß kombinierte Strahlenschäden auftreten, wächst jäh bei Ausbruch eines Krieges, falls die verschiedenen Arten von Atomwaffen (A- und H-Bomben, radioaktive Kampfstoffe) zur Anwendung kommen. Die traurigen Erfahrungen in Japan zeigen allzu deutlich diese Möglichkeiten. Dort hatten die Schädigungen durch die Atombombenexplosionen in Hiroshima und Nagasaki (1945) sehr oft den Charakter kombinierter Strahlenschäden. Auf Grund der Erfahrungen in Japan und mit Versuchsexplosionen kann man feststellen, daß die Anwendung von Atomwaffen 45—50% und mehr kombinierte Strahlenschäden ergibt (BEHRENS, CRAWFORD, CHRISTIANSEN, COONEY, LYON, LE ROY, REYNOLDS, SILLE-

[1] Seltener sind Kombinationen verschiedener Formen der Strahlenschädigung, z. B. der Strahlenkrankheit mit Strahlenverbrennungen (s. Kap. IX) und Aufnahme radioaktiver Substanzen in den Organismus durch Atmungs- und Verdauungsorgane.

[2] Diese Bezeichnung halten wir für richtiger und besser als z. B. „kombinierte Radiationsschädigung", „komplizierte Schädigung" usw.

VAERTS, SEARS, SHIRABE, WARREN und TSUZUKI). Bisher war die Rede von der Häufigkeit kombinierter Strahlenschäden bei ausschließlicher Anwendung von Atomwaffen. Jedoch ist es möglich, daß in modernen Kriegen nicht nur diese Waffen verwendet werden, sondern gleichzeitig oder nacheinander auch andere Massenvernichtungsmittel (chemische und bakteriologische Kampfstoffe). In diesem Fall wachsen natürlich Anzahl und Verschiedenheit der kombinierten Schädigungen stark an. Wir können hier nur die Schädigungskombinationen behandeln, die bei der Explosion einer A- oder H-Bombe auftreten.

Die kombinierten Strahlenschädigungen sind nach zwei Hauptgesichtspunkten einzuteilen:

1. Kombinierte Strahlenschäden im eigentlichen Sinn des Wortes; zu ihnen gehört die Kombination beliebiger mechanischer oder thermischer Traumen mit Strahlenkrankheit, die durch eine beliebige Quelle ionisierender Strahlung entstanden ist, jedoch ohne die Wundoberfläche mit radioaktiven Stoffen zu verseuchen.
2. Radioaktive Mixta, bei denen eine beliebige Wundfläche (Wunde, offener Knochenbruch, Verbrennung usw.) mit radioaktiven Stoffen verschmutzt ist.

Die Herausstellung dieser zwei Gruppen kombinierter Strahlenschädigung hat große prinzipielle und besonders praktische Bedeutung. Es handelt sich darum, daß bei chirurgischer Hilfe für Strahlenkranke, deren Haut oder Wundoberfläche nicht mit radioaktiven Stoffen verschmutzt ist, keine Verseuchungsgefahr für das medizinische Personal und andere Geschädigte besteht. Eine radioaktive Verseuchung (besonders eine grobe der Haut oder der Wundfläche) der Verletzten kann jedoch die Gefahr einer sekundären Kontakt- oder Luftverseuchung sowohl für das medizinische Personal als auch für die anderen Geschädigten mit sich bringen. Infolgedessen müssen in diesen Fällen entsprechende allgemeine und spezielle Vorsichtsmaßnahmen beachtet werden (s. unten). Außerdem können die Indikationen zum operativen Eingriff (wenigstens zu so häufigen und wichtigen Eingriffen wie bei der ersten chirurgischen Versorgung von Geschädigten) bei diesen beiden Gruppen kombinierter Strahlenschäden etwas voneinander abweichen. Gerade diese Unterschiede sind für den Chirurgen von besonderem Interesse; sie werden deshalb ausführlich in den jeweiligen Kapiteln (s. Kap. VI, VII, IX und X) erörtert. Hier wollen wir hingegen nur das allgemein Charakteristische der kombinierten Strahlenschäden behandeln.

Experimentelle und klinische Befunde besagen, daß die kombinierten Strahlenschädigungen durch viele wesentliche Besonderheiten charakterisiert sind. Am wichtigsten ist, *daß vorhandene Strahlenschäden (besonders eine Strahlenkrankheit) in der Regel Verlauf und Ausgang mechanischer und thermischer Traumen verschlimmern, die ihrerseits wiederum Verlauf und Ausgang der Strahlenschädigung verschlechtern.* Dieses sogenannte *Symptom oder Syndrom der wechselseitigen Belastung* ist in gewissem Grade bei kombinierten Strahlenschädigungen fast regelmäßig zu beobachten. Wir geben einige Beispiele, die den negativen Einfluß einer

Strahlenerkrankung auf den Verlauf des mechanischen Traumas illustrieren und umgekehrt.

Bekanntlich werden viele mechanische und thermische Traumen von einer Leukocytose begleitet. Ein ganz anderes Bild beobachtet man in Fällen, wo das Trauma mit einer Strahlenkrankheit kombiniert ist. Bei solchen kombinierten Strahlenschädigungen folgt der anfänglichen, nur kurzfristigen Erhöhung der Leukocytenzahl sehr schnell eine Leukopenie (Abb. 9). *Für kombinierte Strahlenschädigungen ist es sehr charakteristisch, daß sie in der Regel (mit Ausnahme des Anfangsstadiums) mit einer Leukopenie und einem reaktionslosen Zustand des Organismus verlaufen*, auch wenn eitrige Wundkomplikationen vorliegen (M. E. Vasilenko, A. I. Mariev, A. S. Rovnov, S. S. Sokolov, I. J. Tichonin, V. I. Trubačev). Damit stimmen unsere Versuche über die Heilung von Haut-Muskel-Wunden bei bestrahlten Kaninchen (700 bis 800 r) überein. Sie geht mit starker Leukopenie einher, während die Heilung solcher Wunden bei nichtbestrahlten Kaninchen in der Regel von Leukocytosen verschiedener Höhe begleitet ist. Die Leukopenie tritt bei kombinierten Schädigungen erst etwas später als bei reiner Strahlenkrankheit in Erscheinung (E. E. Giller, D. Z. Piradašvili, J. M. Lubenskij, E. M. Politova, B. M. Chromov u. a.).

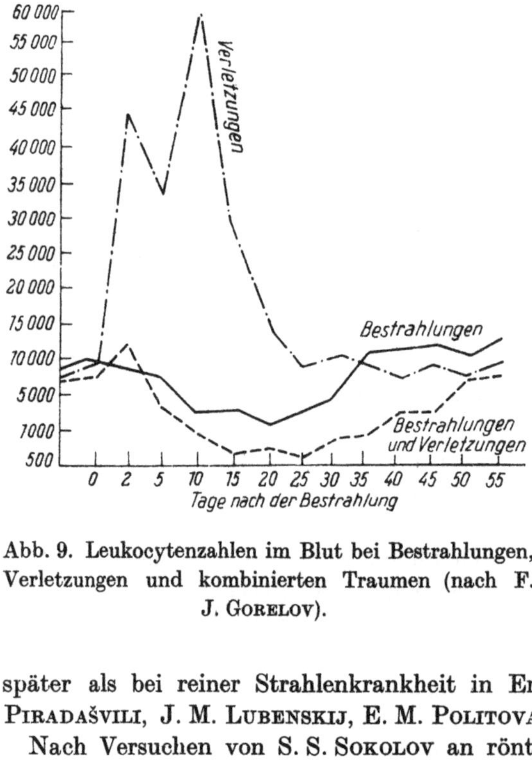

Abb. 9. Leukocytenzahlen im Blut bei Bestrahlungen, Verletzungen und kombinierten Traumen (nach F. J. Gorelov).

Nach Versuchen von S. S. Sokolov an röntgenbestrahlten Meerschweinchen verkürzt das Vorhandensein einer Wunde die Überlebenszeit der Tiere. Die mittlere Lebenserwartung bei bestrahlten Tieren mit einer Wunde war kürzer (9,4 Tage) als bei Tieren ohne Wunde (12 Tage). Annähernd gleiche Ergebnisse erhielten wir in Versuchen an röntgenbestrahlten Kaninchen und Ratten (500—800 r), denen Haut-Muskel-Wunden von etwa 2—2,5 cm Länge zugefügt und mit radioaktiven Stoffen verunreinigt wurden (Abb. 10). Sehr überzeugende Ergebnisse erzielten A. N. Berkutov und Mitarbeiter bei experimentellen Bestrahlungen von Hunden. Es zeigte sich, daß mehr als die Hälfte von relativ niedrig bestrahlten Hunden (250 r) mit experimentell gesetzten Wunden schwer erkrankte und daß die Letalität 31% betrug. In der Kontrollgruppe wurden schwere Verlaufsformen der Strahlenkrankheit und tödliche Ausgänge nur in 10% der Fälle beobachtet. Offene

Oberschenkelbrüche erhöhten die Mortalität bei bestrahlten Kaninchen um das Fünffache gegenüber unbestrahlten Tieren (L. S. KORČANOV, I. I. PRJACHIN, A. V. JAKUBENKO).

Im allgemeinen ist die Sterblichkeit bei kombinierten Strahlenschädigungen ca. 1½- bis 3mal größer als bei Tieren mit reiner Strahlenkrankheit (G. I. ALEXEEV, A. N. BERKUTOV, J. M. LUBENSKIJ, B. M. CHROMOV u. a.). Eine gleiche Abhängigkeit findet man auch bei Verbrennungen, die mit einer Strahlenkrankheit kombiniert sind (s. Kap. VIII). Die Kombination einer Verwundung oder Verbrennung mit einer Strahlenkrankheit ist also in der Regel eine Belastung für den Verlauf der letzteren, während die Strahlenkrankheit wiederum den Verlauf und die Heilung des Wund- oder Verbrennungsprozesses verschlechtert. Unter den Japanern, die von der Explosion der Atombombe betroffen wurden, ist bei kombinierten Strahlenschäden eine besonders hohe Sterblichkeit beobachtet worden, zum Beispiel bei Kombination von Verbrennungen mit Strahlenkrankheit (SHIRABE). Der im allgemeinen negative Einfluß der Strahlenkrankheit auf die verschiedenen mechanischen und thermischen Traumen — und umgekehrt — ist durch eine Vielzahl von experimentellen Untersuchungen und klinischen Beobachtungen erwiesen (N. N. ALEXANDROV, A. N. BERKUTOV, N. I. BLINOV, P. G. BRAŽNIKOV, F. I. GORELOV, P. I. IVANOV, A. V. KOZLOVA, I. L. KRUPKO, A. I. MARIEV, B. N. MOGIL'NICKIJ, A. N. MOROZOV, M. N. POBEDINSKIJ, M. N. POLJAKOV, A. S. ROVNOV, S. S. SOKOLOV, B. N. TARUSOV, O. J. TEREŠČENKO, V. I. FILATOV, B. M. CHROMOV, F. M. ALLEN, CH. BEHRENS, J. N. CRAWFORD, G. E. GUSTAFSON und F. A. CEBUL, T. CHRISTIANSEN, A. RAVENTOS, M. RADAKOVICH, TH. SEARS u. a.).[1]

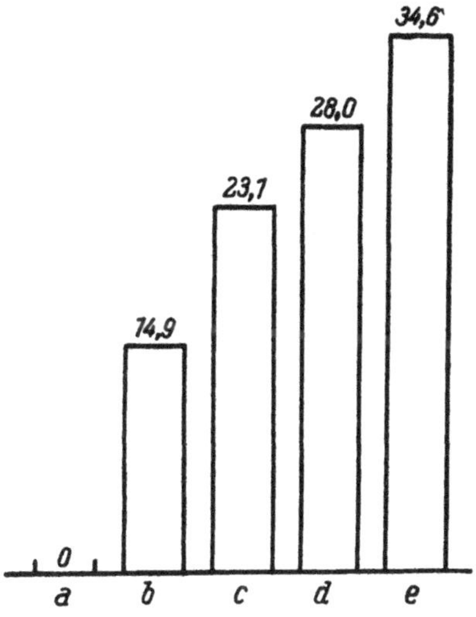

Abb. 10. Sterblichkeit (in %) bei Wund- und Strahlenschäden.

a — reine Wunden, *b* — radioaktiv verseuchte Wunden, *c* — Strahlenkrankheit, *d* — Wunden und Strahlenkrankheit, *e* — radioaktiv verseuchte Wunden und Strahlenkrankheit

Bei manchen kombinierten Strahlenschäden kann das Syndrom der wechselseitigen Belastung ganz schwach ausgeprägt sein oder auch völlig fehlen, besonders in der Anfangsperiode eines kombinierten Traumas. Ja, manchmal spielt etwa sogar eine kleine Verbrennung bei einem bestrahlten Tier gewissermaßen eine stimulierende Rolle und wirkt sich günstig auf den Verlauf der Strahlenkrankheit aus. Der Mechanismus der Entwicklung des Syndroms der wechselseitigen Belastung bei kombinierten Strahlenschäden ist noch nicht erforscht. Man kann an

[1] Siehe Kapitel VI, IX und X.

einen Summationseffekt denken, der unter der Einwirkung von zwei oder mehr Faktoren (ionisierende Strahlung, mechanisches oder thermisches Trauma) auf das Nervensystem zustande kommt. Eine große Bedeutung hat zweifellos auch die Summation toxischer Faktoren, die unter der kombinierten Einwirkung von Strahlung und anderen Verletzungen im Organismus entstehen. Das Syndrom der gegenseitigen Belastung gehört natürlich nicht zu den unbedingten Gesetzmäßigkeiten bei kombinierten Strahlenschäden. Es ist nur eine der möglichen, wenn auch der häufigsten Formen der Wechselbeziehung zwischen mechanischem oder thermischem Trauma und Strahlenschädigung. In der Praxis müssen Chirurgen und Traumatologen gerade diese Form der Wechselbeziehung zwischen den verschiedenen Schädigungen, d. h. die gegenseitige Belastung, berücksichtigen, da ein günstiger Einfluß der einen Schädigung auf Verlauf und Ausgang der anderen so selten beobachtet wird, daß dies keine praktische Bedeutung hat, um so weniger, als die chirurgische Behandlung in diesen seltenen Fällen sich nicht ändert, sondern die übliche bleibt.

Bei kombinierten Strahlenschädigungen verkürzen sich Anfangs- und Latenzperiode der Strahlenkrankheit, wodurch es viel früher zur Entwicklung des Strahlenkrankheitshöhepunktes kommt. So ergaben Versuche von A. T. Rudenko an Kaninchen, daß die Symptome des akuten Strahlenschadens gewöhnlich am 7. bis 10. Tag nach der Bestrahlung auftraten. Wenn die Kaninchen zusätzlich noch ein mechanisches Trauma erhielten (Kieferbruch), waren Zeichen der Strahlenkrankheit schon 3—4 Tage nach der Bestrahlung zu erkennen, und der Verlauf der Krankheit zeichnete sich durch besondere Schwere aus. Eine Reihe überzeugender Versuche zeigten, daß bei kombinierten Strahlenschäden die Anfangs- und Latenzperiode sich etwa auf eine Woche verkürzt (A. N. Berkutov). Das ist für den Chirurgen sehr wichtig, da sich bei kombinierten Strahlenschäden die Zeitspanne verkürzt, die für verschiedene operative Eingriffe am günstigsten ist (s. Kap. V). Es ist von Interesse, daß nach den Experimenten von V. I. Filatov ein mechanisches Trauma auch Rezidive verschiedener Erscheinungen der Strahlenkrankheit bei Hunden hervorrufen kann, die von ihrer Strahlenkrankheit schon vollkommen genesen waren.

Kombinierte Strahlenschäden werden häufig durch Schocks gekennzeichnet. Bei der Einwirkung ionisierender Strahlung auf das Zentralnervensystem ändert sich irgendwie dessen funktioneller Zustand, die Regulationsfunktionen werden gestört. All dies kommt sofort in der Tätigkeit sämtlicher Organe und Systeme zum Ausdruck und führt insbesondere zur Blutdrucksenkung (Abb. 11). Eine Hypotonie, die infolge einer Bestrahlung entstanden ist, führt schneller zum Entstehen und zu einem schwereren Verlauf des Schocks (L. S. Korčanov, A. V. Jakubenko u. a.).

Es sei noch ergänzt, daß bei der Strahlenkrankheit eine große Menge histaminartiger und anderer toxischer Stoffe im Blut zirkulieren (P. D. Gorizontov, H. A. Baxter, J. A. Drummond u. a.). So wurde festgestellt, daß eine große Menge Histamin und histaminähnliche Stoffe in der ersten Zeit der Strahlenschädigung ausgeschüttet werden. Später verringert sich der Histamingehalt beträchtlich.

Die von P. D. GORIZONTOV vorgenommenen Untersuchungen über die biologischen Eigenschaften des Blutes zeigten, daß Blut kopfbestrahlter Hunde bei gesunden Hunden eine starke Senkung des Blutdruckes hervorrief und der Normaldruck nach $1^1/_2$ Stunden Beobachtungszeit noch nicht wieder erreicht war. Auch andere Untersuchungen ergaben, daß das Blut bestrahlter Tiere eine hypotone Wirkung hat (G. P. GRUZDEV, E. G. WILLIAMS u. a.). Eine Reihe amerikanischer Autoren untersuchte die vasodepressorischen Eigenschaften des Plasmas von Hunden, die der Strahlung einer Atombombenexplosion ausgesetzt waren, und kamen zu der Schlußfolgerung, daß der depressorische Effekt durch ein aus der Leber in das Blut tretendes eisenhaltiges Eiweiß — das Ferritin — bedingt ist. Es ist bekannt, daß die Einwirkung hoher Strahlendosen einen schnellen Tod durch Schock oder Kollaps hervorrufen kann („Tod unter dem Strahl" oder „Strahlenschock").

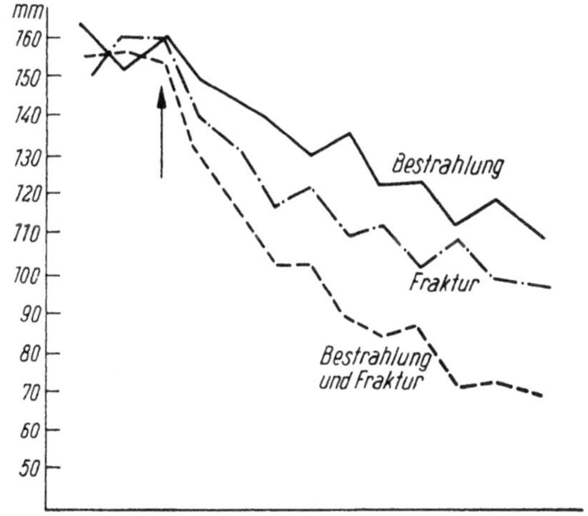

Abb. 11. Blutdruck bei Bestrahlung, Fraktur und kombiniertem Trauma.

Endlich darf man nicht vergessen, daß die Atombombenexplosion selbst und alle ihre Folgen ein gewaltiges nervales und psychisches Trauma bedeuten, was selbstverständlich das Auftreten und die Entwicklung eines Schocks begünstigt. Manche Autoren (SEARS u. a.) unterscheiden auch einen primären Schock, der durch neurogene und psychogene Ursachen bedingt ist. Die Störungen der kompensatorischen Schutzmechanismen der höheren Abschnitte des Zentralnervensystems, die humoralen Veränderungen und das psychische Trauma, sie alle führen dazu, daß der Organismus der Bestrahlten sehr empfindlich gegen alle zusätzlichen Traumen wird. Die neuesten Berichte stimmen darin überein, daß die Empfindlichkeit des Organismus gegen mechanische oder thermische Traumen in den ersten Stunden nach ionisierender Bestrahlung noch wenig verändert ist. Dagegen wächst 2—3 Tage nach der Ganzbestrahlung die Empfindlichkeit gegen ein Trauma merklich, und es werden bedeutend häufiger Schocks beobachtet als nach einem Trauma allein. So ist es nicht verwunderlich, daß schon geringfügige mechanische und thermische Traumen sehr häufig im Organismus des bestrahlten Tieres einen Schockzustand hervorrufen. Die häufige Entwicklung eines Schocks ist also eine der charakteristischen und wesentlichen Besonderheiten der kombinierten Strahlenschäden. Versuche von A. A. NIKITIN und I. A. PEIMER zeigen die häufigen Schockentstehungen bei bestrahlten Kaninchen (800 r) mit offenen

Splitterbrüchen des Oberschenkels. In Zusammenhang damit sehen viele Forscher völlig richtig im Kampf gegen den Schock eines der aktuellsten Probleme der Atomkriegsmedizin. A. I. Rešetov, der den traumatischen Schock bei gleichzeitiger akuter Strahlenkrankheit an Kaninchen und Hunden studierte, fand, daß die Tiere in der Anfangsperiode der Erkrankung gegen schmerzhafte Traumen und Blutverlust am widerstandsfähigsten sind. Die Periode der geringsten Widerstandsfähigkeit ist bei Kaninchen die Entscheidungsperiode und bei Hunden die des Höhepunkts der Krankheit. Experimente von A. F. Ivanova an Meerschweinchen zeigten, daß sich ein anaphylaktischer Schock bei bestrahlten Tieren (412 r) viel leichter entwickelt als bei unbestrahlten. Eine Reihe anderer Forscher weist ebenfalls auf den unterschiedlichen Verlauf und Ausgang des experimentellen anaphylaktischen Schocks bei bestrahlten Tieren in Abhängigkeit von der Zeit nach der Bestrahlung hin (R. D. Stoner und W. M. Hale u. a.).

Nach experimentellen Befunden und klinischen Beobachtungen zeigt der traumatische Schock ohne Blutverlust oder mit geringen Blutverlusten im Anfangsstadium der Strahlenkrankheit keinerlei Besonderheiten gegenüber einem gewöhnlichen Schock, der nicht durch Strahleneinwirkung kompliziert ist (L. S. Korčanov, A. V. Jakubenko, F. A. Simeone). Die Hauptsymptome und Phasenerscheinungen des Schocks bei bestrahlten Tieren sind gewöhnlich die gleichen wie bei nichtbestrahlten. Schon ein mäßiger Blutverlust (15—20% der Gesamtblutmenge) führt zu schneller Entstehung und Entwicklung des Schocks bei kombinierten Strahlenschäden (L. S. Korčanov, A. V. Jakubenko u. a.). N. S. Džavadjan, G. V. Sukjasjan und M. N. Novikova stellten fest, daß traumatischer Schock und Blutverlust den Verlauf der Strahlenkrankheit bei Tieren, die mit 300 r bestrahlt waren, nicht verschlechtern. Alle Hunde, die mit dieser Dosis bestrahlt wurden, blieben auch ohne Behandlung am Leben, unabhängig davon, ob sie nur Bestrahlung oder diese, kombiniert mit traumatischem Schock oder Blutverlust, erhielten. Im Unterschied zum Aderlaß verstärkt ein traumatischer Schock den Verlauf der Strahlenkrankheit bei Hunden, die mit 500 r bestrahlt wurden. Bei einer akuten Strahlenkrankheit, gleichgültig, ob sie durch einen traumatischen Schock mit Aderlaß oder ohne Aderlaß kompliziert ist, bemerkt man am ersten Tage eine Erhöhung der Leukocytenzahl um durchschnittlich 4500—10000/mm³ Blut, was bei einem nur bestrahlten Hund selten vorkommt. Bei den erwähnten kombinierten Schäden entwickelt sich schon in den ersten Tagen nach dem Versuch eine Anämie; sie ist ausgeprägter und dauert längere Zeit. Dagegen ist die Neigung zu Haemorrhagien bei diesen Hunden geringer als bei nichtbestrahlten.

In manchen Fällen bietet das klinische Bild des Schocks bei Strahlenkrankheit einige charakteristische Besonderheiten, und zwar: Verlängerung der erektilen[1] und Verkürzung der torpiden Phase (L. S. Korčanov, A. S. Rovnov, A. V. Jakubenko). Diese lange Dauer der erektilen Phase, die machmal bei kombinierten Strahlenschäden zu beobachten ist, kann die Diagnostik des traumatischen

[1] In einigen Versuchen auf $2^1/_2$—3 Stunden.

Schocks sehr erschweren und dadurch zu einer nicht rechtzeitigen Anwendung der Antischocktherapie führen. *Darum muß man bei den kombinierten Strahlenschäden die große Häufigkeit des Schocks beachten* und alles für die Früherkennung, besonders in der erektilen Phase, tun. Die Verlängerung der erektilen Phase des Schocks bei Strahlenschädigung hält I. R. Petrov für eine Äußerung von Abwehrkräften des Organismus bei Strahlenkrankheit. Beim Schock mit reichlichem Blutverlust fehlt jedoch die erektile Phase, oder sie ist sehr kurz. Nach den Befunden von J. M. Brjakin wird der experimentelle Pepton-Schock in der Höhepunktsperiode der akuten Strahlenkrankheit beim Hund auch durch eine schwach ausgeprägte erektile Phase und eine überaus schwere torpide Phase charakterisiert.

Bei der Erforschung des traumatischen Schocks bei Strahlenkrankheit stellte V. G. Mitrofanov fest, daß beim Schock in der Latenzperiode der Strahlenkrankheit die Senkung der Reduktionsfähigkeit der Gewebe stärker ausgeprägt ist als beim Schock ohne Bestrahlung, während die Oxydationsfähigkeit sich weniger ändert. Man beobachtet eine Senkung des Vitamingehaltes: des freien Vitamins B_1 in der Hirnrinde, in der Leber, in den Nieren und im Herzen, des gesamten B_1 in der Rinde, der Subcortex und im Hirnstamm, in der Leber und den Muskeln; des freien B_2 im Hirnstamm, in den Nieren und im Herzen; des gesamten B_2 in der Großhirnrinde, den Nieren, im Herzen, in den Lungen und Muskeln, des gebundenen B_2 in der Großhirnrinde. In der Latenzperiode der Strahlenkrankheit ohne zusätzliches Trauma beobachtet man in der Regel eine geringe Erhöhung der rectalen Temperatur und eine Senkung der Leukocytenzahl im Blut; merkliche Veränderungen des Gewichtes und des Verhaltens des Tieres fehlen. Nach Zufügung eines bestimmten Traumas, auch auf dem Höhepunkt der Strahlenkrankheit verbleibt das Tier länger im Zustand der Erregung als ohne Bestrahlung. Den Schock auf dem Höhepunkt der Strahlenkrankheit kennzeichnet es, daß die Verringerung der Reduktionsfähigkeit der verschiedensten Organgewebe (Herz, Lungen, Gehirn, Leber, Nieren) noch ausgeprägter ist. Die Oxydationsfähigkeit in der Hirnrinde und in den Nieren ist erniedrigt. Dabei bleibt der Spiegel des freien und des Gesamt-Vitamin B_1 und B_2 gesenkt; dazukommt eine Herabsetzung des gebundenen B_1 und B_2 in einer Reihe von Geweben (Gehirn, Nieren und Herz). Auf dem Höhepunkt der Strahlenkrankheit mit ausgeprägter Leukopenie, merklichem Gewichtsabfall, erhöhter rectaler Temperatur und meist allgemeiner Schwäche entwickelt sich der Schock schneller als bei gleichem Trauma ohne Bestrahlung oder in der Latenzperiode.

Beim Studium des klinischen Verlaufs von Verbrennungschocks an bestrahlten Tieren deckte G. A. Zubovskij einige Besonderheiten bei tödlichem Verlauf der Krankheit auf. Während die Hauptursache für den Tod beim Verbrennungsschock nichtbestrahlter Kaninchen anscheinend eine zunehmende Herz-Kreislauf-Insuffizienz ist, starb der größte Teil der bestrahlten Tiere schon an Atemstillstand, ehe sich gröbere Veränderungen der Herz-Kreislauf-Tätigkeit entwickeln konnten. Diese Beobachtung bedarf noch einer weiteren Prüfung und Bestätigung.

In letzter Zeit führte E. I. Nekrašas umfangreiche Forschungen über den zusätzlichen traumatischen Schock bei Strahlenkrankheit durch. Nach seinen Angaben beobachtet man in diesen Fällen eine Reihe Besonderheiten: Die Schockerscheinungen entwickeln sich schneller als beim Schock ohne Bestrahlung, der Blutdruck fällt stärker ab, die Temperatur sinkt bedeutend tiefer usw. Radioaktiver Phosphor, der in das Blut eines Tieres mit durch Strahlenkrankheit kompliziertem traumatischem Schock injiziert wurde, diffundiert schneller aus dem Blut als bei Strahlenkrankheit allein oder beim Schock ohne Bestrahlung. Interessant sind die Angaben über die Verteilung des radioaktiven Phosphors in den Organen und Geweben. So wird er beim traumatischen Schock, der durch Strahlenkrankheit kompliziert ist, mehr in den inneren Organen und weniger in den Muskeln gespeichert als normal. Dies spricht für eine graduell stärkere Störung der Blutkapillarpermeabilität bei traumatischem Schock auf dem Hintergrund der Strahlenkrankheit. Es ist bemerkenswert, daß die bekannte Schockdisposition, d. h. eine Reaktivitätsveränderung, lange Zeit nach überstandener Strahlenkrankheit anhält. I. R. Petrov führt Beobachtungen an, wonach bei bestrahlten Tieren durch ein geringes mechanisches Trauma, das längere Zeit nach der Bestrahlung zugefügt wurde, leicht ein traumatischer Schock entstand. So traten bei Kaninchen Schockzustände auf, und es starben unter dem Trauma halb so viele wie bei den Kontrollversuchen (G. Š. Vasadze u. a.). Nach Angaben von G. Š. Vasadze und S. G. Šerašov war die Widerstandskraft gegen ein viscerales Trauma noch 8—9 Monate nach der Bestrahlung herabgesetzt. Bei Tieren, die eine Strahlenkrankheit überstanden hatten, genügte ein geringer äußerer Einfluß, um eine Insuffizienz der reflektorischen Regulation der Blutzirkulation hervorzurufen. Man kann annehmen, daß sich gerade hierin auch die Begrenztheit der Schutzmechanismen zeigt, was seinerseits durch funktionelle Schwankungen der neurovegetativen Regulation des bestrahlten Organismus zu erklären ist.

Die kombinierten Strahlenschäden werden sehr häufig durch die Entwicklung einer Infektion kompliziert. Unter der Einwirkung der ionisierenden Strahlung (äußere oder innere Bestrahlung) vermindert sich in einem bestimmten Grade die allgemeine und lokale Widerstandsfähigkeit des Organismus. Das hängt von mehreren Faktoren ab: vom Auftreten einer Toxämie, Anämie und Leukopenie, von reduzierter Tätigkeit des Knochenmarkes und der Elemente des lymphatischen Gewebes, von einer Verringerung der phagocytären Aktivität der Leukocyten, Herabsetzung der immunbiologischen Schutzmechanismen, von der Schwächung der Barriereeigenschaften der Gewebe, Vergrößerung ihrer Permeabilität, von der Verringerung der antitoxischen Funktion der verschiedenen Organe und Gewebe, von Schwächung oder Entgleisung der Entzündungsreaktion u. a.[1] Als Ergebnis beobachtet man eine größere Empfänglichkeit des bestrahlten Organismus für pathogene und bedingt pathogene Mikroben und ihre Toxine, was durch umfangreiche Forschungen sowjetischer und ausländischer Autoren bewiesen wurde (B. I. Il'in, P. N. Kiselev, R. V. Petrov, I. A. Pigalev, V. F. Sosova, V. L. Troickij, M. A. Tumanjan, V. P. Bond, H. Karcher, A. Miller, J. Furth,

[1] N. N. Klemparskaja, O. A. Alekseeva, R. V. Petrov und V. F. Sosova, Fragen der Infektion, Immunität und Allergie bei akuter Strahlenkrankheit. Moskau 1958.

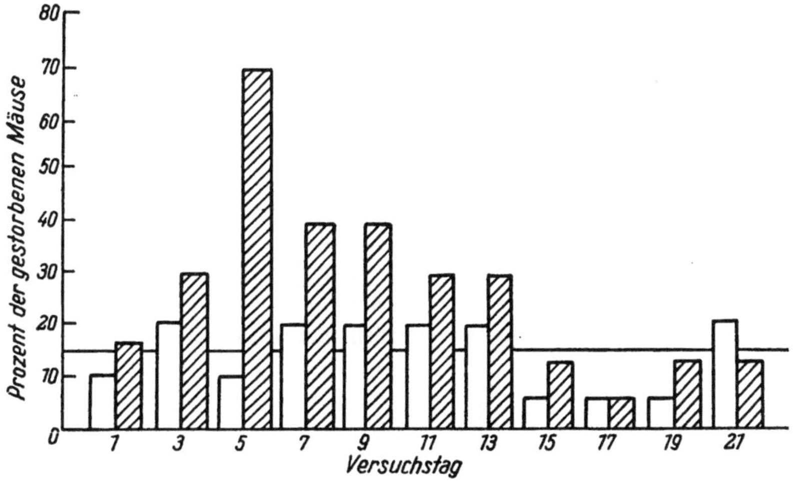

Abb. 12. Veränderungen der Empfindlichkeit bestrahlter weißer Mäuse gegen Infektion mit Gasbranderregern in verschiedenem Zeitabstand nach der Bestrahlung (nach R. V. Petrov).

Weiße Säulen – Kontrollmäuse, schraffierte Säulen – bestrahlte Mäuse

I. L. Shechmeister u. a.). So erhöht sich zum Beispiel die Empfindlichkeit gegenüber Staphylokokken, Streptokokken, gegen anaerobe Mikroben und viele andere sehr stark.

Man muß unterstreichen, daß die Minderung der natürlichen Widerstandsfähigkeit des Organismus gegen Infektionen und die Erhöhung der Empfänglichkeit der Tiere für diese parallel mit der Bestrahlungsdosis wächst (V. N. Siverceva). So war nach Angaben von I. I. Prjachin die Sterblichkeit bestrahlter Mäuse, die mit einer Kultur von Bazillus perfringens infiziert waren, bei einer Dosis von 300 r–15%, 600 r–60% und 800 r bis 100%. Bei den bestrahlten Tieren entwickelte sich die Gasinfektion schneller, sie starben früher als unbestrahlte Tiere (Abb. 12, 13). Interessant und wichtig ist, daß in bezug auf Tetanus etwas andere Befunde erhoben wurden. Es stellte sich heraus, daß in der Anfangsperiode der Strahlenkrankheit bei Mäusen die Widerstandsfähigkeit gegen Starrkrampfinfektion nicht vermindert ist und daß der

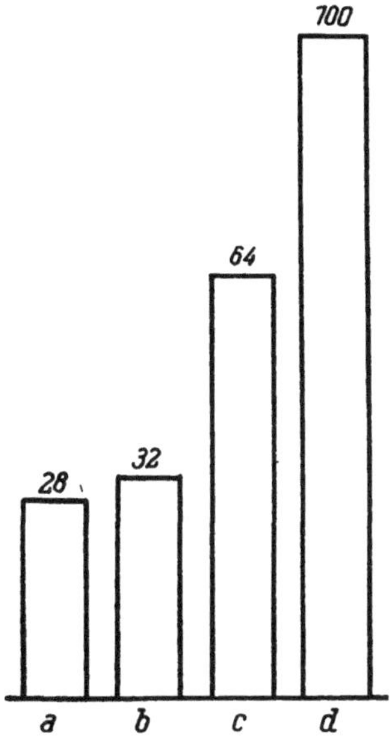

Abb. 13. Sterblichkeit (in %) bei anaeroben Infektionen von bestrahlten Tieren (nach I. I. Prjachin).

a – bestrahlte, b – infizierte, c – bestrahlte und unmittelbar nach der Bestrahlung infizierte, d – bestrahlte und 5 Tage nach der Bestrahlung infizierte

Starrkrampf keinen wesentlichen Einfluß auf den Verlauf der Strahlenkrankheit hat (L. S. Korčanov, I. I. Prjachin und A. V. Jakubenko). Jedoch kann man diese Angaben noch nicht auf die Humanpathologie übertragen, da diese wichtige Frage weiterer Untersuchungen bedarf.

Es ist bemerkenswert, daß bei der Strahlenkrankheit nicht nur eine allgemeine Herabsetzung der Widerstandskraft des Organismus gegen Infektionen, sondern auch eine Minderung der bactericiden Eigenschaften der Haut vor sich geht, die zuerst im Bauchgebiet einsetzt (N. N. Klemparskaja). Bekanntlich wird infolge Störung der verschiedenen Faktoren der natürlichen Immunität der durch ionisierende Strahlung geschädigte Organismus zur Arena infektiöser und vor allem autoinfektiöser Prozesse. Diese Infektionsprozesse belasten nicht nur den Verlauf der Strahlenkrankheit, sondern werden auch zur wichtigsten Todesursache. Eine Normalisierung der Immungeneseprozesse beobachtet man meist erst 3—4 Wochen nach der Strahlenschädigung (P. N. Kiselev). Spielen schon bei den reinen Formen der Strahlenkrankheit die Infektionskomplikationen eine sehr große und häufig die entscheidende Rolle, so wächst ihre Bedeutung bei kombinierten Strahlenschäden außerordentlich (Abb. 14).

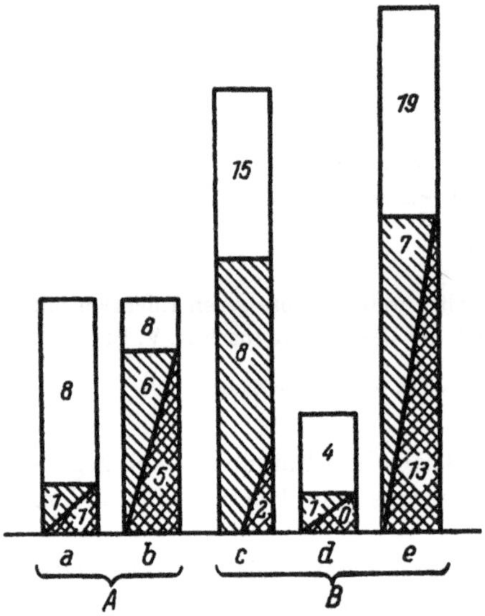

Abb. 14. Häufigkeit von Wundinfektionen und Sterblichkeit bei kombinierten Strahlenschäden (nach G. T. Golikov).

Die Ziffern geben die Zahl der Versuchstiere an. *A* — ohne Behandlung: *a* — unbestrahlte, *b* — bestrahlte. *B* — Behandlung mit Antibiotika: *c* Penicillin und Bicillin, *d* Bicillin, *e* Biomycin. Schräge Strichelung — Wundinfektion, schraffierte Würfel — Sterblichkeit, weiß — Gesamtzahl der Tiere

Außer den vorgenannten Gründen wird die Entwicklung einer Infektion bei kombinierten Schäden auch dadurch begünstigt, daß infolge der Verminderung der Regenerationsfähigkeit der Zellen und Gewebe im Gebiet der Wundoberfläche lange Zeit das Granulationsgewebe fehlt, das bekanntlich eine gute Barriere gegen das Eindringen einer Infektion darstellt. In der Pathogenese der verschiedenen eitrigen Komplikationen bei Strahlenschäden spielen nicht nur exogene, sondern auch endogene Infektionen (Autoinfektionen) eine große Rolle. Durch Eindringen von Bakterien (2 bis 4 Tage nach der Bestrahlung) durch die Darmwand ins Blut entsteht im Verlaufe von 16—17 Tagen eine sogenannte Strahlenbakteriämie. Der Einfluß ionisierender Strahlung hat nicht nur eine Vermehrung der Mikroben, die den Darm und andere Körperhöhlen besiedeln, zur Folge, sondern auch eine Änderung der qualitativen Zusammensetzung der Mikroflora und ihrer biologischen Eigenschaften. Gleichzeitig gehen auch pathologische Veränderungen in der Darmwand vor sich: Schädigungen der Kapillaren, Bildung von Schleimhautgeschwüren u. a. Der sich dadurch entwickelnde Autoinfektionsprozeß belastet den Verlauf der Strahlenschädigung, verkürzt das Leben und erhöht die Sterblichkeitsquote.

Die intensive Entwicklung einer Mikroflora im Blut setzt mit der zweiten Woche nach der Bestrahlung ein. Eine Reihe Autoren vermuten, daß die Sterblichkeit der bestrahlten Tiere vorwiegend durch die dauernde Bakteriämie bedingt ist. Bei den Japanern, die an den Folgen der Bestrahlung starben, zeigten sich bei der Obduktion häufig Erscheinungen einer Bakteriämie. Bei der bakteriologischen Untersuchung bestrahlter Tiere fand man im Blut Enteritis- und Paraenteritisbakterien (55%), Enterokokken (27%), Staphylo- und Streptokokken (11%), Anaerobier (3%), Proteus- (2%) und Pyocyaneusbakterien (2%).

Interessant und wichtig ist es, daß eine Wundinfektion bei bestrahlten Tieren einen sehr wesentlichen Einfluß auf den Verlauf der kombinierten Schädigung hat. Die Latenzperiode der Strahlenkrankheit verkürzt sich, und die ersten Krankheitssymptome treten nicht erst nach 9—10 Tagen, sondern schon in den ersten 3—4 Tagen nach der Bestrahlung auf (G. T. Golikov, V. I. Filatov). Eine Wundinfektion bei Bestrahlten führt immer zu einer Verzögerung der Genesung. Unter dem Einfluß der Bestrahlung geht eine latente Infektion häufig in eine klinisch manifeste Erkrankung über. Man beobachtete in Gewebeinfektionsherden von Strahlengeschädigten eine 5- bis 10mal größere Anreicherung von Mikroben und Viren und bei der Entwicklung der Strahlenkrankheit eine Tendenz zur Generalisation von herdförmigen Infektionen.

Größte Bedeutung für den Mechanismus der Widerstandsminderung des bestrahlten Organismus gewann in letzter Zeit die Verminderung des sogenannten Properdins, eines besonderen Eiweißes, das im Blutserum enthalten ist und einen natürlichen Schutzmechanismus darstellt. In einer Reihe von Experimenten wurde gezeigt, daß das Properdin eine bakterizide Wirkung hat, Viren neutralisiert und beim Fehlen von Antikörpern anormale Erythrocyten lysiert. Es fand sich, daß bei Strahlenkrankheit, aber auch bei Blutverlust und haemorrhagischem Schock die Properdinmenge im Blut durch Zerstörung entscheidend zurückgeht (A. A. Bagdasarov, M. O. Raušenbach, L. Pillemer u. a.). So berichteten Pillemer und Mitarbeiter, daß die Properdinmenge im Serum bestrahlter Ratten stark absinkt. Dies beginnt 2 Wochen nach der Bestrahlung. Unsere Versuche (gemeinsam mit N. M. Ivanova) zur Untersuchung des Properdinspiegels bei Ratten mit Weichteilwunden zeigten, daß eine Ganzbestrahlung von 500 r oder eine Verseuchung der Wunde mit radioaktiven Stoffen (Jod, Phosphor) nach wenigen Tagen zu einer bedeutenden Verringerung des Properdins im Blut führt (Abb. 15).

Daraus resultieren bei kombinierten Strahlenschäden häufig ausgedehnte Vereiterungen von Wunden (Abb. 16), Abszesse, Phlegmonen, Erysipele, Pneumonie, Sepsis und oft auch anaerobe Infektionen (P. G. Pražnikov, P. D. Gorizontov, N. A. Kraevsky, A. I. Mariev, S. S. Sokolov, V. I. Filatov, B. M. Chromov, E. P. Cronkite, A. Miller, D. W. Robinson, W. Schlung-

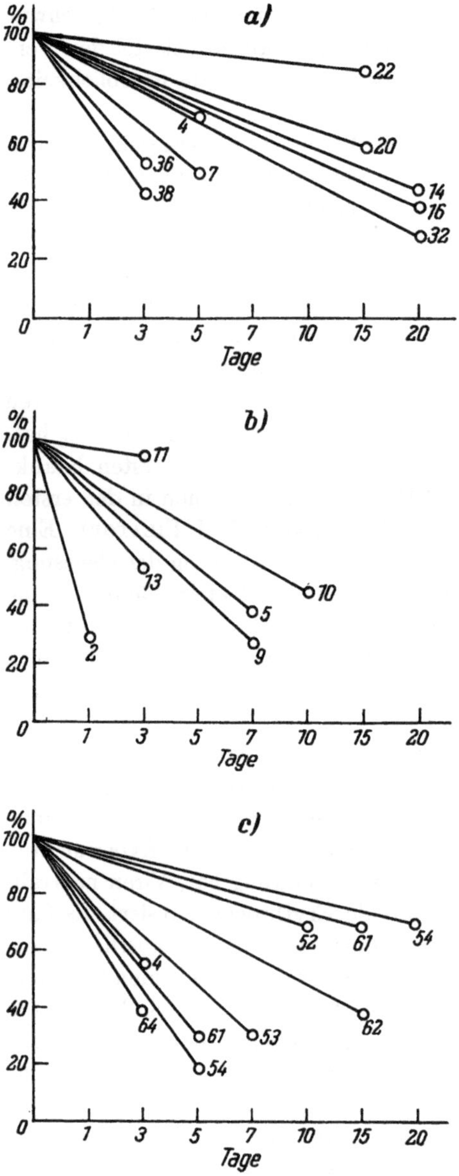

Abb. 15. Properdinspiegel im Blutserum bei Ratten mit verschiedenen Strahlenschäden (in %).

a — Bestrahlungsdosis 500 r, *b* — mit radioaktiven Stoffen verseuchte Wunden, *c* — Bestrahlung (500 r) und mit radioaktiven Stoffen verseuchte Wunden. Die Ziffern an den Kurven bezeichnen die Nummern der Versuchstiere.

BAUM u. a.). Nach Angaben von A. N. BERKUTOV entwickeln sich bei bestrahlten und verletzten Hunden, die ohne Antibiotica behandelt wurden, schwerste Wundinfektionen, wovon die meisten ausgeprägte anaerobe Infektionen waren. Bei den Hunden war die Sterblichkeit doppelt so hoch. Die Tiere starben an anaeroben oder schweren putriden Wundinfektionen. Gleiche Befunde erhoben V. P. ERKOV, L. M. KOTEL'NIKOV, V. S. TARUSOV u. a. Das klinische Bild der Wundeiterung bei Bestrahlten hängt übrigens häufig nicht nur und nicht so sehr vom akuteitrigen Wundprozeß ab als vielmehr von nekrotischen Erscheinungen in den Wunden. Allgemein kann man sagen, daß im klinischen Bild der kombinierten Strahlenschäden eine Abgrenzung der Symptome der örtlichen oder allgemeinen Infektion von den Merkmalen der Strahlenschädigung häufig sehr schwer ist; nur sorgfältige Beobachtung des Kranken und Untersuchungen des Blutes verhelfen zur Differentialdiagnostik.

Nach experimentellen Befunden wird der größte Prozentsatz an Wundeiterungen nach Operationen in der Zeit des Höhepunktes der Strahlenkrankheit beobachtet, was nach Operationen während anderer Perioden seltener ist (I. J. TICHONIN, B. M. CHROMOV u. a.). Das deckt sich damit, daß auf dem Höhepunkt der Strahlenkrankheit die Anzahl der Mikroben in Wunden merklich ansteigt (V. I. MURAV'EV, A. A. GUKASJAN, D. N. V'JUNSKOVSKIJ). Es gibt eine Reihe experimenteller Befunde, wonach der Entzündungsverlauf bei akuter Strahlenkrankheit eine Reihe Besonderheiten aufweist, die von der Strahlendosis abhängen. So führt nach Versuchen von V. V. Šichodyrov eine Dosis von 300 bis 600 r bei Ratten zur Entstehung einer Entzündung exsudativ-haemorrhagischen oder fibrös-haemorrhagischen Charakters mit Unterdrückung der proliferativen Komponente der Entzündung. 900 r rufen hingegen nekrotisch-haemorrhagische Entzündungen bei völligem Fehlen der Proliferation hervor.

Nach Versuchen von T. S. Barkagan unterdrückt eine Ganzbestrahlung mit einer nichtletalen Röntgenstrahlendosis (500 r) die Entzündungsreaktion in einem durch Terpentininjektion gesetzten aseptischen Entzündungsherd. Unter analogen Versuchsbedingungen wurde bei der Inkorporation einer letalen Dosis von radioaktiven Stoffen (Phosphor) bei Tieren die Entzündungsreaktion nicht unterdrückt. Diese Ergebnisse erscheinen paradox und sind noch nicht bestätigt; ohne Kenntnis ähnlicher Fakten ist es schwer, dafür eine Erklärung zu finden. Ebenso unerwartete und bisher unerklärliche Ergebnisse zeigen Beobachtungen von S. A. Korol', J. A. Umanskij und J. A. Barštejn. In Versuchen mit Tetanus-Toxikoinfektion bestrahlter Mäuse stellte sich heraus, daß bei Bestrahlung mit Röntgen- oder Gammastrahlen und gleichzeitiger Tetanus-Infektion die Überlebenszeit um 18% und die Dosis letalis um 43,6% niedriger war als bei den Kontrolltieren, daß bei gleichzeitiger Inkorporation von Radiophosphor und Tetanustoxin die Überlebenszeit der Mäuse hingegen um 30% verlängert und die Dosis letalis um 38% gegenüber der Kontrolle höher lag.

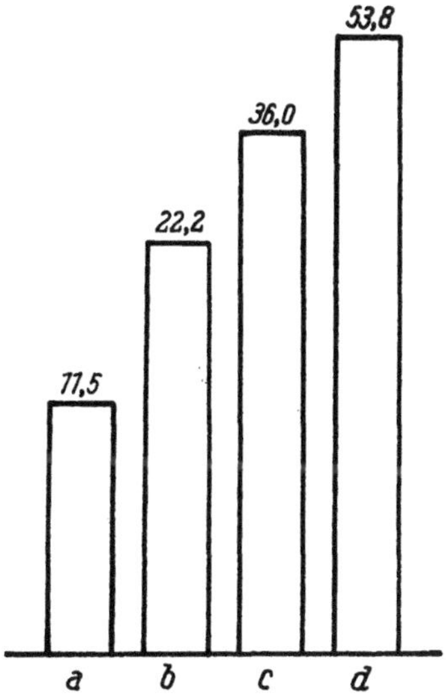

Abb. 16. Häufigkeit eiternder Wunden der Weichteilgewebe (in %).

a – gewöhnliche Wunden (Kontrolle),
b – radioaktiv verseuchte Wunden,
c – Wunden und Strahlenkrankheiit,
d – radioaktiv verseuchte Wunden und Strahlenkrankheit

Die Versuche von V. F. Sosova an verschiedenen bestrahlten Tieren ergaben folgende Besonderheiten bei örtlichen Infektionsprozessen:

1. Die Entzündung verläuft mit Haemorrhagie und Nekrose.
2. Im bestrahlten Organismus ist die Fähigkeit, die Vermehrung der Mikroben zu beschränken, herabgesetzt. Deshalb finden sich in den Entzündungsherden 1000- und 100000mal mehr Mikroben als bei nichtbestrahlten Tieren.
3. Im bestrahlten Organismus ist die Fähigkeit zur Lokalisierung des Infektionsprozesses vermindert; infolgedessen führt das Vorhandensein eines Entzündungsherdes häufig zur Generalisation der Infektion, zur Entwicklung einer Bakteriämie.

Diese Befunde zeugen von tiefgreifenden Änderungen der Reaktionsfähigkeit des Organismus gegen das Mikroben-Agens als Folge der Strahleneinwirkung.

Beim kombinierten Strahlentrauma können als zweite wichtige und häufige Besonderheit *Blutergüsse und Blutungen* auftreten. Bekanntlich hängt die Blutungsbereitschaft, eine charakteristische und sehr gefährliche Begleiterscheinung der Strahlenkrankheit, von vielen Faktoren ab: von der Erhöhung der Kapillarpermeabilität und -brüchigkeit, vom Vorhandensein einer Thrombocytopenie, von der verlangsamten Blutgerinnung, der Erhöhung des Gehaltes an Anticoagulantien (vom Typ des Heparins), vom Mangel an Blut-Prothrombokinase

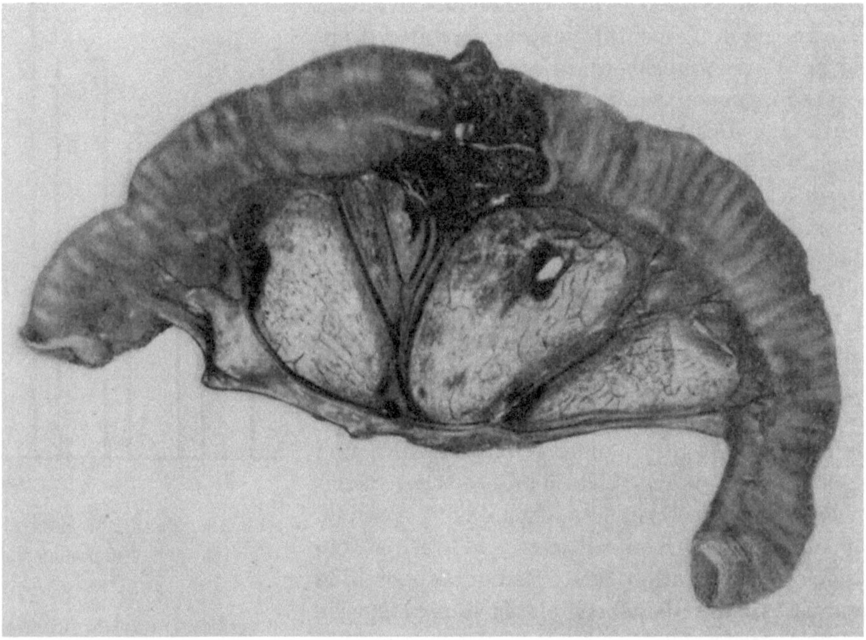

Abb. 17. Verletzungen des freien Randes des Dünndarms. Massiver Bluterguß in der Umgebung der Wundöffnung, der sich bis in das Mesenterium ausbreitet (nach F. I. Gorelov).

und dem damit zusammenhängenden Abfall der thromboplastischen Aktivität des Blutes u. a. Den Chirurgen muß man daran erinnern, daß sich bei der Strahlenkrankheit die Blutgerinnungszeit gegenüber der Norm um 150—500% verlängert. Man muß außerdem beachten, daß das Luftexplosionstrauma selbst häufig durch Blutergüsse, Blutunterlaufungen und Haematome als Folge der Zerreißung kleiner Gefäße und Kapillaren und der verminderten Blutgerinnung charakterisiert ist (B. N. Nifontov u. a.).

Das haemorrhagische Syndrom ist eine konstante und sehr schwere Äußerung der akuten Strahlenkrankheit. Durch dieses Syndrom, das durch Blutergüsse in alle oder fast alle Organe und Gewebe charakterisiert ist, verschlechtert sich der Zustand des Bestrahlten; in manchen Fällen kann es sogar die Ursache für den tödlichen Ausgang der Strahlenkrankheit sein. Das Syndrom der Blutungsbereitschaft tritt etwa 3—9 Tage nach der Bestrahlung auf und hält sich $1^1/_2$ Monate und länger. Bei den Opfern in Japan wurde das haemorrhagische Syndrom besonders im Umkreis von 1,5 km vom Explosionsepizentrum, in geringem Maße auch in einem Umkreis von 2—3 km Radius (selbst bei Aufenthalt in Betonbunkern) beobachtet (Shirabe, Tsuzuki). Die Blutungsneigung kompliziert nicht nur den Verlauf der kombinierten Strahlenschäden, sondern erschwert auch sehr die Durchführung der dringlichen chirurgischen Eingriffe. Schon ein ganz geringes Trauma (zum Beispiel eine gewöhnliche Injektion) ruft manchmal ein Haematom hervor (Abb. 17). Diese erhöhte Blutungsneigung der Gewebe kann sich manchmal schon bei operativen Eingriffen in der Anfangs- und Latenzperiode der Strahlenkrankheit zeigen (I. J. Tichonin, I. S. Kas'janov, B. M. Chromov u. a.). Man muß beachten, daß gerade der Blutverlust (ebenso der Schock) bei Tieren mit kombinierten Schädigungen häufig die unmittelbare Todesursache in den ersten Stunden nach der Verletzung oder dem operativen Eingriff ist (L. M. Kotel'nikov) und daß bestrahlte Tiere in bestimmten Perioden der Strahlenkrankheit gegen Blutverluste sehr sensibel sind. Nach Angaben von V. N. Praveckij erschwert der Verlust von etwa 20% des gesamten zirkulierenden Blutes, der 15—30 Minuten nach der Bestrahlung eintritt, den Verlauf der Strahlenkrankheit und erhöht die Anzahl der tödlichen Ausgänge um 25% (Abb. 18). Gleiche Ergebnisse hatten K. V. Ivanov und M. D. Tichomirov bei kombinierten Schädigungen (Bestrahlung, Blutverlust und Weichteilwunden).

Tatsächlich ändert nach den Befunden von V. A. Bondina, I. V. Il'inskaja, N. V. Korostovceva und O. K. Machalova ein relativ geringer Blutverlust (bis 20—25% vom Gesamtvolumen des Blutes) praktisch den Verlauf der akuten Strahlenkrankheit nicht. Man beobachtet dabei nur eine vorübergehende Unterdrückung der Haemopoese. Erst bei großem Blutverlust (bis 40% der Gesamtblutmenge) starben die bestrahlten Hunde — unabhängig von der Behandlung. Wenn man aber den Einfluß des Blutverlustes auf Verlauf und Ausgang der Strahlenkrankheit betrachtet, darf man nicht nur die Höhe des Blutverlustes, sondern muß auch den Schweregrad und die Entwicklungsphase der Strahlenkrankheit in die Erwägungen einbeziehen. So braucht sich zum Beispiel ein bestimmter Blutverlust nicht auf den Verlauf einer leichten Strahlenkrankheit auszuwirken und kann doch einen sehr negativen Einfluß auf Verlauf und Ausgang einer hochgradigen Strahlenkrankheit haben, wie das V. A. Bondina, I. V. Il'inskaja, N. V. Korostovceva u. a. in ihren Versuchen beobachteten. Es gibt auch Hinweise, daß geringe Blutverluste unmittelbar vor oder nach der Bestrahlung günstig auf den Verlauf der Strahlenkrankheit wirken können (L. N. Mušina u. a.). So berichtet V. F. Čerkasov über die günstige Wirkung kleiner Aderlässe (60—90 Minuten nach der Bestrahlung) auf Verlauf und Ausgang der Strahlenkrankheit (Abb. 19). Nach einigen Befunden erhöht Blutverlust die Resistenz gegen Bestrahlung nur dann, wenn er 4—5 Tage vor der Bestrahlung bewirkt wird. Der Mechanismus dieser Wirkungen ist noch nicht ganz geklärt; man hat nur einige Vermutungen, auf die hier nicht eingegangen werden kann.

Wenn der Blutverlust auf dem Höhepunkt der Strahlenkrankheit erfolgt, so verläuft letztere allerdings bedeutend schwerer, und die Tiere sterben häufig noch während des Blutverlustes. Man darf nicht vergessen, daß es bei allen diesen Experimenten nur um den Einfluß des Blutverlustes auf den Verlauf und

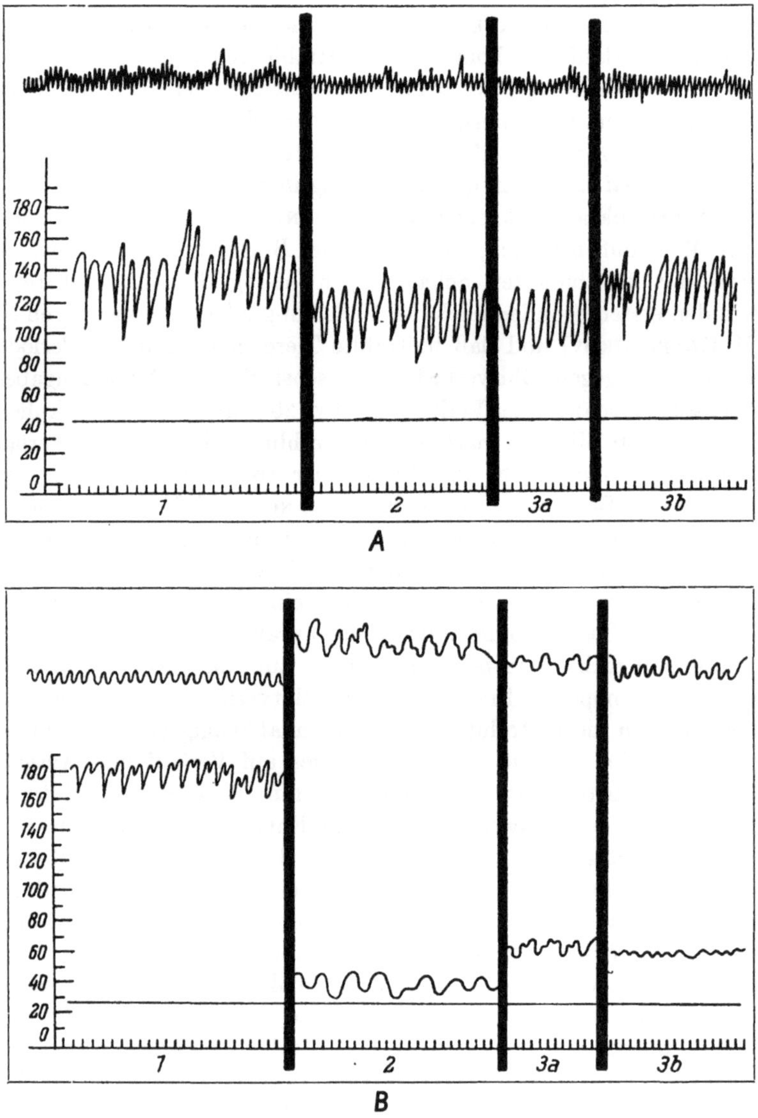

Abb. 18. Veränderungen des Blutdrucks nach Aderlaß (nach V. N. PRAVECKIJ).

A – beim gesunden Hund, *B* – beim bestrahlten Hund. *1* – vor dem Blutverlust, *2* – sofort nach dem Blutverlust, *3* – nach dem Blutverlust: *3a* – nach 15 Minuten, *3b* – nach 60 Minuten

Ausgang der reinen Formen der Strahlenkrankheit ging. Da bei kombinierten Strahlenschäden häufig schon vorher Blutverluste (beispielsweise durch Verwundungen) eintreten, muß man jeden zusätzlichen Blutverlust als gefährlich ansehen (z. B. den einer Operation). Die erhöhte Empfindlichkeit gegenüber Blutverlusten kann sich bei bestrahlten Tieren sehr lange erhalten (nach Angaben von G. Š. VASADZE u. a. sogar über 7—9 Monate nach der Bestrahlung).

Experimentellen Befunden zufolge beobachtet man nach der üblichen ersten chirurgischen Versorgung der Wunde bei bestrahlten Tieren in 10—30% Haematome (S. S. SOKOLOV, V. I. TRUBAČEV, B. M. CHROMOV). Die Neigung zur Haematombildung nach Operation wird bei bestrahlten Tieren von vielen Autoren erwähnt (I. J. TICHONIN u. a.). Nach experimentellen Befunden von A. N. BERKUTOV und Mitarbeitern starben bis zu 12% der Hunde mit kombinierten Schädigungen an sekundären Blutungen aus Wunden, Magen-, Darm- oder Gebärmutterblutungen, die als Äußerungen des haemorrhagischen Syndroms in der Höhepunktperiode der Strahlenkrankheit auftreten.

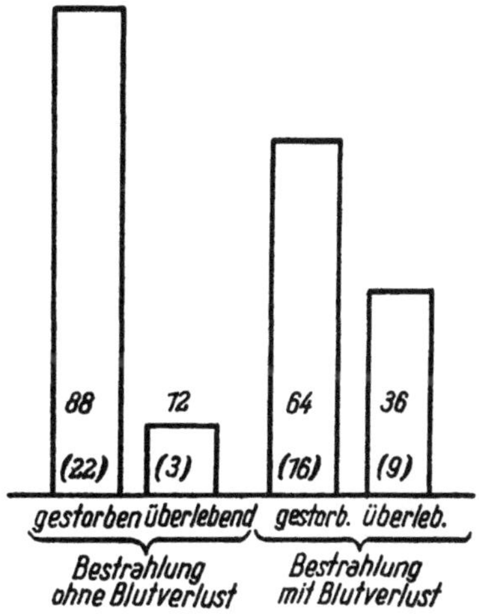

Abb. 19. Einfluß eines kleinen Blutverlusts auf die Überlebensquote bestrahlter Tiere in % (nach V. F. ČERKASOV).

Zahlen in Klammern — Anzahl der Tiere, Zahlen ohne Klammern — Prozentsatz

Die experimentellen Befunde sprechen dafür, daß nach der Einwirkung von ionisierender Strahlung, wenn die Blutbildung durch die Blockade des haemopoetischen Systems grob gestört ist, schon geringe Blutverluste die Entwicklung des Anämiesyndroms beschleunigen und den Verlauf und Ausgang der Strahlenkrankheit verschlechtern (V. N. PRAVECKIJ, M. J. ČAJKOVSKAJA, O. S. SERGEL, S. L. PETROSJAN, G. N. ELPAT'EVSKAJA, A. S. ROVNOV u. a.). Manchmal erlangt die Blutungsneigung eine so große Bedeutung, daß von ihr der Ausgang der kombinierten Strahlenschädigung abhängen kann. Blutungsneigung und Blutungen haben auch deswegen besondere Bedeutung, weil die dadurch entstehende Anämie sich wegen der Schädigung des blutbildenden Apparates nur mit Mühe beseitigen läßt.

Endlich ist für die Mehrzahl der kombinierten Strahlenschäden die erniedrigte Regenerationsfähigkeit aller Gewebe, die durch mechanisches oder thermisches Trauma geschädigt sind, äußerst charakteristisch. Man muß beachten, daß Heilung von Wunden und Verbrennungen oder Konsolidierung von Brüchen zeitlich oft mit dem Höhepunktsstadium der Strahlenkrankheit zusammenfallen, zu dem die regenerativen und reparativen Vorgänge besonders darniederliegen. Die ionisierende Strahlung ruft in Zellen und Geweben die verschiedensten degenerativen, nekrobiotischen und nekrotischen Vorgänge hervor und vermindert bis zu einem gewissen Grade auch die Regenerationsfähigkeit der Zellen der verschiedenen Gewebe. Bekanntlich ist die Hemmung der Regenerationsprozesse eine der charakteristischen Erscheinungen, die unter der Wirkung ionisierender Strahlung auftreten. Selbstverständlich hängen der Charakter der regenerativen Prozesse und der Grad ihrer Störung nach Bestrahlung von vielen Bedingungen ab, in der Regel von der Bestrahlungsdosis, vom Entwicklungsstadium der Strahlenschädigung und vielem anderen. Was die Entzündungsreaktion anbelangt, so ist sie gewöhnlich sehr schwach ausgeprägt, manchmal fehlt sie (makroskopisch) sogar ganz. Erst später treten Merkmale einer Entzündungsreaktion auf, stoßen sich die nekrotischen Gewebe ab, erscheinen Granulationen usw. (B. N. Mogil'nickij und Mitarbeiter, A. L. Poljakov, V. I. Trubačev, S. S. Sokolov u. a.).

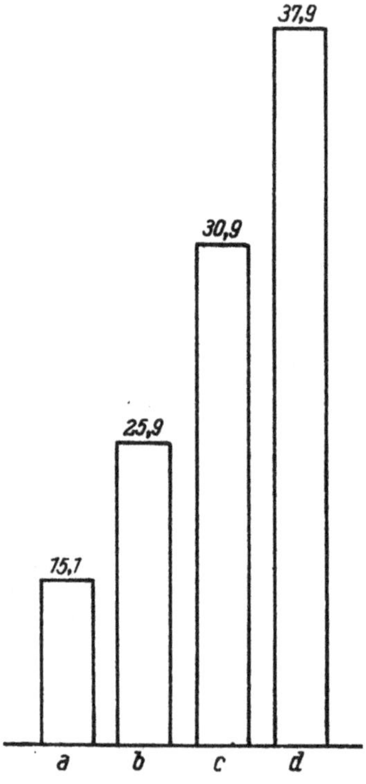

Abb. 20. Heilungszeit von Weichteilwunden (in Tagen).

a – gewöhnliche Wunden (Kontrolle), *b* – radioaktiv verseuchte Wunden, *c* – Wunden und Strahlenkrankheit, *d* – radioaktiv verseuchte Wunden und Strahlenkrankheit

Die verlangsamte oder verminderte Regeneration der Zellen und Gewebe hängt nicht nur vom direkten negativen Einfluß der ionisierenden Strahlung ab, sondern auch von vielen allgemeinen Erscheinungen der Strahlenkrankheit, zum Beispiel von der progressiven Anämie u. a. Durch die herabgesetzte Regenerationsfähigkeit der Gewebe ist die Heilung von Wunden und Verbrennungen oder die Konsolidierung von Brüchen bei Strahlenkrankheit in der Regel verlangsamt (Abb. 20) und von verschiedenen Komplikationen begleitet.[1]

Zum Schluß müssen wir uns, wenn auch kurz, mit einigen speziellen Formen der Kombinationsschäden beschäftigen. Dazu gehört zum Beispiel die Kombination von Schädigung durch Luftdruckwelle und durchdringende Strahlung. Versuche von V. K. Žgenti, G. P. Nazarišvili, A. A. Kvaliašvili, E. M. Semenskaja, Š. R. Topurija und E. N. Cverava zeigten, daß bei kombinierten Verletzungen durch Druckwelle und Röntgenstrahlung die Tiere infolge der Strahlenschädigung sterben, wobei das Strahlensyndrom in diesen Fällen durch relativ niedrige Strahlendosen hervorgerufen wurde. Wenn Druckwelle und Strahlung zusammen mit einer Verwundung oder Verbrennungen einwirkten, so ging die Heilung der letzteren sehr viel langsamer vonstatten.

Von großem Interesse ist auch die Kombination von Erfrierungen mit Strahlenkrankheit. Diese Form gehört selbstverständlich nicht zur charakteristischen

[1] Siehe Kap. VI, VII, VIII, IX und X.

„Atom-Pathologie" bei Atombombenexplosionen. Allein bei Anwendung von Atomwaffen in eventuellen Kriegen ist die Kombination der Strahlenkrankheit mit Erfrierungen nicht ausgeschlossen, im Gegenteil, unter entsprechenden meteorologischen oder klimatischen Bedingungen sehr wahrscheinlich. Von diesem Standpunkt aus beanspruchen die bisher noch wenigen Versuche zum Studium dieser Form der kombinierten Schädigung ein gewisses Interesse. So untersuchte I. A. Starceva die Besonderheiten der morphologischen Gewebsveränderungen bei Erfrierungen unter Bestrahlungsbedingungen. Dabei wurden folgende morphologische Besonderheiten der Regeneration von Geweben bei lokaler Erfrierung in Kombination mit Ganzbestrahlung beobachtet: Bei den bestrahlten Tieren wurde in den ersten Tagen ein wesentlich stärkeres Oedem in der Haut, im Unterhautzellgewebe, in den Muskeln und im Knochenmark der geschädigten Extremitäten beobachtet. Gleichzeitig mit dem Oedem traten bei den bestrahlten Tieren tiefgreifendere Veränderungen an den Gefäßen auf. Im Venenkapillarnetz fand man Thrombosen der Gefäße mit Wandnekrosen. In den Arterien wurden eine Verengung des Lumens, Oedem der Arterienwände mit Quellung und Ablösung des Endothels beobachtet. Die Gewebsnekrose erstreckt sich bei bestrahlten Tieren auf eine breitere Zone als bei den Kontrolltieren. Die Demarkation wurde bei den Tieren etwa nach 7 Tagen klinisch sichtbar, bei den bestrahlten lag sie erheblich mehr proximal als bei den Kontrolltieren. Die pathomorphologischen Veränderungen der Weichteile und Knochen waren bei den bestrahlten Tieren ausgeprägter. Besonders zu erwähnen ist die vollständige Devitalisierung des Knochenmarks bei den bestrahlten Tieren, die bei Tieren der Kontrollgruppe nie beobachtet wurde. Die Anzeichen für eine Regeneration traten nicht gleichzeitig auf; die Entwicklung des Granulationsgewebes in der Zone der Demarkation war bei den Tieren der Versuchsgruppe verzögert. Bei den nekrotischen Knochenabschnitten überwiegen in den ersten zwei Wochen osteoklastische Rückbildungen, die bei bestrahlten Tieren intensiver in Erscheinung treten. Später war ein Umbau des Knochengewebes zu sehen, der in beiden Serien gleich verlief.

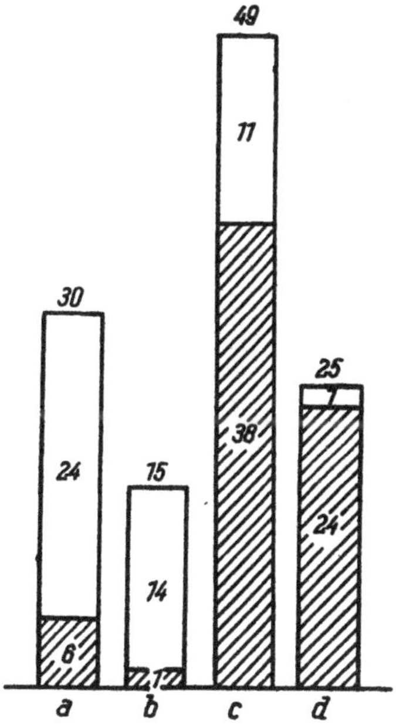

Abb. 21. Sterblichkeit von Tieren mit Strahlenkrankheit und Erfrierungen (nach O. V. Rudenko).

a – Bestrahlung, *b* – Erfrierung, *c* – Bestrahlung und Erfrierung, *d* – Erfrierung und Bestrahlung, schraffiert – verstorben, weiß – überlebend

Untersuchungen O. V. Rudenkos an Ratten über den Verlauf von Erfrierungen bei Strahlenkrankheit ergaben, daß die Strahlenkrankheit in Kombination mit Erfrierungen einen schwereren Verlauf nimmt und eine höhere Sterblichkeit zur Folge hat (Abb. 21). Erfrierungen verlaufen bei bestrahlten Tieren ohne stärkere entzündliche Erscheinungen und in Gestalt trockener Nekrosen, die eine viel breitere und tiefere Ausdehnung haben (Stadium III—IV statt I—II bei den Kontrolltieren). Im übrigen unterliegen die bestrahlten Tiere einer Abkühlung schneller als die Kontrolltiere.

Wir behandelten in diesem Kapitel die wichtigsten allgemeinen Besonderheiten der kombinierten Strahlenschädigungen, die bei chirurgischem Eingreifen zu beachten sind.

III

Erste medizinische Hilfe und grundlegende Behandlungsprinzipien bei kombinierten Strahlenschäden

In Kapitel I und II wurden schon einige Angaben über die bei einer Atombombenexplosion zu erwartende Anzahl der Opfer und der einer medizinischen und chirurgischen Hilfe Bedürftigen gebracht. Daraus geht hervor, daß nahezu die Hälfte aller Bewohner eines dicht besiedelten Gebietes nach der Explosion einer nominellen Atombombe medizinischer Hilfe bedürfen. In diesem Zusammenhang sind einige Zahlen amerikanischer Autoren interessant. Bei einem Übungs-Atom-Alarm in New York am 30. September 1952 wurde für die Organisation der medizinischen Hilfe folgende Berechnung zugrunde gelegt: Man nahm an, daß in einem Kreis von 2 Meilen um das Epizentrum 780000 Menschen wohnen und daß von diesen 230000 Menschen geschädigt werden (d. h. 33% aller Bewohner dieser Zone), wovon 112000 getötet und 118000 verwundet werden (also 56,6% der Gesamtverluste).

Einige amerikanische Autoren vereinfachen die Berechnung der Verluste. Sie gehen davon aus, daß bei der Atombombenexplosion in einer Stadt $^1/_3$ der geschädigten Bevölkerung getötet wird, daß $^1/_3$ überlebt und einer qualifizierten Behandlung bedarf und daß schließlich $^1/_3$ der Betroffenen ohne besondere medizinische Hilfe auskommen kann. Diese Zahlen sind etwas primitiv und ungenau, können jedoch zu orientierenden Berechnungen in grobem Maßstab verwendet werden. Selbstverständlich brauchen nicht alle Geschädigten chirurgische Hilfe, aber die Zahl der Menschen, die ihrer bedürfen, wird auf jeden Fall sehr groß sein.

Wenn man die in Japan gewonnenen Erfahrungen analysiert, so kommen auf das Konto der reinen Formen der Strahlenschädigung, wie gesagt, nur annähernd 15—20% der Opfer; der Rest von 85% verteilt sich auf die verschiedenen mechanischen, thermischen und kombinierten Schädigungen. Es werden also ca. 80—85% der Geschädigten chirurgischer Hilfe in irgendeiner Form bedürfen.

Erste medizinische Hilfe bei kombinierten Strahlenschäden unterscheidet sich nicht wesentlich von der ersten Hilfe bei gewöhnlicher Verwundung (Anlegung von aseptischen Verbänden, von Blutleerbinden, Ruhigstellung, Antischockmaßnahmen u. a.) Hier sind aber einige Bemerkungen über die Verwendung von Blutleerbinden nötig. Die Versuche von V. F. Čerkasov zeigten, daß die Sterblichkeit erhöht ist, wenn die Binde bei den Bestrahlten längere Zeit angelegt bleibt (Tab. 3).

M. E. Vasilenko und D. M. Gzgzjan untersuchten die höhere Nerventätigkeit und die Blutbildung nach Verletzung einer Extremität und Anlegung einer

Tabelle 3. Einfluß des Anlegens einer Blutleerbinde bei Blutverlust und Bestrahlung auf die Sterblichkeit

Versuchsserie	Zeit, während der die Abschnürbinde an der Extremität lag	Anzahl der Versuchstiere	überlebend	gestorben
Blutverlust ohne Bestrahlung	1 Stunde	15	15	0
	2 Stunden	15	14	1
Blutverlust und Bestrahlung	1 Stunde	15	10	5
	2 Stunden	15	2	13
	ohne Abschnürbinde	15	5	10

Blutleerbinde an Hunden mit akuter Strahlenkrankheit und stellten fest, daß Verwundungen und anschließende Anlegung von Blutleerbinden den Verlauf der Strahlenkrankheit erschweren, die Störungen der höheren Nerventätigkeit und die Veränderungen des Blutes verstärken und schließlich zu einer Erhöhung der Sterblichkeit der Tiere führen. Es ist infolgedessen eine grundlegende Forderung, daß die Dauer des Liegens von Blutleerbinden bei Verwundungen von Bestrahlten maximal abzukürzen ist und eine Stunde nicht überschreiten darf.

Auch die erste Hilfe bei radioaktiven Mischverletzungen unterscheidet sich nicht von der bei gewöhnlichen Wunden. Die Spezifität der ersten Hilfe in diesen Fällen könnte nur in Maßnahmen bestehen, die die Resorption radioaktiver Stoffe durch die Wunden[1] in den Organismus hemmen. Bekanntlich wird ein erheblicher Teil der radioaktiven Substanzen sehr schnell aus der Wunde in den Organismus resorbiert. Da die erste chirurgische Versorgung der Wunden unter den Verhältnissen einer Massenkatastrophe natürlich nicht rechtzeitig einsetzen kann, sondern im Gegenteil sich stark verzögert, leuchtet es ein, daß dann, wenn der Verletzte in die Evakuierungszone kommt und er dort die erste Versorgung erhalten kann, der größte Teil der radioaktiven Substanzen schon in den Organismus resorbiert sein wird. Infolgedessen kann die erste chirurgische Versorgung der Wunden unter den derzeitigen Bedingungen nicht zur frühzeitigen Bekämpfung der Resorption radioaktiver Stoffe aus den frischen Wunden dienen. Leider kennen wir zur Zeit kaum Mittel und Methoden, mit denen man die sofortige Resorption radioaktiver Substanzen aus verseuchten Wunden verhindern oder wenigstens verringern könnte.

Vor kurzem schlug I. D. Žitnjuk die Verwendung eines sogenannten Saugpuders folgender Zusammensetzung vor: Sacchar. — 60,0%, Xeroform — 20,0%, weißes Streptocid — 15,0%, Borsäure — 5,0%. Dieser Puder wurde auf Empfehlung des Autors auch von einigen anderen Chirurgen während des zweiten Welt-

[1] Wir meinen hier nicht nur die Weichteilwunden, sondern beliebige Wundflächen (Verbrennungen, offene Brüche usw.).

krieges mit Erfolg zur Behandlung von Schußverletzungen angewandt. Es zeigte sich, daß der Puder Saugfähigkeit und erhebliche antiseptische Eigenschaften hat, die es gestatten, die erste chirurgische Versorgung der Wunde 24 Stunden und länger hinauszuschieben. Der Wert des Puders besteht darin, daß er aus leicht zu beschaffenden Ingredienzien besteht, einfach in Herstellung und Anwendung und deswegen zur ersten Hilfeleistung sehr geeignet ist. Die Möglichkeit einer Verwendung des Saugpuders von I. D. Žitnjuk zur Verminderung der Resorption radioaktiver Stoffe aus der Wunde wurde experimentell von

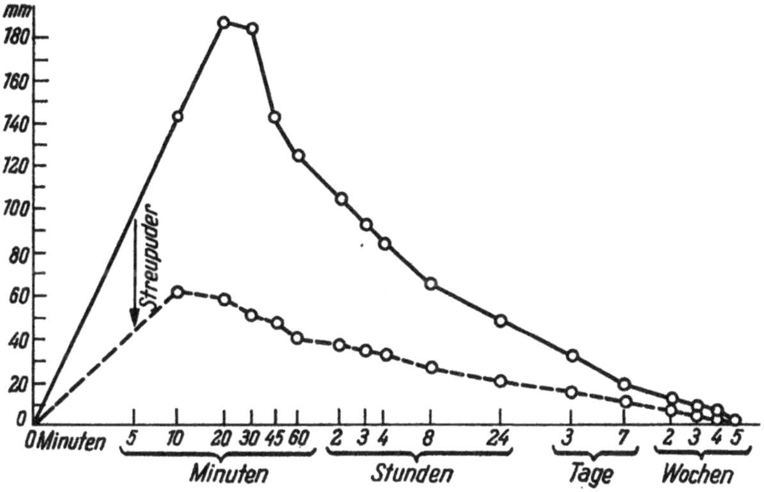

Abb. 22. Geschwindigkeit der Resorption von radioaktivem Phosphor durch eine Wunde ohne chirurgische Versorgung. In der Gruppe der Versuchstiere wurde Saugpuder nach I. D. Žitnjuk verwandt (nach V. Z. Šejko).

Der Einfluß von Puder auf die Resorption von Phosphor[32]. Mittlere Radioaktivität des Blutes von 5 Versuchstieren (gestrichelte Linie) und 5 Kontrolltieren (ausgezogene Linie). Verband und Streupuder nach 5 Minuten. Chirurgische Versorgung wurde nicht durchgeführt; 1 mm der Ordinatenachse entspricht 5 Imp./Min. von 0,02 ml Blut.

V. Z. Šejko geprüft. Dabei zeigte sich, daß das Pudern von Wunden, die mit radioaktiven Stoffen verseucht sind, in den ersten Minuten nach der Verwundung die Resorption der radioaktiven Stoffe auf die Hälfte bis ein Drittel vermindert (Abb. 22). Je früher dieser Puder verwendet wird, um so weniger radioaktive Stoffe werden in den Organismus resorbiert, außerdem erhöht der Puder auch die Saugfähigkeit der Wundverbände (Abb. 23). Wegen dieser günstigen Eigenschaften wird man den Saugpuder von I. D. Žitnjuk bei radioaktiv verseuchten Wunden prüfen müssen. Es ist jedoch so, daß auch ein gewöhnlicher aseptischer Verband einen erheblichen Teil der radioaktiven Substanzen aufsaugt. Allerdings bleiben die Verbände nur einige Stunden saugfähig.

Die erste Hilfe bei mit Strahlenschädigung kombinierten *Knochenbrüchen* unterscheidet sich kaum von der ersten Hilfe bei gewöhnlichen Knochenbrüchen und besteht in den üblichen allgemeinen und lokalen Maßnahmen (Schockprophylaxe, Ruhigstellung für den Transport, Anlegen von sterilen Verbänden bei komplizierten Brüchen u. a.). Bei den Manipulationen mit dem Material für die Ruhigstellung darf man nicht vergessen, daß es radioaktiv verseucht sein kann. Außerdem ist unter den Bedingungen einer Massenkatastrophe kaum mit einem genügenden Vorrat an Standardruhigstellungsschienen, wie auch an anderem griffbereiten Material zu rechnen. Man wird dann nicht selten zu sehr primitiven Ruhigstellungen übergehen müssen, zum Beispiel zum Wickeln der verletzten oberen Extremität an den Brustkorb oder des verletzten Beines an das gesunde. Bei komplizierten, radioaktiv verseuchten Brüchen muß man zusätzlich Maßnahmen ergreifen, die die Resorption von radioaktiven Stoffen in den Organismus verringern können, d. h., man bestäubt die Wundoberfläche mit dem Saugpuder von I. D. Žitnjuk. Es ist zu beachten, daß Transportschienen, die für Verletzte mit radioaktiv verseuchten Brüchen benutzt wurden, nach den allgemeinen Richtlinien vernichtet oder desaktiviert werden müssen.

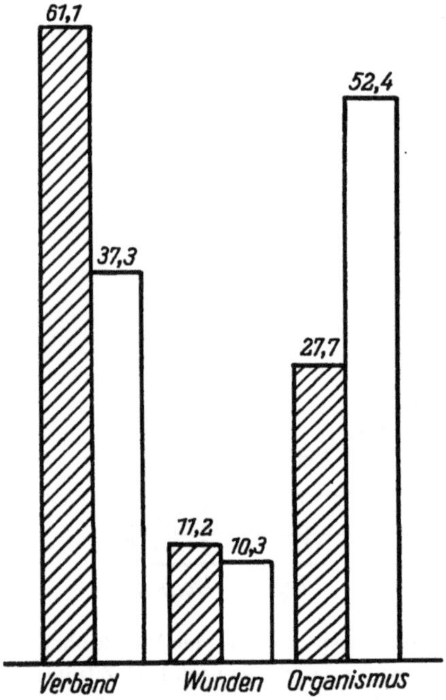

Abb. 23. Prozentgehalt an radioaktiven Stoffen (Gemisch) im Verband, in der Wunde und im Organismus bei Anwendung von Saugpuder nach J. D. Žitnjuk (nach V. Z. Šejko).

Schraffierte Säulen – Versuch (Saugpuder), weiße Säulen – Kontrolle

Die erste Hilfe bei den verschiedenen *Verbrennungen*, die bei der Anwendung von Atomwaffen auftreten, unterscheidet sich gleichfalls nicht wesentlich von der ersten Hilfe bei beliebigen anderen thermischen Verbrennungen; d. h., sie ist nicht irgendwie spezifisch. Wir erwähnen nur einen neuen Vorschlag zum primären Verschluß von Brandwunden, den man unter geeigneten Verhältnissen anwenden kann: einen Film aus schnell erhärtendem flüssigem Kunststoff, der von den Mitarbeitern des Zentral-Instituts für Traumatologie, V. B. Poljakov, I. I. Revzin, V. A. Marsk und M. B. Vygodska, entwickelt wurde. Experimentelle und auch einige klinische Prüfungen zeigen eine Reihe von Vorzügen dieses Films bei Verbrennungen gegenüber ähnlichen Vorschlägen.

Die Methode mit schnell erhärtendem flüssigen Kunststoff ermöglicht, Brandwunden schnell mit einem genügend festen, elastischen, nicht mit der Wundoberfläche verklebenden und für den Organismus unschädlichen Film zu verschließen. Die Kunststofflösung selbst ist antiseptisch. Ihr Effekt kann durch Zugabe antiseptischer Stoffe noch erhöht werden, und man kann auch noch die nötigen Anaesthetika zufügen. Auf den Gesamtorganismus und besonders auf die Gewebe hat die Kunststofflösung keinerlei schädlichen Einfluß. Der Film wird zweckmäßigerweise möglichst bald nach der Verbrennung aufgetragen. Vor der chirurgischen Versorgung muß man ihn abnehmen, je früher desto besser. Unter besonderen Bedingungen kann er aber 2—3 Tage auf der nichtbehandelten Brandwunde verbleiben. Die Methode der Wundversorgung durch Plastikfilm ist sehr einfach und kann von mittlerem medizinischen Personal unter Kontrolle eines Arztes angewandt werden; auch zur ersten Hilfe und zur Selbsthilfe bei Verbrennungen ist sie geeignet. Der schnell erhärtende Film aus flüssigem Kunststoff ermöglicht schnelle Hilfe für eine große Anzahl gleichzeitig anfallender Brandwunden. Er zeichnet sich durch Festigkeit und hermetischen Abschluß aus und ist in der Anwendung äußerst einfach. Aus diesem Grunde empfehlen wir die beschriebene Methode für die erste Hilfe bei thermischen Verbrennungen im Katastrophenfall. Allerdings hat man bis jetzt noch keinerlei Erfahrungen über die Möglichkeiten der Verwendung dieses Films bei Verbrennungen, die mit radioaktiven Stoffen verseucht sind.

Außer den aufgezählten lokalen Maßnahmen können bei kombinierten Schädigungen häufig auch Maßnahmen allgemeinen Charakters gegen die verschiedenen allgemeinen Störungen erforderlich werden (zum Beispiel Anwendung von Herzmitteln und vieles andere). Aber auch diese allgemeinen Maßnahmen unter den Bedingungen der ersten Hilfe weisen keine spezifischen Besonderheiten auf, sondern richten sich nach allgemeinen Regeln.

Wir wenden uns nur noch kurz der Prophylaxe von Schock und Wundinfektion zu. Bei der ersten Hilfeleistung am Katastrophenort sollen die Maßnahmen auf Fernhaltung der Schockursachen und auf die Hebung der Abwehrkräfte des Geschädigten gerichtet sein. Dazu gehören: schnelle Hilfeleistung, Ruhe, Ruhigstellung von Knochenbrüchen, Anwendung entsprechender Medikamente, Warmhalten und rechtzeitige Beförderung in eine chirurgische Abteilung oder andere Behandlungseinrichtungen. Allen Verletzten, außer denen mit leichten Verletzungen und mit Bauchverwundungen, werden nach Möglichkeit heiße Getränke (gesüßter Tee, Kaffee) gereicht, 50—100 ml Wodka und Tabletten oder Pulver folgender Zusammensetzung: Aminophenazon 0,3, Codein 0,015, Coffein 0,03, Ascorbinsäure 0,05, Bromnatrium 1,0.[1] Außerdem gibt man 15,0 Glucose oder einen Eßlöffel Zucker. Verletzten mit Verbrennungen großer Körperflächen gibt man zweckmäßigerweise reichlich von einer Lösung aus 1 Teelöffel Kochsalz und 1/2 Teelöffel Soda auf 1 Liter Wasser zu trinken.

Die Prophylaxe der Wundinfektion, die bei kombinierten Strahlenschädigungen sehr häufig ist, muß schon im Augenblick der ersten Hilfeleistung beginnen, also am Schädigungsort. In diesem Zusammenhang kann die prophylaktische Anwendung der Antibiotica eine besondere Bedeutung gewinnen, die man peroral, zum Beispiel als Tabletten oder Pulver gibt (Syntomycin, Laevomycetin, Phen-

[1] Beim Fehlen solcher Tabletten kann man auch Aminophenazon- und Coffeintabletten geben, die bei den Sanitätsdiensten vorrätig sind.

oxymethylpenicillin, Terramycin, Biomycin u. a.). Unter entsprechenden Bedingungen ist natürlich eine prophylaktische Anwendung der Antibiotica auch als Injektion möglich, besonders der Präparate mit langer Wirkungsdauer (Bizillin).

Bei der ersten Hilfeleistung oder danach müssen die Verletzten schnell und in vollem Umfang der weiteren Einwirkung ionisierender Strahlung entzogen werden; d. h., man muß sie vom Herd der ionisierenden Strahlung entfernen, von radioaktiven Substanzen reinigen usw. Für die Behandlung der verschiedenen mechanischen und thermischen Traumen, die durch Einwirkung von Atomwaffen auf den menschlichen Organismus entstehen, gelten die allgemeinen Regeln der Chirurgie und Traumatologie, für die der Strahlenschäden die allgemeinen Regeln der medizinischen Radiologie. Wir brauchen hier auf diese Fragen nicht näher einzugehen, da sie ausführlich in den entsprechenden Handbüchern und Monographien dargelegt sind. Besondere Beachtung erfordert nur die Frage der Behandlung kombinierter Strahlenschäden. In diesem Kapitel werden also kurz die grundlegenden bzw. die allgemeinen Prinzipien der Behandlung kombinierter Strahlenschäden dargelegt, einige spezielle Fragen der Therapie aber später in den entsprechenden Kapiteln behandelt.

Die Behandlung kombinierter Strahlenschäden gründet sich auf die Prinzipien der modernen Chirurgie und Traumatologie, die praktische Durchführung dieser Prinzipien kann jedoch je nach Eigenart der mechanischen oder thermischen Traumen oder der Strahlenschädigungen einige Besonderheiten haben. Außerdem muß man natürlich auch die spezifischen Besonderheiten der eigentlichen kombinierten Schädigungen beachten, über die oben gesprochen wurde (s. Kap. II). Vor allem ist folgendes wichtig: *Alle Behandlungsmaßnahmen, die den Verlauf und Ausgang von mechanischen und thermischen Traumen verbessern, verbessern auch Verlauf und Ausgang der Strahlenschäden; umgekehrt wird rechtzeitige und rationelle Behandlung der Strahlenschäden einen günstigeren Verlauf und Ausgang der mechanischen und thermischen Traumen ermöglichen.* Deshalb ist bei kombinierten Strahlenschäden eine komplexe Behandlung, d. h. gleichzeitige und möglichst frühzeitige Behandlung des mechanischen oder thermischen Traumas und der Strahlenschädigung, unbedingt nötig.

Ein anderer wichtiger Grundsatz der Behandlung kombinierter Strahlenschäden ist die Notwendigkeit primärer chirurgischer Versorgung. Das Grundprinzip der modernen Traumatologie und Feldchirurgie, die Verpflichtung zu möglichst frühzeitiger primärer chirurgischer Versorgung bei mechanischen und thermischen Traumen, behält also auch bei kombinierten Strahlenschäden seine volle Gültigkeit. Die Indikationen zur primären chirurgischen Versorgung kombinierter Strahlenschädigungen sind in der Regel durchaus nicht spezifisch, sondern allgemein bekannte medizinische Indikationen zur Behandlung von Wunden. In diesem Zusammenhang sei daran erinnert, daß eine bestimmte Art von Verwundungen bekanntlich überhaupt keiner primären chirurgischen Behandlung bedarf. Im Falle einer Katastrophe durch Atomwaffen mit Massen von Verletzten kommt dem Problem der Indikation zur konservativen Behandlung der

Verwundungen eine besondere Bedeutung zu (A. N. BAKULEV und P. L. SEL'-COVSKIJ).

Bei radioaktiv verseuchten Wunden kann sich die Indikation zu primärer Versorgung je nach Schwere der Verseuchung erheblich erweitern. In diesen Fällen verfolgt die chirurgische Behandlung nicht nur das gewöhnliche Ziel der Infektionsprophylaxe, sondern das manchmal noch viel wichtigere der maximalen Säuberung der Wunde von radioaktiven Substanzen. Deswegen erfordern alle stärker radioaktiv verseuchten Wunden eine entsprechende chirurgische Versorgung, auch wenn sie wegen der Verwundung selbst gar nicht erforderlich wäre (A. N. BERKUTOV, B. M. CHROMOV). Außerdem weist die primäre chirurgische Behandlung bei kombinierten Strahlenschäden eine ganze Reihe von Besonderheiten auf; sie werden ausführlich in Kapitel VI und VII beschrieben.

Die spezifischen Arbeitsbedingungen in den vorderen Stützpunkten des medizinischen Luftschutzdienstes (vorgeschobener Chirurgenpunkt u. a.) und die große Anzahl von Verletzten, die erster ärztlicher Hilfe bedürfen, erlauben in dieser Zone keine vollwertige, d. h. eingehende und einmalige chirurgische Behandlung im eigentlichen Sinne. Hierzu gehört auch die Anlage des Erstverbandes. Zu bedenken ist, daß Verletzte mit schweren Traumen (zum Beispiel ausgedehnten Verbrennungen) eine Evakuierung vor der chirurgischen Behandlung leichter überstehen als einen Transport kurz danach. Darum wird sich bei einem erdrükkenden Verwundetenanfall die erste ärztliche Hilfe bei Weichteilverletzungen, offenen Brüchen und Verbrennungen in den vorgeschobenen Sanitätsstützpunkten auf Antischockmaßnahmen, Lagerung, Anlage oder Wechsel von aseptischen Verbänden, Anlegen ruhigstellender Transportverbände usw. beschränken. Nur dann, wenn die Wunde oder Brandwunde hochgradig radioaktiv verseucht ist, können eine einfache erste Versorgung mit „Saugpuder" oder mehrmaliges Spülen mit verschiedenen Lösungen nötig sein (s. Kap. VII).

Eine echte primäre chirurgische Wundversorgung kann und muß in den vorgeschobenen Sanitätsstützpunkten nur bei vitalen Indikationen durchgeführt werden, zum Beispiel bei manchen Körperhöhlenverwundungen und bei einer Reihe anderer Verletzungen, die sofortiger chirurgischer Hilfe dringend bedürfen. In diesem Zusammenhang ist eine qualifizierte Sortierung unerläßlich, die bei massenweisem Anfall von Verletzten die Fälle festlegt, in denen chirurgische Hilfe aus vitaler Indikation unaufschiebbar ist.

Nur unter ganz besonders günstigen Arbeitsbedingungen kann man auch die primäre chirurgische Versorgung von Weichteilwunden, Verbrennungen usw. in den vorgeschobenen Stützpunkten durchführen. Die radikale chirurgische Behandlung der verschiedenen Verletzungen (und damit auch das Anlegen des ersten Verbandes) soll jedoch in der Regel erst in den rückwärtigen Sanitätseinrichtungen vorgenommen werden, besonders in Behandlungseinrichtungen außerhalb der betroffenen Stadt, wo spezialisierte medizinische Hilfe geleistet werden kann. Ist man auch bei Massenanfall von Verletzten zur Aufschiebung der primären chirurgischen Wundversorgung gezwungen, so ermöglichen doch der heutige Stand der Chirurgie, besonders die obligate, prophylaktische allgemeine und lokale Anwendung der Antibiotica eine solche Aufschiebung der primären chirurgischen Wundbehandlung.[1] Die Anwendung der Antibiotica in den vorderen Einheiten ist folglich eine wichtige und unerläßliche Bedingung und schafft die Möglichkeit, die primäre Wundbehandlung in die rückwärtigen Sanitätseinrichtungen zu verlagern, d. h. in Krankenhäuser außerhalb der Stadt. Natürlich darf man dabei die Rolle der Antibiotica nicht überschätzen und keinerlei außergewöhnliche Hoffnungen auf sie setzen. Die führende Rolle kommt nach wie vor nicht den Antibiotica, sondern den aktiven und rechtzeitigen chirurgischen Maßnahmen zu.

Von prinzipieller Bedeutung ist die *Notwendigkeit, Verwundete, die radioaktiv verseucht sind, in getrennten Räumlichkeiten* (getrennte Operations- und Verbandräume, Spezialzimmer und -abteilungen) *zu behandeln und dabei alle Regeln einer allgemeinen und speziellen Prophylaxe der sekundären Verseuchung anderer (unverseuchter) Kranker und des medizinischen Personals zu beachten.*

Wenn wir die allgemeinen Prinzipien der Behandlung kombinierter Strahlenschäden besprechen, darf eine weitere, sehr wichtige Frage nicht außer acht gelassen werden. Es handelt sich darum, daß sich in Experimenten (bis jetzt sind es natürlich erst wenige) die Reaktionsfähigkeit des bestrahlten Organismus gegen manche häufig angewendeten Heilmittel mehr oder weniger verändert. Obgleich I. R. Tarchanov bereits 1896 auf die Abschwächung der Empfindlichkeit gegen Strychnin bei bestrahlten Fröschen hingewiesen hat, sind die bisherigen Angaben in der Literatur zu dieser Frage noch sehr dürftig. Es gibt lediglich vereinzelte Hinweise auf Veränderungen der Empfindlichkeit bestrahlter Tiere gegen Urethan, Hexenal und einige andere Narkotika (A. M. Rusanov, J. K. Kudrickij u. a.). Außerdem zeigten Versuche von P. V. Vasil'ev und P. P. Saksonov an verschiedenen Tieren ähnliche Veränderungen der Reaktivität gegen Narkotika, Lokalanaesthetika, harntreibende Mittel, Atmungsanaleptika, fiebersenkende, antihaemorrhagische Präparate u. a. nach Bestrahlung. Bei Versuchen über die Reaktion bestrahlter Tiere auf Gabe von Analgeticis stellte G. A. Bol'šakova eine Verringerung der Empfindlichkeit gegen Korazol und Strychnin fest. K. K. Poplavskij fand bei bestrahlten Tieren phasenartige Veränderungen der Empfindlichkeit gegen Hexenal: Empfindlichkeitsverminderung in der Latenzperiode und Steigerung in der Höhepunktsperiode der Strahlenkrankheit. Darum sprechen die Autoren nicht ohne Grund von der Notwendigkeit, die Dosierung einer Reihe von Heilmitteln bei Strahlenschädigungen zu überprüfen. Alle diese wichtigen und interessanten Fragen bedürfen zweifellos weiterer Bearbeitung.

[1] Unter frühzeitiger primärer chirurgischer Wundversorgung verstehen wir eine solche, die vor dem Auftreten klarer Zeichen einer Wundinfektion einsetzt, d. h. in den ersten 24 Stunden nach der Verwundung. Die späte primäre chirurgische Versorgung wird bei schon vorhandenen klinischen Zeichen einer Wundinfektion durchgeführt (wenn nicht mit Antibioticis behandelt wurde, später als 24 Stunden, und wenn mit Antibioticis behandelt wurde, später als 48 Stunden nach der Verwundung).

Der Kampf gegen den Schock. Die ärztliche Hilfeleistung bei kombinierten Strahlenschäden (bei denen häufig ein Schock auftritt) muß vor allen Dingen Schockprophylaxe und Antischockmaßnahmen umfassen. Diesen Maßnahmen mißt man im Auslande besondere Bedeutung zu; so ist zum Beispiel im Ausbildungsprogramm des medizinischen Personals der USA zur Hilfeleistung bei Katastrophen (1956) ein Kursus über die Durchführung von Antischockmaßnahmen vorgesehen.

Noch fehlt praktische Erfahrung über die Behandlung des Schocks bei Strahlenschäden, auch sind die Prinzipien der Prophylaxe und Behandlung des Schocks bei Katastrophen noch wenig bearbeitet. Man muß annehmen, daß sie sich wahrscheinlich von den in früheren Kriegen angewendeten Prinzipien der Schockprophylaxe und -behandlung wenig unterscheiden werden.

Bekanntlich entsteht der Schock häufig nicht sofort nach einem Trauma, sondern erst nach einiger Zeit. Darum kommt den Maßnahmen zur Schockprophylaxe bei Schäden mittleren und schweren Grades sehr große Bedeutung zu. Angesichts der besonderen Wichtigkeit dieser Frage gehen wir etwas ausführlicher darauf ein. Antischockmaßnahmen müssen in allen Etappen des medizinischen Luftabwehrdienstes durchgeführt werden. Am besten und vollkommensten geschieht das in speziellen Antischockräumen. Deshalb ist bei Einrichtung chirurgischer Abteilungen besonderer Wert auf Antischockabteilungen zu legen, in denen medizinisches Personal jederzeit für Transfusionen von Blut, Blutersatzstoffen und Antischocklösungen, für Seruminjektionen, Anwendung von Sauerstoff, Narkotika, Herz-, Schlaf- und anderen Antischockmitteln bereit sein muß.

In der Antischockabteilung werden folgende prinzipielle Antischockmaßnahmen durchgeführt (unabhängig von den Entstehungsursachen des Schocks):

1. Sorge für vollkommene psychische und physische Ruhe und allgemeine Erwärmung des Verletzten.
2. Sorgfältige Kontrolle der Transportimmobilisation, Korrektur oder Ersatz durch Standardschienen.
3. Injektion von 1–2 ml 1%igem Morphin (am besten intravenös) oder Pantopon 1–2 ml 2%ig)[1], Herzmitteln (Campfer, Coffein), Ephedrin (nach Anweisung).
4. Heiße Getränke an die Geschädigten (Tee mit Zucker), Wodka und Bromnatriumlösung (bei Verdacht auf Magen- und Darmschäden nur Mundspülungen).

   Bei Verbrennungsschock läßt man reichlich (bis 7 Liter) Lösung aus 1 Teelöffel Kochsalz und 1/2 Teelöffel Soda auf 1 Liter Wasser trinken. Bei Strahlenschock und Schock bei kombinierten Strahlenschäden verwendet man zweckmäßigerweise Antihistamin-Präparate: Dimedrol (2- bis 3- bis 4mal am Tage 0,05–0,1) u. a.

[1] Anwendung von Narkotika ist bei Atemstörungen, bei unbestimmbarem Puls und Blutdruck, auch bei Anwendung neuroplegischer Substanzen kontraindiziert.

5. Bluttransfusionen, Infusionen von Blutersatzstoffen und Antischocklösungen in Dosen von 500—2000 ml je nach Zustand des Verletzten. Bei Schock mit Blutverlust (haemorrhagischer Schock) gibt man 2—3mal höhere Dosen als bei Schock ohne Blutverlust. Zur Vermeidung von Schockrezidiven ist eine Wiederholung der Transfusion mit kleineren Dosen (250—500 ml) in Abständen von einigen Stunden, später von 2—4 Tagen zweckmäßig. Während der Transfusionen von Blut oder Blutersatzstoffen ist die Gabe von Vitaminkomplexen zweckmäßig (5 ml Ascorbinsäure 10%, 1 ml Vitamin B_1, 1 ml Riboflavin, Nicotinsäure 1% (s. Kap. IV).
   Ein Verbrennungsschock erfordert die Infusion von 500—800 ml und mehr Plasma, Serum und Antischocklösungen aller 3—6 Stunden am ersten Tage.
6. a) Novocain-Blockade mit 1/4—1/2% Novocain[1]:
   des Hals-Vagus und -Sympathikus nach A. V. Višnevski bei perforierenden Verwundungen und Quetschungen des Thorax (in erster Linie bei offenem Pneumothorax).
   b) Blockade der Extremitäten bei Brüchen oder Quetschungen der Extremitäten. Wenn eine Blutleerbinde an der Extremität liegt, wird die Blockade vor Abnahme der Binde oberhalb durchgeführt.
   c) Nebennierenblockade bei Verletzung der Bauchhöhlen- und Beckenorgane (nach Möglichkeit).
   d) Intravenöse Gabe von 20—30 ml 0,25—0,5%iger Novocainlösung bei Schock und starken Schmerzen.
7. Sorgfältige Anlegung eines Okklusivverbandes bei offenem Pneumothorax.
8. Sauerstofftherapie bei normalem Rhythmus und genügender Tiefe der Atmung in Form einer Sauerstoffinhalation durch einen Nasenkatheter aus Sauerstoffkissen oder besser noch aus speziellen Apparaten („Gornospasatel", „Krasnogvardeec" oder anderen). Bei Störung des normalen aktiven Atmungsvorgangs Intubation und nach Absaugung des Inhaltes künstliche Atmung mit Hilfe dieser Apparate.
9. Operationen in der Regel erst nach Abklingen des Schocks. Nur bei vitalen Indikationen (Blutungen u. a.) unverzügliche Operation, aber unter dem „Schutz" oder der „Deckung" durch alle angeführten Antischockmaßnahmen. Bei solchen dringenden Operationen können eine Stickoxydulnarkose mit Zusatz eines Aether-Sauerstoff-Gemischs und eine örtliche Betäubung der reflexogenen Zonen nötig sein.
10. Bei ausgeprägter und verlängerter erektiler Schockphase Anwendung einer Stickoxydulnarkose, zweckmäßig unabhängig von der Indikation zu einem operativen Eingriff.

Bekanntlich umfaßt die moderne komplexe Therapie des traumatischen und Verbrennungsschocks auch die Verwendung von Ganglienblockern bei manchen Formen und Stadien des Schocks, unter anderem in frühen Stadien des Schocks,

[1] Bei offenen Verletzungen nimmt man zweckmäßigerweiis Novocain mit Penicillin.

besonders in der erektilen Phase. Die Verwendung von Ganglienblockern bei Schock in Kombination mit Strahlenkrankheit befindet sich noch im ersten Versuchsstadium; noch gibt es keine ausreichenden und beweiskräftigen Befunde, die eine Empfehlung rechtfertigen. Versuche von A. I. REŠETOV ergaben die erfolgreiche Verwendung von Ganglienblockern, Antihistaminen (Dimedrol) und parasympathikolytischen Präparaten (Atropin), zusammen mit Analgeticis (Lidol) und Vitamin B_1, in der Prophylaxe und Behandlung des traumatischen Schocks bei Strahlenkrankheit. Zur Vervollständigung muß man die Verwendung der verschiedenen Antihistamin-Präparate (Phenamin u. a.) empfehlen, deren bekannte Wirkung beim Strahlenschock bewiesen wurde. Besondere Bedeutung ist selbstverständlich der Bluttransfusion, der Infusion von Blutersatzstoffen und Antischocklösungen, beizumessen. Nach Befunden von J. M. BRJAKIN hat die Anwendung einer Kombination von Neuroplegicis (Aminasin, Dimedrol, Morphin, Atropin) relativ geringen Effekt bei der Behandlung experimenteller Schocks bei Strahlenkrankheit des Hundes.

Von seinen Beobachtungen über die Besonderheiten des traumatischen Schocks auf dem Boden der Strahlenkrankheit ausgehend, empfahl V. G. MITROFANOV die Verwendung des Vitamin-B-Komplexes (B_1, B_2, PP, B_6, B_{12}, Paraaminobenzoesäure, Folsäure, Pantothensäure), der bei kombinierten Schäden eine Antischockwirkung hat, die Regenerationsfähigkeit der Gewebe erhöht und den Spiegel des freien, des gebundenen und des Gesamtvitamins B_1 und B_2 in den meisten Geweben erhöht. Versuche ergaben, daß die komplexe Schocktherapie, bestehend aus Novocainblockade, Infusion von Blutersatzflüssigkeit nach PETROV und Gabe des Vitaminkomplexes C, B_1 und B_2 bei kombinierten Strahlenschäden Erfolg hat (L. S. KORČANOV, A. V. JAKUBENKO u. a.); im einzelnen wird dies durch Angaben über die Überlebensdauer der Versuchstiere und die Veränderungen des Blutdrucks beim Hund nach Schockbehandlung bezeugt (Abb. 24). Die Hunde, die den Schock überstanden hatten, verhielten sich in der Nachschockperiode wie die Kontrolltiere.

Bei der komplexen Therapie einer mit Schock komplizierten Strahlenkrankheit stellten I. V. IL'INSKAJA und T. N. ASTACHOVA fest, daß es notwendig ist, die Behandlung genügend lange (über einen Zeitraum von 3 Wochen) fortzuführen. Nebenbei gesagt, gehören diese Autoren mit zu den ersten, die auch die intraossale Injektion von Knochenmark mit in die komplexe Therapie der mit einem schweren traumatischen Schock komplizierten Strahlenkrankheit einbezogen. Dadurch ist eine schnellere Wiederherstellung und Stabilisierung der Erythropoese und Leukopoese gewährleistet. Selbstverständlich bedürfen diese neuen Ergebnisse einer Bestätigung und weiterer Erhärtung. Wenn man die Häufigkeit allgemeiner und lokaler Komplikationen eitriger, putrider oder auch anaerober Infektionen in Betracht zieht, ist der Kampf gegen die Infektion eine der wichtigsten Aufgaben in der komplexen Behandlung der kombinierten Strahlenschäden. Er besteht aus einem Komplex prophylaktischer und therapeutischer Maßnahmen. Vor allem muß man an die strenge Einhaltung aller Regeln der Asepsis bei der Behandlung von kombinierten Strahlenschäden erinnern, da Verstöße gegen die

Asepsis hier besonders gefährliche Folgen haben können. Bei der Auswertung der Erfahrungen aus Japan lenkt SEARS die besondere Aufmerksamkeit auf diesen wichtigen Umstand.

Zu den prophylaktischen Maßnahmen gehören die primäre chirurgische Versorgung der Wunden oder Verbrennungen und die prophylaktische Anwendung von Seren (Tetanus- und Gasbrandserum) und Antibioticis. Die Frage der primären chirurgischen Wundversorgung wird in einem anderen Kapitel ausführlich behandelt, weshalb wir hier nur auf die prophylaktische und therapeutische Anwendung der Antibiotica eingehen.

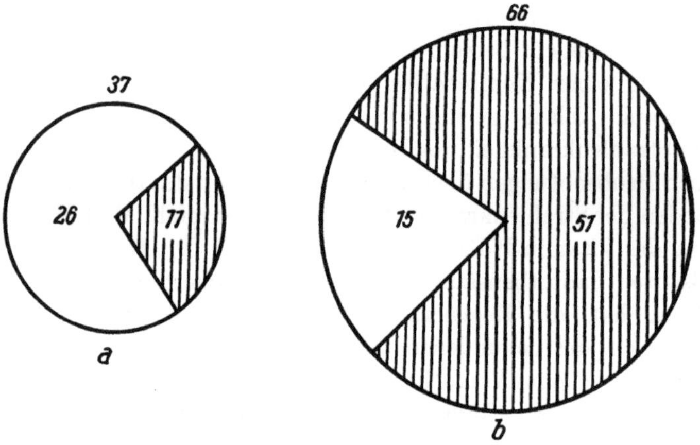

Abb. 24. Wirksamkeit der Schockbehandlung bei kombinierten Strahlenschäden (nach L. S. KORČANOV, A. V. JAKUBENKO u. a.).

a — ohne Behandlung, *b* — mit Behandlung, weiß — gestorbene, schraffiert — Überwindung des Schocks

Die Geschichte der Anwendung von Antibioticis bei der Strahlenkrankheit beginnt mit dem Versuch japanischer Ärzte, die 1945 mit Erfolg Penicillin bei den Opfern der Atombombenexplosionen anwandten (CH. DUNHAM, G. LE ROY, J. MAISIN, CH. SILLEVAERTS, H. GLORIEUX, R. SHIRABE, SH. WARREN u. a.). Seitdem wurde die Möglichkeit der Anwendung von Antibioticis bei Strahlenschäden intensiv im Experiment und in der Klinik studiert. Zahlreiche Versuche und teilweise auch klinische Beobachtungen rechtfertigen die Annahme, daß die Anwendung der verschiedenen Antibiotica bei Strahlenschäden (auch durch radioaktive Stoffe) sehr große prophylaktische und therapeutische Bedeutung hat. Nach Ansicht von E. P. CRONKITE ist die Injektion von Antibioticis zusammen mit der Bluttransfusion das einzig wirksame Mittel bei Strahlenschäden. In noch stärkerem Maße gilt dies für die kombinierten Strahlenschäden, bei denen sehr häufig offene und infizierte Wundflächen vorliegen. Es ist nicht verwunderlich, daß in den Sanitätsdepots der Bundesverwaltung für zivile Verteidigung der USA im Jahre 1956 9 Millionen Dosen Penicillin und 33 Millionen Kapseln Breitband-

Antibiotica vorhanden waren (M. WHITNEY). Um die Wirksamkeit der Antibiotica zu illustrieren, bringen wir nur einige experimentelle Ergebnisse.

C. P. MILLER, C. W. HAMMOND und M. TOMPKINS untersuchten die Wirkung der Antibiotica bei Ganzbestrahlung von Mäusen mit 450 r und stellten fest, daß zum Beispiel die Anwendung von Streptomycin die Letalität auf 16% gegenüber 81% bei unbehandelten Tieren senkte. J. MAISIN und A. MANDART u. a. fanden in analogen Versuchen an Ratten folgende Letalitätswerte: bei nichtbehandelten Tieren 80%, bei penicillinbehandelten 45% und bei streptomycinbehandelten 35%. S. KOLETSKY und J. H. CHRISTIE untersuchten die Wirkung von Penicillin und Streptomycin auf die Überlebensrate von Ratten nach intraperitonealer Injektion von radioaktivem Phosphor. Es starben 67% der nichtbehandelten Tiere, aber nur 36% der behandelten. M. A. TUMANJAN und Z. V. ŠEVCOVA behandelten Affen, die mit letalen Röntgendosen bestrahlt waren, mit Antibioticis und Vitaminen und erzielten in allen Fällen Heilung.

Nach Literaturangaben senkt die Anwendung von Antibioticis bei der Strahlenkrankheit die Sterblichkeit um 40—45%. Nach ihrer Wirksamkeit bei Strahlenschäden kann man folgende Reihenfolge der verschiedenen Antibiotica aufstellen: Aureomycin (Biomycin), Streptomycin, Terramycin, Penicillin, Albomycin, Kolimycin u. a. Es gibt auch Befunde, die für eine Überlegenheit des Streptomycin und Biomycin gegenüber anderen Antibioticis sprechen (P. D. GORIZONTOV, P. N. KISELEV, I. D. METER u. a.). Die Wirkung der Antibiotica bei vielen pathologischen Prozessen, die mit der Strahlenkrankheit kombiniert auftreten können, etwa bei Verwundungen, Verbrennungen, Brüchen, Peritonitiden u. a., ist erwiesen (M. D. ABDULAEV, A. N. BERKUTOV, G. T. GOLIKOV, P. D. DEGTJAREV, A. M. KARJAKIN, A. N. MOROZOV, V. I. MURAV'EV, A. A. NIKITIN, A. S. ROVNOV, J. N. RUBINŠTEIN, V. J. STECULA, S. S. TKAČENKO, V. I. FILATOV, J. N. CRAWFORD, T. CHRISTIANSEN, J. P. COONEY, J. M. LYON, CH. SILLEVAERTS, R. SHIRABE, SH. WARREN u. a.). So zeigten zum Beispiel die Versuche von V. I. MURAV'EV, A. A. GUKASJAN, D. N. V'JUNSKOVSKI und V. I. TRUBAŠEV, daß die Ergebnisse der primären, der spätprimären und der frühen sekundären Naht von Weichteilwunden bei Hunden mit akuter Strahlenkrankheit erheblich besser sind, wenn die Tiere gleichzeitig einer komplexen Behandlung (Antibiotica) unterzogen werden. In diesen Fällen heilt der größte Teil der Wunden per primam intentionem mit schmaler, fester Narbe. Nach A. N. MOROZOV verbessert die Anwendung der Antibiotica den Verlauf des Wundprozesses und senkt die Sterblichkeitsrate der Tiere.

An einem umfangreichen experimentellen Material (203 Hunde) zeigten A. N. BERKUTOV und Mitarbeiter, daß die Letalität bei bestrahlten Tieren mit Schußbrüchen ohne Anwendung von Antibioticis 84,2% betrug und mit Antibioticis auf 33,9% sank. Die Wirkung der Behandlung von Wundinfektionen ist unterschiedlich, sie hängt vom Stadium der Strahlenkrankheit ab. Den besten Heileffekt sieht man in der Anfangs- und Latenzperiode, aber auch in der Wiederherstellungsperiode, den schlechtesten in der Höhepunktsperiode der Strahlenkrankheit (Abb. 25). Wichtig ist, daß nach einer Reihe von Versuchen die Wirkung der Antibiotica an Personen, die durch ionisierende Strahlung geschädigt wurden, bei innerer und äußerer Bestrahlung nicht sinkt (P. V. SIMONOV u. a.).

Wenn wir über die Anwendung der Antibiotica bei Strahlenschäden sprechen, dürfen wir einen sehr wesentlichen und grundlegenden Faktor nicht unerwähnt lassen: Infolge der sehr breiten und oft wenig indizierten Anwendung der Antibiotica in der modernen Medizin hat sich ihr Wirkungsquotient in der letzten Zeit merklich verringert, hauptsächlich durch Resistenzsteigerung der Mikroflora. Zweifellos kann dies auch die Wirkung der Antibiotica bei den verschiedenen Formen der kombinierten Strahlenschäden verringern.

Prophylaktisch sollen die Antibiotica (Penicillin o. a.) unbedingt zu Beginn der ärztlichen Beobachtung des Geschädigten angewandt werden (bis zu 300000 Einheiten und mehr täglich oder aller zwei Tage). Außerdem soll auch das mittlere medizinische Personal zur Anwendung der Antibiotica bei einigen kombinierten Schädigungen angewiesen werden (intramuskuläre Injektion von Penicillin o. a., lokale Anwendung von Antibioticis). Eine Reihe von Forschern betont sehr richtig die besondere Bedeutung und Wirkung der peroralen Darreichung von Antibioticis bei Strahlenschäden (P. D. GORIZONTOV u. a.). Bei Infektionen mit gramnegativen Bakterien sind Streptomycin, Aureomycin, Biomycin[1], Levomycetin o. a. anzuwenden. Bei Darminfektionen können auch andere Antibiotica verordnet werden (Terramycin, Syntomycin und Kombinationen). Nach Ansicht einiger Autoren (denen man zustimmen muß) sind zur Prophylaxe der infektiösen Komplikationen bei Strahlenschäden (für einige Tage) cyclische Antibioticastöße zweckmäßig, wobei eine Überlastung des Organismus mit Medikamenten zu vermeiden ist (V. F. SOSOVA u. a.).

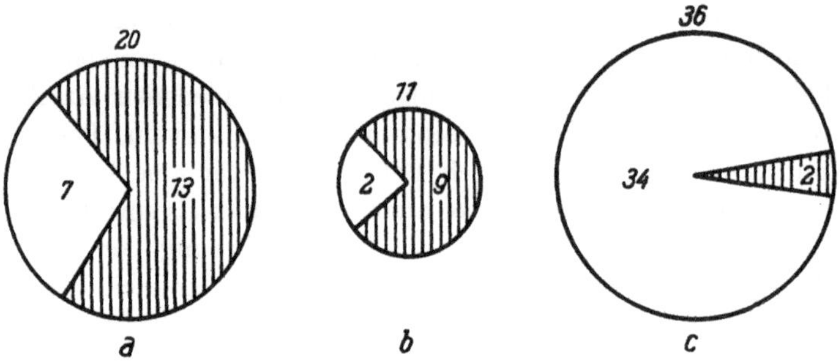

Abb. 25. Behandlungsresultate der Wundinfektion beim Hund in verschiedenen Perioden der akuten Strahlenkrankheit (nach L. S. KORČANOV, A. V. JAKUBENKO u. a.).

a – Anfangsperiode, *b* – Periode des Höhepunktes, *c* – Periode der Krisis, weiß – Überlebende, schraffiert – Gestorbene

[1] Die perorale Anwendung von Biomycin verlangt große Vorsicht wegen der Gefahr einer Stomatitis, die ohnehin manchmal bei Bestrahlten auftritt. Die kombinierte Wirkung dieser zwei Faktoren kann ernste Schädigungen der Mundhöhlenschleimhaut hervorrufen.

Zur Therapie ist die Dosierung der Antibiotica natürlich auf 2—3 Millionen Einheiten am Tag zu erhöhen, und es empfiehlt sich, verschiedene Kombinationen von Antibiotica und Kombinationen von Antibiotica mit anderen Heilmitteln anzuwenden. Wünschenswert ist es, gleichzeitig mindestens zwei Antibiotica zu verordnen, von denen man eines intramuskulär und das andere peroral verabreicht. Die gleichzeitige Gabe mehrerer Antibiotica auf verschiedenem Wege ist nicht nur wegen der Verbreiterung des Wirkungsspektrums zweckmäßig, sondern empfiehlt sich auch, um die Entstehung resistenter Bakterienstämme zu verhindern. Besonders diesem Zweck dient es, die Antibiotica alle vier bis fünf Tage zu wechseln. Die Antibiotica müssen frühzeitig in massiven Dosen und lange Zeit angewandt werden, mindestens bis zu einem erheblichen Rückgang der Strahlenkrankheit (u. a. bis zur Normalisierung der Granulocytenwerte) und der mechanischen oder thermischen Traumen. Besonders günstig ist die Anwendung der Antibiotica in Kombination mit anderen Medikamenten, insbesondere mit Antihistaminen, antihaemorrhagischen Präparaten und Vitaminen. Einzelne Beobachtungen ergaben die Zweckmäßigkeit der komplexen Anwendung von Penicillin und Pentoxyl bei kombinierten Schäden, insbesondere bei Verwundungen mit Strahlenkrankheit. So erhöht sich nach R. A. Besjadovskij bei Anwendung von Penicillin mit Pentoxyl die Festigkeit der Operationsnarbe, und man beobachtet seltener eine Dehiszenz der Wundränder nach Entfernung der Nähte.

Zur Frage der Anwendung der Antibiotica bei kombinierten Strahlenschäden muß man besonders darauf hinweisen, daß es rationeller ist, in diesen Fällen (besonders wenn man die möglichen ungünstigen Behandlungseinrichtungen für solche Patienten berücksichtigt) Depotpräparate, wie Novocillin, Bicillin o. a., anzuwenden. Das verringert entscheidend die Anzahl der Injektionen[1], da die therapeutische Konzentration dieser Antibiotica im Blut und Gewebe 7—10 Tage und länger erhalten bleibt (A. N. Berkutov, V. I. Filatov, E. P. Cronkite, J. Maisin u. a.). Unter den Depotantibioticis erreichte die größte Verbreitung das Bicillin, das dazu noch eine sehr ausgeprägte Antihistaminwirkung hat. Es wurde zuerst mit Erfolg von V. I. Filatov bei Experimenten an Tieren mit kombinierten Schäden angewandt (Strahlenkrankheit und Darmverletzungen) und später auch von anderen Experimentatoren (N. N. Aleksandrov, G. T. Golikov, V. M. Dem'janov, V. P. Erkov, L. M. Kotel'nikov u. a.). Sehr zweckmäßig ist auch die Kombination der Antibiotica mit Novocain.

Es versteht sich von selbst, daß zur Bekämpfung der Infektion und zur Stärkung der immunbiologischen Eigenschaften des Organismus nicht nur die Antibiotica dienen, sondern eine ganze Reihe von komplexen Behandlungsmaßnahmen, wozu auch allgemeine und lokale Ruhe, rationelle Ernährung, Bluttransfusionen, Infusionen von Blutersatzstoffen und vieles andere gehören. Insbesondere kommt der Bluttransfusion sowie der Infusion von Blutersatzstoffen und anderen Medi-

[1] Man muß bedenken, daß Injektionen an sich eine Eintrittspforte für eine Infektion schaffen und auch zur Entwicklung von Haematomen und sogar Nekrosen führen können.

kamenten eine sehr große Bedeutung zu. Bei örtlichen Eiterinfektionen empfiehlt sich die Übertragung von Blut, Erythrocytenmasse, Plasma, Serum, von verschiedenen Blutersatzstoffen (besonders dann, wenn wegen Veränderungen der parenchymatösen Organe eine reine Bluttransfusion kontraindiziert ist) und von Arzneimittellösungen, die Antibiotica und Antiseptica (Lösungen LIPK N⁰ 22, 44, 52 u. a.) enthalten, in einer Dosis von 250—300 ml jeden 4.—7. Tag.

Bei allgemeiner Infektion mit Eitererregern (Sepsis) ist Blut zu übertragen, Plasma, Serum, Eiweißlösungen und Hydrolysate, aber auch Lösungen von Medikamenten sind zu infundieren, gewöhnlich in kleinen Dosen (100—150 ml Blut, 250—300 ml Plasma usw.) in Abständen von 4—5 Tagen. Für den Kampf gegen die anaerobe Infektion wendet man Übertragungen von Blut, Plasma und Serum in Dosen von 250—500 ml in Abständen von 2—3 Tagen an (eventuell zusammen mit Gasbrandserum).

Was die Anwendung der verschiedenen Sulfanilamid-Präparate zur Prophylaxe und Behandlung der Infektion bei kombinierten Strahlenschäden anlangt, so sind deren toxische Eigenschaften zu beachten, besonders ihre unterdrückende Wirkung auf die Leukopoese. Deshalb ist die Verwendung dieser Präparate bei Strahlenschäden nur in besonderen Fällen zu empfehlen (P. D. Gorizontov, Behrens, Dunham, Cronkite, Le Roy, Sillevaerts, Warren). Allerdings gründet sich die negative Einstellung zur Anwendung von Sulfonamiden bei Strahlenschäden mehr auf theoretische Erwägungen als auf Tatsachen. Einzelne Untersuchungen (M. A. Tumanjan, V. V. Farber u. a.) beweisen nicht nur die Möglichkeit, sondern sogar die Zweckmäßigkeit, Sulfonamide (z. B. Norsulfasol, Ftalasol u. a.) bei manchen Formen von Strahlenschäden anzuwenden. Diese wichtige und bisher noch nicht ausreichend geprüfte Frage ist noch durch weitere Untersuchungen zu klären.

Bei der Erörterung des Kampfes gegen die Infektion darf man eine sehr wichtige Frage nicht vergessen, nämlich die Wirkung des Tetanusheilserums im bestrahlten Organismus, die aus verständlichen Gründen eine besondere Bedeutung bei kombinierten Strahlenschäden hat. Leider gibt es hierzu bisher sehr wenig Material. So überzeugten sich G. N. Kryžanovskij und N. N. Lebedev durch Versuche davon, daß Tetanusserum bei Ratten, die mit 400 r bestrahlt wurden, den gleichen positiven Effekt hat wie bei unbestrahlten Tieren. Nach P. N. Kiselev, E. V. Karpova und R. V. Petrov muß man zur Erzielung eines prophylaktischen Effekts bei Strahlenschäden das 3- bis 4fache der gewöhnlichen Menge von Tetanusserum verabreichen, da die Präventivwirkung des antitoxischen Serums sich bei der Strahlenkrankheit verringert. Die Verminderung der Schutzwirkung der Antitoxine ist direkt von der Schwere und der Entwicklungsperiode der Strahlenschädigung abhängig. Die stärkste Verringerung der Präventivwirkung des antitoxischen Serums beobachtet man im Höhepunkt der Strahlenkrankheit.

Die Fähigkeit des Organismus, Immunkörper zu produzieren (z. B. Tetanus-Antitoxin), ist in der Höhepunktsperiode der Strahlenkrankheit sowohl bei der ersten Immunisierung als auch bei der Revaccination sehr vermindert; erst mit

Beginn der Genesungsperiode macht sich eine Wiederherstellung dieser Fähigkeit bemerkbar (I. A. Šabarov, M. Silverman). Sowohl Versuche als auch klinische Beobachtungen bewiesen den negativen Einfluß der ionisierenden Strahlung auf die Bildung von Antikörpern; ein solcher unterdrückender Einfluß kann auch bei therapeutischen Strahlendosen auftreten. Die Unterdrückung der Produktion von Antikörpern bei Verabreichung des Antigens nach Bestrahlung erklärt sich aus der Schädigung von Gewebe und Zellen, die an der Bildung der Antikörper beteiligt sind, zum Beispiel der lymphoiden Gewebe (V. L. Troickij u. a.). Erwähnt sei, daß die grundlegenden Gesetzmäßigkeiten, die bei der Untersuchung des Einflusses äußerer Quellen ionisierender Strahlung auf die Veränderungen, zum Beispiel des Antikörpertiters, aufgedeckt wurden, auch bei Schädigung durch radioaktive Substanzen, die ins Innere des Organismus gelangten, zu beobachten sind. So stellten B. B. Moroz und V. V. Vasilevskaja im Tierversuch fest, daß bei Inkorporation von Polonium die Reimmunisation mit Tetanus-Anatoxin nur zu einer geringen Erhöhung des Antikörpertiters führt, dessen Niveau um ein Vielfaches niedriger als bei den Kontrolltieren bleibt.

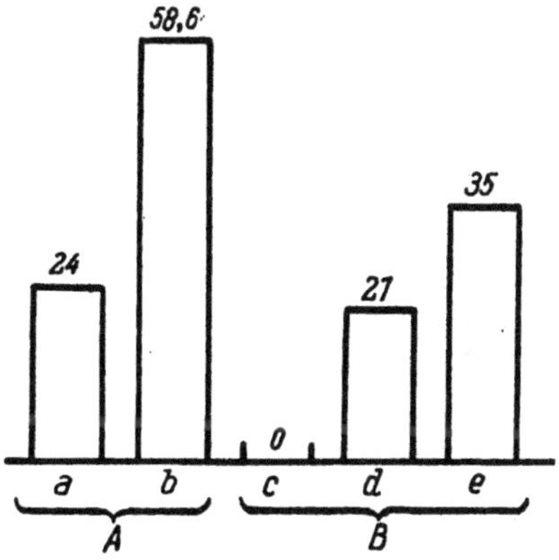

Abb. 26. Wirksamkeit der Anwendung von Antiperfringens-Serum und Penicillin bei Gasbrand-Infektion bestrahlter Tiere (Überlebensrate in %; nach I. I. Prjachin).

A – gleichzeitig mit der Infektion, *a* – Penicillin, *b* – Serum, *B* – 2 Stunden nach der Infektion, *c* – Penicillin, *d* – Serum, *e* – Penicillin und Serum

Die Wirkung des Gasbrandserums ist, wie Versuche von I. I. Prjachin zeigten, bei bestrahlten Tieren wesentlich geringer als bei unbestrahlten (Abb. 26). Allerdings ergibt die Anwendung dieses Serums in Kombination mit Antibioticis (besonders Biomycin) in den ersten Stunden einen ganz guten Heileffekt. E. V. Karpova zeigte experimentell, daß zur Heilung einer Gas-Gangrän bei akuter Strahlenkrankheit etwa 5- bis 7mal soviel und mehr antitoxisches Serum erforderlich ist als unter gewöhnlichen Bedingungen (P. N. Kiselev).

Der Kampf gegen die Blutungsbereitschaft nimmt einen wichtigen Platz im Komplex der Behandlungsmaßnahmen bei kombinierten Strahlenschäden ein. Wenn man weiß, daß die erhöhte Blutungsbereitschaft bei Strahlenschädigungen sich vom 3.–9. Tag nach der Bestrahlung an zu erkennen gibt, so muß man zwei Schlußfolgerungen ziehen:

1. Alle operativen Eingriffe bei Kranken mit kombinierten Strahlenschäden müssen nach Möglichkeit vor dem Auftreten der ersten Anzeichen der Strahlenkrankheit und insbesondere der Blutungsneigung vorgenommen werden.
2. Bei der primären Behandlung der kombinierten Strahlenschäden und mehr noch in Fällen, in denen sich doch eine relativ späte Operation als nötig er-

weist, muß sorgfältiger Blutstillung und dem Kampf gegen die Blutungsbereitschaft besondere Aufmerksamkeit gewidmet werden. Sehr wichtig ist, daß bei Blutverlust die übliche Therapie der akuten Strahlenkrankheit häufig nicht zu dem gewünschten Effekt führt und im Tierversuch damit nur eine geringe Verlängerung der Lebenszeit erzielt wird.

Gegen die Blutungsbereitschaft bei Strahlenschädigung werden sehr verschiedenartige Methoden und Mittel empfohlen. Am wirksamsten sind die Bluttransfusion und die Infusion der verschiedenen Blutersatzlösungen. (Wegen ihrer besonderen Bedeutung wird diese wichtige Frage in einem besonderen Kapitel dargelegt.) Außerdem verwendet man Vitamin C (Ascorbinsäure), P (Citrin oder das analoge Rutin), K (Vikasol), E, B_6, B_{12}, Infusionen von 10%igem Calcium chloratum, Dimedrol u. a.[1] Als Beispiel für die positiven Einflüsse mancher Vitamine auf Verlauf und Ausgang der Strahlenkrankheit kann man auf die Versuche von Sokoloff und Mitarbeitern (B. Sokoloff, J. B. Redd, R. Dutcher) mit bestrahlten Ratten (800 r) hinweisen. Bei den unbehandelten Kontrollratten traten zahlreiche Haemorrhagien auf, und 80% der Tiere starben im Verlauf von 2 bis 3 Wochen. Bei den Versuchstieren, die im Futter Citronen erhielten (hoher Gehalt an Vitamin P), betrug die Sterblichkeit nur 10%, Blutergüsse waren schwach ausgeprägt oder fehlten überhaupt. Solche Stoffe wie Toluidin-Blau, Eiweiß-Sulfat u. a., befinden sich zur Zeit noch im Versuchsstadium.

Die Stimulation der regenerativen Prozesse muß aus einem Komplex von Behandlungsmaßnahmen bestehen, die auf Heilungsbeschleunigung der Wunden, Verbrennungen und Knochenbrüche bei Strahlenkrankheit oder bei Verseuchung mit radioaktiven Stoffen hinzielen. In diesem Zusammenhang haben Bedeutung: Salbenverbände mit Vitaminen oder Višnevski-Salbe, Novocain-Blockade, physiotherapeutische Prozeduren, wiederholte Transfusionen von 100—250 ml Blut oder Infusion einzelner Blutkomponenten (Erythrocyten-, Leukocytenmasse), Eiweißlösungen und Hydrolysate sowie Maßnahmen zur Heilungsbeschleunigung von Brüchen u. a. Zur Stimulation der regenerativen Prozesse kann man auch das Serum F (A. N. Filatov) versuchen, das ein mild wirkendes Haemoprotein zur parenteralen Therapie darstellt. Serum F verwendet man vorwiegend als intramuskuläre Injektion in Dosen von 1—10 ml täglich oder jeden zweiten Tag (insgesamt 10—20 Injektionen). Mit gleicher Indikation kann man auch intramuskuläre Injektionen von RS-Serum (aus Retroplazentarblut) anwenden.

Einige experimentelle und klinische Befunde sprechen dafür, daß Gewebsimplantate die Fähigkeit bestrahlter Gewebe zur Proliferation und Regeneration wiederherstellen und damit die Heilung von Hautwunden, die unter dem Einfluß der Röntgenbestrahlung gehemmt ist, beschleunigen können (V. F. Sidorina, A. Devois und C. Tavernier u. a.). Zur Stimulation des Wundprozesses emp-

[1] Man muß nur dabei beachten, daß der Heileffekt der verschiedenen antihaemorrhagischen Mittel bei schweren Strahlenschäden in entsprechendem Maße verringert ist (P. V. Vasil'ev und P. P. Saksonov).

fehlen A. D. KAZARJAN und L. I. ABASKULIVA subcutane Injektionen von Aloe. Es liegen auch experimentelle Befunde vor, die für eine gewisse Wirkung des antiretikulären, cytotoxischen Serums nach A. A. BOGOMOLEC bei Strahlenschäden sprechen (A. A. BOGOMOLEC, A. S. BOJKO, G. F. DJADJUŠA, Z. D. ZECHOVA, V. J. LAVRIK, G. A. LEVČUK, M. F. SBITNEV u. a.). Bekanntlich zeigt dieses Serum einen stimulierenden Einfluß auf die plastische, trophische und schützende Funktion des physiologischen Bindegewebssystems, auf die Haemopoese u. a. Da man weiß, daß dieses Serum mit gewissem Erfolg bei den verschiedensten Verletzungen angewandt wurde, kann man es auch bei kombinierten Strahlenschäden versuchsweise benutzen. Große Bedeutung hat eine allgemein roborierende Behandlung, der Kampf gegen die Anämie, allgemeine Vitamintherapie, rationelle Diät usw.

Um die Heilung hartnäckiger Wunden und Geschwüre zu verbessern, sollte man lokale Anwendung von Haemopräparaten erproben, zum Beispiel antiseptischen, biologischen RS-Puder, der aus Erythrocyten retroplacentären Blutes hergestellt wird (L. G. BOGOMOLOVA und Z. D. BLEKSMIT). Zu diesen stimulierenden Präparaten gehört auch der KP-Puder, zu dem Blut mit einer kleinen Dosis Penicillin verwandt wird (A. N. FILATOV und M. E. DEPP). Nach unseren experimentellen Befunden haben diese Haemopräparate in einer Reihe von Fällen einen stimulierenden Einfluß auf die Wundheilung bei Strahlenkrankheit oder bei Verseuchung mit radioaktiven Substanzen.

Im ganzen muß man sich der Meinung von A. N. BERKUTOV und L. S. KORČANOV u. a. anschließen, daß bei der Bearbeitung des komplexen und neuen Problems der Behandlung von kombinierten Strahlenschäden die Frage der Stimulation der regenerativen und reparativen Prozesse bisher sehr wenig beachtet wurde, obwohl diese Frage von zentraler Bedeutung ist. Es ist nochmals zu betonen, daß in diesem Komplex — *abgesehen von all den oben angeführten Behandlungsmaßnahmen — als hauptsächlicher und obligatorischer Bestandteil die Behandlung der Strahlenkrankheit Platz finden muß.* Dasselbe gilt für die Methoden zur Bindung und Entfernung von radioaktiven Substanzen, die in den Organismus gelangten, nach den festgelegten Richtlinien.[1] Wenn man bedenkt, daß alle charakteristischen Besonderheiten der kombinierten Strahlenschäden in erster Linie durch die Strahlenkrankheit und die Verseuchung mit radioaktiven Substanzen bedingt sind, so ist offensichtlich, daß *die Behandlung kombinierter Strahlenschäden vor allem ein Problem des Kampfes gegen die eigentlichen Strahlenschäden ist.* Eine komplexe Behandlung kombinierter Strahlenschäden lohnt sich durchaus. So hat zum Beispiel nach J. M. LUBENSKIJ die komplexe Behandlung von Tieren mit Bauchhöhlendurchschüssen und akuter Strahlenkrankheit die Zahl der Todesfälle fast auf die Hälfte gesenkt. Die Behandlung der kombinierten Strahlenschäden stellt eine sehr komplizierte Aufgabe dar, die nur durch rationelle und individuelle Anwendung eines ganzen Komplexes von Behandlungsmaßnahmen zu lösen ist.

[1] Dazu siehe die Handbücher der medizinischen Radiologie.

Das Behandlungsschema kombinierter Strahlenschäden soll folgende grundlegende Momente erfassen:

1. Antischockmaßnahmen;
2. erste chirurgische Versorgung der mechanischen oder thermischen Traumen und prophylaktische Anwendung von Seren und Antibioticis;
3. weitere Behandlung der Traumen und ihrer Komplikationen und
4. frühzeitige Behandlung der Strahlenschädigung.

Sehr wichtig ist dabei, den Kranken nicht durch eine Unzahl von Medikamenten und Prozeduren zu überlasten, sondern bei der Anwendung das Entwicklungsstadium und die Besonderheiten des Verlaufes der Strahlenschädigung und des Wundprozesses zu berücksichtigen. Selbstverständlich wird der Umfang der Behandlungsmaßnahmen weitgehend von den Arbeitsbedingungen der Sanitätseinrichtung oder der Etappe abhängen, wo dem Verletzten Hilfe erwiesen wird. Es sei daran erinnert, daß man bei Massenanfall von Verletzten von der individuellen Behandlung zu Methoden standardisierter Massenbehandlung übergehen muß.

Bei der Erörterung der allgemeinen Behandlungsprinzipien von Atombombenopfern muß man zum Schluß noch auf eine Frage von allgemeiner Bedeutung eingehen: auf die Möglichkeit des Einflusses ionisierender Strahlung auf die verschiedenen Heilmittel, was verständlicherweise von großer praktischer Bedeutung ist. Bei der Behandlung dieser Frage muß vor allem erwähnt werden, daß bei einer Atombombenexplosion nur die Einwirkung relativ kleiner oder mittlerer Dosen ionisierender Strahlung auf die Medikamente einzukalkulieren ist. In der Zone, wo hohe Strahlendosen auftreten, ist die gleichzeitige Wirkung von Druckwelle und Lichtstrahlung so stark, daß sämtliche Medikamente vernichtet werden. Übrigens hat man festgestellt, daß die Einwirkung von durchdringender Strahlung in Dosen bis zu 10000 r im allgemeinen noch keine besonderen Veränderungen an Medikamenten hervorruft und auch die biologische Aktivität von Antibioticis, Vaccinen und Seren nicht verringert. Bei Einwirkung eines sehr intensiven Neutronenstromes auf Medikamente kann induzierte Radioaktivität unterschiedlicher Intensität und Halbwertzeit entstehen, dies besonders stark bei Medikamenten, die Mangan, Brom, Natrium, Kalium, Arsen und Phosphor enthalten.

Bei einer Reihe von Atombomben-Versuchsexplosionen wurden zahlreiche Medikamente, darunter Antibiotica, Sulfanilamide, Vitamine, Glucose, Narkotika, Insulin u. a., einer Prüfung unterworfen. Die Medikamente lagen in verschiedenen Aggregatzuständen vor und waren in Ampullen und Fläschchen abgefüllt. Nach der Bestrahlung wurde in den Fläschchen Radioaktivität mit geringer Halbwertszeit festgestellt. Eine geringe Radioaktivität wurde auch in Medikamenten festgestellt, die Natrium, Chlor, Phosphor, Schwefel und Calcium enthalten, aber die Radioaktivität war so gering, daß bei Anwendung dieser Präparate die Bestrahlungsdosen die maximal zulässigen Werte nicht überschreiten würden. Nur soll man Präparate, die Ca, Na, Mn und Br enthalten, erst einige Tage nach der Bestrahlung verwenden. Die Anwendung bestrahlter Medikamente rief bei Tieren keine toxischen Erscheinungen hervor. Fast alle Stoffe bewahren ihre pharmakologischen Eigenschaften. So führte zum Beispiel die Röntgenbestrahlung trockenen Penicillins mit Dosen bis zu 10000 r nicht zu einer Verringerung seiner Aktivität. Nur einige Präparate büßen ihre pharmakologische Aktivität ein, so Insulin 10% seiner Aktivität, Vitamin B_{12} 50%. Das rechtfertigt die Vermutung, daß auch Medikamente, die einer intensiven Einwirkung von Kernstrahlung unterworfen waren, nicht ihre pharmakologischen Eigenschaften verlieren und daß sie ohne Gefahr einer Verseuchung durch radioaktive Stoffe benutzt werden können (nach A. S. Pavlov und G. A. Zubovskij). Sind Medikamente radioaktiv verseucht, sollen sie in der Regel vernichtet werden.

Unter bestimmten Bedingungen kann die Evakuierung von Verwundeten mit kombinierten Strahlenschädigungen nötig werden. Allerdings vertragen die Geschädigten einen Transport und wiederholte Traumatisation schlecht. Nach Angaben japanischer Autoren waren bei Evakuierung von Strahlenkranken über weite Entfernungen häufiger tödliche Ausgänge zu beklagen als bei den Opfern, die direkt im Gebiet der Atombombenexplosion behandelt wurden (Shirabe u. a.) Deshalb ist die Evakuierung, wenn schon die Notwendigkeit hierzu besteht, möglichst frühzeitig (*vor* dem Höhepunkt der Strahlenkrankheit) durchzuführen, und zwar unter Bedingungen möglichster allgemeiner Ruhe und Ruhigstellung des verletzten Körperteiles (Narkotika, Immobilisation).

Die Sorge für die Verringerung der traumatisierenden Wirkung des Transportes ist eine der Hauptaufgaben des medizinischen Luftschutzdienstes. Unter diesem Gesichtspunkt gewinnt die Frage der Anwendung neuroplegischer Stoffe (Aminasin, Lidol u. a.) für eine möglichst schonende Evakuierung besonderes Interesse. Leider ist diese Frage im Hinblick auf Geschädigte mit kombinierten Strahlenschäden bisher noch kaum untersucht. Bei der Evakuierung von Verwundeten mit reinen Formen schwerer mechanischer oder thermischer Traumen kann auf jeden Fall die Verwendung neuroplegischer Stoffe, zum Beispiel als intramuskuläre Injektion eines lytischen Gemisches folgender Zusammensetzung empfohlen werden:

Aminasin	2%	2,0
Lidol	2%	2,0
Dimedrol	2%	2,0.

Manche Chirurgen sind der Ansicht, daß die Anwendung neuroplegischer Substanzen gestattet, die Indikation zur Evakuierung zu erweitern und damit die Zahl der Nichttransportfähigen zu verringern (O. K. Gavrilov, I. I. Derjabin u. a.). Zur Evakuierung hoch radioaktiv verseuchter Verwundeter benötigt man einen Spezialtransport und medizinisches Personal.

Zum Schluß muß man noch darauf hinweisen, daß alle die neuen und so wichtigen Fragen der Behandlung von kombinierten Strahlenschäden weiterer allseitiger Forschung bedürfen. Man kann jedoch schon jetzt sagen, daß rechtzeitige und rationelle Behandlung befriedigende Ergebnisse zeigt und die Gefahren erheblich mindert.

Schema der Behandlung kombinierter Strahlenschäden

Antischockmaßnahmen 1. Vollständige physische und psychische Ruhe und Warmhaltung 2. Narkotika 3. Herzmittel, Ephedrin 4. Heiße Getränke, Wodka, Brom-Natrium-Lösung 5. Immobilisation 6. Antihistamine (Dimedrol u. a.) 7. Novocain-Blockade 8. Transfusion von Blut und Infusion von Blutersatz, Anwendung von Antischocklösungen	*Kampf gegen die Infektion* 1. Primäre chirurgische Versorgung der Wunden und Verbrennungen 2. Prophylaktische Anwendung von Antibioticis (allgemein und lokal) 3. Prophylaktische Anwendung von Seren (Tetanus- und Gasbrandserum) 4. Therapeutische Anwendung von Antibioticis (allgemein und lokal) 5. Behandlung eitriger Komplikationen (Antibiotica, Incisionen u. a.)
Behandlung der Strahlenschädigung 1. Primäre, chirurgische Versorgung der mit radioaktiven Substanzen verseuchten Wunden 2. Behandlung der Strahlenkrankheit 3. Maßnahmen zur Beschleunigung der Elimination der radioaktiven Substanzen aus dem Organismus	*Kampf gegen die Blutungsbereitschaft* 1. Sorgfältige Blutstillung 2. Anwendung haemostatischer Mittel a) von allgemeiner Wirkung: Transfusionen von Blut und Blutersatz, Vitamine (C, P, K, E, B_6, B_{12} u. a.), Calcium chloratum, Dimedrol. b) von lokaler Wirkung: Gelatineschwamm mit Haemostatica

Stimulierung des Regenerationsprozesses

1. Sekundäre Naht
2. Salbenverbände (Vitaminsalben, Višnevskij-Salbe u. a., Blutpräparate)
3. Novocain-Blockade
4. Physiotherapeutische Maßnahmen
5. Transfusion stimulierender Dosen von Blut und seinen Komponenten (Erythrocyten- und Leukocyten-Masse, Serum F u. a.),
6. Gewebsimplantation
7. Antireticuläres cytotoxisches Serum
8. Rationelle Diät- und Vitamintherapie
9. Allgemeinroborierende Behandlung

IV

Transfusion von Blut und Blutersatzstoffen bei Strahlenschäden

Zu den wichtigsten Folgen der Wirkung ionisierender Strahlung auf den menschlichen Organismus gehören bekanntlich die Veränderungen der blutbildenden Organe und die daraus resultierenden Veränderungen im peripheren Blut. Die Empfindlichkeit der blutbildenden Organe und des Blutes gegen Strahlenenergie ist seit 1904 bekannt. Wir brauchen hier nicht bei der Schilderung dieser Veränderungen des Blutsystems zu verweilen, weil diese in der Literatur schon sehr detailliert beschrieben sind. Erinnern wir uns nur daran, daß sich unter der Wirkung hoher Dosen Strahlenenergie in allen blutbildenden Organen (Lymphknoten, Milz, Knochenmark) atrophische Prozesse entwickeln, Blutergüsse auftreten, Zellelemente nekrotisieren und zerfallen. Als Folgen dieser pathologischen Veränderungen der blutbildenden Organe entwickeln sich auch im peripheren Blut charakteristische sekundäre[1] Veränderungen in Form einer Leukopenie, hauptsächlich auf Kosten der Lymphocyten, weniger der Neutrophilen. Die Zahl der Leukocyten verringert sich erheblich (in schweren Fällen verschwinden sie ganz), wobei der Grad der Leukopenie als Maßstab für die Schwere der Schädigung dienen kann. In reversiblen Fällen bildet sich die Leukopenie allmählich (manchmal im Verlauf einer sehr langen Zeit) zurück, und das normale weiße Blutbild stellt sich wieder her. Auch das rote Blut verändert sich infolge der Einwirkung ionisierender Strahlung. Bei einem bestrahlten Menschen oder Tier kommt es zur Anämie, zum Abfall der Reticulocytenzahl, zu einer Poikilocytose, Anisocytose, aber auch zu einer Polychromasie, Fragmentation der Kerne usw. Die Hämoglobinmenge vermindert sich bei der Strahlenkrankheit sehr langsam und steigt auch bei der Genesung nur ganz allmählich wieder an.

Bei Einwirkung hoher Strahlendosen beobachtet man eine Verringerung der Thrombocytenzahl und eine Verlängerung der Blutgerinnungszeit, die ganz wesentlich für das Auftreten der für die Strahlenkrankheit so charakteristischen Blutergüsse und Blutungen verantwortlich zu machen ist.[2]

Es sei daran erinnert, daß bei der Strahlenkrankheit auch toxische Stoffe im Blut vorhanden sind, zum Beispiel histaminähnliche und hämolysierende Stoffe, Ferritin u. a., weshalb man von einer „Toxämie“ sprechen kann (P. D. GORI-

[1] Die primären Veränderungen der Elemente des peripheren Blutes haben keine wesentliche Bedeutung, da diese sehr stabil gegen Einwirkung ionisierender Strahlung sind.

[2] Ausführlicheres über die Veränderungen der blutbildenden Organe und des Blutes siehe in den Büchern von A. P. EGOROV, M. N. POBEDINSKIJ u. a.

ZONTOV, A. S. MOČALINA, B. N. TARUSOV, F. M. ALLEN, G. BRECHER, E. P. ELLINGER u. a.). Diese toxischen Stoffe haben eine hypotensive, leukopenische und hämolytische Wirkung. Die Fragen der humoralen Faktoren bei der Strahlenschädigung sind noch weit von einer Klärung entfernt, da bis jetzt der Charakter der toxischen Stoffe, die im Blut entstehen (histamin- oder heparinähnliche Stoffe u. a.), und der Zeitpunkt ihres Auftretens nicht genau bekannt sind. Es besteht jedoch kein Zweifel darüber, daß diese humoralen Faktoren in der Pathogenese der Strahlenschäden eine bestimmte Bedeutung haben.

Schließlich sei erwähnt, daß das Gesamteiweiß im Blut bei Strahlenkrankheit vermindert ist (Hypoproteinämie). Die ionisierende Strahlung ruft also erhebliche und verschiedenartigste morphologische und biochemische Veränderungen im Blut hervor, die in unterschiedlichem Ausmaß bei allen Strahlenschäden beobachtet werden können (auch bei kombinierten). Die Veränderungen der Blutzusammensetzung bei Strahlenerkrankungen sind nicht nur die deutlichsten diagnostischen Zeichen, sondern spiegeln auch mehr oder weniger die Schwere des pathologischen Prozesses wider und haben große Bedeutung für Verlauf und Ausgang der Strahlenschädigung. Davon zeugt besonders der therapeutische Effekt von Bluttransfusionen, aber auch von Leukocytenmasse bei Strahlenschädigungen.

Die so häufigen und charakteristischen Blutveränderungen sind natürlich in den einzelnen Entwicklungsstadien (Perioden) und bei den verschiedenen Schweregraden der Strahlenkrankheit nicht die gleichen. Für die erste (Anfangs-) Periode der Strahlenkrankheit ist die Verringerung der Lymphocytenzahl charakteristisch, manchmal treten auch Verminderung oder wellenförmige Schwankungen der Leukocytengesamtzahl auf. In der Latenzperiode der Strahlenkrankheit sieht man serschiedene Grade von Leukopenie, hauptsächlich einen Abfall der Granulocyten- und besonders der Lymphocytenzahl, aber auch eine beginnende Verminderung der Erythrocyten- und Thrombocytenwerte. Typisches Merkmal für die Höhepunktsperiode der Strahlenkrankheit sind das Auftreten zahlreicher Blutergüsse in den verschiedensten Organen und Geweben, Blutungen aus der Mundhöhle, dem Dickdarm u. a., d. h. das hämorrhagische Syndrom. Gleichzeitig verringern sich (um 50% und mehr) die Menge des Hämoglobins, die Zahl der Erythrocyten, Thrombocyten und besonders der Leukocyten (um 90—100%). Die Blutgerinnungszeit verlängert sich. Das Volumen des zirkulierenden Blutes, des Plasmas und der Erythrocyten vermindert sich. In der Genesungsperiode, die sich gewöhnlich über einige Monate hinzieht, geht eine allmähliche Besserung des weißen und roten Blutbildes vor sich, wenn auch die Anämie sehr lange Zeit zu beobachten und das charakteristischste Symptom dieser Periode ist.[1]

Besonders zu erwähnen sind die Blutveränderungen bei den kombinierten Strahlenschäden. DAVIS und Mitarbeiter untersuchten die hämatologischen Veränderungen bei Tieren mit Strahlenkrankheit und thermischer Verbrennung

[1] Über die Veränderungen des Blutes in den verschiedenen Stadien der Strahlenkrankheit siehe auch Tab. II.

Es zeigte sich, daß die Blutveränderungen bei einer Dosis von 500 r in Kombination mit einer Verbrennung von 15% der Körperoberfläche sich von denen kaum unterscheiden, die nur bei Bestrahlung allein auftreten. Eine Bestrahlung von 100 r und Verbrennung von 25% der Körperoberfläche riefen die gleichen Veränderungen hervor wie eine Verbrennung allein. Es wurden keine besonderen Unterschiede und Veränderungen der osmotischen und mechanischen Resistenz der Erythrocyten festgestellt. Annähernd gleiche Ergebnisse erzielten J. A. DRUMMOND und andere Forscher. Nach I. T. ABASOV, E. E. GILLER u. a. ruft die Kombination der Strahlenkrankheit mit einer thermischen Verbrennung eine Hemmung der Blutbildung und eine Hämolyse hervor und führt so zu rascher Entwicklung einer Anämie und Leukopenie. Die für die reinen Verbrennungen charakteristische Leukocytose tritt weder in der Früh- noch in der Spätperiode auf. Grund dafür ist eben die Strahlenkrankheit.

Auf Grund recht zahlreicher Untersuchungen kann man sagen, daß für die kombinierten Strahlenschäden Leukopenie und Anämie charakteristisch sind (s. Kap. II). Bei kombinierten Schädigungen beobachtet man auch Veränderungen in den Eiweißfraktionen des Blutplasmas: Verringerung der Albuminmenge, Steigerung des Globulingehaltes und Herabsetzung des Eiweißindex (L. V. POPEL'). Auch andere biochemische Blutveränderungen machen sich bemerkbar: Erhöhung des Reststickstoffes, des Zucker- und des Cholesterinspiegels usw. Zu den pathologischen Veränderungen bei Strahlenkrankheit gehört auch das Absinken des Blutdruckes, das nach der Bestrahlung einige Wochen lang zu beobachten ist. Dieser Faktor hat ebenfalls eine unmittelbare Beziehung zur Transfusion von Blut- und Blutersatzstoffen bei Strahlenschädigungen.

Es ist zu betonen, daß alle diese obenerwähnten Veränderungen der blutbildenden Organe, des peripheren Blutes und des Blutdruckes, aber auch die Blutungen und Blutergüsse nicht nur aus zahlreichen Experimenten und klinischen Beobachtungen bei Röntgen- und Radiumtherapie bekannt sind, sondern auch bei den Atombombenopfern in Japan beobachtet wurden (G. BRECHER, CH. DUNHAM, P. D. KELLER, E. P. CRONKITE, G. LE ROY, L. MALLET, CH. SILLEVAERTS, R. SHIRABE, T. SEARS, SH. WARREN, TSUZUKI u. a.).

Wegen dieser häufigen und charakteristischen Blutveränderungen und der Blutdrucksenkung kam man natürlich auf den Gedanken, Bluttransfusionen bei Strahlenschädigungen anzuwenden. Es ist bekannt, daß der negative Einfluß der ionisierenden Strahlung auf die Blutbildungssysteme eine große Bedeutung bei der Strahlentherapie von Kranken mit bösartigen Geschwülsten hat und die Anwendungsmöglichkeit dieser Behandlungsmethode stark einschränkt. Verständlicherweise wandten die Kliniker ihre Aufmerksamkeit schon lange der Bluttransfusion zu als einer Methode, die es ermöglicht, diese Komplikationen der Strahlentherapie wirksam zu bekämpfen, da sich Bluttransfusionen außerdem günstig auf die allgemeine Frühreaktion nach Röntgen- oder Radiumbestrahlung auswirken.

Schon im Jahre 1935 stellte J. M. BRUSKIN die Frage, welchen Wert Bluttransfusionen bei Röntgen- und Radiumbehandlungen haben, und schlug ihre breite Anwendung zur Hebung des Allgemeinzustandes der Kranken und zur Bekämpfung des anaphylaktischen Schocks bei der Strahlentherapie vor. 1938 berichtete der Autor über seine Erfahrungen mit 30 Transfusionen bei 21 Kranken mit Erscheinungen einer Allgemeinreaktion nach Strahlentherapie und konstatierte so günstige Ergebnisse, daß er das Problem der Bekämpfung der Strahlentherapiefolgen damit für gelöst hielt.

B. V. PETROVSKIJ untersuchte die morphologischen Veränderungen des Blutbildes bei Krebskranken nach Transfusion von konserviertem Blut und stellte auch einen positiven Effekt der Transfusion nach Strahlentherapie fest. A. V. KOSLOVA wendete Bluttransfusionen von 100—200 ml bei der Röntgentherapie bösartiger Geschwülste an 92 Patienten an und stellte fest, daß die Röntgentherapie in Kombination mit Bluttransfusionen auch bei sehr großen Bestrahlungsdosen keine Schwächung des Organismus hervorruft. K. N. ČOČIA, E. M. ŠVARCBERG und F. J. STOLJAR führten Bluttransfusionen bei 87 Patienten aus, die wegen bösartiger Neubildungen verschiedener Lokalisation mit radioaktivem Kobalt behandelt wurden. Zur Bekämpfung der Strahlenlymphopenie gibt man ein- oder mehrmalige Bluttransfusionen von 100—125 ml. Fast alle Autoren vertreten die Ansicht, daß die Bluttransfusion, abgesehen von einem kurzzeitigen stimulierenden Effekt auf die Leukopoese, es zweifellos ermöglicht, den Hämoglobingehalt und die Erythrocytenzahl während der ganzen Strahlenbehandlung konstant zu halten. Gleichzeitig übt die Transfusion einen sehr günstigen Einfluß auf den körperlichen und psychischen Allgemeinzustand des Kranken aus und kann dadurch eine Wiederherstellung seines Kräftezustands, Besserung des Appetits und Hebung des Allgemeintonus bewirken. J. N. CRAWFORD meint, daß die Transfusion von konzentriertem Plasma die Hypoproteinämie einschränkt, die Transfusion von Vollblut den Kranken über seine schwere Anämie bis zu dem Zeitpunkt hinwegbringen kann, wo die Regeneration der eigenen Erythrocyten beginnt.

Ohne weiter auf die Frage der Bluttransfusion bei strahlenbehandelten Kranken eingehen zu wollen, sei erwähnt, daß das Interesse an der Transfusion von Blut und Blutersatzstoffen bei Strahlenschädigungen seit der Anwendung der Atombomben in Japan stark anwuchs. Damals fand die Bluttransfusion bei den Strahlenkranken breite Anwendung.

Nach Ansicht von F. P. SALISBURY, P. E. REKERS, J. H. MILLER, N. E. MARTI ruft die Einwirkung massiver Strahlendosen eine unspezifische Intoxikation des Organismus hervor, die häufig auch die Todesursache ist. Von dieser Vorstellung ausgehend, untersuchten sie auch die Wirkung der Bluttransfusionen auf die Strahlenkrankheit. In den Versuchen wurden Hunde mit 450 r bestrahlt; dabei lag die Sterblichkeit der Kontrolltiere bei 84% und die der Hunde, an denen 24 Stunden nach der Bestrahlung eine Bluttransfusion vorgenommen wurde, bei nur 33%. Bei den letzteren verlief die Strahlenkrankheit einschließlich der Blutveränderungen wesentlich leichter als bei den Tieren ohne Bluttransfusionen. Während zum Beispiel bei der Kontrollgruppe die Leukocytenzahl sich bis auf 400/ml verringerte, lag sie bei den Versuchstieren bei 1700. S. N. SWISHER und

F. W. FURTH untersuchten die Wirkung frühzeitiger Transfusionen kleiner Blutmengen (250 ml) bei Hunden nach einer Röntgenbestrahlung von 550 r. Die Austauschtransfusion wurde 30 Minuten nach der Bestrahlung vorgenommen. Die hämatologischen Untersuchungen, klinischen Beobachtungen und Autopsien ergaben keine entscheidenden Unterschiede zwischen den bestrahlten Kontrolltieren und den Tieren, bei denen nach der Bestrahlung ein einmaliger partieller Blutaustausch vorgenommen worden war. Jedoch war die Sterblichkeit in den beiden Gruppen verschieden. Am 45. Tag nach der Bestrahlung waren in der Kontrollgruppe 70% der Tiere gestorben, in der Gruppe mit Bluttransfusionen aber nur 40%, wobei der Tod durchschnittlich 7 Tage später eintrat als bei den Kontrolltieren.

In seinem ausführlichen Kapitel über die Behandlung der Atombombenschädigungen widmet auch CH. SILLEVAERTS der Bluttransfusion bei der Strahlenkrankheit größte Aufmerksamkeit. Er hält sie zum Ausgleich des Blutverlustes infolge der Blutbildungsstörung und der Blutungen für absolut nötig, aber auch für die Behandlung des Schocks. Bei der reinen Form der Strahlenkrankheit besteht die Notwendigkeit der Bluttransfusion erst zu Beginn der 2. Woche nach der Bestrahlung. Die Bluttransfusion ist die wichtigste Waffe im Kampf gegen die Anämie; jedoch spielt sie nach Meinung des Autors keinerlei Rolle bei der Beseitigung der Leukopenie und der Thrombocytopenie. Die Atombombenopfer teilt der Autor in drei Gruppen:

1. Leichte Fälle, d. h. alle mit einer Strahlendosis von nicht mehr als 200 r; bei ihnen besteht keine absolute Notwendigkeit zur Bluttransfusion.
2. Schwere Fälle, bei denen die Strahlendosis ca. 400 r beträgt (Dosis letalis 50) und bei denen eine Bluttransfusion absolut angezeigt ist.
3. Hoffnungslose Fälle, d. h. solche, in denen Personen eine Dosis um 600 r erhalten haben und wo Bluttransfusionen nutzlos sind.

A. BRUES unterstreicht, daß bei Strahlenkrankheit die besten Ergebnisse eine komplexe Behandlung zeigt, deren wichtigster Bestandteil die Bluttransfusion ist. Berücksichtigt man, daß in den ersten Tagen das Blutvolumen ständig abnimmt, dann muß man unbedingt zur Erhaltung eines entsprechenden Niveaus die Bluttransfusion anwenden. In den Stadien der vollen Entwicklung der Symptome und des Genesungsbeginns, die stets von einer Anämie begleitet werden, sind Bluttransfusion und entsprechende Ernährung besonders wichtig.

Bei den durch die Explosion des Atomreaktors im Los-Alamos-Laboratorium (USA) Verletzten mit akuter Strahlenkrankheit wendeten L. H. HEMPELMANN, H. LISCO und J. G. HOFFMAN unter vielen anderen Behandlungsmaßnahmen auch Bluttransfusionen an. So waren einem Kranken am 14. und 15. Tag der Erkrankung 110 ml Blut gegeben worden. Einem anderen Kranken wurde täglich Blut verabfolgt (vom 2. Tag an), wobei innerhalb von 8 Tagen 6 l erreicht wurden; im Laufe der ersten Woche waren außerdem noch 500 ml Plasma und Glucose in physiologischer Kochsalzlösung gegeben worden. In den letzten 3 Tagen wurde die intravenöse Flüssigkeitszufuhr fast pausenlos durchgeführt.

Transfusion von Blut und Blutersatz nahm man auch bei den anderen Opfern vor. Von neun starben zwei.

In dem bekannten Buch von T. SEARS „Die Rolle des Arztes im Atomschutz" findet sich nur eine sehr lakonische Empfehlung zur Bluttransfusion bei der Strahlenkrankheit. Der Autor weist darauf hin, daß, wenn bei einer Leukopenie die Zahl der Leukocyten unter 2500/ml sinkt, nur noch eine Vollbluttransfusion Erfolg verspricht. R. W. MILLER, W. K. COTTON und S. N. SWISHER übertrugen einem Hund, der mit einer maximalen subletalen Dosis bestrahlt worden war, vom 4. Tage nach der Bestrahlung an dreimal wöchentlich 5 ml Vollblut pro kg Gewicht über 28 Tage. Nach ihren Angaben verhinderten die Bluttransfusionen zwar nicht die Verringerung der Leukocyten- und Thrombocytenzahl, erhöhten aber den Hämoglobingehalt des Blutes. Die Autoren verneinen eine erhöhte Empfindlichkeit der bestrahlten Tiere gegen Bluttransfusionen, die von anderen Forschern angeblich bemerkt wurde.

M. N. POBEDINSKIJ spricht in seinem Übersichtsartikel über die Bluttransfusion als Methode im Kampf gegen die Strahlenschädigungen der blutbildenden Organe davon, daß nach den Beobachtungen im Zentralinstitut für Röntgenologie und Radiologie die Bluttransfusion ein gutes prophylaktisches und therapeutisches Mittel bei Strahlenkrankheit nach Einwirkung hoher Dosen von Röntgen- oder Gammastrahlen ist. Diese positive Wirkung der Bluttransfusion bezieht sich sowohl auf die allgemeine Strahlenreaktion als auch auf die Schädigungen der blutbildenden Organe durch Strahlenenergie. A. K. GUS'KOVA und G. D. BAJSOGOLOV wendeten bei zwei Kranken mit akuter Strahlenerkrankung mit Erfolg eine komplexe Behandlung an, wozu auch eine Tropfinfusion von Vollblut gehörte (200 ml alle 3—5 Tage). Beide Patienten genasen, aber die Autoren machen auf schwere Transfusionsreaktionen bei einem von ihnen aufmerksam. Zur Verminderung dieser Reaktionen empfehlen die Autoren, vor der Transfusion Pantopon und Atropin zu geben. A. A. BAGDASAROV und L. S. ROGAČEVA arbeiteten experimentell drei Methoden zur komplexen Behandlung der akuten Strahlenkrankheit unter Verwendung verschiedener Transfusionsmittel aus. Der ersten Methode liegen Austauschtransfusionen zugrunde, wozu unbedingt Kationitblut[1] verwendet werden muß, da Zitratblut die Hämolyse verstärkt. Die zweite Methode beruht auf Austauschinfusionen der Eiweißlösung Nr. 1. Wenn Aderlässe kontraindiziert sind, wird die dritte Methode angewandt, die hauptsächlich aus der Infusion der Eiweißlösung COLIPK Nr. I besteht. Zur Bekämpfung der Anämie bei akuter Strahlenkrankheit werden fraktionierte Transfusionen von Kationitblut oder Erythrocytenmasse empfohlen. Die Anwendung dieser komplexen Therapiemethoden ermöglicht bei Tieren, die mit einer Letaldosis bestrahlt wurden, eine Überlebensrate von 50% (Abb. 27).

V. J. LAVRIK, G. A. LEVČUK und P. J. SOLOGUB untersuchten experimentell die Wirkung von Alkohol-Glucose-Zitrat-Blut zur Behandlung der Strahlenkrankheit bei Kaninchen. Nach ihren Befunden wird durch Transfusion dieses

[1] Ionenaustauscherverfahren.

Blutes der Verlauf der Strahlenkrankheit leichter, die Wiederherstellung der Funktionen der blutbildenden Organe gefördert, die Entwicklung dystrophischer Veränderungen in den parenchymatösen Organen im Vergleich zu bestrahlten Kaninchen, die man mit Transfusionen von Zitratblut behandelt hat, merklich gehemmt. Darum empfehlen die Autoren das Alkohol-Glucose-Zitrat-Blut als eines der wirksamsten Mittel zur Behandlung der Strahlenkrankheit. D. S. Kuzmin untersuchte an Hunden die Möglichkeit der Verwendung von Austauschtransfusionen bei Strahlenkrankheit. Seine vorläufigen Befunde beweisen einen unzweifelhaften Behandlungseffekt.

G. P. Gruzdev und Mitarbeiter wandten in zahlreichen Experimenten zur Erforschung der Toxämie bei Strahlenkrankheit gleichfalls Austauschtransfusionen bei bestrahlten Hunden an und überzeugten sich von der günstigen Wirkung, wenn die Transfusion am ersten oder dritten Tage vorgenommen wird. Austauschtransfusionen am fünften oder zwölften Tage hatten keine therapeutische Wirkung. Nach Ansicht der Autoren sind Austauschtransfusionen in bestimmten Perioden der Strahlenkrankheit zur Bekämpfung der Toxämie recht wirksam. A. N. Filatov weist darauf hin, daß bestrahlte Tiere bei vollständigem Austausch des Blutes sehr gut stärkste Strahlenschädigungen ertragen und keinerlei Erscheinungen einer Strahlenkrankheit zeigen. Tatsächlich beweist eine Reihe von Versuchen die Wirkung derartiger Austauschtransfusionen (P. D. Gorizontov und V. D. Rogozkin; J. A. Spasokukockij, Z. L. Černogorova und E. I. Gitis; I. I. Fedorov und V. V. Merenov; P. F. Salisbury u. a.). Diese Beobachtungen sind zweifellos theoretisch von großem Interesse. Jedoch haben sie, wie A. N. Filatov richtig bemerkt, keine große praktische Bedeutung, da in diesem Fall 15—20 l Blut benötigt würden, um einen einzigen Menschen zu heilen! Bei V. K. Žgenti und Mitarbeitern erwiesen sich in Versuchen an bestrahlten Hunden wiederholte kleine Bluttransfusionen als wirksam, mit denen am 5.—6. Tag der Erkrankung begonnen wurde. Bluttransfusionen in den ersten Tagen der Erkrankung verschlechterten den Zustand der Hunde, bei denen sich Reaktionen von Schockcharakter einstellten, und die Tiere starben schnell.

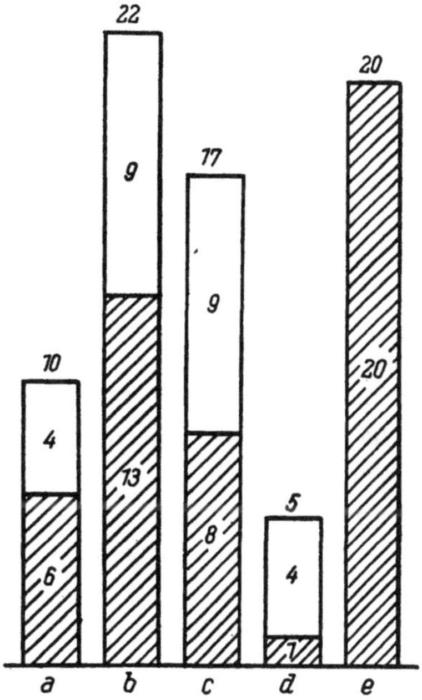

Abb. 27. Die Wirksamkeit der Übertragung von Blut und Blutersatzmitteln bei bestrahlten Tieren (nach A. A. Bagdasarov u. a.).

a — Austauschtransfusion von Blut, *b* — Infusion der Lösung Colipk Nr. 1, *c* — Infusion der Lösung L B, *d* — Infusion von Plasmaersatzstoffen und Injektion von Leukocytenmasse, *e* — Kontrolle (nicht behandelt), schraffiert — gestorben, weiß — überlebend

P. D. Gorizontov und Mitarbeiter studierten an einem großen experimentellen Material die Wirkung der verschiedenen Haemotherapiearten bei akuter Strahlenkrankheit und zogen folgende Schlußfolgerungen:

1. Die Wirkung der verschiedenen Haemotherapiearten bei akuter Strahlenkrankheit hängt vom Zeitpunkt der Anwendung, dem Grad der Strahlenschädigung und von der Einhaltung der notwendigen Vorschriften für die Transfusion von Blut und seinen Komponenten ab.

2. Bei akuter Strahlenkrankheit schweren und schwersten Grades ist die Verordnung der verschiedenen Arten von Haemotherapie erforderlich, bei leichtem und mittlerem Grad aber nicht obligatorisch.

3. Transfusionen von Vollblut und Erythrocytenmasse sind am wirkungsvollsten in der Wiederherstellungsperiode. In der Latenzperiode und auf dem Höhepunkt der Erkrankung rufen sie häufig negative Reaktionen mit Verschlechterung des Allgemeinzustandes und Provozierung von haemorrhagischen Erscheinungen hervor. In der Latenzzeit und im Höhepunkt der Erkrankung ist die Transfusion von Blut und Erythrocytenmasse in großen Dosen zweifellos kontraindiziert.

4. Die Transfusion von Plasma erweist sich in allen Perioden der Erkrankung als zweckmäßig, insbesondere wenn man sie mit dem Ziel der Prophylaxe und der Bekämpfung der haemorrhagischen Komplikationen, Autoagglutination, Leukopenie usw. einsetzt.

5. Die Austauschtransfusion in Form eines gekreuzten Blutkreislaufes, am 1.—3. Tag nach Bestrahlung angewendet, hat eine ausgeprägte therapeutische Wirkung. Eine solche Transfusion, am 5. oder 12. Tag durchgeführt, verschlechtert den Krankheitsverlauf.

6. Ein- und mehrmaliger Blutersatz (etwa 10—30% des Blutvolumens) durch frisches Zitratvollblut in den ersten 3 Tagen nach der Bestrahlung ist ein wirkungsvolles Mittel zur Behandlung der akuten Strahlenkrankheit. Ein solcher Blutersatz hat fast die gleiche Wirkung wie eine Austauschtransfusion. Totaler Blutaustausch unterscheidet sich hinsichtlich seines therapeutischen Effektes wenig vom partiellen Blutaustausch. Die günstige Wirkung der Bluttransfusion und der Infusion einiger Blutersatzstoffe bei Strahlenschädigung wurde in einer Reihe von experimentellen Arbeiten nachgewiesen (V. J. Lavrik, V. B. Farber u. a.), ebenso bei den Atombombenopfern in Japan (C. Dunham, E. P. Cronkite, G. V. Le Roy, K. Myoshi, A. O. Ravina, Th. Sears, S. Warren u. a.). Sie wird von vielen Autoren in Kombination mit anderen Behandlungsmaßnahmen empfohlen.

Zusammenfassend mag folgendes Schema dienen: In der 1. und 2. Periode der Strahlenkrankheit transfundiert man in den ersten 3 Tagen täglich, dann in Abhängigkeit vom Zustand des Kranken jeden 3. Tag 150—750 ml Blut oder Plasma. In der Latenzzeit empfiehlt sich vor der Transfusion eine Desensibilisierung mit Dimedrol, Pantopon oder Morphin. In schweren Fällen führt man die

Transfusion nur nach vorhergehendem Aderlaß von 200—500 ml durch. In Ermangelung von Blut oder Plasma muß man Blutersatzstoffe in den gleichen Mengen anwenden. In der Höhepunktsperiode der Erkrankung empfiehlt sich die Transfusion von Plasma, Thrombocyten-, Leukocyten- und Erythrocytenmasse, aber auch von Kationitblut und anderen Blutersatzstoffen. In der Genesungsperiode müssen aller 3—5 Tage Erythrocyten- und Leukocytenmasse und Vollblut gegeben werden.

Es sei jedoch nicht unerwähnt, daß einzelne Forscher sich zurückhaltend oder sogar negativ zu dieser Behandlungsmethode äußern. So zeigten z. B. F. M. Allen und Mitarbeiter in Experimenten an bestrahlten Hunden, daß Bluttransfusionen nicht den gewünschten Heileffekt brachten, sondern in einigen Fällen sogar verschlechternde Wirkung hatten. Forscher der Chikagoer Universität nahmen bei Versuchstieren dreimal wöchentlich Transfusionen von verträglichem Blut vor. Es zeigte sich, daß diese Tiere nicht länger lebten als die Kontrolltiere ohne Bluttransfusionen. Die Transfusionen besserten wohl etwas die Anämie nach der Bestrahlung, beeinflußten jedoch weder die Thrombocytopenie und Leukopenie noch die nach der Bestrahlung erhöhte Blutgerinnungszeit. Bei einigen Tieren hatten die Bluttransfusionen eine schädliche Wirkung, wahrscheinlich wegen Transfusionsreaktionen, die bei bestrahlten Tieren häufiger zu beobachten waren als bei nichtbestrahlten. Im Hinblick auf alle diese Befunde halten es die Autoren für zweckmäßig, mehrmalige Bluttransfusionen bei Menschen mit Strahlenkrankheit äußerst vorsichtig anzuwenden.

Auch F. W. Furth, R. W. Miller u. a. erzielten im Experiment wenig erfreuliche Ergebnisse mit der Bluttransfusion, die die Sterblichkeit bei bestrahlten Tieren nicht verringerte (Sterblichkeit mit Transfusion 79—96%), sondern sie sogar erhöhte (Sterblichkeit ohne Transfusion 62—88%). Nach den Befunden dieser Autoren verhütet oder beschränkt die Blutübertragung auch nicht die Entwicklung einer härmorrhagischen Diathese und kann nur zur Bekämpfung der Anämie bei Bestrahlten empfohlen werden. Ch. P. Powell und H. B. Gerstner führten bei bestrahlten Hunden sehr früh (2 Stunden nach der Bestrahlung) eine Austauschtransfusion von Blut mit Ersatz von etwa 90% der Gesamtmenge durch und stellten fest, daß auch eine solche frühe und energische Blutübertragung den Verlauf und Ausgang der Strahlenkrankheit nicht verbessert. Alle Tiere der Versuchs- und Kontrollgruppe starben innerhalb von 12 Tagen nach der Bestrahlung; sie überlebten mit Blutübertragung durchschnittlich 7,76 Tage, die Kontrolltiere 8,18 Tage.

A. N. Gamaleja und Mitarbeiter vollzogen zur Behandlung der akuten Strahlenkrankheit beim Hund tägliche Tropftransfusionen von 200—250 ml Blut während der ersten 7 Tage nach der Bestrahlung und konnten weder auf die Überlebensrate der Versuchstiere noch auf den klinischen Verlauf einer schweren Strahlenkrankheit einen merklichen Einfluß feststellen. Die Blutübertragung bei Strahlenkrankheit mittlerer Schwere führte zu einer Linderung der Strahlenschädigungssymptome und zur Verbesserung der Blutregeneration.

A. A. BAGDASAROV und Mitarbeiter bedienten sich bei experimenteller Prüfung der einzelnen Methoden zur Behandlung der Strahlenkrankheit auch der verschiedenen Möglichkeiten der Bluttransfusion. Anfangs wendeten sie Austauschtransfusionen an; 2—3 Tage nach der Bestrahlung der Hunde nahmen sie einmal täglich kleine Aderlässe vor (10 ml pro kg Körpergewicht) mit anschließender Übertragung von Frischzitratblut (15—20 ml pro kg Körpergewicht). In der Höhepunktsperiode der Strahlenkrankheit setzten sie die Blutübertragungen am 7., 11. und 13. Tage fort usw. Diese Versuche ergaben, daß die Übertragung von Citratblut oder Erythrocytenmasse bei den Hunden in der 3. Periode der Strahlenkrankheit häufig zu schweren Reaktionen führte: Schüttelfrost, Temperaturerhöhung, Erbrechen, ungewollter Defäkation, Hauthyperämie u. a., in einigen Fällen sogar zum Tod der Tiere durch Verschlimmerung der haemorrhagischen Diathese. Aus dieser Erfahrung schlagen die Autoren vor, in der Zeit vom 5. bis 15. Tag der akuten Strahlenkrankheit von Übertragungen von Blut und Erythrocytenmasse abzusehen, da dies Verlauf und Ausgang verschlechtert. Etwas später (vom 16. bis 25. Tag der Erkrankung), d. h. wenn eine schwere Anämie vorlag, hatte die Übertragung von Erythrocytenmasse und Kationitblut sehr positive Ergebnisse.

OPI sah bei Japanern mit Strahlenkrankheit keinen großen Erfolg durch Blutübertragungen, besonders nicht in schweren Fällen; er belegt seine Meinung mit Bluntuntersuchungen. Nach TUD und ADOTI trat nach Bluttransfusionen bei Strahlenkrankheit mittlerer Schwere eine geringe und zeitweilige Erhöhung der Erythrocytenzahl ein, die sich später wieder verringerte. Die Anzahl der Leukocyten erhöhte sich nicht, die Anzahl der Lymphocyten ging etwas zurück. Die Autoren halten die Infusion von Trockenplasma (nach A. V. KOSLOVA) für wirkungsvoller. A. I. REŠETOV erzielte bei der Prüfung verschiedener Methoden zur Schockbekämpfung bei bestrahlten Tieren in einer Reihe von Fällen negative Ergebnisse durch Blutübertragungen in der Höhepunktsperiode der Erkrankung. Diese Erscheinung erklärt der Autor mit der Umkehr der vasculären Reflexe, die man sowohl beim traumatischen Schock (I. R. PETROV und V. I. POPOV) als auch bei der Strahlenkrankheit beobachtet (V. F. ČERKASOV).

Diese und noch andere negative experimentelle Ergebnisse der Bluttransfusion bei Strahlenerkrankung können natürlich die allgemein gültige und richtige Meinung darüber, daß die Haemotherapie ein Hauptbestandteil der komplexen Behandlung der Strahlenkrankheit sein muß, nicht erschüttern, um so weniger, als eine Reihe von Versuchen zur Blutübertragung nicht frei von methodischen Fehlern war (Nichtbeachtung der Blutgruppe, Infektion u. a.). Diese negativen Befunde sprechen dafür, daß die Blutübertragung nicht in allen Stadien der Strahlenkrankheit von Nutzen ist, sondern nur in bestimmten Phasen ihrer Entwicklung und in Verbindung mit anderen Behandlungsmethoden. Nach Literaturangaben sind Blutübertragungen bei einer Reihe von Fällen in frühen Perioden der akuten Strahlenkrankheit zweckmäßig, insbesondere bei schweren Graden. In der 3. Periode vertragen die Patienten Blutübertragungen jedoch häufig sehr schlecht. Sie wirken als außerordentlicher Reiz und unterdrücken die Haemopoese. In dieser Periode empfiehlt sich eine Übertragung von Plasma, Leukocyten-, Thrombocyten- oder Erythrocytenmasse. In der Genesungsperiode kann man wieder zu gewöhnlichen Vollbluttransfusionen mit Pausen von 3—5 Tagen übergehen und muß dabei die festgelegten Regeln gewissenhaft beachten. Der therapeutische Effekt einer Bluttransfusion bei Strahlenschädigung hängt im entscheidenden Maße von der erhaltenen Dosis und von der Schwere der Strahlenschädigung ab, aber auch von Dosen und Methoden der Transfusion selbst.

Der Mechanismus der günstigen Wirkung von übertragenem Blut und von Blutersatzstoffen bei Strahlenschädigung ist nicht recht klar; dies beruht im wesentlichen auf der ungeklärten Pathogenese dieser Schäden, für die nur eine Reihe mehr oder weniger wahrscheinlicher Vermutungen oder Theorien besteht.[1] Bekanntlich hat die Blutübertragung auf die Lebensfunktionen des kranken Organismus sehr komplexe und vielseitige Wirkungen, insbesondere substituierende, stimulierende, blutstillende, entgiftende, immunbiologische und ernährende. Natürlich sind alle diese Wirkungen Glieder eines einheitlichen, wenn auch komplizierten biologischen Prozesses im Organismus des kranken Menschen. Bei jeder Blutübertragung wirkt die Gesamtheit der oben aufgezählten und vieler anderer, bisher noch nicht erforschter Faktoren auf den Organismus des Kranken, wobei in manchen Fällen der Einfluß eines oder mehrerer überwiegen kann.

Bedenkt man, wie kompliziert Pathogenese und klinisches Bild der akuten Strahlenkrankheit sind, so kann man annehmen, daß allen aufgezählten positiven Wirkungsfaktoren der Bluttransfusion eine große Bedeutung zukommt, insbesondere

1. der substituierenden Wirkung bei Anämie und Leukopenie,
2. der stimulierenden Wirkung auf den Blutbildungsapparat und die Gewebsrestitution des bestrahlten Organismus,
3. der blutstillenden Wirkung bei haemorrhagischem Syndrom,
4. der entgiftenden und immunbiologischen Wirkung bei Vorliegen einer Toxaemie und Darniederliegen der immunbiologischen Schutzeinrichtungen des Organismus bei der Strahlenkrankheit,
5. der trophischen Wirkung bei Eiweißdefizit und Proteinämie.

Alle diese positiven Wirkungsfaktoren der Bluttransfusion gewinnen besondere Bedeutung bei kombinierten Strahlenschädigungen, bei denen auch die erhebliche Antischockwirkung der Haemotransfusion eine Rolle spielt.

Außer Vollblut verwendete man zur Behandlung von Strahlenschädigungen auch die verschiedensten Blutersatzstoffe und Lösungen. So wurde in den letzten Jahren Leukocytenmasse nicht nur als Blutersatz (besonders bei einem merklichen Defizit von Leukocyten), sondern auch mit dem Ziel einer Erhöhung der immunbiologischen Eigenschaften des Organismus, seiner Widerstandsfähigkeit gegen Infektion und zur Stimulation der Leukopoese angewandt.

[1] Siehe in den Handbüchern der medizinischen Radiologie und Kap. II.

Schon 1949 schlug Z. G. ARLOZOROV für die Behandlung der Leukopenie und Agranulocytose Leukocytenmasse aus konserviertem Blut vor, die auch mit Erfolg zur Behandlung von Leukopenien anderer Ätiologie herangezogen wurde. Diese Befunde lagen der Verwendung von Leukocytenmasse bei Leukopenien durch Strahlung zugrunde. G. BRECHER, K. M. WILBUR und E. P. CRONKITE übertrugen bestrahlten Hunden mit akuter Leukopenie und totaler Aplasie des Knochenmarks eine konzentrierte Leukocytensuspension. Die Leukocytenmasse wurde 2—5 Tage lang täglich nach der Bestrahlung übertragen. Dabei stieg nach jeder Übertragung die Anzahl der im Blut zirkulierenden Leukocyten stark an, was die Autoren mit der Erhaltung der funktionellen Aktivität der Leukocyten erklären wollen.

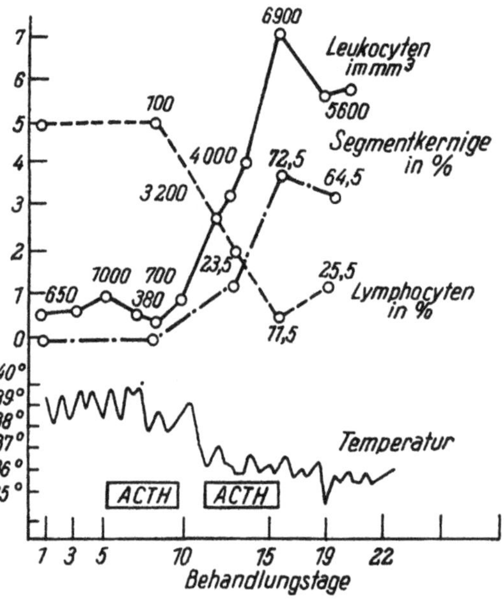

Abb. 28. Veränderungen des peripheren Blutes bei Patient K. unter Gabe von Leukocytenmasse und ACTH nach A. A. BAGDASAROV.

A. A. BAGDASAROV, F. R. VINOGRAD-FINKEL' und Mitarbeiter arbeiteten eine komplexe Methode zur Behandlung der Strahlenkrankheit aus, in der die Übertragung von Leukocytenmasse und Blut einen führenden Platz einnimmt. Die Autoren arbeiteten dafür eine neue Methode ohne chemische Stabilisatoren unter Verwendung von sogenannten Ionenaustauschern (Kationitblut) aus, mit deren Hilfe es gelingt, die Lebensfähigkeit der Leukocyten zu erhalten. Die komplexe Methode (Übertragung von Leukocytenmasse oder Blut mit Verwendung von adrenocorticotropem Hormon u. a.) wurde von den Autoren im Experiment und in der Klinik (Abb. 28) untersucht. Die Zahl der Transfusionen in Intervallen von 3—4 Tagen lag je nach Verlauf der Strahlenerkrankung zwischen 3 und 8; jede Übertragungsdosis enthielt 2 Milliarden Leukocyten. Die Autoren erzielten sehr günstige Früh- und stabile Spätergebnisse. Sie empfehlen deshalb diese komplexe Methode auch für die Behandlung von Strahlenschädigungen. Besonders gute Ergebnisse erzielt man bei der komplexen Anwendung von Leukocytenmasse zusammen mit Eiweißblutersatzstoffen.

Z. G. ARLOZOROV, B. M. VARŠAVSKI, Š. A. BURŠTEJN und G. I. FREJMAN übertrugen 30 Patienten mit Leukopenie, die wegen bösartiger Geschwülste bestrahlt wurden, Leukocytenmasse. Bei 27 Kranken erzielte man einen stabilen positiven Effekt, obgleich die Strahlentherapie fortgesetzt wurde. Bemerkenswert ist, daß bei der Übertragung der Leukocytenmasse häufig leichte bis mittelschwere Transfusionsreaktionen beobachtet wurden. E. A. GRINBERG wendete die Leukocytentherapie mit Erfolg bei Patienten mit Strahlenkrankheit an. V. P. TEODOROVIČ und V. I. TEODOROVIČ versuchten, die Strahlenkrankheit beim Kaninchen mit einer Suspension von Blutleukocyten und einer Suspension von Elementen haemopoetischer Organe zu behandeln. Die Überlebenszeit der behandelten Tiere war dreimal größer als die der Kontrolltiere, die Wiederherstellung der haemopoetischen Organe begann früher. Bei ungenügender Behandlung und besonders bei nicht rechtzeitigem Beginn kommt es leicht zu späteren Komplikationen. Neuere Untersuchungen von Z. G. ARLOZOROV zeigen, daß die Verwendung von Leukocytenmasse zu Beginn der Strahlenkrankheit unzweckmäßig ist. Sie ist nicht nur als Substitutions- und Reiztherapie zu empfehlen, sondern auch zur Desensibilisierung des Organismus in den Spätstadien der Strahlenkrankheit, wo es zur Leukopenie immunhaematologischer Genese kommt. Die Übertragung der Leukocytenmasse soll mit kleinen Dosen beginnen und langsam vor sich gehen. Nach den Versuchsergebnissen und klinischen Beobachtungen muß angenommen werden, daß bei der Strahlenkrankheit die Transfusion von Leukocytenmasse besonders in der Periode der verstärkten Hämolyse zweckmäßig ist, wenn die Übertragung von Blut kontraindiziert ist.

Außer Leukocyten wurden zur Behandlung von Strahlenschädigungen auch Thrombocyten transfundiert. So übertrugen E. P. CRONKITE und Mitarbeiter bestrahlten Hunden täglich Thrombocyten und sahen dabei eine Verringerung des haemorrhagischen Syndroms. Da nach Ansicht dieser Autoren die Haemorrhagie von der Thrombocytopenie und ihren Folgen abhängt, halten sie die Übertragung von Thrombocyten für angezeigt. Bei der Untersuchung der Reaktion von Tieren auf Ganzbestrahlung stellten DOWDY und BENNETT fest, daß die tägliche Infusion von Thrombocyten bei bestrahlten Hunden die normale Gerinnungsfähigkeit des Blutes wiederherstellt und die Neigung zu Blutungen verringert. G. M. ABDULLAEV und N. J. LAGUTINA verwendeten im Experiment frisch bereitete Thrombocytenmasse zur Behandlung der akuten Strahlenkrankheit. Nach 2—5 Transfusionen (50—70 Milliarden Thrombocyten) verlief die Strahlenerkrankung bei den Tieren leichter; es kam zu einer Erhöhung der thromboplastischen Aktivität des Blutes und der Retractilität des Blutgerinnsels. Bei so behandelten Hunden entwickelte sich auch keine Blutungsbereitschaft; von 14 Hunden blieben 12 am Leben. Die Übertragung von Thrombocyten bei Strahlenkrankheit haben auch STEFANINI u. a. angewendet. Schon in den dreißiger Jahren unseres Jahrhunderts begann man bei Leukopenien verschiedener Genese (Benzolvergiftung u. a.) Knochenmarkpräparate zu verwenden. Später hatte auch eine Reihe von Autoren mit solchen Präparaten Erfolg bei der Behandlung der Strahlenleukopenie. So erzielten E. LORENZ und CH. CONGDON bei der intravenösen oder intraperitonealen Injektion von Knochenmarkspensionen bei bestrahlten Mäusen und Meerschweinchen eine Überlebensrate von 80%, während alle Kontrolltiere starben. HILFINGER und FERGUSON injizierten Kaninchen 3 Tage nach Bestrahlung eine Knochenmarkemulsion, was eine schnellere Wiederherstellung des weißen Blutes und eine längere Überlebenszeit (6 Wochen) im Vergleich zu den Kontrolltieren (2 Wochen) ergab.

In der letzten Zeit untersuchte V. M. Alekseeva diese Frage und verwendete dabei für die Behandlung der Strahlenleukopenie eine nicht gewaschene Fraktion von Rinderknochenmark. Nach der Bestrahlung wurden den Kaninchen oder Ratten 2—4 Wochen lang täglich intramuskuläre Injektionen des Präparates verabfolgt. Die Versuche ergaben, daß die Überlebensrate der Tiere sich unter dieser Behandlung bei Strahlenkrankheit mittlerer Schwere erhöht, bei schweren Formen jedoch nicht verändert. Die Wirkungsmechanismen von Knochenmarkpräparaten auf Tiere, die einer ionisierenden Bestrahlung ausgesetzt waren, sind mit Ausnahme des Einflusses auf das haemopoetische System noch kaum erforscht. Sehr interessante und ermutigende Ergebnisse erzielten H. Jammet und G. Mathe aus der klinischen Anwendung von Knochenmark bei sechs Belgrader Physikern, die im Oktober 1958 bei Versuchen am Atomreaktor durch einen Unglücksfall einer letalen Dosis von Neutronen- und Gammastrahlung ausgesetzt waren. Für die Behandlung der Verunglückten verwendete man Übertragungen von Blut, Erythrocytenmasse, Thrombocyten, entsprechende Diät, Medikamente u. a. Diese komplexe Behandlung hatte jedoch nicht den gewünschten Erfolg, und nur die intravenöse Infusion von Knochenmarkzellen konnte fünf der Geschädigten retten. Aus diesem Grunde empfehlen die Autoren die Knochenmarktransfusion bei schweren Strahlenschäden. Die erfolgreiche Behandlung der akuten Strahlenkrankheit durch Verwendung von Knochenmark wurde auch von anderen Forschern berichtet (A. G. Karavanov, M. A. Raušenbach, V. A. Revis, A. S. Ševelev u. a.).

Eine Reihe anderer Autoren verwendete Knochenmarkpräparate bei Strahlenkrankheit mit negativem Erfolg (Sh. Warren u. a.). Diese wichtige Frage bedarf weiterer Forschung. A. N. Stroud, A. Brues u. a. experimentierten an bestrahlten Mäusen mit Lösungen verschiedener Plasmaeiweiße vor und nach der Bestrahlung. Die Injektion dieser Eiweiße, 3—10 Minuten vor der Bestrahlung, zeigte eine gewisse Schutzwirkung; die Anwendung nach der Bestrahlung war erfolglos. Die Übertragung von Blutplasma ist besonders in der Höhepunktsperiode der Erkrankung angezeigt, wenn Störungen im Blutgerinnungssystem, im Verhältnis der Serumeiweißfraktionen vorliegen und die Blutungsbereitschaft besonders ausgeprägt ist.

E. E. Čebotarev wandte zur Behandlung bestrahlter Ratten eine komplexe Methode an; sie bestand aus intraperitonealer Injektion von Vitamin B_{12} und Streptomycin 24 Stunden nach der Bestrahlung und Injektion des Eiweißblutersatzstoffes BK 8 am 8. Tag. Er erzielte einen positiven Effekt: einen milderen Verlauf der Strahlenkrankheit und eine Erhöhung der Überlebensrate (im Vergleich zur Kontrolle) und der Überlebenszeit der Ratten auf das Doppelte. Die Übertragung des Eiweißblutersatzstoffes BK 8 zeigte einen günstigen Einfluß auf den Verlauf von Wundprozessen bei Strahlenkrankheit (J. T. Gnedaš). Nach Angaben von M. M. Trušino war jedoch die Einführung des Präparates BK 8 in den Behandlungskomplex bei der akuten Strahlenkrankheit des Hundes wenig wirksam. Es zeigte sich nur eine geringe Erhöhung der Überlebensrate, ein etwas späterer Beginn der Erkrankung und eine gewisse Verlängerung der mittleren Überlebenszeit der gestorbenen Tiere.

A. A. Bagdasarov und Mitarbeiter untersuchten die Wirkung der Anwendung von Blutersatzstoffen: der Eiweißlösung COLIPK Nr. 1 und der Eiweißlösung LB im Komplex mit anderen Behandlungsmaßnahmen (Antibiotica, Haemostimulantien, Vitaminen u. a.). Die Infusion der genannten Eiweißlösungen wurde während der drei ersten Tage nach der Bestrahlung durchgeführt und später aller 1—2 Tage wiederholt, je nach Zustand des Tieres (im ganzen 6—8 Transfusionen). Die Infusion der Eiweißlösung COLIPK Nr. 1 ermöglichte es, die Anzahl der Übertragungen von Blut und Erythrocytenmasse ohne Beeinträchtigung des therapeutischen Effektes stark einzuschränken. Noch wirksamer waren Infusionen der Lösung LB, da sie der Entwicklung eines haemorrhagischen Syndroms und einer Knochenmarkaplasie zum Teil vorbeugten und die Tätigkeit des Herzgefäßsystems verbesserten. Die Prüfung der verschiedenen Plasmaersatzlösungen (kolloidales Infusin, Polyvinylpyrrolidon, Hydrolysat COLIPK, Polyglukin) zeigte bei der Behandlung der akuten Strahlenkrankheit, daß diese eine ausgeprägte therapeutische Wirkung ausüben. Bei Kombination der Strahlenkrankheit mit Blutverlusten hat Polyglukin eine besonders gute therapeutische Wirkung. Der therapeutische Effekt der genannten Blutersatzstoffe erhöht sich bei Kombination mit Antibioticis, Sedativis, Haemostimulatoren und Blutpräparaten erheblich (A. A. Bagdasarov, N. S. Džavadjan, M. N. Novikova). Die Wirkung des Polyglukins bei akutem Blutverlust und gleichzeitiger Strahlenkrankheit wurde experimentell von P. D. Gorizontov und V. D. Rogozkin, K. A. Antonjan, M. A. Movsesjan, V. P. Pogosjan, M. N. Trušina u. a. bestätigt. So führte zum Beispiel nach A. A. Lipaz und N. V. Nikolaeva die Infusion von Polyglukin bei Hunden, die sich nach einer Ganzbestrahlung mit 600 r durch einen akuten Blutverlust (40—60 ml pro kg) im haemorrhagischen Schock befanden, eine schnelle und stabile Normalisierung des Blutkreislaufes und Beseitigung des Schocks herbei. Der Verlauf der Strahlenkrankheit bei Hunden, die den haemorrhagischen Schock mit Hilfe von Polyglukin überwunden haben, wird besonders bei Behandlung mit fraktionierten Infusionen von Leukocytenmasse und Polyglukin leichter.

Versuche von V. F. Čerkasov zeigten, daß die Infusion von Flüssigkeit nach I. R. Petrov bei bestrahlten Tieren nach Blutverlust zu einer erheblichen und anhaltenden Erhöhung des arteriellen Druckes führt; sie kann also auch bei kombinierten Schädigungen verwendet werden.

Von Literaturangaben ausgehend, die besagen, daß das synthetische Blutersatzmittel Periston eine Antischock- und antitoxische Wirkung ausübe, versuchten einige Forscher, es bei der Strahlenkrankheit anzuwenden, erhielten aber sehr widersprechende und bisher wenig überzeugende Befunde (H. Burger u. a.). M. O. Raušenbach und Mitarbeiter untersuchten die Wirkung der Infusion verschiedener Eiweiß- und Kolloidlösungen bei akuten Formen der Strahlenkrankheit und kamen zu dem Ergebnis, daß 35 Infusionen von 6—8 ml

Periston pro kg Körpergewicht in den ersten Tagen nach einer Bestrahlung mit 600 r den Verlauf der Krankheit beim Hund leichter machen und die Entwicklung des haemorrhagischen Syndroms abschwächen. Der Behandlungseffekt des Peristons beruht auf den hohen Desintoxikationseigenschaften und besonders auf der Beschleunigung der Ausscheidung von toxischen Stoffen über die Niere. Die Strahlenanämie ist jedoch bei der Peristoninfusion stark ausgeprägt und hält längere Zeit an. So bleibt die Frage der Wirkung von Periston bei Strahlenkrankheit noch offen.

G. V. Sukasjan und Mitarbeiter untersuchten den Einfluß der Infusion von Polyvinylpyrrolidon auf den Verlauf der akuten Strahlenkrankheit und stellten fest, daß der Verlauf der Erkrankung leichter wird (besonders das haemorrhagische Syndrom) und die Tiere länger am Leben bleiben. Die therapeutische Wirksamkeit des Polyvinylpyrrolidons beruht auf den stark entgiftenden Eigenschaften.

P. Krönig und R. Sigmund untersuchten den Einfluß von physiologischer Kochsalzlösung auf die Sterblichkeit von Mäusen nach Ganzbestrahlung mit 550—650 r. Den Mäusen wurde 3- bis 6mal physiologische Kochsalzlösung in verschiedenen Dosen und zu verschiedenen Zeiten nach der Bestrahlung subcutan injiziert. Bei diesen Versuchen zeigte sich, daß Injektionen von physiologischer Kochsalzlösung die Radioresistenz der Mäuse in der Mehrzahl der Fälle erhöhten und dadurch zu einer Lebensverlängerung gegenüber der Überlebenszeit der Kontrolltiere führten. So lag nach 3 Injektionen am Tag der Bestrahlung und einer am nächsten Tag die Sterblichkeit der Versuchstiere bei rund 22% (550 r) bzw. 91% (650 r), bei den Kontrolltieren ohne Injektionen von physiologischer Kochsalzlösung bei 71 bzw. 100%. Hinsichtlich der Frage des Wirkungsmechanismus von physiologischer Kochsalzlösung nehmen die Autoren an, daß der Wasserüberschuß eine Auswaschung der toxischen Produkte bewirkt, schließen jedoch auch die Möglichkeit einer schützenden Rolle der Natrium-Ionen nicht aus. Diese Befunde sprechen für die Zweckmäßigkeit der Verwendung von physiologischer Kochsalzlösung, wenn Blut oder Blutersatzmittel fehlen.

Indikationen zur Infusion von Blut und Blutersatzmitteln liegen natürlich nicht nur bei reinen Formen der Strahlenschädigung vor, sondern besonders häufig bei kombinierten Strahlenschädigungen. Bei diesen Schädigungen sind grundlegende und allgemeine Indikationen zur Infusion von Blut, Blutersatzstoffen und Antischocklösungen:

1. Schock (traumatischer, Verbrennungs- und Operationsschock),
2. akuter Blutverlust,
3. Verbrennungen,
4. Quetschungssyndrom (Crush-Syndrom),
5. eitrige Infektion,
6. anaerobe Infektion,
7. verzögerte Regeneration,
8. Strahlenschädigung.

Die Mehrzahl der aufgezählten Indikationen ist den Chirurgen aus der Praxis in Friedens- und Kriegszeiten hinreichend bekannt und ausführlich in der modernen monographischen und periodischen Literatur beschrieben. Deshalb beschränken wir uns hier nur auf einige allgemeine Bemerkungen. Vor allem ist darauf hinzuweisen, daß die Indikationen zur Infusion von Blut und Blutersatzmitteln bei kombinierten Strahlenschädigungen in Frequenz und Dosierung denen bei reinen Formen der Strahlenerkrankung ähneln. In vielen Fällen kombinierter Strahlenschädigung müssen Infusionen unbedingt sowohl sehr früh, als auch noch zu sehr späten Zeitpunkten vorgenommen werden. Die Indikationen zur Übertragung von Blut oder Blutersatz bei kombinierten Strahlenschädigungen werden durch den Grad und die jeweilige Kombination von pathologischen Zuständen bestimmt (z. B. Kombination von Schock mit Blutverlust u. a.). Im Zusammenhang damit sei auch erwähnt, daß nach Versuchen von A. I. REŠETOV die Infusion von Blut und Antischocklösungen zur Behandlung des traumatischen Schocks bei Tieren in der Latenzperiode und der Höhepunktsperiode der Strahlenkrankheit genau so wirksam ist wie bei nichtbestrahlten Tieren.

Unter den Bedingungen eines Atomkrieges sind Infusionen von Blut und Blutersatzmitteln primär, d. h. in den ersten Tagen nach der Atombombenexplosion, nur bei mechanischen, thermischen und kombinierten Strahlenschädigungen anzuwenden; bei reinen Formen der Strahlenkrankheit sollen Haemotransfusionen wesentlich später vorgenommen werden, weil bei kombinierten Schädigungen sofort nach der Schädigung Indikationen zur Übertragung von Blut oder Blutersatz vorliegen können (Schock, akute Anämie), während bei der reinen Strahlenkrankheit diese Indikationen erst später eintreten. Bei Kombination der Strahlenkrankheit mit einem Schock können außer Bluttransfusionen auch synthetische kolloidale Lösungen und Kombinationen von Eiweißblutersatzmitteln mit Erythrocytenmasse und Kochsalzblutersatz verwendet werden. Besonders häufig muß Eiweiß- und Salzblutersatz bei Kombination von Strahlenkrankheit und Verbrennungen angewandt werden. Nach offiziellen amerikanischen Erhebungen empfiehlt es sich, bei Kombination von Verbrennung und Bestrahlung in den ersten 48 Stunden Flüssigkeit, etwa in einer Menge von 10% des Körpergewichts, zu infundieren, bei Verbrennungen, die sich auf 25—30% der Körperoberfläche erstrecken, zusätzlich noch 1 l, bei Verbrennungen von 35—60% der Körperoberfläche 2 l, bei noch umfangreicheren Verbrennungen 3 l. Zwei Drittel davon bestehen aus Plasma und der Rest aus Salzlösung (nicht kolloidal). Die Übertragung von Vollblut ist bei kombinierten Verbrennungen in den ersten Stunden kontraindiziert. Später kann man auch Blut übertragen (unter Kontrolle des Haemoglobinspiegels), ebenso Plasma, Alkalilösungen und Eiweißhydrolysate. Besonders wird empfohlen, Eiweißhydrolysate im Genesungsstadium zu verwenden.

Bei kombinierten Strahlenschädigungen kommt der Blutübertragung zur Stimulation verzögerter Wundheilung besondere Bedeutung zu. Bei Operationen an bestrahlten Kranken spielen blutstillende Präparate mit lokaler Wirkung, zum Beispiel Gelatineschwamm u. a., eine wichtige Rolle (besonders 7—10 Tage nach der Bestrahlung). In manchen Fällen kombinierter Strahlenschädigung können therapeutische Blutpräparate, wie zum Beispiel Leukocytenmasse, Thrombocytensuspension u. a. Anwendung finden; jedoch erfordert diese Frage noch weitere Bearbeitung.

Infusionen von Blut und Blutersatz bei Strahlenschädigungen müssen im Kriege von vielen beweglichen Einheiten (beginnend auf dem Hauptverbandplatz) und stationären Einrichtungen des Luftschutzes durchgeführt werden. Man muß jedoch damit rechnen, daß infolge ungünstiger Umstände die Möglichkeiten zur Blutübertragung auf den HV-Plätzen sehr begrenzt sind. Dort ist die Verwendung der verschiedenen Blutersatzstoffe zweckmäßiger, weil dabei die Bestimmung der Blutgruppe und der individuellen Verträglichkeit entfällt. Ganz bestimmt würden in einem Atomkriege die verschiedenen Blutersatzstoffe zur Anwendung kommen und nicht das Vollblut, dessen Menge verständlicherweise sehr beschränkt ist. Es muß eindringlich darauf hingewiesen werden, daß bei einem großen Anfall von Geschädigten die begrenzten Vorräte an Blut und Blutersatzstoffen dazu zwingen, sie nur in besonders indizierten Fällen zu verwenden. Der Bedarf an großen Mengen konservierten Blutes beim Auftreten von Massenschädigungen läßt die Frage des Blutspenderwesens und der möglichen Quellen von Blut besonders akut werden. Im Zusammenhang damit werden bei Anwendung von Atomwaffen unvermeidlich neue und bisher wenig erforschte Fragen bezüglich des Blutspenderdienstes auftreten. So wird zwangsläufig die wichtige Frage zu untersuchen und zu entscheiden sein, ob und wann Menschen als Blutspender eingesetzt werden sollen, die schon einer Einwirkung ionisierender Strahlung verschiedener Intensität ausgesetzt waren u. v. a. Auf den ersten Blick erhebt sich die Frage einer möglichen Verwendung von Leichenblut (W. Bowers), zum Beispiel solcher Personen, die durch mechanische Verletzungen umgekommen sind. Diese Möglichkeit würde natürlich die Bereitstellung von Blut in gewissem Maße erleichtern, man muß jedoch dabei die besonderen Schwierigkeiten bei der Beschaffung und Verwendung von Leichenblut unter den Verhältnissen atomarer Waffenanwendung berücksichtigen.

Von überragender Bedeutung sind die Fragen der Dosierung des Blutes bei Strahlenschädigungen und des Vorrates an Blut, das man bei Massenschädigungen benötigt. Bei der Dosierung von Blut und Blutersatzstoffen hängen die Einzelgabe und ebenso die Häufigkeit der Übertragungen in jedem einzelnen Falle natürlich von der Indikation ab und müssen je nach klinischem Befund und systematischer Blutuntersuchung des Empfängers bestimmt werden. Unter Kriegsbedingungen werden die Dosen zu beschränken sein, wenn man die große Zahl der Bedürftigen und die begrenzten Möglichkeiten berücksichtigt. Insbesondere wird der Verbrauch von konserviertem Blut zugunsten einer häufigeren Verwendung von Trockenplasma, anderen Blutersatzstoffen und Antischocklösungen stark eingeschränkt werden. In der Weltliteratur findet sich häufig der Hinweis auf die Notwendigkeit, große Mengen von Blut, Trockenplasma, Blutersatzstoffen und Antischocklösungen, die bei allen Atombombenschäden erforderlich sind, vorrätig zu halten (W. N. Crosby, P. Pizon, G. E. Freyer u. a.). Hierzu äußerte der frühere Chef des Sanitätsdienstes der USA-Kriegsmarine, Admiral R. MAKINTYR, einmal, die Versuchsexplosionen am Bikini-Atoll hätten gezeigt, daß wir „etwa 50% aller Geschädigten, die die eigentliche Explosion überleben, retten können, wenn genügende Mengen Blut vorhanden sind, um in großer Zahl Transfusionen vorzunehmen." Das Buch „Die zivile Verteidigung der USA" (erschienen 1950) bringt Berechnungen über die bei einem Atomkrieg nötige Menge von Blut. So würden im Falle eines Atombombenabwurfs auf Chikago in 30 Tagen 19 Millionen Pint[1] Blut benötigt. Die Autoren dieses Buches veranschlagen für jeden Geschädigten 3 Wochen lang wöchentlich etwa 0,6 l Blut als unumgänglich. Am 1. Tag nach dem angenommenen Atombombenabwurf werden nur 20% des Bedarfs durch Vollblut befriedigt werden können, 80% durch Blutersatzstoffe. Am 2. Tag kann man bereits 50% des Vollblutbedarfs decken, in den folgenden Tagen sogar 80%. Besondere Aufmerksamkeit widmet man in diesem Buch der Notwendigkeit, die Zahl der Blutspenderzentralen zu vergrößern und die schon bestehenden zu erweitern (besonders in wenig besiedelten Gegenden), ferner der Standardisierung der Bluttransfusionseinrichtungen, den Spezialplastikbehältern für Blut u. v. a. Nach Ansicht der amerikanischen Autoren müssen die Vorräte an Blut und Blutersatzstoffen so bemessen werden, daß sie zur Hilfeleistung für 70% der von der Atombombenexplosion Betroffenen ausreichen. Interessant ist, was an Vorräten in den medizinischen Einrichtungen des Bundesamtes für zivile Verteidigung der USA im Jahre 1956 vorhanden war: 5160000 Ampullen Plasma, Dextran, Periston und andere Blutersatzstoffe und mehr als 2,5 Millionen Sätze und Bestecke für Blutübertragung (M. WHITNEY, R. L. SMITH). Nach dem Operativplan der kanadischen zivilen Verteidigung befinden sich die Depots für Blutübertragungen in gefährdeten Zentren. Darum sieht der Plan vor, in den Bezirken, in denen Geschädigte zu erwarten sind, die Depots umzuformieren. Man rechnet damit, durch diese Dezentralisierung in 72 Stunden 300000 Dosen Spenderblut erhalten zu können (K. CHARROV).

C. SILLEVAERTS nimmt an, daß bei Strahlenschäden durchschnittlich 6 Wochen lang alle 4 Tage etwa 250 ml übertragen werden müssen. Man benötigt also für jeden Geschädigten 2,5 bis 3 l Blut.

Vorausgesetzt, daß bei einem atomaren Überfall die Zahl der überlebenden Geschädigten in den USA etwa 5 Millionen betragen könnte, würden nach Meinung von SMITH in den ersten 72 Stunden nach diesem Überfall ca. 3375000 Blutübertragungen benötigt. Dies entspräche in den USA dem Achtmonatsbedarf an Blut in Friedenszeiten. Derselbe Autor schätzt, daß für je 100 Geschädigte benötigt werden: Gesamtblut 1500, Blutersatz 400 und Plasma 1100 Portionen. A. COSTEDOAT nimmt an, daß auf je 100 Geschädigte 763 l Blut und 800 l Plasma kommen.

Davon ausgehend, daß die Blutübertragung bei der Strahlenkrankheit die Basis der Behandlung ist und bis zur Wiederherstellung der Knochenmarkfunktion beibehalten werden muß, hält H. GLORIEUX es für nötig, insbesondere

[1] Ein Pint = 0,57 l.

für diese Kategorie Geschädigter große Vorräte an Blut und Plasma zu schaffen. Die Übertragung von Blut und Plasma bedarf strenger Indikation; deshalb muß die Verteilung dieser Mittel auf die Evakuierungsetappen sehr genau durchdacht werden. Th. Sears hält für die Behandlung jedes Atombombenopfers mindestens 4,5 l Blut für nötig. Er errechnete, daß, wenn in einem atomaren Kriege für 80000 Geschädigte mehr als 13000 l Blut erforderlich sind, in *einer* Stadt an *einem* Tag mehr Blut benötigt wird, als in Friedenszeiten alle medizinischen Einrichtungen der USA zusammen benötigen! Ohne näher auf diese Überschlagsrechnungen einzugehen, muß man den Autoren dahin beipflichten, daß die Versorgung mit Blut und Blutersatzstoffen eines der ernstesten Probleme der Organisation der medizinischen Hilfe in einem atomaren Krieg ist.

Bei der Besprechung der Schaffung von Blutvorräten muß man kurz auf die Wirkung ionisierender Strahlung auf konserviertes Blut und Plasma eingehen. Die experimentellen Befunde lassen den Schluß zu, daß konserviertes Blut, das einer Strahleneinwirkung ausgesetzt war, für die Transfusion tauglich ist, wenn in ihm keine Merkmale einer Schädigung zu finden sind, die durch die üblichen Qualitätsteste für konserviertes Blut festgestellt werden können (M. O. Raušenbach, V. N. Vorob'ev und Z. I. Šeremet). Nach den Versuchen von E. V. Antonova, A. V. Alekseeva und T. A. Krotova hatte die Bestrahlung von Blut mit Röntgenstrahlen (in Dosen von 300—80000 r) keinen Einfluß auf die immunbiologischen Besonderheiten und physikochemischen Eigenschaften des Plasma — unabhängig von der Aufbewahrungszeit und der Zusammensetzung der Konservierungslösung. Bei Luminiszenzanalyse findet man jedoch gewisse Veränderungen der Leukocyten. Selbstverständlich ist der Grad der schädigenden Wirkung ionisierender Strahlung auf das Blut sowohl von der Höhe der Dosis und der Dosisleistung als auch von den individuellen Eigenschaften des Blutes abhängig. So beobachteten S. N. Alaverdjan, S. A. Papojan u. a. bei der Bestrahlung konservierten Blutes und seiner Ingredienzien mit einer Dosis von 600—40000 r keine besonderen morphologischen, biochemischen und physikalischen Veränderungen. Bei der Bestrahlung mit mehr als 40000 r zeigt sich jedoch eine Schädigung; sie drückt sich in Herabsetzung der minimalen osmotischen Resistenz der Erythrocyten, in einer Beschleunigung ihrer Sphärulation aus, d. h. in Veränderungen, die gewöhnlich in konserviertem Blut bei langer Aufbewahrungszeit auftreten. Alle angewendeten Bestrahlungsdosen bewirkten keine wesentlichen Veränderungen in den Eiweißsystemen von nativem und trockenem Plasma. Bemerkenswert ist die allerdings einmalige Angabe, daß eine Übertragung bestrahlten Blutes sogar die Radioresistenz von Tieren erhöht (N. S. Džavadjan und V. N. Vorob'ev). Diese interessanten Angaben erfordern weitere Nachprüfungen. Wenn konserviertes Blut einer ionisierenden Strahlung ausgesetzt war, so wird seine Brauchbarkeit vorläufig durch makroskopische Inspektion und radiometrische Kontrollen einzelner Ampullen oder Flakons geprüft. Endgültig kann jedoch die Frage, ob bestrahltes Blut brauchbar ist, nur auf Grund einer Laborprüfung, die eine haematologische und radiometrische Untersuchung einschließt, entschieden werden.

Wenn man die Ergebnisse aus den experimentellen und klinischen Beobachtungen zusammenfaßt, kann man die Indikationen zur Blutübertragung und die orientierende Dosierung bei Schädigungen durch Atomwaffen schematisch folgendermaßen darstellen:

(Siehe Tabelle 4, S. 108—111)

Die Kontraindikationen zur Blutübertragung sind bei Strahlenschädigungen relativ. Es handelt sich dabei um die üblichen Kontraindikationen bei Erkrankungen von Niere, Herz, Lunge, Gefäß, Leber u. a., weil diese Organe bei Strahlenerkrankung mehr oder weniger in Mitleidenschaft gezogen werden. Wenn jedoch absolute, d. h. vitale Indikationen zur Bluttransfusion eintreten (Schock, Blutverlust usw.), dann haben bei Strahlenschädigungen (insbesondere bei kombinierten) alle diese Kontraindikationen nur relativen Charakter und bleiben unberücksichtigt. Man muß sich vergegenwärtigen, daß bei schweren Erkrankungen überhaupt keine absoluten Kontraindikationen gegen eine Blutübertragung bestehen (V. N. Šamov, A. N. Filatov u.a.). Richtig wird man bei manchen, wenn auch relativen Kontraindikationen (z. B. bei Schädigungen der Nieren u. a.), die Dosierung des Blutes gering wählen, wenn irgend möglich, Frischcitratblut oder frischkonserviertes Blut (5—7 Tage Konservierung) übertragen und manchmal (bei Schädigungen des Herzens u. a.) eine Dauertropfinfusion anwenden.

Im Ernstfall ist medizinische Hilfeleistung am Schädigungsort nicht für alle Atomwaffen-Geschädigten durchführbar. Eine häufige Kontraindikation der Bluttransfusion wird eine fortschreitende Leberinsuffizienz sein, die man mit komplexen Maßnahmen, insbesondere durch Anwendung von Glucose mit Insulin, Vitaminen u. a. bekämpfen muß. Kontraindikationen der Übertragung der verschiedenen Blutersatzstoffe sind relativ noch seltener als die Kontraindikationen gegen Übertragung von Vollblut. Deshalb kann man sagen, daß, wenn bei Atomwaffen-Schädigungen vitale Indikationen zur Übertragung von Blut und Blutersatzstoffen auftreten (Schock, akuter Blutverlust usw.), es eigentlich keine Kontraindikationen gibt. Nur bei relativen Indikationen (lokale Eiterungen, verzögerte Regeneration) muß man an die möglichen Kontraindikationen gegen die Infusion von Blut und Blutersatzmitteln denken.

Die Gefahren und Komplikationen von Blutübertragungen bei Strahlenschädigungen sind die gleichen wie in der gewöhnlichen chirurgischen Praxis. Man muß jedoch die große Häufigkeit der verschiedenen Komplikationen (insbesondere der posttransfusionären Reaktionen) in diesen Fällen beachten (A. A. Bagdasarov, A. K. Gus'kova und G. D. Baisogolov, V. K. Žgenti u. a.). Eine Reihe von Autoren erklärt die ungewöhnliche Reaktion des bestrahlten Organismus auf die Blutübertragung mit einer Funktionsstörung des reticuloendothelialen Systems. Nach V. B. Farber und einigen anderen Autoren verändern sich bei bestrahlten Tieren (Hunden) hauptsächlich in der Höhepunktsperiode der Erkrankung gewöhnlich die Agglutinationseigenschaften des Blutplasmas und führen zu einer beträchtlichen Anzahl posttransfusionärer Komplikationen. Diese

Tabelle 4. Indikationen zur Infusion von Blut

Indikation zur Infusion von Blut, Blutersatz und Antischocklösungen	Art des Blutes oder Blutersatzes
I. Akute Strahlenkrankheit 1. Periode 2. Periode	Konserviertes Blut (Frischcitrat- oder nicht sehr altes Blut), Plasma, Serum und andere Blutersatzstoffe
3. Periode	Kationitblut, Erythrocyten- und Leukocytenmasse, Plasma und andere Blutersatzstoffe
4. Periode	Erythrocyten- und Leukocytenmasse, Blutkonserven
II. Chronische Strahlenkrankheit	Konserviertes (Frischcitrat- oder wenigstens relativ frisches Blut) und Kationitblut oder besser Erythrocyten- und Leukocytenmasse
III. Mechanische, thermische und kombinierte Strahlenschädigungen 1. Schock a) ohne Blutverlust	Blut, Plasma, Serum, Blutersatz, Antischocklösungen. Bei Verbrennungsschock vorwiegend Plasma und Serum (bei starker Bluteindickung Verdünnung 1:2)
b) mit Blutverlust	desgl.
2. Blutverlust a) mit stehender Blutung	Blut, Erythrocytenmasse, Blutersatz
b) mit noch andauernder Blutung	Blut, Erythrocytenmasse, Plasma, Serum
3. Quetschungssyndrom	Plasma und Blutersatz (vorzugsweise Salzlösungen)

und Blutersatz bei Schädigung durch Atomwaffen

Methode	Dosis und Häufigkeit der Übertragung
Fließend, Dauertropfinfusion, Blutaustausch	150—750 ml täglich in den ersten 3 Tagen, je nach Zustand des Kranken. In schweren Fällen Übertragung nach Aderlaß (200—500 ml). In der Latenzperiode vor der Übertragung möglichst Desensibilisierung mit Dimedrol, Pantopon oder Morphin
desgl.	150—200 ml alle 2—5 Tage. Leukocytenmasse mit 2 Milliarden Leukocyten
desgl.	desgl. mit Pausen von 3—5 Tagen
Fließend, Dauertropf	100—250 ml, Wiederholung alle 2, 5—7 Tage. Leukocytenmasse mit 2 Milliarden Leukocyten alle 2—4 Tage (im ganzen 3- bis 8mal)
Fließend, Dauertropf (bei einem Blutdruck von mehr als 80—90 mm); bei starkem Schock intraarteriell (Blut)	250—2000 ml und mehr je nach Zustand des Kranken. Wiederholungen (zur Vermeidung eines Schockrezidivs) in kleinerer Dosis (250—500ml) im Abstand von einigen Stunden, später alle 2—4 Tage.
desgl.	Dosen 2- bis 3mal höher als beim Schock ohne Blutverlust
desgl.	250—2000 ml und mehr. Wiederholungen mit 250—500 ml alle 3—4 Tage
Dauertropfinfusion	50—150 ml und mehr. Wiederholte Dauertropfinfusionen vor, während und nach der Operation
Fließend, Dauertropf	500—3000 ml

Indikation zur Infusion von Blut, Blutersatz und Antischocklösungen	Art des Blutes oder Blutersatzes
4. Toxaemie (bei Verbrennungen; Quetschungssyndrom)	Plasma, Serum, Blutersatz
5. Hypoproteinaemie (bei Verbrennungen u. a.)	Plasma, Serum, Eiweißlösungen und Hydrolysate
6. Sekundäre Anämie (nach Blutungen, Verbrennungen u. a.)	Blut, Erythrocytenmasse
7. Eitrige Infektion a) lokal	Blut, Erythrocytenmasse, Plasma, Serum, Blutersatz, Injektion von Medikamenten
b) allgemeine: akute Sepsis	Blut, Plasma, Serum, Eiweißlösungen, Hydrolysate, Salz-Kolloid- und Medikamentelösungen
c) subakute und chronische Sepsis	Blut, Plasma, Serum
8. Anaerobe Infektion	Blut, Plasma, Serum, Salzlösungen
9. Verzögerte Regeneration	Gruppengleiches Blut
	nicht gruppengleiches Blut
	Serum F oder RS

Methode	Dosis und Häufigkeit der Übertragung
Dauertropfinfusion	1000–3000 ml. In schweren Fällen von Verbrennungen Übertragung nach Aderlaß (300 bis 500 ml)
Fließend, Dauertropf	250–1000 ml mit Intervallen von 2–3 Tagen und mehr
Fließend	250–500 ml alle 3–7 Tage. Gleichzeitig Präparate, die die Blutbildung stimulieren (Haemostimulin, Ferkoven)
Fließend	250–300 ml alle 4–7 Tage
Fließend, tropfenweise	100–150 ml mit Pausen von 4–5 Tagen (in steigenden Dosen)
desgl.	desgl. mit Pausen von 2–5 Tagen
desgl.	250–500 ml mit Pausen von 2–3 Tagen (möglichst zusammen mit antigangränösen Seren und Salzlösungen bis zu 1–4 l pro Tag). Bei progressiver Anämie Wiederholung
Fließend	100–250 ml mit Intervallen von 4–6 Tagen
fließend (intravenös oder intraarteriell)	5–10 ml mit Pausen von 6–7 Tagen
intramuskulär	1–10 ml

Angaben müssen noch bestätigt werden. P. D. GORIZONTOV betont, daß sich nach Bestrahlung (besonders mit hohen Dosen) häufig schon in den ersten Tagen und vor allem in der Höhepunktsperiode der Strahlenerkrankung die Verträglichkeit von Blut vorübergehend verändert. Unter dem Einfluß durchdringender Strahlung können manchmal Erscheinungen von Pan-, Pseudo- und Autoagglutination auftreten. Der Entstehungsmechanismus dieser Veränderungen wurde bisher noch wenig erforscht. Wegen der möglichen Blutveränderungen ist bei Strahlenschädigungen unbedingt vor jeder Haemotransfusion die Verträglichkeit besonders sorgfältig zu prüfen; die Übertragung soll dann möglichst langsam vorgenommen werden. Reaktionen beobachtet man auch sehr häufig bei Übertragungen von Leukocytenmasse (Z. G. ARLOZOROV, Š. A. BURŠTEJN, B. M. VARŠAVSKIJ, G. I. FREJMAN). Zur Verringerung der Transfusionsreaktionen gaben A. K. GUSKOVA und G. D. BAISOGOLOV dem Kranken vorher Pantopon und Atropin; P. D. GORIZONTOV und A. V. KOZLOVA empfehlen Gaben von Dimedrol oder Pantopon. Mit demselben Ziel soll man die Vorinjektion von 6—8 ml des zur Transfusion vorgesehenen Blutes 20—30 Minuten vor der eigentlichen Übertragung versuchen (P. D. GORIZONTOV).

In einem Atomkrieg wird die Zahl der Transfusionskomplikationen nicht nur von den Besonderheiten der Strahlenschädigungen abhängen, sondern auch von vielen anderen Faktoren: von möglichen Verstößen gegen die Asepsis bei Vorbereitung, Aufbewahrung und Transport des Blutes, von ungünstigen Bedingungen, unter denen die zahlreichen Übertragungen vorgenommen werden müssen, von ungenügender Qualifikation des Personals u. v. a. Zur Vermeidung aller Gefahren und Komplikationen müssen auch unter den Bedingungen der Massenhilfeleistung die Forderungen der Instruktion für die Blutübertragung eingehalten werden.

Bekanntlich muß man bei allen Blutübertragungen unbedingt drei Reaktionen vornehmen: 1. Bestimmung der Blutgruppen von Spender und Empfänger mit Hilfe von Standardseren; 2. Prüfung der individuellen Verträglichkeit und 3. Durchführung einer dreimaligen biologischen Probe.

Bei der ersten Hilfeleistung für Atomwaffengeschädigte ist die Durchführung aller dieser drei Proben ebenso notwendig wie unter normalen Bedingungen. Jedoch muß man einige Besonderheiten der Ergebnisse dieser Proben bei bestrahlten Menschen beachten: Die Reaktionen können verwischt sein und weniger deutlich hervortreten als bei gewöhnlichen Kranken. Deshalb müssen die Technik der Durchführung dieser Reaktionen und die Bewertung der Resultate streng nach den festgelegten Richtlinien gehandhabt werden. Es kann jedoch als sicher gelten, daß am Katastrophenort die Möglichkeiten zur Durchführung der erwähnten drei Reaktionen vor der Blutübertragung sehr beschränkt sind. Das spricht (neben anderen Gründen) noch einmal für die Notwendigkeit, am Katastrophenort hauptsächlich Blutersatzstoffe und Blut der Gruppe 0 zu verwenden, das notfalls auch ohne Prüfung auf Verträglichkeit verwendbar ist. In der Prophylaxe der verschiedenen Transfusionskomplikationen spielt natürlich auch die spezielle Schulung des medizinischen Personals (insbesondere des mittleren) in Fragen der Bluttransfusion eine große Rolle; denn man muß damit rechnen, daß bei Massenschädigungen die Infusion von Blut und Blutersatz hauptsächlich vom mittleren medizinischen Personal unter Aufsicht von Ärzten vorgenommen werden wird. Die Behandlung von Transfusionskomplikationen richtet sich nach allgemeinen Regeln.

Abschließend ist besonders hervorzuheben, daß unter Atomkriegsbedingungen die verschiedenen Blutersatzstoffe eine sehr viel breitere Anwendung finden werden als Vollblut, dessen Menge verständlicherweise beschränkt sein wird. Besonders große Bedeutung kommt den synthetischen Blutersatzstoffen (Polyglukin, Synkol), den Eiweißlösungen (BK 8), den Hydrolysaten (Hydrolysin, Aminopeptid) und den verschiedenen Antischockmitteln zu. Außerdem sei darauf hingewiesen, daß die Übertragung von Blut und Blutersatz bei allen Atomwaffen-Schädigungen und ebenso bei den zahlreichen Komplikationen nur dann wirksam ist, wenn sie im Komplex mit anderen wichtigen Behandlungsmaßnahmen angewendet wird (Antischockmaßnahmen bei Schock, Antibiotica und chirurgische Eingriffe bei eiternden Infektionen usw.).

V

Chirurgische Eingriffe bei kombinierten Strahlenschäden

In Friedenszeiten ist chirurgische Hilfe bei kombinierten Strahlenschädigungen verständlicherweise selten nötig. Es wurden jedoch schon solche Fälle beschrieben, zum Beispiel bei Strahlenverbrennungen anläßlich der schon erwähnten Havarie des Uranreaktors im Los-Alamos-Laboratorium (USA) und andere Eingriffe chirurgischer Art (L. H. HEMPELMANN, H. LISCO und J. G. HOFFMAN).

Die Notwendigkeit chirurgischer Hilfeleistung bei kombinierten Strahlenschädigungen nimmt natürlich im Falle eines Krieges mit Atomwaffen stark zu. Eindrucksvoll beweisen dies die Erfahrungen in Japan, wo es durch die Atombombenexplosionen in Hiroshima und Nagasaki sehr häufig zu Kombinationen von Strahlenkrankheit mit mechanischen oder thermischen Traumen kam, die chirurgischer Eingriffe bedurften. Wie bereits erwähnt, geht aus den statistischen Angaben über den Charakter der Schädigung bei den Atomexplosionen in Japan hervor, daß reine Formen von Strahlenschädigungen relativ selten waren, annähernd 15%; der Rest entfiel auf mechanische, thermische und besonders häufig auf kombinierte Schädigungen (J. N. CRAWFORD, T. CHRISTIANSEN, I. P. COONEY, G. M. LYON, G. W. LE ROY, TH. SEARS, R. SHIRABE, SH. WARREN, E. J. EVANS u. a.).

Zur Frage chirurgischer Hilfeleistung bei kombinierten Strahlenschädigungen ergeben sich für den Chirurgen und Traumatologen oft sehr komplizierte und verschiedenartige Fragen, die ebensowohl Pathologie, Klinik und Therapie dieser Schädigungen wie auch die Organisation der chirurgischen Hilfe berühren. Eine dieser wichtigen Fragen betrifft die chirurgischen Eingriffe bei kombinierten Strahlenschädigungen, d. h. Indikation und Kontraindikation zu diesen Eingriffen, Besonderheiten der Methodik und Technik und vieles andere.

Das Vorliegen irgendeiner Strahlenschädigung bei einem Verletzten, der eines operativen Eingriffes bedarf, und die ungewöhnlichen Bedingungen eines atomaren Krieges verändern in entscheidendem Maße den gewöhnlichen Charakter einer Operation. Dies trifft buchstäblich für alle Komponenten des chirurgischen Eingriffs zu. Ein durch Atomexplosion Verletzter mit kombinierten Strahlenschädigungen unterscheidet sich von dem chirurgisch Kranken in Friedenszeiten dadurch, daß er einer ionisierenden Strahlung mit allen daraus entstehenden Folgen ausgesetzt war oder noch ausgesetzt ist. Ein solcher Verletzter hat also entweder schon eine Strahlenkrankheit (durch irgendeine äußere Strahlenquelle) oder ist Träger radioaktiver Stoffe, zum Beispiel durch Verseuchung seiner Wunden (Wunde, offener Bruch, Verbrennungen usw.). Das Vorliegen einer Strahlenkrankheit oder die Verseuchung der Verletzten mit radioaktiven Stoffen verändern in starkem Maße auch den Behandlungsplan und die Art und Weise der chirurgischen Manipulationen. Dieser bereits erwähnte spezifische Charakter der medizinischen Hilfe gilt ebenso für die primäre Versorgung solcher Verletzter (bei Verseuchung mit radioaktiven Stoffen) wie für die weitere rein chirurgische Behandlung (Schmerzausschaltung, Fragen der Blutstillung, Blutübertragung u. v. a.).

Wie schon oben gesagt, teilt man die kombinierten Strahlenschädigungsformen zweckmäßigerweise nach zwei Gesichtspunkten ein:

1. *Kombinierte Strahlenschädigungen* im eigentlichen oder engeren Sinne, d. h. besonders die Kombination beliebiger mechanischer oder thermischer Traumen mit Strahlenkrankheit, hervorgerufen von einer beliebigen Strahlenquelle, jedoch ohne Verseuchung der Wunde mit radioaktiven Substanzen.

2. *Radioaktive Mixta*, d. h. Verseuchung einer beliebigen Wundfläche (Wunde, Verbrennungen oder ähnliches) durch radioaktive Stoffe.

Die Herausstellung dieser prinzipiell verschiedenen Arten von kombinierter Strahlenschädigung hat, wie bereits erwähnt, prinzipielle und besonders praktische Bedeutung. Es ergibt sich daraus die Notwendigkeit, bestimmte Vorsichtsmaßnahmen bei der chirurgischen Hilfeleistung für Personen, die in unzulässiger Höhe radioaktiv verseucht sind, einzuhalten, und weiter eine Erweiterung der Indikationen zur primären chirurgischen Wundversorgung in diesen Fällen.

Beim heutigen Stande des Kriegswesens mit all seinen Möglichkeiten, die verschiedenartigsten Massenvernichtungsmittel anzuwenden, ist natürlich mit den verschiedenartigsten Schädigungskombinationen zu rechnen. So kann zum Beispiel die Kombination irgendeiner Strahlenschädigung (natürlich auch einer kombinierten) mit gleichzeitiger Schädigung durch bakteriologische oder chemische Kriegsmittel auftreten. Solche Kombinationen erfordern indessen eine spezielle Bearbeitung, die nicht zu unserer Aufgabe gehört.

Von besonderem Interesse für den Chirurgen sind nicht die reinen, sondern die kombinierten Formen von Strahlenschädigung, weil gerade hier besonders häufig die Notwendigkeit zu chirurgischen Eingriffen besteht. Jedoch kann auch bei reinen Formen der Schädigung manchmal ein dringender operativer Eingriff notwendig werden. So erfordert natürlich die Perforation eines Magengeschwürs oder eine beliebige andere Form des „akuten Bauches“ bei einem Kranken mit Strahlenkrankheit einen sofortigen operativen Eingriff. Es können also in der Praxis des Chirurgen sowohl in Friedens- als auch in Kriegszeiten Fälle von Strahlenschädigung vorkommen, die eines operativen Eingriffes bedürfen. Deshalb muß jeder Chirurg mit den Indikationen und Kontraindikationen zu operativen Eingriffen bei Personen, die von einer Strahlenschädigung betroffen sind, und mit den Problemen der praeoperativen Vorbereitung, der Schmerzausschaltung, der operativen Eingriffe und der postoperativen Pflege bei Verletzten mit kombinierten Strahlenschädigungen vertraut sein. Wir versuchen, in diesem Kapitel diese Frage zu beantworten, obwohl das sehr schwierig ist, weil mit ihrer Untersuchung erst in den letzten Jahren begonnen wurde.

Indikationen und Kontraindikationen zum operativen Eingreifen bei kombinierten Strahlenschäden

Die Frage der Indikationen und Kontraindikationen zum chirurgischen Eingreifen bei Personen mit Strahlenschädigungen ist recht kompliziert und schwierig. Die Beantwortung der Frage, ob ein chirurgischer Eingriff notwendig ist, erfordert in jedem einzelnen Fall kombinierter Schädigung spezielle Kenntnisse und besondere Erfahrung. Die hauptsächlichsten Kontraindikationen gegen einen chirurgischen Eingriff sind im Frieden folgende: Temperaturerhöhung (selbstverständlich soweit sie nicht von der Grundkrankheit herrührt), Erkrankungen der Atmungsorgane, des Herz-Gefäß-Systems, der Nieren, der Leber, des Blutes, schlechter Allgemeinzustand u. a. Einige dieser Kontraindikationen haben nur relativen Charakter. Bekanntlich engen rationelle praeoperative Vorbereitung der Kranken, breite Anwendung von Antibiotica, Bluttransfusionen und vieles andere den Umfang der Kontraindikationen zur Operation erheblich ein. Vitale Indikationen zur Operation zwingen sehr häufig dazu, die üblichen Kontraindikationen nicht zu beachten.

Die komplizierte Frage der Indikationen und Kontraindikationen zu operativen Eingriffen bei kombinierten Strahlenschädigungen wird, den zwei Hauptgesichtspunkten entsprechend, getrennt zu betrachten sein (Strahlenerkrankung, Verseuchung mit radioaktiven Substanzen). Unabhängig von der Art der kombinierten Strahlenschädigung muß man jedoch bei der Beantwortung der Frage über Indikation oder Kontraindikation zur Operation vor allem von den Besonderheiten des pathophysiologischen, pathologoanatomischen und klinischen Bildes der verschiedenen Schädigungsformen ausgehen. Nur wenn man diese besondere Pathologie, die individuellen Besonderheiten des Verletzten und die allgemeinmedizinischen Indikationen und Kontraindikationen beachtet, kann der günstigste, bzw. der am wenigsten gefährliche Moment für den chirurgischen Eingriff richtig gewählt werden.

Noch ein wichtiger Umstand verdient Beachtung: Zahlreiche experimentelle Untersuchungen und die Beobachtungen an den Opfern der Atomexplosionen in Japan zeigten deutlich, daß das Vorliegen eines mechanischen Traumas (dazu gehören auch operative Eingriffe) Verlauf und Ausgang der Strahlenkrankheit belastet und umgekehrt. Es handelt sich um das „Syndrom der wechselseitigen Belastung", das oben schon beschrieben wurde (s. Kap. II).

Vor allem wollen wir hier auf die Frage der Indikationen und Kontraindikationen zu operativem Eingreifen bei der akuten Strahlenkrankheit eingehen. Die Frage der Indikation und Kontraindikation zur Operation soll in diesen Fällen in Abhängigkeit vom Stadium oder der Periode der Strahlenkrankheit entschieden werden. In Tab. 2 sind die grundsätzlichen Besonderheiten der reinen Formen der Strahlenkrankheit dargestellt, die eine bestimmende Bedeutung für die Entscheidung der uns interessierenden Fragen haben. Bei kombinierten Schädigungen beobachtet man außerdem noch eine Reihe zusätzlicher und charakteristischer Eigenheiten. Von diesen sind besonders wichtig: das Syndrom der wechselseitigen Belastung, die Verkürzung der Latenz- und Anfangsperiode der Strahlenkrankheit und dementsprechend der frühere Eintritt ihres Höhepunktes, die Häufigkeit einer Schockentwicklung, die Leukopenie, das häufige Auftreten von Blutergüssen und Blutungsbereitschaft, die häufige Entwicklung eitriger, manchmal auch anaerober Infektionen, die erhebliche Schwächung der Regenerationsfähigkeit aller Gewebe usw. (s. Kap. II), was nicht nur den Verlauf der kombinierten Schädigungen überhaupt, sondern auch die Durchführung der unbedingt notwendigen chirurgischen Eingriffe erschwert.

Der negative Einfluß der Strahlenkrankheit auf den Verlauf der Wundheilung ist durch zahlreiche experimentelle Untersuchungen und klinische Beobachtungen belegt.[1] Wenn man alle Stadien oder Perioden der Strahlenkrankheit und dazu die Eigenheiten der kombinierten Schädigungen untersucht, muß man zu dem Schluß kommen, daß alle unbedingt notwendigen operativen Eingriffe (primäre chirurgische Versorgung der verschiedenen Verletzungen u. v. a.) bei kombinierten Strahlenschädigungen möglichst in der ersten oder zweiten Periode der Strahlenkrankheit vorgenommen werden müssen, wenn die regenerativen Prozesse der Gewebe noch nicht gestört sind und die Wunde in der Regel glatt verheilt. So zeigten die Experimente von A. N. GAMALEJA u. a., daß eine in den ersten Stunden nach der Bestrahlung durchgeführte Operation (Darmresektion) keinen negativen Einfluß auf Verlauf und Ausgang der Strahlenerkrankung hat und die postoperative Periode bei Tieren ohne Besonderheit verläuft.

Da die erste und die zweite Periode bei Allgemeinkomplikationen gewöhnlich einige Tage dauern, ist es bei rationeller Organisation aller Hilfsmaßnahmen für die Verletzten mit kombinierten Strahlenschädigungen auch unter Bedingungen eines Atomkrieges möglich und notwendig, diese noch in der Anfangs- oder Latenzperiode der Strahlenerkrankung in die entsprechenden Etappen für die medizinische Betreuung zu bringen, d. h. in den Perioden, die relativ günstig für die Ausführung der dringenden Operationen sind. Bei kombinierten Strahlenschädigungen muß der operative Eingriff der Entwicklung der Strahlenschädigung zuvorkommen, d. h. *er muß vor dem Höhepunkt der Strahlenkrankheit durchgeführt werden.* Die ungünstigen Behandlungsresultate bei den Atomexplosionsopfern in Japan erklären sich in erster Linie daraus, daß die erste Hilfe, besonders die chirurgische Hilfe, zu spät kam. Im Höhepunkt der Strahlenkrankheit verschlechtert sich der Zustand des Kranken wesentlich, und damit wird die Möglichkeit zu einem operativen Eingriff stark eingeschränkt. Bekanntlich ist diese Periode die schwerste im Verlauf der Strahlenkrankheit, zugleich die Periode der höchsten Sterblichkeit. *In diesem Stadium sind alle Operationen absolut kontraindiziert, und unbedingt notwendige Operationen müssen in den vorausgehenden Stadien vorgenommen werden.* Wenn dies aus irgendwelchen Gründen versäumt wurde, so können nur äußerste Umstände den Chirurgen zu einer Operation in

[1] Vgl. Kap. VI u. VII.

diesem Stadium zwingen und erfordern sorgfältige Vorbereitung und Beachtung aller entsprechenden Bedingungen: Schnelligkeit, Einfachheit, minimale Traumatisierung durch den operativen Eingriff selbst. Nach Möglichkeit soll man aber die Operation auf eine spätere Periode verschieben.

In der Genesungsperiode der Strahlenkrankheit erweitert sich die Indikation zum operativen Eingriff natürlich, wenngleich auch in dieser Periode noch zusätzliche Maßnahmen notwendig sein können. Der Organismus des Geschädigten befindet sich auch in diesem Stadium noch bis zu einem gewissen Grade in labilem Gleichgewicht, und ein großes Operationstrauma kann seinen Zustand und den Ausgang der Erkrankung verschlechtern. Man muß sich darüber im klaren sein, daß bei Menschen, die einer ionisierenden Strahlung ausgesetzt waren, Folgen dieser Einwirkung in Form mannigfacher Störungen noch sehr lange erhalten bleiben, die natürlich für den Ausgang einer Operation nicht bedeutungslos sind. Operationen in bestrahlten Geweben führen häufig zu den verschiedensten Komplikationen: Weichteilnekrosen, ausgedehnten Vereiterungen (A. A. Ogloblin, L. Dambring, D. W. Robinson, B. Hartering u. a.). Interessant ist, daß nach den Experimenten von V. I. Filatov das Trauma auch ein Rezidiv einzelner Symptome der Strahlenkrankheit (z. B. Leukopenie) bei Hunden, die klinisch nach der Erkrankung völlig genesen waren, hervorrufen kann. Experimentelle Befunde erhärten die oben ausgeführte Darstellung.

V. S. Dmitrieva untersuchte experimentell die Dynamik der Veränderungen des Gefäßnetzes im Wundbereich in verschiedenen Perioden der akuten Strahlenkrankheit. Es zeigte sich, daß in der Periode der Primärreaktionen (3—6 Stunden nach der Bestrahlung) die Gefäße erweitert und atypisch sind, bei großen Strahlendosen ist ihre Integrität verletzt. In der Latenzperiode sind die Gefäßveränderungen unterschiedlich: nach 24 Stunden sind die Gefäße verengt, Atypien und Störungen der Integrität jedoch nicht zu bemerken; nach 48 Stunden sind die Gefäße stark erweitert, bleiben weiter atypisch, und ihre Integrität ist gestört. In der Höhepunktsperiode der Erkrankung (12—15 Tage) sind die Gefäße erweitert und atypisch, wobei im Wundbezirk und im umgebenden Gewebe wenig Gefäße sind. In der Periode der Genesung (25—30 Tage) regeneriert sich das Gefäßsystem in der Wundumgebung, die Anzahl der Gefäße nimmt zu, die Strukturatypien prägen sich weniger aus, die Gefäßerweiterungen bleiben jedoch noch bestehen, besonders nach hohen Bestrahlungsdosen. *Dieser Ablauf der Veränderung des Gefäßsystems beweist, daß die günstigste Zeit für eine Operation bei allen Bestrahlungsdosen die Latenz- und die Genesungsperiode sind.* Nach den Versuchen von A. J. Mariev und S. S. Sokolov an bestrahlten Tieren erzielt man bei der chirurgischen Wundversorgung die besten Ergebnisse in der Zeit bis zu 6 Stunden nach Eintreten des kombinierten Traumas. Nach A. N. Morozov, A. A. Nikitin u. a. steht die Häufigkeit des Durchschneidens von Nähten und der Wunddehiszenz bei bestrahlten Tieren in direkter Abhängigkeit vom Zeitpunkt der primären chirurgischen Versorgung der Wunde. Je später diese Versorgung stattfindet, desto schlechtere Bedingungen entstehen sowohl für den Eingriff selbst als auch für den Wundheilungsprozeß. Zu gleichen Ergebnissen kamen V. I. Muraviev, A. A.

Gukasjan, D. N. V'junskovski u. a. bei Experimenten an bestrahlten Tieren, ebenso wir selbst bei der Versorgung von radioaktiv verseuchten Wunden bei bestrahlten Kaninchen (Abb. 29).

Auch die verschiedenen plastischen Operationen bei infolge Strahlenkrankheit komplizierten Verbrennungen oder Verwundungen zeitigen die besten Ergebnisse, wenn sie in den ersten Stunden nach dem Trauma und der Einwirkung ionisierender Strahlung oder aber im Genesungsstadium vorgenommen werden (V. M. Burmistrov, N. D. Paderin, V. I. Petrov, A. I. Kac, B. L. Rasgovorov, M. V. Strukov u. a.). Diese plastischen Operationen sind auf dem Höhepunkt der Strahlenkrankheit nicht nur erfolglos, sondern verschlechtern erheblich sowohl den Verlauf der Strahlenerkrankung als auch den der Verbrennung, derentwegen die Operation nötig wurde (S. G. Orel u. a.). So ergaben Versuche von V. I. Petrov, daß bei freier Hauttransplantation (Autoplastik) an bestrahlten Tieren der transplantierte Lappen anwächst, wenn die Operation ganz am Anfang der Erkrankung vorgenommen wird. Fand der operative Eingriff in späteren Entwicklungsstadien der Strahlenkrankheit statt, so wuchs der Hautlappen nicht nur nicht an, sondern die Hauttransplantation verschlechterte den Verlauf der Strahlenkrankheit sogar so, daß die Tiere an dieser einfachen Operation starben. Auch Versuche von M. V. Strukov zeigten, daß die Hautübertragung bei bestrahlten Kaninchen die besten Ergebnisse hat, wenn sie in der Latenzperiode der Strahlenkrankheit oder nach ihrer Ausheilung vorgenommen wird. Untersuchungen von A. A. Nikitin u. a. bewiesen, daß auch bei Kombination von Verbrennung mit mechanischem Trauma und Strahlenkrankheit die chirurgische Versorgung in der Latenzperiode die besten Ergebnisse zeigt (Nekrektomie, primäre Naht oder Hautplastik). Interessant sind die Untersuchungen an bestrahlten Tieren von V. S. Dmitrieva über plastische Operationen bei Verwundungen der Kiefergegend. Es zeigte sich, daß die Wundheilung nach einer Plastik in Form von Entlastungsschnitten, breiter Abpräparierung der Haut und Gewebstransplantation, ebenfalls von der Strahlendosis und dem Zeitpunkt der Operation abhängig ist. Die Operation zur Bildung eines Filatov-Stiellappens verschlechtert den Allgemeinzustand des Tieres erheblich, und nur in der Genesungsperiode (25. bis 30. Tag) gelingt die Filatov-Stielplastik. Die Plastik mit freien Hauttransplantaten verläuft auch bei hohen Bestrahlungsdosen erfolgreicher, besonders, wenn sie in den ersten 48 Stunden vorgenommen wird.

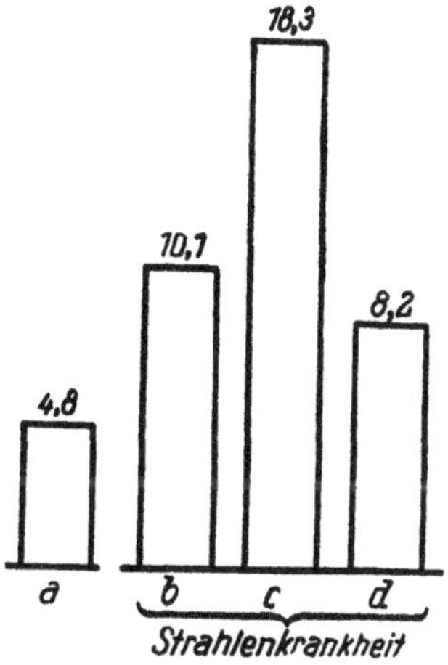

Abb. 29. Die Sterblichkeit (in %) nach primärer Versorgung der Weichteilwunden in den einzelnen Perioden der Strahlenkrankheit.

a — nicht bestrahlte, *b*, *c*, *d* — Strahlenkrankheit: *b* — Anfangsperiode, *c* — Höhepunktsperiode, *d* — Genesungsperiode

Bei operativen Eingriffen an Organen der Bauchhöhle bestrahlter Tiere werden die günstigsten Resultate ebenfalls in der Latenzperiode der Strahlenkrankheit erzielt. Bei Tieren, die auf dem Höhepunkt der Strahlenkrankheit operiert wurden, kam es am häufigsten zu Komplikationen durch Sekundärinfektion und zum Tod der Tiere (T. F. BILJUKINA, P. G. BRAŽNIKOV, F. I. GORELOV, E. A. ZUIKOVA. I. J. TICHONIN, L. M. KOTEL'NIKOV, J. M. LUBENSKIJ, A. V. CAGAREJŠVILI, G. E. GUSTAFSON und F. A. CEBUL u. a., Abb. 30 u. 31). So ergeben nach P. G. BRAŠNIKOV Operationen am Magen (Gastrostomie mit Einnähen der Wundöffnung des Magens) in der Anfangs- oder Latenzperiode der akuten Strahlenkrankheit bessere Resultate als in der Phase des Höhepunktes der Erkrankung. Nach V. I. FILATOV zeigen Eingriffe an Kaninchen 2 Stunden nach der Verletzung des Dünndarms, d. h. in der Anfangsperiode der Strahlenkrankheit, bessere Ergebnisse als Operationen 6—8 Stunden nach der Verletzung. Alle Hunde, die 8 Stunden nach Verletzung des Dünndarms in der Anfangsperiode der Strahlenkrankheit operiert und keiner Therapie gegen den Strahleninsult unterzogen wurden, starben an schwerer Strahlenkrankheit oder deren Komplikationen. Eine komplexe Therapie der Strahlenkrankheit nach der Operation verringert die Sterblichkeit erheblich (auf ein Fünftel).

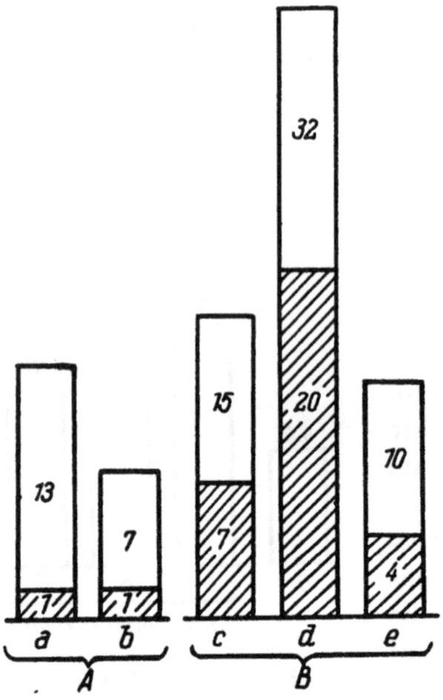

Abb. 30. Die Sterblichkeit (in %) nach chirurgischer Versorgung von Schußwunden des Darmes in den einzelnen Perioden der Strahlenkrankheit (nach F. I. GORELOV).

A – Kontrolle: *a* – Bestrahlung, *b* – Operation. *B* – Operation bei Strahlenkrankheit: *c* – Anfangsperiode, *d* – Höhepunktsperiode, *e* – Genesungsperiode, weiß – Gesamtzahl, schraffiert – gestorben

Operationen an Tieren, wie Schädeltrepanationen, Extremitätenamputationen, Gefäßoperationen (Unterbindungen, Resektionen, Transplantationen), Operationen an Leber, Milz u. a. beeinflussen den Verlauf und Ausgang kombinierter Schädigungen wesentlich schwächer, wenn sie in der Anfangs-, Latenz- oder Wiederherstellungsperiode der Strahlenkrankheit stattfinden. Diese Operationen führen, wenn sie in der Höhepunktsperiode der Strahlenkrankheit durchgeführt werden, zu vielen postoperativen Komplikationen (Schock, Pneumonie, Peritonitis, Thrombosen u. a.) und enden schon in den ersten Tagen nach der Operation mit dem Tod der Tiere (N. N. ALEKSANDROV, P. I. ATAVIN, T. F. BILJUKINA, A. M. DEMECKIJ, G. I. GORBAN', F. I. GORELOV, V. G. MITROFANOV, V. V. SIMONOV, K. H. BURDICK u. a.). Deshalb sollen während der Höhepunktsperiode der Strahlen-

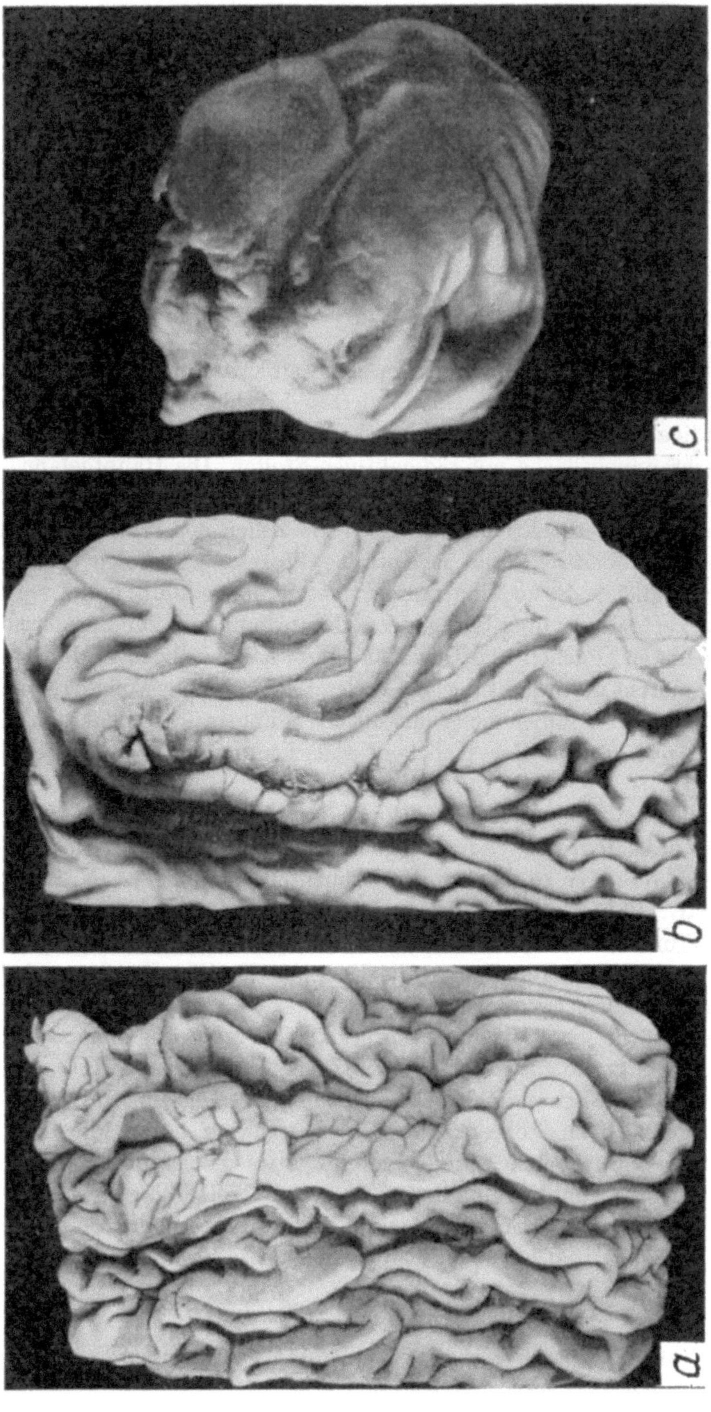

Abb. 31. Heilungsverlauf der Magenresektionswunde bei bestrahlten Tieren.

a – linienförmige postoperative Narbe beim Hund, Operation 2 Stunden nach Bestrahlung; *b* – Randnekrosen der Schleimhaut und Geschwürsbildung bei einem am 3. Tag nach der Bestrahlung operierten Hund, der am 17. Tag nach der Bestrahlung starb; *c* – Geschwürsbildung im Gebiet der Operationsnarbe bei einem am 3. Tag nach der Bestrahlung operierten Kaninchen, das am 35. Tage nach der Bestrahlung getötet wurde (nach E. A. ZUJKOVA u. a.).

krankheit Amputationen von Extremitäten möglichst unterbleiben, da diese schwere Operation zum Tode führen kann. Aus dem gleichen Grunde sollte die Indikation zur primären Amputation bei kombinierten Strahlenschäden mit Verletzungen der Extremitätenstammgefäße oder anderen schweren Traumen etwas weiter gesteckt werden. In welchem Stadium der Entwicklung der Strahlenkrankheit ein operativer Eingriff auch vorgenommen wird, stets sind operationstechnisch folgende Grundprinzipien zu beachten: Einfachheit des Eingriffs, geringstes Trauma und schnelles Arbeiten. Große Bedeutung kommt hier der praeoperativen Vorbereitung zu, der Wahl der Betäubung, der Operationsmethode und vielem anderen. Dies gilt besonders für Notoperationen auf dem Höhepunkt der Strahlenkrankheit.

Gehen wir nun zur Betrachtung der Frage über Indikation und Kontraindikation chirurgischer Eingriffe bei den kombinierten Strahlenschädigungen über, die wir als „radioaktive Mixta" bezeichnet haben, d. h. bei Verseuchung der Wund- oder Verbrennungsfläche mit radioaktiven Stoffen. Die Hauptgefahr der radioaktiven Wundverseuchung besteht, wie bereits erwähnt, erstens in der ungünstigen Wirkung der radioaktiven Stoffe auf die Zellen der Wundoberfläche, die degenerative nekrobiotische und nekrotische Prozesse zur Folge hat, und zweitens in der möglichen Resorption radioaktiver Stoffe in Blut- und Lymphbahnen, die zur Verbreitung über den ganzen Organismus und zur Speicherung in den verschiedensten Organen und Geweben führt (hauptsächlich in den Knochen). Dadurch entsteht im Organismus des Verletzten eine langwirkende (manchmal lebenslange) innere Strahlenquelle mit all ihren Folgen (Strahlenkrankheit, Strahlennekrosen und Brüche der Knochen, Entwicklung von Osteosarkomen und mehr).[1]

Angesichts der Lokal- und Allgemeinwirkung der radioaktiven Stoffe von der Wunde her ist es unbedingt notwendig, möglichst schnell und radikal die Wundoberfläche von diesen Stoffen zu säubern. Experimentell ergab sich (A. N. Berkutov, A. S. Rovnov, B. M. Chromov u. a.), daß die wirksamste Maßnahme zur Reinigung der Wunde von verseuchenden radioaktiven Stoffen die möglichst zeitige primäre chirurgische Versorgung mit Excision der Wundränder und des Wundgrundes, mehrmaligen Spülungen mit verschiedenen Flüssigkeiten und Entfernung von Fremdkörpern ist. Mit dieser chirurgischen Versorgung können 70 bis 80% der radioaktiven Stoffe aus der Wunde entfernt werden (Kap. VII).

Mit der zwingenden Notwendigkeit einer möglichst schnellen und völligen Entfernung der radioaktiven Stoffe aus der Wunde ändern sich auch die Indikationen zur primären chirurgischen Wundversorgung etwas. Bekanntlich erfordert eine bestimmte Gruppe von Verwundungen überhaupt keine chirurgische Versorgung. Diese Versorgung ist aber obligatorisch, wenn solche Wunden mit radioaktiven Stoffen verseucht sind.[2] Jede radioaktiv verseuchte Wunde muß man also

[1] Vgl. Kap. VII u. X.

[2] Wir wiederholen, daß hier wie auch an anderer Stelle grobe Wundverseuchungen mit radioaktiven Substanzen (höher als zulässig) gemeint sind.

einer möglichst zeitigen chirurgischen Versorgung zuführen. Damit erweitert sich bei radioaktiv verseuchten Wunden die Indikation zum operativen Eingriff bedeutend. Bei sonst gleicher Indikation ist die Versorgung einer radioaktiv verseuchten Wunde also immer vordringlich, wenn die Umstände eine medizinische Hilfe überhaupt erlauben.

Präoperative Vorbereitung, postoperative Pflege und Behandlung

Wenn ein Verletzter mit kombinierten Strahlenschädigungen eines operativen Eingriffes bedarf, muß der Chirurg die rationelle praeoperative Vorbereitung festlegen. Das ist besonders dann wichtig, wenn die Operation bei vitaler Indikation auf dem Höhepunkt der Strahlenkrankheit vorgenommen werden muß. Bei der Vorbereitung von Kranken mit kombinierten Strahlenschädigungen zur Operation sind unbedingt zu berücksichtigen: erstens Stadium und Grad der Entwicklung der Strahlenkrankheit, zweitens die Besonderheiten der kombinierten Strahlenschädigungen selbst.

Wir haben schon davon gesprochen, daß bei der Strahlenkrankheit die verschiedensten Organe und Systeme des menschlichen Organismus mehr oder weniger in Mitleidenschaft gezogen werden (Kap. II). Erwähnt wurden auch eine ganze Reihe wichtiger Besonderheiten der kombinierten Strahlenschädigungen; besondere Bedeutung haben in der praeoperativen Periode: Schock, Blutverlust, Blutungsbereitschaft, die geschwächte Widerstandskraft des ganzen Organismus und der einzelnen Gewebe gegen Infektionen in der postoperativen Periode, außerdem noch die herabgesetzte Regenerationsfähigkeit der Gewebe. Vorbereitung und Pflege der durch radioaktive Stoffe verseuchten Geschädigten erfordern besondere Sorgfalt, da sie eine große Gefahr für andere, nicht radioaktiv verseuchte Verwundete und für das medizinische Personal darstellen.

Wegen vieler Besonderheiten der Strahlenkrankheit und namentlich der kombinierten Strahlenschädigungen braucht jeder aus diesem Anlaß Operierte eine besonders sorgfältige Pflege und entsprechende Behandlung, um so mehr, als Versuche ergaben, daß die postoperative Periode bei Bestrahlten besonders schwer verläuft und zahlreiche Komplikationen in sich birgt. So ist nach A. N. Gamaleja die Zahl der postoperativen Komplikationen bei bestrahlten Tieren annähernd 2- bis $2^1/_2$mal größer als bei nichtbestrahlten. Die besonderen Bedingungen der chirurgischen Hilfeleistung bei kombinierten Strahlenschädigungen (insbesondere die große Zahl solcher Geschädigter) werden den Chirurgen und das gesamte medizinische Personal, zum Beispiel die vorderen Chirurgeneinheiten, zu einem Minimum an praeoperativer Vorbereitung und postoperativer Pflege zwingen. In den nächsten Etappen der chirurgischen Hilfeleistung, etwa in den Krankenhäusern außerhalb der Stadt, dürften jedoch die Bedingungen für eine rationelle praeoperative Vorbereitung und eine sorgfältige postoperative Pflege und Behandlung schon besser sein. Mit den verschiedenen postoperativen Komplikationen, ihrer Prophylaxe und Behandlung sind die Chirurgen recht gut vertraut, weil sie damit häufig in ihrer täglichen Arbeit zu tun haben. Deshalb seien hier nur kurz die postoperativen Komplikationen behandelt, die nicht von der Operation herrühren, sondern vom Verlauf der Strahlenerkrankung selbst.

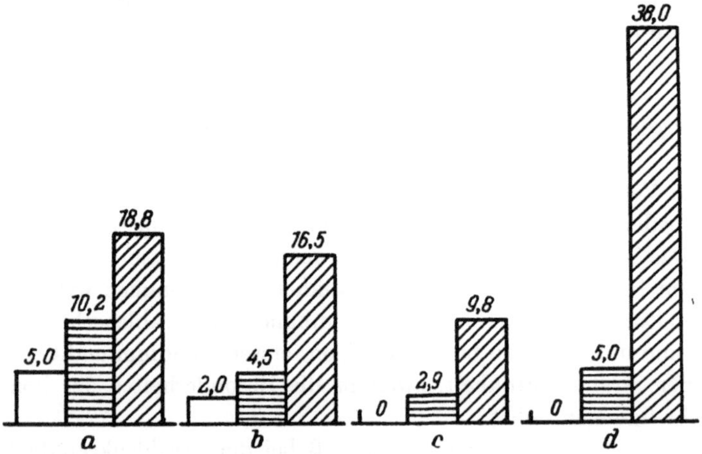

Abb. 32. Die Häufigkeit verschiedener Komplikationen (in %) nach primärer Wundversorgung.

a — Eiterungen, *b* — Haematome, *c* — Nahtdehiszenzen, *d* — Pneumonien (bei den Gestorbenen), weiß — einfache Wunden, waagerecht schraffiert — radioaktiv verseuchte Wunden, schräg schraffiert — Wunden bei Bestrahlten

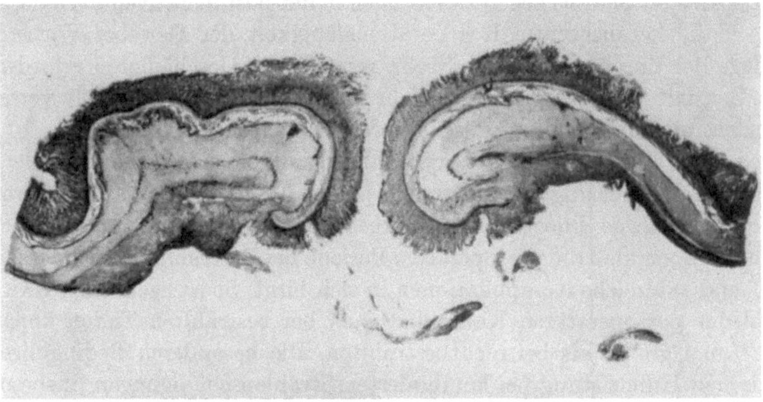

Abb. 33. Dehiszenz der Wundränder des Dünndarmes bei einem bestrahlten Hund, der am 8. Tage nach der Operation starb.

Die Wundränder stehen voneinander ab, sind jedoch von herausgedrehter Schleimhaut bedeckt (nach V. I. FILATOV).

Nach experimentellen Befunden sind die häufigsten postoperativen Komplikationen bei bestrahlten Tieren: Haematome, sekundäre Blutungen, Durchschneiden von Nähten und Dehiszenzen der Wundränder, entzündliche Infiltrate, Wundvereiterungen, Bronchopneumonien, Darmatonie, Peritonitis u. a. (Abb. 32 bis 35). Die Behandlung der verschiedenen postoperativen Komplikationen richtet sich nach den allgemeinen Regeln der Chirurgie unter Berücksichtigung der notwendigen gleichzeitigen Behandlung der Strahlenschädigung.

Allgemeine Regeln der Pflege und Lebensweise. Strahlenkranke und Verletzte mit radioaktiver Verseuchung unter der Permitgrenze können in allgemeinen Krankensälen und Abteilungen liegen. Verletzte, die stärker als zulässig mit

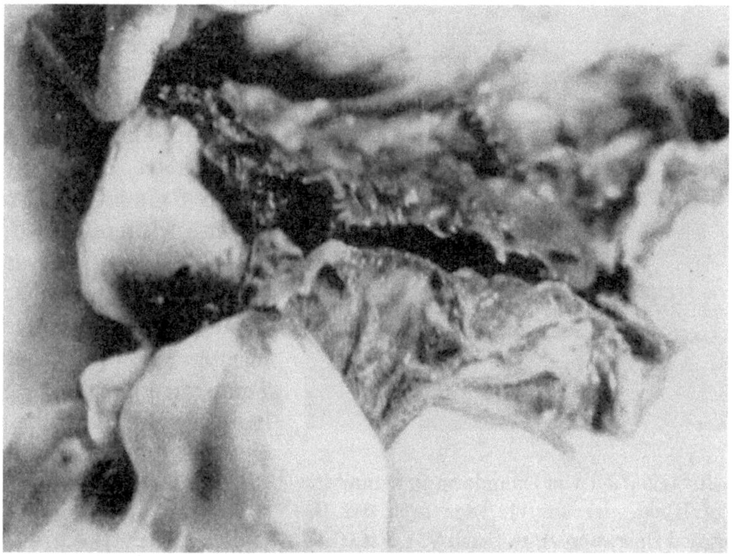

Abb. 34. Darmnekrose an der Wundnaht (nach F. I. Gorelov).

radioaktiven Stoffen (insbesondere der Wund- oder Brandwundenflächen) verseucht sind, müssen in gesonderten Räumen oder sogar in getrennten Abteilungen untergebracht werden; für ihre Exkremente (Urin, Kot) ist eine dosimetrische Kontrolle einzurichten. Die Räume, die für die Aufnahme von Kranken mit kombinierten Strahlenschädigungen nach der Operation bestimmt sind, sollen die für postoperative Unterbringung von Patienten übliche Temperatur haben.

Experimentelle Befunde und klinische Beobachtungen deuten darauf, daß niedrige äußere Temperaturen Verlauf und Ausgang der Strahlenkrankheit bei Warmblütlern negativ beeinflussen können. So experimentierten R. L. Smith u. a. mit Mäusen, die mit 470—500 r bestrahlt und bei Temperaturen von 10 und 30° gehalten wurden. Von den Tieren, die bei 10° gehalten wurden, starben 69%, von denen bei 30° nur 39%. Etwa gleiche Ergebnisse erhielten auch andere Forscher an Warmblütlern (J. I. Veksler, N. I. Ryžov, D. I. Kimeldorf, D. C.

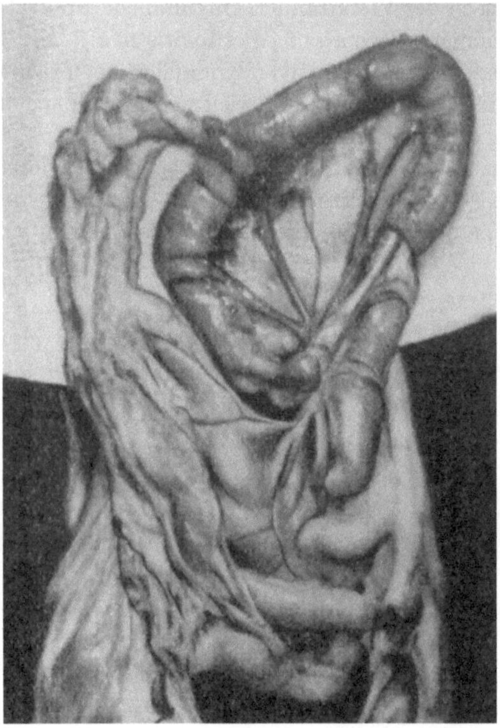

Abb. 35. Invagination von Dünndarm in Dünndarm bei einem Hund, der am 11. Tage nach der Bestrahlung und Operation starb (nach V. I. FILATOV).

JONES u. a.) (Abb. 36). Laut N. I. RYŽOV waren bei Hunden, die nach der Bestrahlung unter niedriger Außentemperatur gehalten wurden, ein akuterer Beginn, eine kürzere Dauer der Latenzperiode, ausgeprägtere Veränderungen der Labor- und klinischen Befunde und größere Sterblichkeit zu verzeichnen.

Der Mechanismus des negativen Einflusses niedriger Temperaturen auf den Ausgang der Strahlenkrankheit ist noch nicht völlig klar. Die Mehrzahl der Autoren nimmt als Ursache eine erhöhte Intensität der Stoffwechselprozesse (Oxydation) als Folge der chemischen Thermoregulation im Kampf des Organismus für die Erhaltung der Temperaturkonstanz an. Bekanntlich ist die Höhe des Stoffwechsels und der Oxydationsprozesse ein wichtiger Faktor, der die Strahlenresistenz des Organismus bestimmt. Die Resistenz sinkt bei Erhöhung der Oxydationsprozesse und umgekehrt. Abgesehen von der entsprechenden Temperatur in den Krankensälen sorgt man für die Erwärmung der operierten Patienten mit den üblichen Mitteln: Heizkissen, warme Getränke usw. Außerordentlich wichtig ist die Warmhaltung solcher Patienten bei Transporten. Es muß jedoch darauf hingewiesen

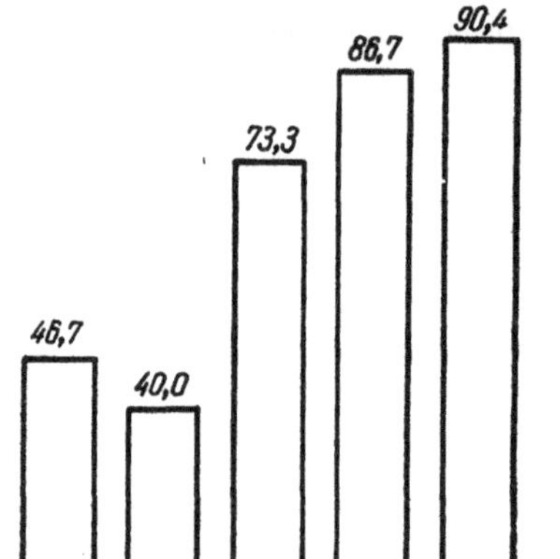

Abb. 36. Der Einfluß der Hypothermie auf die Sterblichkeit bestrahlter Tiere (nach J. I. VEKSLER).

Die Ziffern stellen die Sterblichkeit in Prozenten dar. *a* — Kontrolle (ohne Hypothermie), *b* — 24stündige Hypothermie nach der Bestrahlung, *c* — 6tägige Hypothermie nach der Bestrahlung, *d* — 2wöchige Hypothermie nach der Bestrahlung, *e* — wiederholte Hypothermie werden, daß auch eine zu hohe äußere Temperatur Verlauf und Ausgang der Strahlenkrankheit verschlechtert (P. A. MILONOV, L. N. MUŠINA, N. I. RYŽOV, I. S. KAS'JANOV und G. N. ELPAT'EVSKAJA).

Lagerung im Bett. Die Lagerung des Operierten im Bett hängt im allgemeinen (wenn keine speziellen medizinischen Indikationen für eine bestimmte Lagerung vorliegen) von Gewohnheit und Bequemlichkeit des Patienten ab. Bei Schädigung der Atmungsorgane ist eine halbsitzende Lage zweckmäßig (Kopfstützen u. ä.). Patienten mit Neigung zu Decubitus sollen nach Möglichkeit nicht auf dem Rücken liegen. Besser ist in solchen Fällen Bauchlage, doch läßt sich diese bei Schädigungen der Atmungsorgane nicht durchführen. Oft genug muß man zum Zweck der Autotransfusion zur Lage nach CLARK übergehen (Kopftieflage und Anhebung der unteren Extremitäten).

Ruhe, frühe Bewegung und Aufstehen. Ruhe nach der Operation ist besonders bei den Kranken mit kombiniertem Trauma wichtig, weil sie eine wesentliche therapeutische Maßnahme darstellt und einen erheblich günstigeren Verlauf der postoperativen Periode bewirkt. Aus dem Operationsraum sind die Kranken im Rollstuhl oder auf Trage wegzubringen, unabhängig von der Schwere des operativen Eingriffs. Der Abtransport solcher Kranken soll grundsätzlich nur im Liegen und mit maximaler Bequemlichkeit geschehen. Die frühe Bewegung und das frühe Aufstehen, überhaupt das sogenannte aktive postoperative Vorgehen, inklusive Heilgymnastik, hat viele Anhänger; denn die Vorzüge sind offensichtlich. Das aktive Regime ermöglicht eine sehr schnelle Wiederherstellung aller Funktionen des Organismus nach Operationen und ist eines der besten prophylaktischen Mittel gegen viele postoperative Komplikationen (z. B. der Lungen usw.). Schwierig ist es, die Bedeutung des aktiven postoperativen Vorgehens (z. B. in Form eines frühen Aufstehens) unter Feldbedingungen, wo häufig schnellster Abtransport der Verwundeten notwendig ist, zu beurteilen. Zweifellos ist es bei vielen Patienten durchführbar, bei denen eine Allgemeinintoxikation, Schäden der Atmungsorgane oder andere bedrohliche Symptome fehlen. Leider scheidet jedoch bei einem erheblichen Teil der Verletzten mit kombinierten Strahlenschäden ein aktives postoperatives Vorgehen aus. Im Gegenteil, vielen Operierten mit Symptomen von Strahlenkrankheit müssen Bettruhe und maximale physische Ruhe verordnet werden. Die Notwendigkeit dafür ergibt sich nicht so sehr aus chirurgischen Überlegungen als aus den Besonderheiten der Strahlenkrankheit.

Die Zweckmäßigkeit der physischen Ruhe nach der Bestrahlung wurde durch eine ganze Reihe entsprechender Versuche erwiesen; sie ergaben, daß eine zusätzliche physische Belastung den Verlauf der Strahlenkrankheit bedeutend verschlechtert, die Lebenserwartung verkürzt und die Letalität erhöht (J. DOULL, K. P. DUBOIS, D. I. KIMELDORF, D. C. JONES und M. C. FISHLER u. a.). So wiesen nach D. I. KIMELDORF, D. C. JONES und M. C. FISHLER bestrahlte Ratten, die man einer schweren physischen Belastung aussetzte, im Verlauf von 35 Tagen eine Sterblichkeit von 50% auf, während die bestrahlten Kontrolltiere ohne physische Belastung alle überlebten. Nach SMITH erhöht sogar eine mäßige physische Belastung bei bestrahlten Mäusen die Sterblichkeit um das Fünffache gegenüber den Kontrolltieren usw. Der negative Einfluß der physischen Belastung auf Verlauf und Ausgang der Strahlenkrankheit ist offensichtlich eine Folge der Erhöhung der Radiosensibilität der Tiere durch Erhöhung des Stoffwechsels. Auf der anderen Seite liegen Befunde darüber vor, daß physische Ruhe sich günstig auf die Strahlenkrankheit auswirkt. So zeigten J. Doull und K. P. Dubois, daß Ziesel, im künstlichen Winterschlaf röntgenbestrahlt, am Leben blieben, während die Kontrolltiere (bestrahlt, jedoch nicht im Winterschlaf) starben. Interessant ist auch, daß sich bei Zieselmäusen eine Strahlenkrankheit entwickelt, wenn man ihren Winterschlaf abbricht, und daß die Tiere nach etwa 10 Tagen sterben. Diese Angaben finden auch in den Versuchen anderer Autoren eine Bestätigung. Physische Ruhe (in Form des Winterschlafs) hemmt also die Entwicklung der Strahlenkrankheit. Künstlich hervorgerufener Schlaf (z. B. durch rectale Gabe von Amytalnatrium) zeigt bei Versuchstieren eine Schutzwirkung gegen die Bestrahlung, die sich in einer geringeren Leukopenie und einer größeren Lebenserwartung gegenüber den Kontrolltieren ausdrückt.

Die angeführten experimentellen Befunde wollen wir mit klinischen Beobachtungen an den Atombombenopfern in Japan vergleichen, woraus ebenfalls die Wichtigkeit der körperlichen Ruhe erhellt. Von den Strahlenkranken, denen größere Transporte zugemutet wurden, starben mehr und diese früher als von den in Behelfshospitälern in der Umgebung von Nagasaki untergebrachten (R. Shirabe). Grundprinzip der Behandlung der Strahlenkrankheit müssen also die Einhaltung maximaler physischer Ruhe und die möglichste Einschränkung des Energieverbrauchs sein. Da schon die Operation eine zusätzliche Belastung darstellt, die einen erhöhten Sauerstoffbedarf und große Anforderungen an die Tätigkeit des Herzens und der anderen Organe bedingt, muß das Prinzip völliger Entlastung und dauernder Bettruhe in der postoperativen Periode ganz konsequent eingehalten werden. Deshalb ist ein frühes Aufstehen und überhaupt ein aktives Regime bei mit Strahlenkrankheit kombinierten Schäden kontraindiziert. Selbstverständlich bleiben stets Grad und Stadium der Strahlenkrankheit, aber auch Charakter und Besonderheiten des Verlaufs der mechanischen oder thermischen Traumen zu berücksichtigen. Bei radioaktiv verseuchten Verwundungen kann die postoperative Periode recht aktiv gehalten werden, wenn keine Strahlenkrankheitssymptome auftreten.

Beobachtungen der Temperatur der Kranken. Der Höhepunkt der reinen Strahlenkrankheit ist in der Regel mit mehr oder weniger erhöhter Temperatur verbunden (s. Tab. 2). Ebenso ist eine Temperaturerhöhung bei mechanischen oder thermischen Traumen zu beobachten. Eine Temperaturerhöhung bei kombiniertem Strahlentrauma bedeutet daher noch keine Kontraindikation gegen eine Operation. Die Temperatur ist bekanntlich ein äußerst wichtiger Indikator für den Verlauf der Krankheit und der postoperativen Periode. Starke und dauernde Temperaturerhöhung deutet meist auf irgendeine Komplikation hin: Wundinfektion, Lungen- oder andere Komplikationen. Leider verliert dieser wichtige Gradmesser seine Bedeutung bei vielen Kranken mit kombinierten Schäden, weil häufig schon die Schädigungen selbst und die damit verbundenen Komplikationen eine Temperaturerhöhung hervorrufen. Deshalb muß die Beobachtung in der postoperativen Periode besonders sorgfältig sein, damit nicht beim Versagen eines solchen sonst so feinen und exakten Indikators, wie es die Temperaturreaktion darstellt, postoperative Komplikationen übersehen werden.

Haut und Schleimhäute. Bis zur Abheilung der Operationswunde oder anderer Gewebsschäden muß die Haut sorgfältig gepflegt werden, besonders wenn die Patienten lange liegen müssen und ein Decubitus droht. Hautpflege und Decubitusprophylaxe richten sich nach allgemeinen Regeln (häufiger Lagewechsel im Bett, häufiges Waschen des Körpers mit heißem Wasser und Seife, Unterlegen von Gummiringen, häufiges Wechseln der Bett- und Leibwäsche usw.). In der postoperativen Periode muß man den Zustand der Haut besonders sorgfältig beobachten, da zwei Schädigungsmöglichkeiten bestehen: erstens spezifische Schädigungen der Haut durch Einwirkung ionisierender Strahlung, d. h. Strahlenverbrennungen, die je nach Strahlenintensität nach 2—5 Tagen, aber auch erst nach 10—20 und mehr Tagen, ja sogar nach Wochen auftreten können (über die Behandlung von Strahlenverbrennungen s. Kap. IX); zweitens unspezifische Schäden der Haut in Form des Decubitus u. a., deren Behandlung allgemeinen Regeln unterliegt.

Zur Behandlung der Operationswunden oder anderer Hautschäden verwendet man die üblichen medizinischen Bäder, wobei die Temperatur des Wassers 36—38° nicht übersteigen soll.[1] Es ist zu berücksichtigen, daß nach Bestrahlung die Empfindlichkeit der Haut gegen Wärme und Kälte steigt. Deshalb sind bei solchen Kranken etwa Wärmflaschen oder Eisblasen nur mit Vorsicht anzuwenden. Sehr wichtig ist auch die sorgfältige Pflege der Mundschleimhaut (Zähneputzen, Gurgeln, Spülungen der Mundhöhle, Anwendung von Antibiotica usw.). Manchmal ist die Strahlenkrankheit von Verbrennungen, Geschwürsbildungen und sogar Nekrosen des Zahnfleisches, der Zunge und der Mund- und Rachenschleimhaut begleitet (A. T. Rudenko, A. I. Rybakov, Ch. F. Behrens, S. R. Burston). Besonders wichtig ist die Pflege der Mundschleimhaut beim Auftreten von Erbrechen, gleichgültig ob als Folge der Strahlenkrankheit oder der Operation und Narkose.

Nervensystem. Ionisierende Strahlung übt einen erheblichen Einfluß auf das Zentralnervensystem aus. Dies äußert sich sowohl in funktionellen Störungen (Störung der Wechselbeziehungen zwischen Erregungs- und Hemmungsprozessen, der bedingt reflektorischen Tätigkeit, Veränderungen der bioelektrischen Aktivität der Hirnrinde und des funktionellen Zustandes der vegetativen Zentren, Unterdrückung oder umgekehrt Reizung der reflektorischen Tätigkeit des Rückenmarks, Störung der Erregbarkeit und Leitfähigkeit in den peripheren Nerven) als auch in organischen Veränderungen (Veränderungen der Blutgefäße, degenerativ-nekrobiotische und sogar nekrotische Veränderungen der Nervenzellen,

[1] Medizinische Bäder können auch bei nicht heilenden Wunden verordnet werden, wenn Lokalisation der Wunde und Zustand des Kranken dieses erlauben.

Blutungen in die Hirn- und Rückenmarksubstanz u. a.).[1] Gerade die funktionellen und organischen Veränderungen der verschiedenen Abschnitte des Nervensystems bewirken auch das Auftreten der vielen psychoneurologischen Symptome bei Strahlenschädigungen: eigenartiger Reizzustand (Strahlenkater), Kopfschmerzen, Schwindelgefühl, Schlafstörungen, Bewußtseinsstörungen, Tremor, Steigerung und Ungleichmäßigkeit der Sehnen- und Periostreflexe, allgemeine Hyperaesthesie der Haut, Krämpfe, Ataxie, manchmal meningeale Symptome, Gleichgewichtsstörungen, schnell einsetzende pathologische Reflexe nach Babinski, Rossolimo, Gordon u. a. Diese Störungssymptome von seiten des Nervensystems sind schon in der Frühphase des akuten Strahlensyndroms zu beobachten. Ihr Auftreten in größerem Umfang kann sowohl durch die Atomexplosion selbst als auch durch das Milieu, das nach der Explosion entsteht, hervorgerufen werden. Man muß besonders unterstreichen, daß nach den Untersuchungen von D. M. Gzgzjan u. a. kombinierte Strahlenschädigungen schwerere und einschneidendere funktionelle Veränderungen des Zentralnervensystems und des peripheren receptorischen Apparates der Extremitäten hervorrufen als Bestrahlung oder Trauma allein (Verwundung und Anlegung einer Blutleere). Auf dem Höhepunkt der Strahlenkrankheit rufen eine Verletzung und die Anlegung einer Blutleerbinde eine fast völlige Hemmung der positiven bedingten Reflexe, eine bedeutende Verlängerung der Latenzperiode, Vertiefung der Differenzierungshemmung, neurotische Phasen in der Hirntätigkeit, Abschwächung der unbedingten Reflexe und den Tod der Versuchshunde hervor.

Hat schon in der gewöhnlichen chirurgischen Praxis zu Friedenszeiten die neuropsychische Vorbereitung des Kranken zur Operation, die man machmal unterschätzt, große Bedeutung, so ist bei durch ionisierende Strahlung Geschädigten, insbesondere bei Atomexplosionen, diese Vorbereitung von eminenter Wichtigkeit. Ihre Vernachlässigung kann dazu führen, daß ein neuropsychisches Trauma (z. B. Wirkung eines mechanischen oder thermischen Traumas in Kombination mit ionisierender Strahlung) sich mit einem anderen (Operation) überlagert. Als Folge können sehr ernste Störungen des Nervensystems und der Psyche des Geschädigten entstehen. Aus diesen Erwägungen muß man dem gesamten medizinischen Personal die genaue Befolgung der allgemeinen Vorschriften zur psychischen Operationsvorbereitung des Kranken zur Pflicht machen. Wir denken hier an die Regeln der sogenannten chirurgischen Deontologie, die von N. N. Petrov bereits im Jahre 1933 ausgearbeitet wurde.[2]

Nach zahlreichen experimentellen Untersuchungen und klinischen Beobachtungen ist die Anwendung von Schlaf- und Narkosemitteln bei Strahlenkrankheit zweckmäßig.[3] Deshalb soll nach Möglichkeit der Operation eine entsprechende medikamentöse Vorbereitung des Patienten einige Tage vorhergehen. In dringenden

[1] J. G. Grigor'ev, Materialien zum Studium der Reaktion des Zentralnervensystems des Menschen auf ionisierende Strahlung. Moskau 1958.

[2] N. N. Petrov, Fragen der chirurgischen Deontologie. Leningrad 1948.

[3] Vgl. den Abschnitt „Anästhesie", S. 141.

Fällen, die eine solche medikamentöse Vorbereitung nicht gestatten, muß man sich auf die übliche Injektion von Morphin vor der Operation beschränken. Um die Psyche des Verletzten maximal zu schonen, ist in allen Fällen, wo nicht direkt eine Kontraindikation besteht, eine Allgemeinnarkose zweckmäßig. Nach der Operation ist es nicht weniger wichtig, das neuropsychische Gleichgewicht des Kranken zu stützen, ihm auf jede Weise die Qualen der Schlaflosigkeit durch Schlafmittel und Narkotika zu erleichtern. Die Behandlung der postoperativen Komplikationen vom Nervensystem her ist die übliche.

Postoperative Schmerzen. Der Kranke soll während und nach der Operation keine Schmerzen erdulden. Das gilt nicht nur für Friedenszeiten, sondern auch im Kriege. Morphinpräparate und andere Narkotika sollen reichlich angewendet werden, aber natürlich in vernünftigen Grenzen. Viele Autoren betonen die positive Wirkung narkotischer Mittel auf den Verlauf der postoperativen Periode und die Verhütung postoperativer Komplikationen. Morphin hat keinen negativen Einfluß auf die Strahlenkrankheit und kann sich sogar in manchen Fällen günstig auswirken (vgl. S. 142). Bei den meisten Strahlenschäden dürfen also in der postoperativen Periode Morphin und andere Narkotika gegeben werden, natürlich unter Beachtung etwaiger allgemeiner medizinischer Kontraindikationen.

Atmungsorgane. Unter dem Einfluß ionisierender Strahlung können verschiedene Störungen der Atmung in Form von Veränderungen des Rhythmus, der Atemtiefe u. a. auftreten. Alle diese Störungen hängen mit den funktionellen und organischen Veränderungen der Atmungsorgane zusammen, die bei der Strahlenkrankheit entstehen, insbesondere Störung des Tonus der Bronchien, atrophischen und subatrophischen Katarrhen der oberen Atemwege, Störungen der Blutzirkulation, Blutüberfüllung, Lungenoedem, Blutaustritt und Nekrosen in den Schleimhäuten der Atemwege, Entwicklung von Pneumonien (auch nekrotisierenden), manchmal sklerosierenden Veränderungen des Lungenparenchyms u. a. Pneumonien entstehen am häufigsten zwischen dem 7. und 15. Tag nach der Bestrahlung, also während der Periode, in der die natürliche Immunität des Organismus gegen verschiedene Erreger am schwächsten ist. Die Pneumonien bei Bestrahlten haben einen eigenartigen Entwicklungscharakter und nehmen einen schweren Verlauf, der ohne entsprechende Behandlung gewöhnlich zum Tode führt. Veränderungen der Lungen sind noch sehr lange nach der Bestrahlung zu sehen[1]. Nach einer Gesamtdosis von mehr als 5000 r können charakteristische Veränderungen des Lungengewebes entstehen, die sogenannte „Röntgenpulmonitis". Bei der Strahlenkrankheit treten häufig sogenannte leukopenische Pneumonien auf (sie wurden beispielsweise bei 45% der Hunde beobachtet, die an Strahlenkrankheit starben). Die japanischen Forscher, die die Opfer von Hiroshima und Nagasaki untersuchten, weisen darauf hin, daß speziell die Pneumonie eine der häufigsten letalen Komplikationen der Strahlenerkrankung war. Aus der all-

[1] P. N. Kiselev, R. M. Rabinovič und I. D. Meter, Veränderungen der Atmungsorgane, Besonderheiten des Verlaufs und Möglichkeiten der Behandlung entzündlicher Prozesse in den Lungen bei Strahlenkrankheit. Leningrad 1957.

gemeinchirurgischen Praxis ist bekannt, wie häufig Lungenkomplikationen nach Operationen auftreten. Wenn die Atmungsorgane schon vor der Operation pathologisch verändert sind, was nicht selten bei der Strahlenkrankheit beobachtet wird, wächst die Häufigkeit der postoperativen Komplikationen natürlich beträchtlich.

Unsere Untersuchungen (1939/40) über die Vitalkapazität der Lungen zeigten, daß mit Ausnahme einiger Operationen außerhalb der Bauchhöhle die respiratorische Funktion postoperativ immer mehr oder weniger gestört ist und die Wiederherstellung zur Norm durchschnittlich erst am 9. Tag eintritt. Der Grad dieser Störungen hängt von vielen Faktoren ab: Art der Operation und Betäubung, Dauer der Operation, Alter, Konstitutionstyp u. a. Einen günstigen Einfluß auf die respiratorischen Funktionen der Lunge im Sinne einer geringeren Störung und schnelleren Wiederherstellung haben Injektionen von Morphin und Atropin. Auf Grund unserer Beobachtungen empfahlen wir schon 1940 zur Prophylaxe der postoperativen Lungenkomplikationen folgende prophylaktische Trias: erstens Injektion von Morphin (1 ml 1%ige Lösung) 2—3 Tage vor und nach der Operation; zweitens Injektion von Atropin (1 ml 0,1%ige Lösung) vor der Operation; drittens aktives postoperatives Regime (frühes Aufstehen und Heilgymnastik).[1] Die ersten beiden Komponenten dieser Trias (Injektion von Morphin und Atropin) kann man auch bei Operationen von kombinierten Strahlenschädigungen geben. Die dritte Komponente der prophylaktischen Trias in Form der aktiven postoperativen Periode darf jedoch, wie schon gesagt, nur sehr begrenzt angewandt werden. Außerdem muß man noch zu anderen prophylaktischen Maßnahmen greifen (Herzmittel, Sauerstoff-Kohlensäure-Beatmung usw.). Für die Verhütung von Lungenkomplikationen bei Strahlenschädigungen hat die prophylaktische Anwendung von Antibiotika große Bedeutung.

Es versteht sich von selbst, daß alle Faktoren ausgeschaltet werden müssen, die das Auftreten von Lungenkomplikationen begünstigen könnten (Abkühlung, Rauchen u. a.). Bei Kranken mit kombinierten Schädigungen treten Lungenkomplikationen sehr häufig auf, besonders wenn die Atmungsorgane pathologisch verändert sind oder wenn sich die übliche Prophylaxe in Form des aktiven Regimes, von Morphininjektionen u. a. aus irgendeinem Grunde als unmöglich erweist. Bei solchen Kranken ist die Beobachtung der Atmungsorgane in der postoperativen Periode äußerst wichtig, besonders wenn die Operation in Narkose vorgenommen wurde, weil außer den üblichen Komplikationen hier auch eine sogenannte Spätasphyxie im Bereich des Möglichen liegt. Beim Auftreten der ersten Anzeichen dieser sehr schweren Komplikation muß man zur Kohlensäurebeatmung und zu Injektionen von Herz- und anderen Mitteln greifen. Die Behandlung voll entwickelter Lungenkomplikationen ist unspezifisch und richtet sich nach allgemeinen Therapieregeln. Besonders empfehlen sich Inhalation von Antibioticaaerosolen und kombinierte Dauermedikation von Antibioticis (P. N. Kiselev, R. M. Rabinovič und I. D. Meter).

[1] Einzelheiten s. in unseren Arbeiten in „Chirurgija", Nr. 10/1939 und Nr. 6/1940.

Herzgefäßsystem. Unter der Einwirkung ionisierender Strahlung treten im Herzgefäßsystem im allgemeinen eine Reihe funktioneller und organischer Veränderungen auf, deren Ausprägung von der Strahlendosis abhängt. Diese Veränderungen nach Bestrahlung erkennt man sowohl an den peripheren Blutgefäßen (Kapillarerweiterung, Erhöhung der Wandpermeabilität, Blutaustritt, Proliferation des Endothels und in manchen Fällen sogar Gefäßobliteration u. a.) als auch am Herzen (zahlreiche Blutaustritte im Epikard, unter dem Endokard und in der Tiefe der Herzmuskulatur, Fett- und Eiweißdystrophie der Muskelfasern und des intrakardialen Nervenapparates, Herdnekrosen des Myokards u. a.). All diese funktionellen und organischen Veränderungen erscheinen klinisch unter einer Reihe von Symptomen: Hyperaemie der Haut, Tachykardie, Arrhythmie, Veränderungen im Elektrokardiogramm, Blutdrucksenkung (einige Wochen lang zu beobachten), verringertes Volumen des zirkulierenden Blutes, des Plasmas und der Erythrocyten u. a. Es ist jedoch hinzuzufügen, daß Herzschädigungen bei akuter Strahlenkrankheit keineswegs obligatorisch sind. Wenn man weiß, daß bei Strahlenschädigungen das Herzgefäßsystem häufig gestört ist und daß sein Zustand in entscheidendem Maße den Ausgang der Operation bestimmt, muß man sich sehr ernst mit der praeoperativen Vorbereitung des Herzgefäßsystems bei kombinierten Strahlenschädigungen beschäftigen. Der Operation haben einfachste funktionelle Herzproben, zum Beispiel die STANGEsche Probe voranzugehen. Die Vorbereitung des Herzgefäßsystems zur Operation selbst ist in den Vorschriften für die Indikation der verschiedenen Herzmittel enthalten.

In der postoperativen Periode können bei kombinierten Strahlenschädigungen Herzinsuffizienzen auftreten, da außer der Wirkung von Trauma und ionisierender Strahlung auf das Herzgefäßsystem die Operation selbst eine große zusätzliche Belastung darstellt. Deswegen ist in der postoperativen Periode bei schweren Schädigungen die Anwendung der verschiedenen Herzmittel absolut indiziert, ohne daß man erst die Entwicklung einer Herzinsuffizienz abwartet. An erster Stelle stehen hier Digitalispräparate und Glucose-Injektionen (20- bis 40%ige Lösungen). Bei akuter Herzschwäche sind die üblichen Herzmittel anzuwenden: Strophantin, Coffein, Kampfer u. a., ebenso Sauerstoffinhalation.

Blut. Bekanntlich sind erhebliche Blutveränderungen spezifisch für die verschiedenen Strahlenschädigungen (Kap. IV). Praeoperative Vorbereitungen bei Strahlenschädigungen kombinierter Art sind in der Hauptsache bei Kranken angebracht, die Erscheinungen einer akuten Anaemie durch die Verletzung selbst oder Blutungsneigung durch die Strahlenschädigung zeigen. Zur Bekämpfung der Anaemie sind folgende Maßnahmen zu treffen: a) Übertragung von Blut und Blutersatzstoffen (s. Kap. IV); b) subcutane, intramuskuläre, intravenöse und rectale Infusionen (letztere nicht bei Rectumschäden) von physiologischer Kochsalzlösung, Glucoselösungen usw., die nicht nur die akute Anaemie, sondern auch die Strahlenschädigung selbst bekämpfen; c) reichlich Getränke; d) Anregung der Herztätigkeit mit den allgemein bekannten Herzmitteln; e) Wein; f) Wärmezufuhr. Vorbereitung und weitere Behandlung der Kranken mit Blutungsneigung soll, wie schon oben besprochen, in der Anwendung von Haemostaticis bestehen.

Richtig organisierte Kontrolluntersuchungen und Pflege der Operierten haben auch eine sehr große Bedeutung in der Prophylaxe sekundärer Blutungen, die bei kombinierten Strahlenschädigungen häufig auftreten. Noch größere Aufmerksamkeit erfordern natürlich Verletzungen der großen Gefäße. Das Auftreten irgendwelcher Zeichen von Blutungsneigung (Blutaustritte in der Mundschleimhaut, Blutbeimengungen im Stuhlgang usw.) deutet auf die jederzeit drohende Gefahr von Blutungen aus einer Wunde. Plötzliches Auftreten einer blutigen Tingierung von Wundsekreten oder von kleinen Gerinnseln am Verband und in der Wunde selbst ist ein beunruhigendes Signal. Die Symptome einer bevorstehenden oder beginnenden Blutung müssen rechtzeitig erkannt werden. Man muß jedoch wissen, daß bei kombinierten Schädigungen Blutungen auch ohne irgendwelche Vorzeichen beginnen können. Auf jeden Fall müssen medizinisches Personal und der Kranke selbst über die Möglichkeiten des Auftretens von Blutungen orientiert sein.

Die Prophylaxe der Blutungen besteht in völliger Ruhigstellung (Immobilisierung der verletzten Extremität usw.). Bei jeder Gefäßverletzung an den Extremitäten muß eine Abschnürbinde in Bereitschaft sein (an der Bettstelle hängen). Für den Transport soll die Abschnürbinde schon umgelegt sein, damit sie jederzeit zugezogen werden kann. Auch unter großen Gipsverbänden soll eine Abschnürbinde, deren Enden nach außen zu führen sind, locker angelegt werden. Nach V. F. Čerkasov kann im Augenblick des Anziehens der Abschnürbinde eine Blutdrucksenkung eintreten und, wenn sie lange angelegt bleibt, zur Erhöhung der Letalität bei Bestrahlten führen. Um Blutungen aus kleinen Gefäßen zu stillen, greift man zu allen lokalen und allgemeinen Haemostaticis (Gelatineschwämme, kleine Bluttransfusionen, Calciuminjektionen, Vitamingaben usw.). Bleibt dies erfolglos, soll man den operativen Eingriff nicht hinauszögern; bei Blutungen aus größeren Gefäßen ist er selbstverständlich sofort indiziert. Nach der Blutstillung muß man den Verlust durch Übertragung von Blut und Blutersatz ausgleichen.

Beobachtet man eine posthaemorrhagische chronische Anaemie (deren Entwicklung durch die Strahlenkrankheit besonders begünstigt wird), so ist außer periodischen Übertragungen von Blut oder Blutersatz die Anwendung von Haematogen, Haemostimulin, Kampolon, Ferkoven, Antianaemin, Eisenpräparaten, Rohleber usw. angezeigt. Sehr günstig wirkt dauernder Aufenthalt an frischer Luft bzw. Sanatoriumsbehandlung. Bei Kranken mit kombinierten Strahlenschäden sind systematische, laufende Blutuntersuchungen unumgänglich (Morphologie, Gerinnungsstatus usw.) und ermöglichen sowohl die Beurteilung des Verlaufs eines mechanischen oder thermischen Traumas als auch den der Strahlenschädigung selbst. Leider verliert dieser wertvolle Indikator postoperativer Komplikationen, den das Blutbild darstellt (Differentialbild), bei kombinierten Strahlenschädigungen häufig an Gewicht, weil diese, wie schon gesagt, in den meisten Fällen sogar bei eitrigen Komplikationen mit einer Leukopenie einhergehen. Diese charakteristische Leukopenie beobachtet man auch in der postoperativen Periode (I. J. Tichonin, I. S. Kas'janov und N. T. Vaganova u. a.).

In diesem Zusammenhang sind die kürzlich veröffentlichten Beobachtungen von N. I. Šmeleva über die Reaktion der blutbildenden Organe bestrahlter Tiere auf einen operativen Eingriff aufschlußreich. Nach ihren Angaben stimulierte der operative Eingriff (Amputation einer Extremität) bei Ratten am ersten oder dritten Tag nach der Bestrahlung die Regenerationsprozesse in den Blutbildungsorganen. Möglicherweise hängt dies mit dem Auftreten von Biostimulatoren als Folge der Gewebsschädigung bei der Operation zusammen. Diese Beobachtung und die Aufklärung des Mechanismus erfordern noch weitere intensive Untersuchungen.

Magen-Darm-Trakt. Bekanntlich sind bei der Strahlenkrankheit in den Verdauungsorganen sehr erhebliche pathomorphologische Veränderungen zu beobachten: kleine Blutaustritte und Aphthen an der Mundschleimhaut, dem Zahnfleisch und der Zunge, Oedem der Magen- und Darmwände, dystrophische Veränderungen der Schleimhaut und der übrigen Wandschichten, Blutaustritte in der Mucosa und der Submucosa, Bildung von Geschwüren (besonders bei Inkorporation radioaktiver Substanzen). Natürlich sind bei Strahlenschädigungen auch die Funktionen der Verdauungsorgane mehr oder weniger gestört. Die hauptsächlichsten funktionellen Störungen sind folgende: Von seiten des Magens: anhaltende Unterdrückung der Magensekretion, die sich in einer Verminderung des gesamten und des freien Säuregehaltes ausdrückt[1], Verringerung der Verdauungsfähigkeit des Magensaftes, Pylorospasmus, Verzögerung der motorischen Funktionen. Die Entleerung des Magens verlängert sich auf das 2- bis 3fache usw. *Von seiten des Darms*: verstärkte Peristaltik, Störung der Sekretion und der Fermentaktivität des Darmsaftes, Verringerung der Resorption besonders am 4.—7. Tag nach der Bestrahlung, Störung der Permeabilität (wodurch Mikroben und Zersetzungsprodukte in das Blut eindringen), akute Enteritis (die sich über viele Wochen hinziehen kann) u. a. — *Von seiten der Leber*: Störung der Glykogenbildung, albuminöse und fettige Dystrophie der Leberzellen, feine Blutungen, Nekroseherde u. a. *Von seiten der Bauchspeicheldrüse*: Verringerung der Aktivität des Pankreassaftes usw. Interessante Befunde hat J. M. Lubenski bei der Untersuchung der sekretorischen Funktion des Magens an bestrahlten Hunden mit Schußwunden der Bauchhöhle beobachtet. Es wurde festgestellt, daß bei solchen kombinierten Strahlenschädigungen die Quantität des sezernierten Magensaftes ebenso wie die Gesamt- und freie Salzsäure (manchmal bis zur Achylie) zurückgingen. Gleichzeitig verminderte sich auch die Verdauungsfähigkeit des Magensaftes.

Alle diese Veränderungen ziehen eine ganze Reihe subjektiver und objektiver Anzeichen von Störungen der Verdauungsorgane nach sich, die im wesentlichen auf die Strahlenschädigung zurückzuführen sind. Dazu gehören: schlechter Appetit

[1] Man muß jedoch berücksichtigen, daß die sekretorischen Veränderungen im Magen und Darm Phasencharakter haben können: Der Subazidität und Achylie kann in der 1. und zu Beginn der 2. Periode der Strahlenkrankheit eine Phase erhöhter Sekretion und erhöhten Säuregehalts vorausgehen.

oder völlige Appetitlosigkeit, Durst, Übelkeit, Erbrechen (manchmal sogar blutig), Durchfall (manchmal auch blutig), Tenesmen, Spasmen usw. Die Beobachtung der japanischen Atombombenopfer zeigte, daß durch die ionisierende Strahlung im Magen-Darm-Trakt die verschiedenartigsten pathologischen Veränderungen eintreten: Schädigung der Epithelzellen, der Dünndarmkrypten, Dickdarmulcerationen, Atrophie der lymphatischen Elemente u. a. (Kolin u. a.). Akute Enterocolitis ist besonders charakteristisch für Fälle, bei denen radioaktive Substanzen in den Magen-Darm-Trakt gelangten.

Die praeoperative Vorbereitung des Magen-Darm-Traktes wird nach den allgemein-chirurgischen Grundsätzen vorgenommen. Der Anwendung von Abführmitteln soll man sich bei Strahlenschädigungen des Darmes enthalten. Bekanntlich werden viele der aufgezählten Symptome auch sonst nach Operationen, besonders in der Bauchhöhle oder bei der Entwicklung irgendwelcher postoperativer Komplikationen, beobachtet. Nur eine ständige und sorgfältige Beobachtung der Kranken kann den Ursprung der aufgezählten Symptome klären: Komplikationen der postoperativen Periode oder Besonderheiten im Verlauf der Strahlenkrankheit. Postoperatives Erbrechen ist hauptsächlich deswegen gefährlich, weil das Erbrochene in die Atemwege gelangen kann und die daraus resultierende Entwicklung einer Aspirationspneumonie eine sehr ernste und gefährliche Komplikation darstellt. Man muß wissen, das Erbrechen nach der Operation nicht nur durch die Narkosemittel hervorgerufen werden, sondern sehr häufig auch eine Folge der Strahlenschädigung oder der Kombination von beiden sein kann. Es ist deshalb wichtig, den Patienten bis zum vollen Erwachen zu beobachten und beim Auftreten von Erbrechen entsprechende Hilfe zu leisten. In diesem Zusammenhang empfiehlt eine Reihe von Autoren, 20 Tropfen verdünnter Salzsäure viermal am Tag zu verordnen, gegebenenfalls unter gleichzeitiger Gabe von Barbituraten (G. Richards und M. Peter). Salzsäuremedikation verringert nicht nur Übelkeit und Erbrechen, sondern erhöht auch den Appetit und verbessert die Verdauungsprozesse.

Sehr wichtig ist auch die Wiederaufnahme einer regulären Darmtätigkeit in der postoperativen Periode, besonders bei pathologischen Erscheinungen von seiten des Atemsystems. Schon bei Menschen mit normalem Atemsystem ist das Auftreten eines Meteorismus recht atemerschwerend und bewirkt Atemnot. Aus diesem Grunde und auch der Intoxikation wegen ist die Bekämpfung der postoperativen Darmparese und der Obstipation unbedingt nötig. Radioaktiv Verseuchte können einen Teil der radioaktiven Substanzen mit Kot und Urin ausscheiden. Es ist deshalb notwendig, eine dosimetrische Kontrolle für die Exkrete dieser Kranken einzurichten und Maßnahmen gegen sekundäre Verseuchung mit radioaktiven Stoffen zu ergreifen.

Die Wasserverarmung des Organismus, die auf Grund der kombinierten Strahlenschädigung selbst und nach der Operation oft eintritt, ruft bei den Kranken starken Durst hervor. Um den Wasserverlust auszugleichen, muß außer Flüssigkeitszufuhr per os auch weitgehend von parenteraler Flüssigkeitszufuhr Gebrauch gemacht werden. In vielen Fällen ist reichliche Flüssigkeitsgabe auch zur Behandlung der Schädigung selbst günstig. Bei Schädigungen des Dickdarmes sind Klistiere kontraindiziert.

Besonders schwere Funktionsstörungen des Magen-Darm-Traktes beobachtet man bei Peritonitis. Nach Versuchen von V. I. FILATOV entwickelt sich die diffuse Peritonitis auf dem Boden der Strahlenkrankheit schnell mit schweren klinischen Erscheinungen. Im Zusammenhang damit muß man daran denken, daß bei Strahlenkrankheit in allen strukturellen Komponenten des Bauchfelles tiefe morphologische Veränderungen vor sich gehen: starke Destruktion der Zell- und Faserelemente des Bauchfelles, Dekompensation und Ablösung des Mesothels; erst vom 20. Tag nach der Bestrahlung stellt sich der Zellbestand der peritonealen Bindegewebsschichten wieder her (V. I. PONOMAR'KOV). Nach Beobachtungen einiger Autoren kommt es bei bestrahlten Tieren und Menschen manchmal zum Ileus, besonders zum paralytischen (L. H. HEMPELMANN, H. LISCO und J. G. HOFFMAN), oder zur Invagination (V. I. FILATOV). Diese bisher noch nicht allzu zahlreichen Beobachtungen müssen noch bestätigt werden. Zur Behandlung der Peritonitis bei Strahlenkrankheit ist die intraperitoneale Injektion von Penicillin und Streptomycin in Novocainlösung sehr günstig. Sie trägt dazu bei, die Sterblichkeit sowohl durch die Peritonitis selbst als auch durch die Strahlenkrankheit zu senken (A. M. KARJAKIN).

Diät. Bei Strahlenschädigungen sind eine ganze Reihe von Stoffwechselstörungen zu beobachten, die man bei der Aufstellung des Kostplanes für operierte Strahlenkranke unbedingt berücksichtigen muß. Die hauptsächlichen Stoffwechselveränderungen bei Strahlenkrankheit sind folgende: *Eiweißstoffwechsel:* verstärkter Eiweißzerfall in den verschiedenen Organen und Geweben, negative Stickstoffbilanz, Senkung des Gesamtplasmaeiweißes (Hypoproteinämie)[1], Veränderungen des normalen Verhältnisses der Bluteiweißfraktionen (Verminderung der Albumine und Vermehrung der Blutglobuline), Störung des Nucleoproteinstoffwechsels (Hemmung der Biosynthese von Nucleinsäuren in Zellen und Geweben, erhöhte Spaltung von Nucleoproteiden und starke Senkung des Nucleinsäuregehaltes in verschiedenen Geweben), verstärkte Ausscheidung von Stickstoffprodukten im Urin u. a.; *Kohlehydratstoffwechsel:* Verringerung der Glykogenmengen in der Leber, Hyperglykämie (die manchmal 2—3 Wochen anhält) u. a.; *Fettstoffwechsel:* Erhöhter Lipoidgehalt in Leber und Blut (Lipämie), Acetonämie und Acetonurie u. a.; *Wasser-Salzstoffwechsel:* Verringerung der Chlorid- und Natriumkonzentration im Blut, erhöhte Ausscheidung von Chloriden im Urin, negative Natrium-, Kalium- und Chlorbilanz, Wasserverarmung des Organismus u. a.

Die Oxydationsprozesse erleiden bei Strahlenkrankheit ebenfalls erhebliche Veränderungen. Der Grundumsatz ist während der ganzen Dauer der Erkrankung periodischen Schwankungen unterworfen: Unmittelbar nach der Bestrahlung und zu Beginn der Latenzperiode ist er erhöht und kehrt später auf das Ausgangs-

[1] Das Vorliegen einer Hypoproteinämie bei kombinierten Strahlenschäden wird durch die Versuche von F. I. GORELOV bewiesen.

niveau zurück; in der Höhepunktsperiode kommt es wieder zu einer Erhöhung des Grundumsatzes, der sich in der Periode der Lösung allmählich normalisiert. Mit den periodischen Grundumsatzschwankungen gehen Veränderungen im Sauerstoffbedarf, in der Alkalireserve des Blutes usw. vor sich. Diese aufgezählten Stoffwechselbefunde weisen meist nur in der Periode des Höhepunktes der Strahlenkrankheit oder terminal Normabweichungen auf; in den übrigen Perioden der Strahlenschädigung sind sie nur gering ausgeprägt.[1]

Außer diesen Stoffwechselveränderungen müssen bei der Diätvorschrift für operierte Kranke auch die Störungen der Magen-Darmfunktionen bei Strahlenschädigungen berücksichtigt werden, über die bereits gesprochen wurde. Auch die Art des Traumas und der Operation, der Allgemeinzustand des Kranken u. a. bestimmen natürlich die Auswahl des Kostplanes. Eine sinnvoll aufgebaute Diät kann zusammen mit anderen Mitteln auch für die Prophylaxe und Behandlung der Strahlenschädigungen der verschiedensten Herkunft günstig sein (M. F. NESTERIN und G. P. EREMIN, C. HUNTER u. a.).

Auf dem Höhepunkt der Strahlenkrankheit empfiehlt sich eine leicht verdauliche, kalorien-, eiweiß- und vitaminreiche, schlackenarme Kost. Die Kohlehydratmenge soll möglichst klein gehalten werden, um Gasbildung zu verhindern und die Darmschleimhaut nicht durch zu viel Zellulose zu reizen. Es ist auch nicht ratsam, viel Fett zu geben. Besteht keine Kontraindikation von der Schädigung selbst oder von der Operation her (z. B. Verletzungen der Bauchorgane usw.), ist in den ersten Tagen rein flüssige Kost empfehlenswert, später je nach Zustand des Magen-Darm-Traktes eine halbflüssige und schließlich Normalkost. Die Nahrung soll häufig und in kleinen Portionen gegeben werden. Zur Verringerung der Intoxikation vom Darm her ist saure Milch angebracht. In späteren Stadien bewährt sich eine besonders eiweißreiche Diät. Bei allen Strahlenschädigungen ist reichliche Zufuhr von Vitaminen unbedingt notwendig im Hinblick auf die verschlechterte Regenerationsfähigkeit der Gewebe. Besonders wichtig sind folgende Vitamine: B_1 (Chlorthiamin), B_2 (Riboflavin), B_6 (salzsaures Pyridoxin), B_{12} (Cobalamin), PP-Faktor (Nikotinsäure), C (Askorbinsäure). Zweckmäßig dürfte also die Gabe von Polyvitaminen sein. Außerdem sind der Wasserverlust und die Intoxikation des Organismus mit Hilfe von Blutübertragungen, Plasma- und Flüssigkeitsinfusionen und reichlicher Gabe von Getränken zu bekämpfen. Nach den Versuchen von S. R. PEREPELKIN hat Milch-, Ei-, und Leberdiät einen günstigen Einfluß auf Verlauf und Ausgang der Strahlenkrankheit. Eine zusätzliche Anreicherung der Nahrung mit dem PP-Faktor und den Vitaminen P und C verbessert die therapeutisch-prophylaktischen Eigenschaften der angeführten Diät. Bei Inkorporation von radioaktiven Stoffen ist eine Diät zu verordnen, die eine beschleunigte Ausscheidung dieser Substanzen aus dem Organismus ermöglicht (mit hohem Gehalt an Phosphor und Calcium).

Wegen der Hypoproteinämie und der erheblich gestörten Resorptionsprozesse im Darm ist bei Strahlenschädigungen (namentlich postoperativ) eine parenterale

[1] I. I. IVANOV u. a., Der Stoffwechsel bei Strahlenkrankheit. Moskau 1956.

Ernährung der Kranken zweckmäßig, besonders bei Übelkeit, Erbrechen und anderen Magen-Darmstörungen. Dabei empfiehlt sich die Gabe von Eiweißhydrolysaten und -lösungen, bei denen das Eiweiß in Polypeptide und Aminosäuren aufgespalten ist, die vom Organismus gut und leicht eingebaut werden können. Dies kann bei geschwächten oder erschöpften Kranken entscheidende Bedeutung haben. Für die parenterale Ernährung sind die Eiweißhydrolysate und -lösungen (Hydrolysin, Aminopeptin, BK-8 usw.) in großen Dosen, zweckmäßigerweise kombiniert mit Glucose und Vitaminen, zu geben. Stehen keine Hydrolysate zur Verfügung, so muß man zu einfachen intravenösen Injektionen von 5- bis 40%iger Glucoselösung greifen. Die Zweckmäßigkeit parenteraler Eiweißgaben (Hydrolysate) wird durch eine Reihe von Versuchen an bestrahlten Tieren bestätigt. So konnte F. I. Gorelov an Hunden zeigen, daß sich bei kombinierten Strahlenschädigungen allmählich eine Hypoproteinaemie entwickelt und die darauffolgende Operation zu einer noch stärkeren Eiweißverarmung führt. Deshalb benötigt ein Operierter mit kombinierter Strahlenschädigung eine eiweißreiche Nahrung. Insbesondere ist die parenterale Eiweißzufuhr bei kombinierten Schädigungen ein obligatorischer Bestandteil der postoperativen Behandlungsmaßnahmen. *Nieren.* Nach Einwirkung ionisierender Strahlen auf den Organismus werden mehr oder weniger starke Nierenschäden beobachtet. Morphologisch äußert sich dies in dystrophisch-nekrotischen Veränderungen des Nierenepithels (besonders der Tubuli contorti), Blutaustritten, nekrotisierender Nephrose oder Nephrosklerose u. a. Die Nierenschädigung bei Strahlenkrankheit tritt klinisch auf in Form von pathologischen Urinbefunden, wie Albuminurie, Glykosurie, Zylindrurie, Nachweis von Erythrocyten, Leukocyten und Nierenepithelien, in Verringerung der täglichen Urinmenge (manchmal sogar bis zur völligen Anurie), in Haemoglobinurie, Verringerung der Chloridausscheidung, Erhöhung der Ausscheidung von Katalasen und Phosphatasen u. a. Sehr grobe Nierenschäden und Urinveränderungen treten dann in Erscheinung, wenn radioaktive Substanzen (z. B. Uran, Polonium u. a.) von den Nieren ausgeschieden werden, aber auch bei kombinierten Strahlenschäden (U. I. Kožlaeva). Manchmal sind die Nierenschäden so groß, daß sie zu uraemischen Zuständen führen. Ernste pathologische Nierenveränderungen (die leicht durch einfache Urinuntersuchung feststellbar sind) stellen eine Kontraindikation gegen die Narkose dar (mit Ausnahme der Stickoxydulnarkose).

Bei kombinierten Strahlenschädigungen kommt es auch zu erheblichen Störungen der Nierenfunktion. So beobachtet man nach J. M. Lubenskij bei bestrahlten Hunden mit Schußverletzungen der Bauchhöhle einen starken Abfall der Diurese (besonders ausgeprägt am 2. und 6.—8. Tag), die sich erst nach einem Monat oder später wieder normalisiert. Parallel mit der Verringerung der Diurese sinkt auch die Chloridausscheidung im Urin. Postoperativ kommt es manchmal zu Harnverhaltungen. Sehr wirksam ist es, in diesem Fall den Patienten aufstehen zu lassen. Bleibt das jedoch erfolglos oder ist es nicht durchführbar, muß man zu anderen Mitteln greifen, Wärmflaschen, Glycerininjektion in die Harnröhre, intravenöse Injektion von Urotropin und schließlich Katheterisierung. Nierenschädigungen bedürfen einer internistischen Behandlung.

Für die Pflege von Wunden bei Strahlenkrankheit sind einige Besonderheiten zu beachten.

1. *Die Bekämpfung der Infektion* ist eine der wichtigsten Aufgaben der postoperativen Pflege. Charakteristisch für die kombinierten Strahlenschädigungen ist, wie schon gesagt, die Neigung zu Infektion, bedingt durch die verringerte Widerstandskraft des Organismus und das Auftreten der Bakteriaemie (s. Kap. II). Darum müssen die antibakteriellen Präparate im Komplex der postoperativen Behandlungsmaßnahmen an vorderster Stelle stehen. Es handelt sich dabei um eine breite innerliche und lokale Anwendung der verschiedenen Antibiotica. Dabei sei noch einmal hervorgehoben, daß bei radioaktiv verseuchten Verletzungen und Verbrennungen die Antibiotica recht hoch zu dosieren sind. Mit Rücksicht auf die geschwächte Widerstandskraft solcher Kranker gegen Infektionen muß man der Infektionsprophylaxe bei allen postoperativen ärztlichen Manipulationen besondere Aufmerksamkeit schenken (Verbände, Injektionen usw.).

2. *Zur Bekämpfung der Blutungsbereitschaft* werden kleine (haemostatische) Mengen von Blut und Plasma übertragen und lokale Haemostatica angewendet: Gelatineschwamm, Thrombin (Tampons mit Thrombinlösung), biologische antiseptische Tampons (Andrücken an die blutende Stelle für 1—2 Min.), Trockenplasma usw. Eine der häufigsten Komplikationen nach der primären Wundversorgung ist die Bildung von Haematomen. Die Verbände und alle Manipulationen an der Wunde müssen sehr vorsichtig vorgenommen werden, weil schon eine kleine Schädigung der schlaffen und spärlichen Granulationen stärkste Blutungen hervorrufen kann. Noch größere Vorsicht ist geboten, wenn in der Wunde große Blutgefäße liegen. Besonders gefährlich ist die Anlegung von Drains in der Nähe von Gefäßen.

3. *Zur Stimulation der regenerativen Wundprozesse*, die als Bestrahlungsfolge darniederliegen, gibt es die verschiedenen Möglichkeiten der physikalischen Therapie, Blutübertragungen, Novocainblockade u. v. a. Wegen der verlangsamten Wundheilung dürfen die Nähte (zur Vermeidung von Dehiszenzen der Wundränder) erst später entfernt werden als gewöhnlich, genauer gesagt: nicht vor dem 12.—15. Tag. Die Behandlung der verschiedenen Wundkomplikationen richtet sich nach den üblichen Regeln der Chirurgie und Traumatologie.

Bei der Pflege stark radioaktiv verseuchter Wunden sind die charakteristischen Besonderheiten der „radioaktiven Mixta" zu berücksichtigen. Insbesondere empfehlen sich reichlich lokale (durch dünne Drains) und interne Anwendung von Antibioticis, Übertragung von Blut, Blutersatz und anderen Mitteln zur Stimulation der Regenerationsprozesse. Die Frage, wie häufig der Verband gewechselt werden muß, ist je nach Grad der Radioaktivität zu entscheiden. Wenn nach der primären Versorgung derartiger Wunden die Radioaktivität in erlaubten Grenzen liegt, wird man die Salbenverbände (VIŠNEVSKIsche Salbe) in größeren Abständen wechseln. Ist trotz der primären Versorgung die Wunde stark radioaktiv geblieben, so ist häufiger (täglicher) Verbandwechsel mit hypertonischen Lösungen (Chlornatrium, Magnesiumsulfat oder dem früher erwähnten Puder) notwendig. Dies führt zu intensiverem Aufsaugen der radioaktiven Substanzen durch den Verband und damit zu einer schnelleren Reinigung der Wundfläche. Bei glattem Wundverlauf und negativem Ergebnis der dosimetrischen Kontrolle kann man eine Sekundärnaht in den Fällen vornehmen, bei denen eine primäre Naht kontraindiziert war.

Anästhesie

Unter den verschiedenartigen und zahlreichen Fragen, die sich bei der chirurgischen Hilfeleistung an Atombombenopfern ergeben, ist eine der wichtigsten die der Schmerzausschaltung bei Operationen an Verletzten mit kombinierten Strahlenschädigungen. Diesem Problem widmen viele Autoren große Aufmerksamkeit, hängt doch die Auswahl der Betäubungsmittel und ihre Anwendungstechnik entscheidend vom Einsatz der Atomwaffen ab.

Welche Besonderheiten der Atomexplosion können die Auswahl der chirurgischen Schmerzausschaltung beeinflussen? Es sind dies: erstens die Notwendigkeit der Schmerzausschaltung bei kombinierten Strahlenschädigungen, zweitens möglicherweise die Notwendigkeit einer Operation und folglich auch einer Betäubung unter den örtlichen Gegebenheiten einer radioaktiven Verseuchung.

Beim kombinierten Trauma muß man berücksichtigen, daß „zahlreiche experimentelle Untersuchungen und klinische Beobachtungen auf die Zweckmäßigkeit der Anwendung von Schlafmitteln und Narcoticis sowohl in der Anfangs- als auch in der Höhepunktsperiode der Strahlenkrankheit hinweisen" (M. N. Pobedinskij). Indikation und Kontraindikation zur Anwendung bestimmter Betäubungsarten bei kombinierten Schädigungen werden in der Hauptsache (außer allgemeinmedizinischen Indikationen und Kontraindikationen) von Art und Schwere der Schädigung abhängen. Bei der Wahl des Narkoseverfahrens muß man, wie gesagt, von den Besonderheiten des pathophysiologischen, des pathologisch-anatomischen und des klinischen Bildes der kombinierten Schädigung ausgehen. Nur bei guter Kenntnis dieser Pathologie und unter Berücksichtigung der individuellen Besonderheiten des Verletzten sowie der allgemeinmedizinischen Indikationen und Kontraindikationen kann man das richtige Betäubungsverfahren, das für den Strahlengeschädigten am günstigsten ist, wählen. Außerdem bleibt natürlich die Wirkung der einzelnen Schlaf- und Narkosemittel auf Verlauf und Ausgang der Strahlenkrankheit zu berücksichtigen.

Als allgemeiner, großer Mangel haftet den meisten Narkosemitteln, die der Schmerzausschaltung dienen, bekanntlich die toxische Wirkung auf das Herzgefäßsystem, die Atmungsorgane und die parenchymatösen Organe an. Mehr oder weniger ausgeprägte Schäden an Herz, Lunge und parenchymatösen Organen werden bei der akuten (hauptsächlich in der 3. und 4. Periode) und in den meisten

Fällen auch bei der chronischen Strahlenkrankheit beobachtet.[1] Für kombinierte Traumen gilt es, wie bereits erwähnt, noch eine Reihe zusätzlicher charakteristischer Besonderheiten zu berücksichtigen.

Nach diesen einführenden Worten wollen wir uns mit den grundsätzlichen Fragen der Schmerzausschaltung bei kombinierten Strahlenschäden beschäftigen. Betrachten wir zunächst die wichtige Frage der Narkosevorbereitung. Wendet man bei kombinierten Traumen eine Ätherinhalationsnarkose oder irgendeine andere Allgemeinnarkose an, so muß unter allen Umständen eine motorische Exzitation vermieden werden. Eine der charakteristischen Besonderheiten der Wirkung von Narkosemitteln auf bestrahlte Tiere ist es, daß die Exzitationsperiode stark abgeschwächt ist oder sogar völlig fehlt (P. V. Vasil'ev und P. P. Saksonov). Infolge des belastenden Einflusses körperlicher Bewegung auf Verlauf und Ausgang der Strahlenkrankheit (S. 127) gewinnt die Frage der Narkosevorbereitung besondere Bedeutung. Bekanntlich besteht diese Vorbereitung meist in einer Morphininjektion oder in der Gabe verschiedener Schlafmittel, Atropin usw.

Die vorliegenden Befunde lassen vermuten, daß Morphin die Strahlenkrankheit nicht ungünstig, ja manchmal wohl sogar günstig beeinflußt. J. B. Kahn injizierte Mäusen 30 Minuten vor Röntgenbestrahlung Morphin und stellte fest, daß Morphin ihre Radioresistenz erhöht. 50% der Kontrolltiere starben bei einer Dosis von 609 r, 50% der Morphinmäuse bei einer Dosis von 830 r. Der Autor nimmt an, daß Morphin die Strahlenresistenz der Mäuse dadurch erhöht, daß es das Atemzentrum etwas dämpft und damit einen Sauerstoffmangel im Organismus hervorruft. Demnach schwächt die durch Morphin hervorgerufene Hypoxaemie oder Hypoxie die Schädigung des Organismus durch Röntgenstrahlen ab[2].

Eine Schutzwirkung des Morphins stellten auch S. B. Balmuchanov, N. T. Vaganova u. a. in Versuchen fest. Bei den durch die Havarie des Uranreaktors im Laboratorium von Los Alamos (USA) Geschädigten wurden bei schmerzhaften Brandwunden Morphin und andere schmerzstillende Mittel gegeben. Dies geschah allerdings hier nicht zur Beeinflussung der Strahlenkrankheit, sondern nur um die Schmerzen zu lindern (L. H. Hempelmann, H. Lisco, I. G. Hoffman). *Die Anwendung von Morphin bei kombiniertem Trauma ist demnach also ganz allgemein und besonders auch als Narkosevorbereitung im großen und ganzen möglich und zulässig.* Man muß jedoch darauf hinweisen, daß Morphin manchmal das Atemzentrum stärker beeinträchtigen und auch unerwünschte Folgen hervorrufen kann. Was die Möglichkeit anbelangt, dem Morphin ähnliche narkotische Mittel wie Promedol anzuwenden, so sprechen die Experimente von N. T. Vaganova anscheinend für einen negativen Einfluß von Promedol auf Verlauf und Aus-

[1] Einzelheiten vgl. in den Werken von A. V. Kozlova und E. I. Vorob'ev, N. A. Kraevskij, M. N. Pobedinskij, B. N. Tarusov, Ch. F. Behrens, Th. Sears u. a.

[2] Gut bekannt ist in der Radiobiologie die Tatsache, daß jede Erniedrigung des Sauerstoffpartialdrucks in den Geweben den Wirkungseffekt der durchdringenden Strahlung auf Organismen verringert.

gang der Strahlenkrankheit. Diese Versuche müssen jedoch noch bestätigt werden.

Experimentelle Befunde und klinische Beobachtungen zeigen, daß eine ganze Reihe von Schlafmitteln bei der Strahlenkrankheit unschädlich sind, so zum Beispiel Bromide (I. G. Spasskaja, K. N. Čočia), Luminal (A. N. Kruglov und I. M. Klavdienko), Chloralhydrat (C. L. Martin und W. H. Moursund u. a.), manchmal sogar einen günstigen Einfluß auf Verlauf und Ausgang der Strahlenkrankheit haben. So verwendeten A. N. Kruglov und I. M. Klavdienko zur Kupierung der Allgemeinreaktion bei Röntgenbestrahlung Luminal. Die Kranken bekamen 3× täglich 0,1 Luminal während der ganzen Röntgentherapieserie. Es stellte sich heraus, daß Luminal die Symptome der allgemeinen Strahlenreaktion verwischt und kupiert. C. L. Martin und W. H. Moursund versuchten Chloralhydrat, ebenso einige Barbiturate bei Strahlenkranken und stellten eine gewisse Besserung des Krankheitsverlaufes fest. Interessant ist, daß sich bei Hemmung des Zentralnervensystems, z. B. durch Luminal, die Verteilung der radioaktiven Substanzen im Körper ändert: In den parenchymatösen Organen kommt es zur Abnahme, in den Knochen zur Zunahme der Speicherung. Umgekehrt nimmt bei Erregung des Nervensystems (Cardiazol) die Speicherung radioaktiver Stoffe in den inneren Organen zu (nach B. N. Tarusov). Nach V. I. Bajdak und V. I. Zapadnjuk ändert sich die Resorption radioaktiver Stoffe durch die Schleimhäute bei Erregung (Coffein, Strychnin) oder bei Hemmung (Narkotika) des Zentralnervensystems. Diese Befunde machen den tiefreichenden Einfluß der Narkotika auf die Verteilung der radioaktiven Stoffe im Organismus und damit auch auf die innere Bestrahlung deutlich!

Die Anwendung von Atropin in der praeoperativen Periode verdient besondere Aufmerksamkeit, da sich in der Literatur Angaben über eine sogenannte Schutzwirkung des Atropins bei Strahlenschäden finden. So führt zum Beispiel nach Larkin die Anwendung von Atropin vor der Bestrahlung bei Tieren dazu, daß die Strahlenkrankheit sich langsamer entwickelt und der Tod erst nach einer wesentlich höheren Röntgenstrahlendosis eintritt als bei den Kontrolltieren. Analoge Angaben über die Schutzwirkung von Atropin machen auch andere Autoren (A. Lacassagne u. a.). Eine Reihe Autoren negieren jedoch jegliche Schutzwirkung des Atropins kategorisch (I. G. Spasskaja). Die Angaben sind also recht widersprechend. Wichtig ist, daß Atropin anscheinend keinen ungünstigen Einfluß auf die Strahlenkrankheit hat. Dies gestattet dem Chirurgen, Atropin, wenn nötig, auch bei kombinierten Strahlenschädigungen anzuwenden.

Allgemeine Betäubung

Die häufigste und verbreitetste allgemeine Betäubung, besonders unter Kriegsbedingungen, bleibt bisher immer noch die Inhalationsnarkose (hauptsächlich Aether). Man braucht nur daran zu erinnern, daß im zweiten Weltkrieg diese Methode in 30,2% aller Fälle angewandt wurde (A. D. Stukkej), im Frieden in fast 20% (V. I. Stručkov). Wir müssen uns deshalb mit ihrer Verwendungsfähigkeit bei kombinierten Traumen auseinandersetzen. Experimentelle Befunde sprechen dafür, daß bei Röntgenbestrahlung narkotisierter Tiere die Symptome der Strahlenkrankheit schwächer in Erscheinung treten, die Tiere länger leben und die Sterblichkeit gegenüber Kontrolltieren, die ohne Narkose bestrahlt wurden, geringer ist.

Aetherchloroform- und Magnesiumnarkose wendeten S. A. NIKITIN und E. P. MAKSIMČUK bei der Röntgenbestrahlung von Kaninchen an. Bei den Tieren, die sich vor oder nach der Bestrahlung in tiefer Narkose befanden, blieb ein Röntgenschock aus. Diese Tiere starben dementsprechend auch nicht im Schock, wie die nicht narkotisierten Kontrolltiere, sondern in einigen Fällen erst später infolge der Weiterentwicklung der Strahlenkrankheit. Bei der Untersuchung der Rolle des Nervensystems beim Manifestierungsprozeß der Strahlenwirkung zeigten L. F. LARIONOV, L. F. SEMENOV, E. A. DIKOVENKO und E. A. PROKUDINA den günstigen Effekt einer Schutzhemmung im zentralen Nervensystem während der Bestrahlung. Der narkotische Effekt wurde mit Aether und Barbamil erreicht. Es zeigte sich, daß die pathologischen Folgen bei Bestrahlung der Tiere in Narkose schwächer sind; 18% blieben am Leben gegenüber 100% Letalität im Kontrollversuch. Bei einer Letalität von 95% im Kontrollversuch überlebten bei Narkose 30—35%. Bezeichnenderweise verminderte die Narkose nicht die Grundsymptome der Strahlenkrankheit, aber die Wiederherstellung der gestörten Organfunktionen trat bei den narkotisierten Tieren viel schneller ein. So normalisierten sich die Blutbildungsorgane 7—10 Tage früher. Wichtig ist, daß weder eine Narkose unmittelbar nach der Bestrahlung noch wiederholte Narkosen oder ein medikamentöser Dauerschlaf einen Schutzeffekt zeigten. B. M. GRAEVSKAJA und R. J. KEILINA untersuchten den Einfluß der Aether-Morphin-Narkose auf die Strahlenkrankheit bei Hunden, die unter Narkose bestrahlt wurden. Sie verfolgten 5 Monate lang die Reaktion der Tiere auf Glucose- oder Adrenalingaben. Bei den in Narkose bestrahlten Tieren wurden keine Unterschiede in der Reaktion auf Glucose oder Adrenalin vor und nach der Bestrahlung bemerkt. Bei den ohne Narkose bestrahlten Kontrolltieren waren erhebliche Veränderungen im Kohlehydratstoffwechsel festzustellen, die sich in Reaktionsänderungen auf Adrenalin- oder Glucoseinjektionen äußerten. Nach A. D. JARUŠEVIČA wirkt sich die intratracheale Aethernarkose bei Lungenoperationen von Hunden in der Latenz-, Anfangs- und Höhepunktsperiode der Strahlenkrankheit nicht ungünstig aus, erhöht auch die Letalität nicht. Als Praemedikation können ohne Nachteil Morphin, Atropin und Aminasin gegeben werden. Die intravenöse Narkoseeinleitung mit Tiopentalnatrium oder Pentotal wirkt sich auf den postoperativen Verlauf nicht ungünstig aus. Nach I. J. TICHONIN, I. S. KAS'JANOV, N. T. VAGANOVA und M. I. KUTEPOVA vertragen Hunde bei Operationen in der Anfangsperiode der Strahlenerkrankung die Morphin-Aether-Narkose schlecht, in der Latenzperiode jedoch gut. Nach Experimenten von F. I. GORELOV an Hunden darf die Morphin-Aether-Narkose bei Operationen in den verschiedensten Perioden der Strahlenkrankheit angewendet werden. Am besten wird sie in der Zeit der Primärreaktion und in der Entscheidungsphase vertragen. In der Höhepunktsperiode kommt es häufig zu Komplikationen während der Narkose (Atemstillstand u. a.) und danach (Pneumonien u. a.) (Abb. 37). Die meisten Narkosekomplikationen und die größte Sterblichkeit beobachtet man — darüber sind sich die meisten Autoren einig — in der Höhepunktsperiode der Strahlenkrankheit.

Der arterielle Druck ist bei der Aethernarkose bestrahlter Tiere nach E. F. LEONOVA bedeutend niedriger als bei nichtbestrahlten. Bei Aetherüberdosierung kam es bei den Kontrolltieren zunächst zum Atemstillstand und dann zur Blutdrucksenkung; bei den bestrahlten beobachtet man noch vor dem Aussetzen der Atmung eine starke Erniedrigung des arteriellen Druckes. Dies deutet auf eine geringere Widerstandsfähigkeit des vasomotrischen Zentrums der bestrahlten

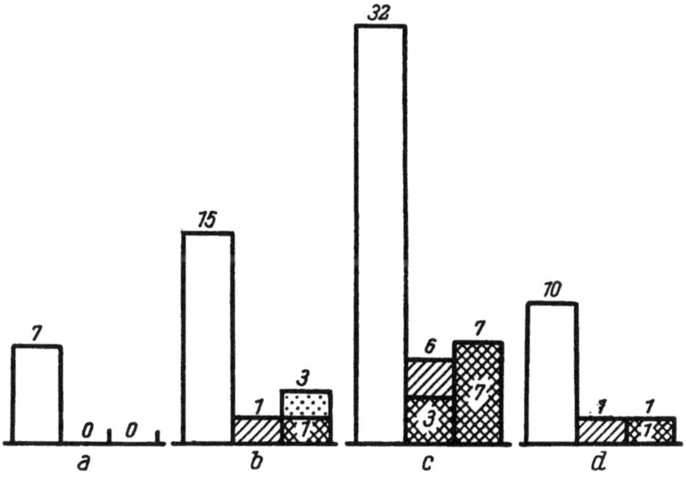

Abb. 37. Komplikationen und Sterblichkeit bei Morphin-Aether-Narkose und in der postoperativen Periode bei kombinierten Strahlenschädigungen (nach F. I. GORELOV).

a — Kontrolle (Operation bei Nichtbestrahlten), *b* — Anfangsperiode, *c* — Höhepunktsperiode, *d* — Genesungsperiode, weiße Säule — Gesamtzahl, schräg schraffiert — Atemstillstand, schräg schraffiert und doppelt schraffiert — Atemstillstand und dadurch bedingter Tod, punktiert und doppelt schraffiert — Pneumonie und dadurch bedingter Tod; die Zahlen geben die Anzahl der Tiere an.

Tiere gegen Aether hin. Es ist zu beachten, daß der narkotische Effekt des Aethers bei bestrahlten Tieren in der Regel erhöht ist, und zwar besonders in der Höhepunktsperiode der Erkrankung; in einer Reihe von Fällen riefen normale Aetherdosen in der 2.—3. Woche der Erkrankung schwere Vergiftungen mit tödlichem Ausgang hervor. Noch empfindlicher reagieren bestrahlte Tiere auf Chloroform: Bei manchen sah man schon in den ersten Stunden nach der Bestrahlung schwere Vergiftungen, die zum Tode führten (P. V. VASIL'EV und P. P. SAKSONOV). Daher können wir uns der Meinung einiger Autoren nicht anschließen, die ohne besondere Begründung die Anwendung von Chloroform bei Massenkatastrophen befürworten (R. SOPER u. a.). Sehr günstige Ergebnisse mit Aethernarkose bei den verschiedensten Operationen an bestrahlten Tieren hatten B. S. BABAŠEV,

A. N. Gamaleja, I. V. Govorkun, M. Praslicka u. a. Andere Autoren weisen darauf hin, daß bestrahlte und verwundete Tiere Aether- oder Aether-Chloroform-Narkose schlecht vertragen (V. I. Filatov u. a.).

Auch mit Alkoholnarkose wurden recht günstige Resultate erzielt. E. I. Bakin, I. P. Dolgačev und O. S. Il'ina injizierten 30%igen Alkohol zur Behandlung der Strahlenkrankheit bei Mäusen und Ratten unmittelbar vor der Bestrahlung. Der Alkohol erhöhte die Überlebenszeit der Versuchstiere und die Überlebensrate um 30% gegenüber den Kontrolltieren ohne Alkohol. Nach E. Paterson und J. J. Matthews verlängert die Alkoholinjektion (20—80 Minuten vor der Bestrahlung) bei Mäusen die Überlebenszeit und senkt die Sterblichkeit um 37%. Diese Befunde hat auch A. Patt bestätigt. Die Autoren sind der Meinung, daß der Schutzeffekt des Alkohols gegenüber durchdringender Strahlung offensichtlich von der anaesthesierenden Wirkung unabhängig ist. Nach E. Paterson zeigt der Alkohol keinen Schutzeffekt, wenn er nach der Bestrahlung gegeben wird. P. I. Lomonos untersuchte die Veränderungen der bedingten Reflexe am strahlenkranken Hund und gab nach der Bestrahlung Alkohol und Amitalnatrium. Der Alkohol hatte keinen merklichen Einfluß auf die bedingt reflektorische Tätigkeit. Amitalnatrium hatte in manchen Fällen eine positive Wirkung, in anderen blieb sie aus.

Die aufgezählten Narkotika entfalten also, vor der Bestrahlung gegeben, häufig eine gewisse Schutzwirkung gegen die Bestrahlung. Ihre Anwendung nach der Bestrahlung zeigt weder Schutzwirkung noch beeinflußt sie in irgendeiner Weise Verlauf und Ausgang der Strahlenkrankheit. Berücksichtigt man die klinischen Besonderheiten der verschiedenen Formen und Grade von Strahlenkrankheit und kombinierten Schädigungen sowie die Wirkung der Narkotika auf Atmung, Herzgefäßsystem und parenchymatöse Organe, muß man sagen, daß die Aether-Inhalationsnarkose in der 1. und 2. Periode der akuten Strahlenkrankheit und bei leichten chronischen Formen angewendet werden darf.[1] In der 3. Periode der akuten und bei mittleren und schweren Graden der chronischen Strahlenkrankheit ist die Aether-Inhalationsnarkose in der Regel kontraindiziert. Chloroform ist bei allen Stadien der Strahlenschädigung absolut kontraindiziert.

Auf Grund der Erfahrungen in Japan empfiehlt Th. Sears die breite Anwendung der Aethernarkose in der Chirurgie der Atombombenverletzungen. Die Verwendungsmöglichkeit der Aetherinhalationsnarkose bei radioaktiv verseuchten Wunden hängt vom Vorhandensein und der Schwere der Allgemeinerscheinungen, d. h. im wesentlichen von den Symptomen der Strahlenkrankheit ab. Fehlen diese, kann jede beliebige Betäubung verwendet werden; bei Erscheinungen von Strahlenkrankheit verfährt man wie oben ausgeführt. B. D. Sabudskij zeigte durch Experimente an Kaninchen, daß Aethernarkose die Resorptionsgeschwindigkeit mancher radioaktiver Stoffe (P^{32}) durch die Haut verringert (fast auf die Hälfte). Die Resorptionsänderung für radioaktive Stoffe hängt von der Narkosetiefe ab.

[1] Von Allgemeinnarkose (darunter auch der Äthernarkose) ist in den Fällen der Primärreaktion nach Bestrahlung nur dann abzusehen, wenn diese mit einer starken Blutdrucksenkung einhergehen.

Wenn bei kombinierten Strahlenschädigungen eine Aethernarkose kontraindiziert, eine Allgemeinnarkose aber unbedingt erforderlich ist, muß man (sofern die Arbeitsbedingungen es erlauben), zu der weniger gefährlichen Gasnarkose (Stickoxydul u. a.) greifen, die zusammen mit Lokalanaesthesie die beste Betäubungsmethode bei Strahlenschädigungen ist. So überzeugte sich B. S. Babašev bei Laparotomien an bestrahlten Hunden, wobei die verschiedensten Narkosearten verglichen wurden, von den Vorzügen der Stickoxydulnarkose; sie verlief von allen am günstigsten, allerdings genügte die Schlaftiefe nicht immer. Die Anwendung dieser Narkose begegnet jedoch bei Atomexplosionsschädigungen technischen Schwierigkeiten und ist meist wohl nur in größerer Entfernung vom Katastrophenort möglich.

F. M. Danovič und M. J. Sorokoumova untersuchten die Wirkung der Stickoxydul- und der Aethersauerstoffnarkose bei 157 Kaninchen mit kombinierten Strahlenschädigungen (Bestrahlung mit 680 r und unkompliziertem Oberschenkelbruch), denen der Oberschenkel amputiert wurde. Ihre Experimente zeigten, daß beide Narkosearten in allen Perioden der Strahlenkrankheit anwendbar sind. Ein merklicher Unterschied im Verlauf der Gas- und der Aethersauerstoffnarkose war bei den bestrahlten Tieren nicht festzustellen, jedoch erhöhte sich die Empfindlichkeit der Tiere gegen die Narkotika mit Entwicklung der Strahlenkrankheit. Die besten Resultate im Sinne einer höheren Lebenserwartung der Tiere, die unter Narkose operiert wurden, erzielte man bei der Stickoxydulnarkose in den ersten 6 Stunden nach der kombinierten Schädigung, bei der Aethersauerstoffnarkose in den ersten 12 Stunden, die schlechtesten in der Höhepunktsperiode der Strahlenerkrankung (Abb. 38). Günstige Ergebnisse mit der Stickoxydulnarkose bei bestrahlten Tieren erzielten auch G. M. Gorban', P. P. Saksonov u. a.

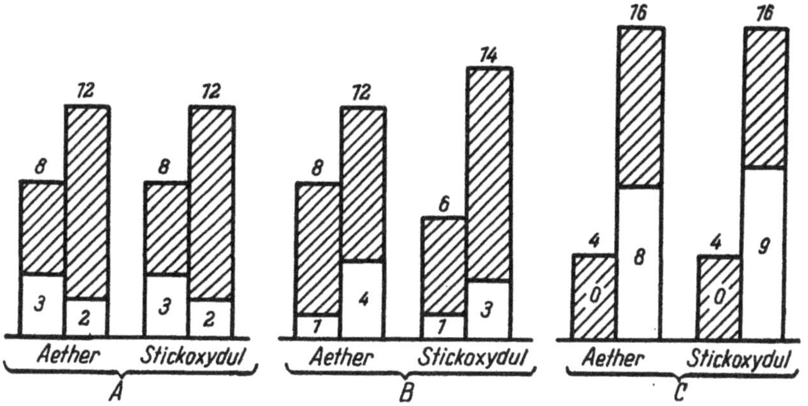

Abb. 38. Anwendung der Aether-Sauerstoff- und Gasnarkose (Stickoxydul) bei kombinierten Strahlenschädigungen (nach F. M. Danovič und M. J. Sorokoumova).

A — Anfangsperiode (nach 6—12 Stunden), *B* — Latenzperiode (nach 24 Stunden), *C* — Höhepunktsperiode (nach 9—14 Tagen), Erste Säule — unbestrahlte Tiere, zweite Säule — bestrahlte Tiere, schraffiert — überlebend, weiß — gestorben

Was die Möglichkeit der Anwendung der *intravenösen Narkose* mit Barbitursäurepräparaten (Hexenal, Evipan, Pentotal u. a.) bei kombinierten Strahlenschädigungen anlangt, ist folgendes zu berücksichtigen: Die intravenöse Narkose wird sowohl im Frieden (0,54% aller Narkosen nach V. I. STRUČKOV) als auch im Krieg (1,2% nach A. D. STUKKEJ) wegen der häufigen Komplikationen selten angewandt. Die intravenöse Narkose führt manchmal zu einer Blutdrucksenkung, die bei der Mehrzahl der kombinierten Schädigungen (traumatischer und Verbrennungsschock, Hypotension bei Strahlenkrankheit) ohnehin häufig auftritt. Außerdem ist die intravenöse Narkose bei Sepsis, Peritonitis, schweren Blutungen, Lebererkrankungen und bei schlechtem Allgemeinzustand der Verwundeten kontraindiziert.

Zur Medikation von Barbituraten bei Strahlenkrankheit gibt es viele experimentelle Untersuchungen, die diesen bestimmte Schutzeigenschaften gegen Strahlenschädigungen zuerkennen wollen. Hiervon seien nur einige angeführt.

Nach G. RICHARDS und M. PETER hat Nembutal (0,1—0,2 pro dosi) bei Strahlenkranken meist einen günstigen Effekt, allerdings ist zu beachten, daß sich die Kranken an dieses Präparat gewöhnen. Im Gegensatz dazu vertreten H. PATTERSON und F. H. FIGGE auf Grund eigener Experimente die Ansicht, daß intravenöse Gabe von Nembutal keinen Einfluß auf den Verlauf der Strahlenkrankheit und auf die Überlebensrate bestrahlter Mäuse ausübt. A. PATT wendete die gleiche Nembutalnarkose bei Mäusen während der Bestrahlung an und stellte in manchen Fällen eine Schutzwirkung gegen Röntgenstrahlen fest, in anderen nicht. Der Autor vermutet, daß die manchmal zu beobachtende Schutzwirkung Folge einer Dämpfung des Atemzentrums mit daraus resultierender Anoxie ist. I. G. SPASSKAJA maß dem Zustand des Nervensystems bei der Entwicklung der allgemeinen Strahlenraktion eine große Bedeutung bei und wendete bei Mäusen und Ratten eine Hexenalnarkose an. Hexenal verlängerte die Überlebenszeit sehr beträchtlich und verringerte die Sterblichkeit der bestrahlten Tiere. So lag die Sterblichkeit der narkotisierten Tiere bei 45%, die der Kontrolltiere bei 73%. Zu besonders guten Ergebnissen führte eine komplexe Therapie mit Hexenal, Novocain, Bromiden, Penicillin und Glucose. Bei den auf diese Weise behandelten Tieren betrug die Sterblichkeit nur 31% gegenüber den Kontrolltieren mit 60%.

Verschiedene Präparate aus der Gruppe der Barbitursäurederivate (Hexenal, Pentotal) testeten L. F. LARIONOV, L. F. SEMENOV, E. A. DIKOVENKO und E. A. PROKUDINA in eigenen Versuchen. Es zeigte sich, daß diese Barbiturate im großen und ganzen denselben Schutzeffekt ergeben wie die kombinierte Aether-Barbamil-Narkose (vgl. S. 144). Eine ganz bestimmte Rolle in der Schutzwirkung der Narkotika kommt offensichtlich der Tiefe und dem Grad der Hemmung im Moment der Strahleneinwirkung zu. Kleine Barbituratgaben (die keinen tiefen Schlaf hervorrufen) oder Morphin in sedativen Dosen ohne narkotischen Effekt hatten einen wesentlich schwächeren Schutzeffekt. Die Autoren geben an, daß ein Schutzeffekt der Narkotika, wenn sie mit anderen Wirkstoffen kombiniert werden, während der Bestrahlung auftritt bzw. sich verstärkt (z. B. bei gleichzeitiger Gabe von schwefelhaltigen Verbindungen u. a.). So ergibt kombinierte Anwendung von Narkose und Thioharnstoff eine Überlebensrate von etwa 70% (bei 100% Letalität der Kontrolltiere).

Nach L. M. CHORVON zeigen Barbitursäurepräparate bei Strahlenkrankheit nur an solchen Patienten einen positiven Effekt, die gleichzeitig an irgendwelchen Erkrankungen des Nervensystems leiden. H. PATTERSON und F. H. FIGGE gaben Mäusen vor der Bestrahlung Pentobarbamital-Natrium und stellten bei den narkotisierten Tieren eine Sterblichkeit von 51% fest gegenüber 75% bei den Kontrolltieren. Die Autoren schließen hieraus, daß die Senkung der Radiosensibilität der narkotisierten Tiere von der Herabsetzung der Stoffwechselintensität oder von der Hypoxaemie unter der Narkose abhängt.

Interessante Erfahrungen machten G. E. GUSTAFSON und F. A. CEBUL an bestrahlten Hunden, die sie in Pentobarbamital-Natriumnarkose operierten (Dünndarmresektion). Die Sterblichkeit der operierten und bestrahlten Hunde betrug 44%, die der Kontrolltiere (nicht bestrahlt) 39%, d. h., es bestand nur ein geringer Unterschied. Blutbild, Körpergewicht, allgemeinklinisches und pathologisch-anatomisches Bild der Strahlenschädigung unterschieden sich bei den operierten Hunden durchaus nicht. Nach diesen Ergebnissen üben also weder Narkose noch ernste Operation einen besonders negativen Einfluß auf Verlauf und Ausgang der Strahlenkrankheit aus, was für die Chirurgen von ganz besonderem Interesse ist.

P. V. VASIL'EV und P. P. SAKSONOV untersuchten die Wirkung von Narkosemitteln auf bestrahlte Tiere und stellten fest, daß die Unterschiede in der Wirkung einerseits von der Art des Narkosemittels und andererseits vom Stadium und der Entwicklungsperiode der Strahlenkrankheit abhängen. So ist bei Gabe von Hexenal in den ersten Stunden nach der Bestrahlung eine Abschwächung der narkotischen Wirkung festzustellen. Die Hexenaldosis, die bei 95—100% der nichtbestrahlten Tiere eine Narkose hervorrief, hatte nach der Bestrahlung nur in 20—45% der Fälle einen narkotischen Effekt. Tiefe und Dauer der Narkose sind bei bestrahlten Tieren immer geringer. In der Anfangsperiode der Strahlenkrankheit, besonders aber in der Höhepunktsperiode liegt die Empfindlichkeit der Tiere gegen Hexenal erheblich höher. Die übliche Narkosedosis rief in diesen Fällen längere und tiefere Narkose hervor als gewöhnlich. Außerdem starb ein Teil der bestrahlten Tiere bei dieser Hexenaldosis während der Narkose.

Für die allgemeine und besonders für die intravenöse Narkose ist bemerkenswert, daß bestrahlte Tiere gegen Narkotika je nach Phase oder dem Stadium der Strahlenkrankheit verschieden empfindlich sind. Für Hexenal haben dies G. M. GORBAN' und P. P. SAKSONOV, V. B. ISAČENKO, K. K. POPLAVSKIJ, A. M. RUSAKOV u. a. experimentell nachgewiesen. L. I. GREBENKIN und Z. I. SOLOV'EVA gaben Ratten intraperitoneal Tiopental-Natrium zusammen mit radioaktivem Schwefel. Der größte Teil des radioaktiven Schwefels sammelte sich in Leber, Blut, Lunge, Herz und Gehirn. Besonders bemerkenswert ist jedoch, daß sich mit dem Erwachen der Tiere aus der Narkose die Menge der radioaktiven Substanzen in allen Organen und Geweben verringerte, was für den großen Einfluß der Narkose auf die Verteilung der radioaktiven Stoffe im Organismus spricht.

Die vorliegenden Befunde berechtigen zu der Annahme, daß auch die intravenösen Barbituratnarkosen in der 1. und 2. Periode der akuten und bei leichten Graden der chronischen Strahlenkrankheit anwendbar sind. In der 3. Periode der akuten und bei mittleren Graden der chronischen Strahlenkrankheit ist diese Narkose jedoch kontraindiziert. Es ist aber zu beachten, daß in den ersten Stunden nach der Bestrahlung die narkotische Wirkung der Barbiturate (des Hexenals) stark herabgesetzt ist, eine Erhöhung der Dosis jedoch zum Tod des Patienten führen kann. Auf dem Höhepunkt der Strahlenkrankheit ist die Empfindlichkeit gegen Hexenal stark erhöht; die üblichen Dosen rufen bei einem bestrahlten Organismus längere Narkosen hervor als beim nichtbestrahlten. Darum ist bei Verwendung von Hexenal an bestrahlten Kranken besondere Vorsicht geboten. Was die seltene intravenöse Aethernarkose anlangt, so erhielt B. S. Babašev an bestrahlten Hunden ungünstige Ergebnisse (Erhöhung der Sterblichkeit).

Auch die rectale Narkose (Avertin, Narkolan u. a.) wird sehr selten angewandt, weshalb wir sie nur ganz kurz erwähnen. Falls sie sich bei kombinierten Strahlenschädigungen einmal als notwendig und möglich erweist, so ist das oben über die intravenöse Narkose Gesagte zu beachten. Darüber hinaus bleibt noch folgendes zu bemerken. Bei einigen Formen und Stadien der Strahlenkrankheit kommen auch Darmschädigungen vor. So beobachtete man bei einem Teil der Atombombenopfer in Japan Darmwandoedeme, Drüsennekrosen und Geschwürsbildungen im Dickdarm. Manchmal können schon in der 1. Periode der Strahlenkrankheit Durchfälle usw. auftreten. Es leuchtet ein, daß in all diesen Fällen eine rectale Narkose unmöglich ist.

In letzter Zeit hat man in der Chirurgie bei manchen schweren Operationen nicht ohne Erfolg die Hypothermie und verschiedene Ganglienblocker angewandt. Im Zusammenhang damit müssen wir kurz auf die bemerkenswerten günstigen Experimente über den Einfluß der Hypothermie auf Verlauf und Ausgang der Strahlenkrankheit eingehen.

Schon 1942 zeigte A. Lacassagne im Experiment an Ratten, daß starke Unterkühlung des Körpers vor der Bestrahlung die Lebenserwartung von Ratten auch nach hohen Röntgenstrahlendosen erhöht. J. B. Storer und L. H. Hempelmann wandten Magnesiumnarkose und Hypothermie bei bestrahlten Tieren an und führten die Unterkühlung vor, während oder gleich nach der Bestrahlung durch. Es zeigte sich, daß die Sterblichkeit der bestrahlten unterkühlten Tiere zwischen 62 und 73% lag, bei den Kontrolltieren zwischen 50 und 74%. Die Hypothermie hatte also keinen negativen Einfluß auf Lebenserwartung und Überlebensrate bei Strahlenkrankheit. Nach S. Hajdukovic, A. Hervé, V. Vidovic senkt die Hypothermie (kombiniert mit einer Nembutalnarkose) die Radiosensibilität der Ratte. Bei Tieren, die einer Hypothermie ausgesetzt waren, betrug die Sterblichkeit 30%, während alle Kontrolltiere starben. Nach S. A. Davydova erhöht die Hypothermie bei einmaliger Ganzbestrahlung mit letalen Dosen die Widerstandsfähigkeit von Ratten, wenn die rectale Temperatur unter 30° gebracht wird. Bei geringerer Temperatursenkung ist die Widerstandsfähigkeit gegen die Bestrahlung so gut wie unverändert.

J. I. KARIBOV bestätigt auf Grund seiner Experimente, daß Strahlenkrankheit mit Hypothermie leichter verläuft und pathologische Veränderungen an den Lungen dabei seltener beobachtet werden und geringer ausgeprägt sind als ohne Hypothermie. Die Anwendung von Hypothermie auf dem Höhepunkt der Strahlenkrankheit hat keinen merklichen Einfluß auf Entstehung und Verlauf pathologischer Lungenprozesse. Die Anwendung einer leichten Hypothermie (28—29°) zeigt nach T. N. DŽAPARIDZE einen günstigen Einfluß auf Verlauf und Ausgang der Strahlenkrankheit beim Hund.

Nach Experimenten von J. I. VEKSLER führt die künstliche Unterkühlung bei verschiedenen Tierarten zu starken Veränderungen im Ablauf der Strahlenschädigungen: Lebensverkürzung, Erhöhung der Sterblichkeit, Verstärkung der klinischen und pathophysiologischen Erscheinungen des akuten Strahlensyndroms. Die Wiederherstellung der durch die künstliche Unterkühlung gestörten Funktionen verkürzt sich bei schnellem (aktivem) Aufwärmen der bestrahlten Tiere und verzögert sich bei langsamem (spontanem) Herausführen aus der Hypothermie. Im letzteren Fall sind die Hypothermiefolgen für den Verlauf des akuten Strahlensyndroms schwerer. Die Versuche zur kombinierten Anwendung von Narkose und Hypothermie bei Strahlenkrankheit sind noch nicht sehr zahlreich und so widersprechend, daß sich noch keine Schlüsse daraus ziehen lassen.

Auch über die Möglichkeit der Anwendung von Ganglionblockern bei kombinierten Strahlenschädigungen ist das Tatsachenmaterial (auch das experimentelle) bisher noch sehr gering. F. BACLESSE und M. MAROIS erzeugten bei Ratten eine Hypothermie durch Chlorpromazin (Largatil oder Megaphen) mit physischer Unterkühlung. Sobald die rectale Temperatur auf 20° gesunken war, wurden die Tiere mit 600—750 r bestrahlt. Am 19. Tag waren von 20 Versuchstieren 18 am Leben, dagegen von 21 Kontrolltieren 19 gestorben. C. M. GROS und J. COMBA verwendeten bei bestrahlten Meerschweinchen eine Mischung von Phenothiazinderivaten unter Normaltemperatur. Sie fanden, daß die Sterblichkeit sich dann verringerte, wenn die Mischung 5—10 Stunden nach der Bestrahlung gegeben wurde. Bei der Anwendung von Megaphen bei bestrahlten Mäusen stellten H. LANGENDORFF und R. KOCH fest, daß dieses Mittel in Kombination mit Evipan die Überlebensrate der Tiere erhöht.

S. A. DAVYDOVA untersuchte an Ratten den Einfluß von Aminasin auf die Entwicklung der Strahlenkrankheit und weiter den Einfluß der Hypothermie, die durch Aminasin und physische Abkühlung erzeugt war; bei Ratten, die unmittelbar nach Bestrahlung mit 600 r Aminasin erhielten, ging die Lebenserwartung zurück, und die Sterblichkeit erhöhte sich (Abb. 39). Hypothermie (hervorgerufen durch Aminasin und physische Abkühlung) unmittelbar nach der Bestrahlung wirkt sich ebenso negativ auf Verlauf und Ausgang der Strahlenkrankheit aus. N. P. IVANOVA untersuchte den Einfluß von Ganglionblockern auf den Verlauf der Strahlenkrankheit bei kombinierten Schädigungen. Die Gabe von Ganglienblockergemischen rief bei den Versuchstieren für $2^1/_2$ Stunden einen narkotischen Effekt hervor, der kleine Operationen ohne Narkotika ermöglichte. Die Sterblichkeit der Tiere, die Ganglienblocker erhielten, war etwas geringer als die der Kontrollgruppe. Die Anwendung von Ganglienblockern veränderte das morphologische Bild der Heilung von Brandwunden bei kombinierten Schädigungen nicht.

G. Š. Vasadze verwendete verschiedene neuroplegische Präparate bei der komplexen Therapie perforierender Dünndarmverletzungen bei bestrahlten Tieren. Diese Präparate rufen Blutdruckerniedrigung und eine Störung der reflektorischen Regulation des Blutkreislaufes hervor, was unter bestimmten Bedingungen den Verlauf und Ausgang der pathologischen Prozesse bei kombinierten

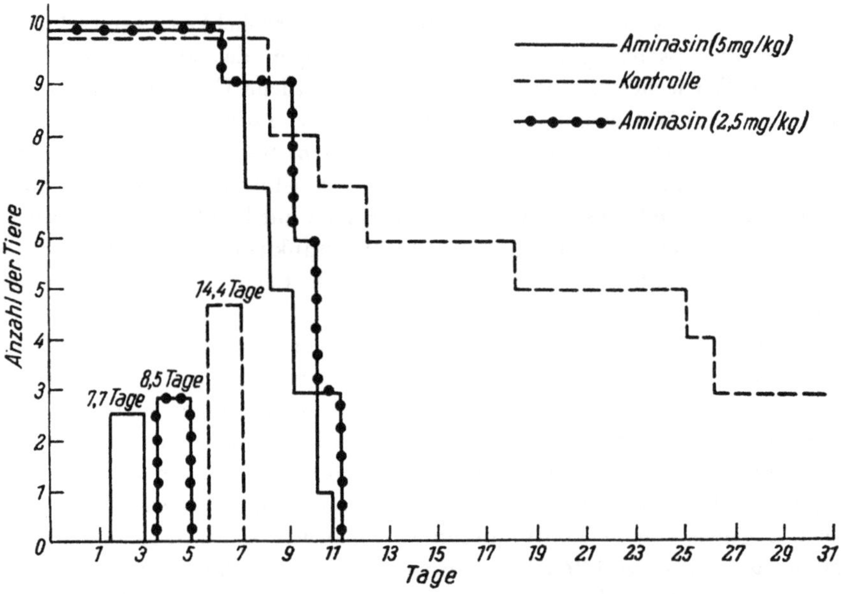

Abb. 39. Absterbekurven und mittlere Überlebenszeit von Ratten, die unmittelbar nach der Bestrahlung mit 600 r Aminasin erhalten hatten (nach S. A. Davydova).

Schädigungen ungünstig beeinflussen kann. Allerdings erhielt dieser Autor günstige Ergebnisse in den Fällen, wo er Neuroplegika im Komplex mit anderen Behandlungsmaßnahmen anwandte (Antibiotika, Bluttransfusion, Vitamine u. a.).

Bisher gibt es zu dieser wichtigen Frage noch nicht viele Untersuchungen. Sie sind überdies widersprechend und nicht sehr überzeugend und bedürfen noch weiterer, umfassender Forschung. Die reichen Erfahrungen über die Anwendung neuroplegischer Stoffe bei anderen schweren Schädigungen, besonders bei solchen, die zum traumatischen Schock führen, rechtfertigen die Annahme, daß diese Stoffe auch bei kombinierten Strahlenschädigungen zweckmäßig sein werden, etwa bei einer Operation, beim Transport wie auch bei der Bekämpfung des Schocks.

Rückenmarkanaesthesie. Die Technik der Rückenmarkanaesthesie ist kompliziert und erfordert besondere Erfahrung; Komplikationen treten während und nach ihrer Anwendung relativ häufig auf. Deshalb fand sie weder im Frieden noch im Kriege große Verbreitung. Sie wurde zum Beispiel in Friedenszeiten nur in 1,93% (V. I. Stručkov), und im zweiten Weltkrieg in 2,5% (A. L. Stukkej) aller Schmerzausschaltungen angewandt. Bei den meisten kombinierten Strahlenschädigungen beobachtet man, wie schon erwähnt, einen Blutdruckabfall. Die Rückenmarkanaesthesie als solche wirkt sich in der gleichen Richtung aus; die Blutdrucksenkung ist beträchtlich (bis 20 mm und mehr) und hält sehr lange an (3—3$^1/_2$ Stunden). Dies hat von einer breiten Verwendung der Rückenmarkanaesthesie als Schmerzausschaltung abgehalten. Bei der Besprechung der Kontraindikationen der Rückenmarkanaesthesie muß man auch an die wichtige Tatsache erinnern, daß bei manchen Formen und Graden der Strahlenkrankheit funktionelle oder organische Veränderungen im Zentralnervensystem vorkommen. Aus dem Gesagten ist zu folgern, daß die Rückenmarkanaesthesie bei kombinierten Strahlenschädigungen in der Regel kontraindiziert ist.

Die Erfahrung aus Kriegs- und Friedenszeiten zeigt, daß ganz allgemein die örtliche Betäubung bevorzugt wird. Tatsächlich erfüllt die örtliche Betäubung weitgehend die Forderungen, die man an eine Schmerzausschaltungsmethode stellen muß: Ungefährlichkeit und Unschädlichkeit für den Kranken, ausreichende Wirkung und unkomplizierte Technik. Es ist nicht verwunderlich, daß in der Praxis die örtliche Anaesthesie (in der Hauptsache als Infiltrationsanaesthesie) im Frieden bei 75% (V. J. Stručkov) und im zweiten Weltkrieg bei 65% aller Operationen (A. L. Stukkey) angewandt wurde.

Uns beschäftigt das Problem der Betäubung bei kombinierten Strahlenschädigungen. Dabei gewinnt die Frage des Einflusses von Novocain auf den Verlauf der Strahlenkrankheit besondere Bedeutung. Leider ist die Zahl der experimentellen Untersuchungen und Beobachtungen in dieser Richtung bisher noch sehr niedrig. K. R. Frowein und K. Fahrenkamp behandelten die Strahlenkrankheit beim Menschen mit intravenösen Gaben einer 1- bis 2%igen Novocainlösung. Die Autoren erzielten mit Novocain (10 ml 1- bis 2mal am Tage) sofort nach dem Auftreten der ersten Krankheitsmerkmale bei 50 Fällen folgende Ergebnisse: In 37 Fällen verschwanden Übelkeit und Erbrechen, der Appetit stellte sich wieder ein, und der Allgemeinzustand besserte sich (d. h., es verschwanden die Anfangssymptome der Strahlenkrankheit), in 11 Fällen war eine bedeutende Erleichterung und nur in 2 Fällen gar kein Effekt zu beobachten. Nach Meinung der Autoren beruht der Heilungseffekt des Novocains hauptsächlich auf der Dämpfung der Erregbarkeit des Nervensystems. N. S. Kazanceva untersuchte den Einfluß der Novocainblockade auf den Ablauf der Haut- und Schleimhautreaktion bei Radiotherapie von Kranken mit bösartigen Neubildungen. Je nach Lokalisation der Geschwülste wurden verschiedene Arten von Novocainblockade (circuläre, vagosympathische u. a.) angewandt. Die Beobachtungen an 33 Kranken ergaben, daß unter Novocainblockade die Hautreaktion auf die Bestrahlung (Erythem) einige Tage später, und zwar schwächer auftritt als ohne Blockade.

Der größte therapeutische Effekt wurde bei täglicher Anwendung der Blockade erzielt.

Ausgehend von den allgemein bekannten Fakten über den Einfluß der Novocainblockade auf den Verlauf der verschiedensten pathologischen Prozesse wendete A. V. Kozlova bei 90 Kranken die Blockade und Iontophorese mit Novocain mit dem Ziel an, die Allgemein- und Lokalreaktion auf Röntgenbestrahlung herabzusetzen. Die Beobachtungen ergaben, daß die Novocainblockade, und zwar besonders die Iontophorese mit Novocain, einen leichteren Verlauf der örtlichen wie auch der allgemeinen Strahlenreaktionen bewirkt — auch bei Anwendung hoher Strahlendosen, die einige zehntausend r erreichten. Darum hält die Autorin die Novocainblockade für zweckmäßig, um die Reaktionen des Organismus auf die Bestrahlung zu verringern. Ähnliche Befunde erhielt auch I. G. Spasskaja, die an Mäusen und Ratten zeigte, daß die Injektion von Novocain vor und nach der Bestrahlung die Überlebensrate der Tiere erhöht: Von 28 Kontrolltieren überlebten 18 und von 30 Versuchstieren 27 Tiere. Die Überlebensrate der Tiere erhöhte sich besonders dann, wenn Novocain vor und nach der Bestrahlung injiziert wurde. Versuche von S. P. Sizenko und V. V. Markevič zeigten, daß intravenöse Injektion von Novocainlösung Verlauf und Ausgang der Strahlenkrankheit bei Tieren verbessert. Die gleiche Injektion von Novocain nach der Bestrahlung zeigt keinen Einfluß auf den Verlauf der Strahlenkrankheit mehr, führt sogar in manchen Fällen zu einem schwereren Verlauf, besonders bei Einwirkung des Novokains am 3. Tag nach der Bestrahlung, wenn das Strahlensyndrom schon deutlich ausgeprägt ist. Einen günstigen Einfluß des Novocains auf Verlauf und Ausgang der Strahlenkrankheit im Tierversuch stellten auch B. S. Babašev, S. B. Balmuchanov, M. N. Livanov und A. I. Kaburneeva u. a. fest. So prüfte B. S. Babašev verschiedene Betäubungsmethoden bei Operationen an bestrahlten Hunden und erhielt die besten Resultate mit örtlicher Betäubung oder Stickoxydulnarkose.

Im Gegensatz dazu hatten E. I. Bakin, I. P. Dolgačev und O. S. Il'ina bei ähnlichen Versuchen an Mäusen und Fröschen negative Ergebnisse; die Tiere, die vor oder nach der Bestrahlung eine intravenöse Injektion von 2%iger Novocainlösung erhalten hatten, starben zur gleichen Zeit wie die Kontrolltiere. Das Fehlen irgendeines Schutzeffektes stellten auch L. F. Semenov und E. A. Prokudina bei Versuchen an bestrahlten Mäusen fest, denen subcutan oder intraperitoneal eine 0,5%ige Novocainlösung in großen Dosen injiziert wurde. Interessant ist jedoch, daß die kombinierte Anwendung von Novocain und Gangliengiften in bestimmten Fällen eine Abschwächung des Strahlenkrankheitsverlaufs und eine Erhöhung der Überlebensrate bewirkte. So ergab die gleichzeitige Anwendung von Novocain und Adrenalin eine Überlebensrate von 12%, von Novocain und Nikotin eine Überlebensrate von 20% usw. (bei 100% Letalität der Kontrolltiere). Einen ungünstigen Einfluß der Vagosympathicus-Blockade der Halsgegend und intraarterieller Injektionen von Novocainlösung auf Verlauf und Ausgang der Strahlenkrankheit stellten eine Reihe von Forschern experimentell fest (A. A. Gjurdžian, S. A. Davydova, V. V. Simonov u. a.). L. N. Vlasova untersuchte den Einfluß der Novocainblockade auf die Verteilung des radioaktiven Phosphors in Nerven und Muskeln. Sie stellte fest, daß der Radiophosphor beim Kaninchen bei Entzündungsprozessen am Entzündungsherd (besonders in den Muskeln) und in den peripheren Nerven des Entzündungsgebietes gespeichert wird. Nach einer zonalen Novocainblockade beobachtet man eine Herabsetzung der Phosphorkonzentration sowohl im Entzündungsherd als auch in den entsprechenden peripheren Nerven. Die Novocainblockade wirkt sich also günstig auf den Entzündungsprozeß aus und bewirkt gleichzeitig eine Konzentrationsverringerung der radioaktiven Substanzen am Entzündungsherd, d. h., sie verringert hier die mögliche Gefahr einer inneren Bestrahlung.

Novocain wird in der Regel als eine unter vielen Therapiemaßnahmen gegen die Strahlenkrankheit angewandt. So injiziert man bei Schmerzen infolge eines polyradikulären Syndroms eine 0,25- bis 0,5%ige Novocainlösung intravenös oder auch intracutan, den Nervenstämmen oder dem Bezirk der größten Hyperaesthesie entsprechend (A. I. KURŠAKOV u. a.). Für die Behandlung von Strahlenverbrennungen werden u. a. intravenöse Injektionen von 1%iger Novocainlösung und Verbände mit anaesthesierenden und antiseptischen Mitteln empfohlen. Bei einigen Opfern der Los-Alamos-Katastrophe (über die bereits oben berichtet wurde) hat man zur Verbesserung des Blutkreislaufes in den cyanotischen Extremitäten eine paravertebrale Novocainblockade vorgenommen (L. H. HEMPELMANN, H. LISCO, I. G. HOFFMAN). Bekanntlich verursachen die Substanzen, die zur örtlichen Betäubung verwendet werden (hauptsächlich Novocain), keine Allgemeinschädigung; man kann die Lokalanaesthesie also bei allen kombinierten Schädigungen anwenden. Weiterhin besteht Grund zu der Annahme, daß die Lokalanaesthesie (als eine Form der Novocainblockade) in manchen Fällen Verlauf und Ausgang der Strahlenkrankheit günstig beeinflußt, wofür nicht nur Tierexperimente, sondern auch manche klinische Beobachtungen, die oben erwähnt wurden, sprechen. Es gibt jedoch auch experimentelle Befunde, die einen Schutzeffekt des Novocains gegen Strahlenwirkung negieren (E. I. BAKIN, I. P. DOLGAČEV und O. S. IL'INA, L. F. SEMENOV und E. A. PROKUDINA u. a.). Aber auch ihre Versuche zeigen immerhin keine negativen Einflüsse des Novocains auf die Strahlenschädigungen.

Wegen der allgemein bekannten Vorzüge der örtlichen Betäubung und wegen des Fehlens ungünstiger Einflüsse auf die Strahlenschädigung muß man die Lokalanaesthesie als die Methode der Wahl zur Schmerzausschaltung bei kombinierten Strahlenschädigungen bezeichnen. Insbesondere kann man die örtliche Betäubung auch in der 3. Periode der Strahlenkrankheit anwenden, wenn alle anderen Schmerzausschaltungen zu schweren Komplikationen führen würden und für die praktische Anwendung ausscheiden. So überzeugten sich I. J. TICHONIN, I. S. KAS'JANOV, N. T. VAGANOVA u. a. bei Bauchhöhlenoperationen unter Morphin-Aether-Narkose und örtlicher Betäubung von den Vorteilen der letzteren (Abb. 40). Natürlich hat auch die örtliche Betäubung einen Nachteil: Sie erfordert viel Zeit, was ihre Anwendbarkeit im Katastrophenfall einschränken kann.

Die Anwendung der Lokalanaesthesie zur Versorgung radioaktiv verseuchter Wunden bewirkt eine Auswaschung der radioaktiven Stoffe aus dem Gewebe. Da man die große Neigung solcher Wunden zu eitrigen Infektionen kennt, erscheint es zweckmäßig, der Novocainlösung Antibiotika zuzufügen (Penicillin, Streptomycin u. a.), was zweifellos die Häufigkeit entzündlicher Komplikationen verringert oder ihre Gefährlichkeit herabsetzt. Im Zusammenhang damit seien noch die Versuche von M. S. Surovikina und I. A. Muchamedžanov erwähnt, wonach Novocainlösungen in physiologischer Kochsalzlösung die Geschwindigkeit und den Charakter der Resorption von radioaktiven Substanzen (Jod 131) aus der Subcutis und der Muskulatur nicht verändern, die Zubereitung in destilliertem Wasser jedoch die Resorption verlangsamt. Bestätigen sich diese Beobachtungen auch für andere radioaktive Stoffe, so könnten sie praktische Bedeutung bei der örtlichen Betäubung von radioaktiv verseuchten Wunden erlangen.

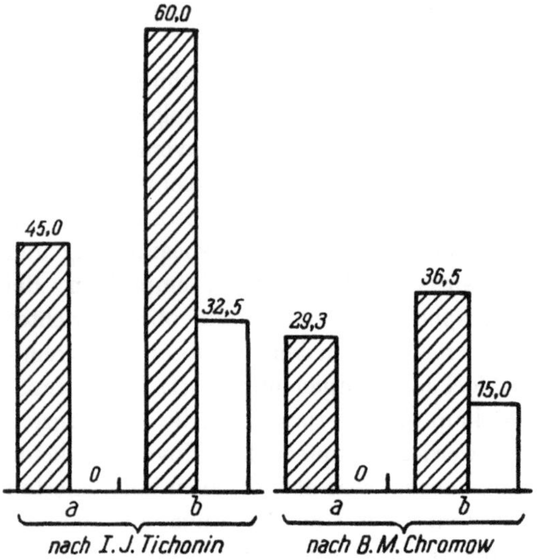

Abb. 40. Überlebensrate und Komplikationen (in %) bei allgemeiner und lokaler Betäubung (nach I. J. Tichonin und B. M. Chromov).

a – örtliche Betäubung, *b* – Allgemeinnarkose, schraffierte Felder – Sterblichkeit, weiße Felder – Komplikationen bei der Betäubung

Wir sprachen oben über die Anwendung der örtlichen Infiltrationsanaesthesie bei kombinierten Schädigungen. Was die anderen Arten örtlicher Betäubung anlangt (Leitungs-, Gefäßanaesthesie usw.), so werden sie bekanntlich auch in der Friedenschirurgie selten angewendet. Bei der chirurgischen Hilfeleistung im Massen-Katastrophenfall sind sie ohnehin nicht anwendbar. Eine Ausnahme stellt vermutlich nur die intraossale Anaesthesie dar, die bei Operationen an den Extremitäten empfohlen werden kann, insbesondere zum Beispiel bei der primären chirurgischen Versorgung von offenen Brüchen (I. L. Krupko) und in einigen anderen Fällen. Bei der intraossalen Anaesthesie ist die Zugabe von Antibiotika besonders zweckmäßig. Bei den verschiedenen Methoden der örtlichen Betäubung ist zu beachten, daß die schmerzausschaltende Wirkung der Lokalanaesthetika bei bestrahlten Tieren nicht selten stärker zum Ausdruck kommt als bei unbestrahlten. So zeigten P. V. Vasil'ev und P. P. Saksonov an Mäusen und Hunden, daß die Empfindlichkeit gegen Novocain in der Höhepunktsperiode der Strahlenkrankheit erheblich gesteigert war: Dosen, die von unbestrahlten Tieren leicht vertragen wurden, führten bei bestrahlten zu schwerer Intoxikation.

Die Betäubungstechnik unter örtlichen Bedingungen mit radioaktiver Verseuchung unterscheidet sich von der üblichen durch einige spezifische Besonderheiten und besonders durch die Notwendigkeit, allgemeine und persönliche Maßnahmen zur Prophylaxe gegen eine Verseuchung mit radioaktiven Stoffen einzuhalten. Insbesondere müssen alle Geräte und Instrumente, die für allgemeine oder örtliche Betäubung benutzt werden sollen, speziell desaktiviert werden. Bekanntlich können während der Operation unter allgemeiner oder lokaler Betäubung Atemanaleptica (Lobelin, Zititon) notwendig werden. Jedoch ist nach experimentellen Befunden der negative Einfluß dieser Mittel (in üblicher Dosierung) in der Höhepunktsperiode der Strahlenkrankheit bewiesen. Man sollte deshalb in dieser Periode zur Anregung der Atmung besser Coffein, Atropin und Carbogen verwenden. Wir gingen hier nur auf prinzipielle Erwägungen und Fakten ein, die als Grundlage für die Auswahl und Anwendung der einzelnen Betäubungsarten bei kombinierten Strahlenschädigungen dienen können.

Einige Besonderheiten in der Operationstechnik

Patienten mit Strahlenkrankheit können in allgemeinen Operationssälen operiert werden, da sie in radiologischer Hinsicht keine Gefahr für ihre Umgebung darstellen. Anders liegt die Frage bei operativen Eingriffen an Patienten, die radioaktiv verseucht sind (Kleidung, Schuhe, Haut, Wunden usw.). Bevor sie in den Operationssaal gebracht werden, müssen sie entsprechender sanitärer Versorgung mit dem Ziel einer maximalen Desaktivierung unterzogen werden. Oft kann aber die sanitäre Versorgung die radioaktive Verseuchung nicht bis auf den maximal zulässigen Wert senken. Besonders gilt das für Schwerverletzte, bei denen die Möglichkeiten einer vollwertigen sanitären Entseuchung wegen des schlechten Allgemeinzustandes und der Schwere der Verletzung mitunter sehr begrenzt sind. Deswegen müssen Patienten, die über die Permitgrenze mit radioaktiven Stoffen kontaminiert sind, in speziellen Operationsräumen behandelt werden, aber auch dort erst nach sorgfältiger Desaktivierung. In die allgemeinen Operationssäle dürfen nur solche Patienten gebracht werden, bei denen nach der Desaktivierung ein minimaler (der sogenannte zulässige) Verseuchungsgrad erreicht ist. Notfalls müssen Verletzte mit radioaktiven Mixten, wenn spezielle Operationsräume fehlen, in den allgemeinen Operationssälen auf eigens bereitgestellten Tischen behandelt werden.

Alle Operationen müssen bei solchen Verwundeten unter peinlicher Beachtung der allgemeinen und persönlichen Prophylaxemaßnahmen gegen eventuelle sekundäre (Kontakt-)Verseuchungen des medizinischen Personals und der anderen Patienten ablaufen. Zusammen mit der gewöhnlichen chirurgischen Asepsis muß für diese Fälle die spezifische „radiologische Asepsis“ besprochen werden. Wir teilen nicht die Auffassung mancher Autoren, daß die Arbeit mit radioaktiven Mixten keiner besonderen Vorsichtsmaßnahmen bedürfe. Vielmehr sind wir der Meinung, daß auch in Fällen mit geringer radioaktiver Verseuchung, wenn sie in großer Zahl zu versorgen sind, das medizinische Personal alle Vorsichtsmaßregeln einhalten muß. Sehr wünschenswert sind für das Arbeiten gut belüftete Räume mit hermetischen Türen oder Schleusen; diese Räume sind häufig zu reinigen.

Abb. 41. Pneumoanzug zum Schutz gegen radioaktive Verseuchung.

Das gesamte Personal eines solchen Operationssaales für radioaktive Mixta muß mit Gummihandschuhen, Schürzen, Schutzmänteln und Überschuhen aus Plastikstoffen (oder Gummistiefeln) und Watte-Mull-Masken arbeiten (Abb. 41). Zum Schutz der Hände gegen radioaktive Verseuchung werden Schutzsalben verschiedener Zusammensetzung vorgeschlagen, die zusammen mit den gewöhnlichen chirurgischen Handschuhen verwendet werden sollen (G. S. Towler u. a.). Einige Autoren halten es für zweckmäßig, über die gewöhnlichen Kittel Plastik-Halbkombinationen oder Plastikkittel und über die Schuhe Plastiküberzüge zu streifen, von denen man eine Verseuchung leicht entfernen kann. Die Plastikstoffe (Polychlorvinyl, Polyaethylen, Polyamid, Polyvinylchlorid u. a.), aus denen heute die individuellen Schutzmittel gegen radioaktive Stoffe hergestellt werden, behalten im Gegensatz zu Baumwollgewebe auch bei Bearbeitung mit anorganischen Säuren und Laugen ihre physikalisch-chemischen Eigenschaften. Die meisten haben glatte Oberflächen, die in erheblichem Maße die Oberflächenadsorption radioaktiver Stoffe verhindern. Diese Eigenschaften der Plastikstoffe erleichtern ganz besonders die Dekontamination der individuellen Schutzmittel und ermöglichen eine lange Gebrauchsfähigkeit. Es sei noch darauf hingewiesen, daß diese Plastikstoffe ihre physikalisch-mechanischen Eigenschaften bei Einwirkung hoher Temperaturen verändern. Zur Reinigung darf deshalb Wasser über 50—60° nicht verwendet werden.

Eigene Erfahrungen mit Operations- und Verbandsaalpersonal in Plastikkombinationen zeigen, daß das Arbeiten infolge Störung der Hautatmung und durch Wärmestauung sehr stark erschwert ist. Man wird deshalb zur Verwendung nicht ganz abschließender Kittel, Schürzen, Überzüge und Gummihandschuhe übergehen müssen. Bei Ansammlung radioaktiver Stoffe in der Luft des Operations- und Verbandraumes muß das Personal Antistaubmasken zum Schutz der Atmungsorgane vor radioaktiven Aerosolen (Respiratoren F 45, F 46, Lepestok u. a.) (Abb. 42) tragen. Natürlich wird auch hierdurch die Arbeit des medizinischen Personals erschwert.

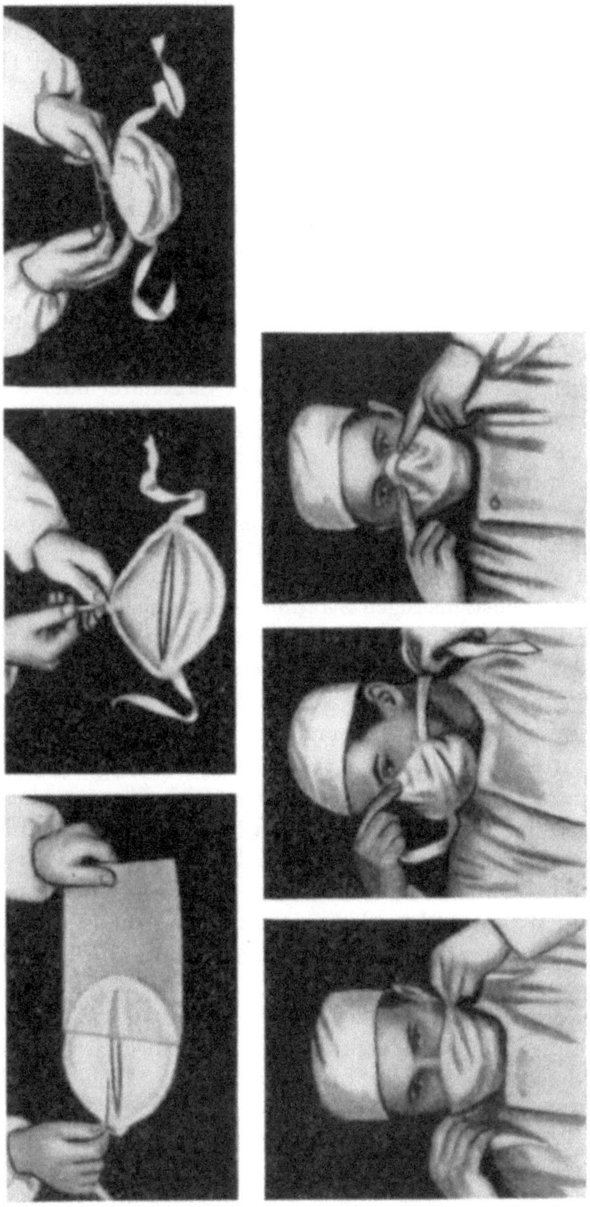

Abb. 42. Der Respirator „LEPESTOK“ und wie man ihn anlegt (nach S. N. ŠATSKIJ und P. I. BASMANOV).

Alles, was mit den durch radioaktive Stoffe verseuchten Kranken in Berührung kommt, muß in Spezialeimern oder Gefäßen mit automatischem Verschluß sorgfältig gesammelt und einer Desaktivierung unterzogen werden (Berufskleidung, Instrumentar usw.), oder es ist nach den speziellen Instruktionen in entsprechender Weise zu bearbeiten und im allgemeinen in die Erde zu versenken. (Verbandsmaterial, Waschwasser usw.)

Zur Desaktivierung von Spezialkleidung aus Plastikstoffen wird folgendes Verfahren empfohlen:

1. 5 Minuten Spülen in Wasser (am besten in Waschmaschine) von 20—30°.
2. 15 Minuten Waschen in Seifenlösung oder besser Waschmittel „Novost" (10 g auf 1 l Wasser) bei einer Temperatur von 50°.
3. Dreimaliges Spülen in Wasser (Temperatur 20—30°), je 3 Minuten mit Wasserwechsel nach jeder Spülung.
4. 5 Stunden Einlegen in eine Wanne mit 4%iger Salzsäure- oder 9%iger Salpetersäurelösung (im Mengenverhältnis 1 : 9) unter Bewegung der Luft bei einer Temperatur von 20°.
5. 5 Minuten Spülen in Wasser (20—30°).
6. Aufhängen und 2 Stunden bei 50° trocknen lassen (S. M. Gorodinskij u. a.).

Nach Desaktivierung der Kleidung ist eine dosimetrische Kontrolle obligatorisch. Werden die höchstzulässigen Strahlungswerte noch überschritten, sind ein zweites Einlegen in eine Säurelösung für 5 Stunden und anschließendes Spülen in Wasser erforderlich. Die beschriebene Desaktivierung der Spezialkleidung ist relativ einfach und ermöglicht es, 99% der radioaktiven Stoffe zu beseitigen. Natürlich muß die Desaktivierung in besonderen Räumen vorgenommen werden (S. M. Gorodinskij u. a.).

Zur Desaktivierung der chirurgischen Instrumente ist zu sagen, daß einfaches Sterilisieren (Einlegen der Instrumente in eine Lösung oder Kochen) keine Desaktivierung garantiert, da die radioaktiven Stoffe hierbei nicht so vollständig entfernt werden wie beim Abwaschen. Die chirurgischen Instrumente reinigt man 2- bis 3mal in heißem Wasser und trocknet sie dann mit Mull oder Watte ab. Bei starker Verschmutzung der Instrumente wäscht man sie zunächst in heißem Wasser mit einem Zusatz von 0,5 bis 1%iger Zitronen-, Essig- oder Salzsäure und dann nochmals sorgfältig unter fließendem Wasser bis zur völligen Entfernung der radioaktiven Stoffe. Eine Teildesaktivierung der chirurgischen Wäsche erreicht man durch Schütteln, Klopfen und Bürsten, die völlige Desaktivierung durch Waschen.

Im ersten Wundverband sammeln sich, worauf hingewiesen sei, im allgemeinen mit den Wundsekreten ziemlich große Mengen radioaktiver Stoffe. Darum muß man alle Verbände solcher Wunden, ebenso Spülwasser, Mull und Watte, die bei der Wundbehandlung verwendet wurden, sowie entfernte Fremdkörper und Gewebsteile als radioaktiv verseucht betrachten. All dies wird in einem besonderen Eimer mit Deckel gesammelt und dann mindestens 1 m tief an einem eigens hierfür vorgesehenen Platz vergraben. Nach Beendigung der Arbeit muß der Operations- oder Verbandraum sorgfältig gereinigt und mit heißem Seifenwasser ausgewaschen werden. Mit Dosimetern stellt man fest, ob der Raum sauber oder noch mit radioaktiven Stoffen verseucht ist.

Im übrigen ist jede chirurgische Arbeit mit radioaktiv verseuchten Verwundeten (darunter auch die Arbeit im Operationssaal) unter ständiger dosimetrischer Kontrolle mit Hilfe spezieller Meßgeräte durchzuführen. Einfachste Dosimeter sollen in allen Räumen, in denen mit radioaktiven Mixten gearbeitet wird, greifbar sein und an das ganze medizinische Personal ausgegeben werden. Das chirurgische Personal ist möglichst häufig zu wechseln. Nach Beendigung der Arbeit mit radioaktiven Mixten wird sich das medizinische Personal sofort einer dosimetrischen Kontrolle und notfalls einer sanitären Behandlung unterziehen müssen. Wegen der geringen Widerstandsfähigkeit der Gewebe gegen Infektionen bei Strahlenkrankheit oder radioaktiver Verseuchung der Wunden sind bei allen chirurgischen Eingriffen die Regeln der Asepsis peinlichst einzuhalten.

Verweilen wir bei einigen allgemeinen Fragen zur Operationstechnik bei Strahlenschädigungen.

1. *Vorbereitung des Operationsfeldes.* Hier muß bei radioaktiv verseuchten Patienten einiges beachtet werden, weil die Vorbereitung des Operationsfeldes nicht nur dem üblichen Zweck dient, sondern dazu noch die wichtige Aufgabe hat, die Haut des Operationsgebietes gründlich von der radioaktiven Verseuchung zu befreien. Man muß wissen, daß die radioaktiven Stoffe bei Befall der Haut zunächst vorzugsweise in der Epidermis und den Haarbälgen zu finden sind und erst später allmählich in tiefere Schichten dringen und sich in den Geweben darunter ansammeln, während die Haut selbst dann schon mehr oder weniger von radioaktiven Stoffen frei ist. Die Menge der radioaktiven Substanzen, die durch die unbeschädigte Haut eindringen kann, schwankt in weiten Grenzen, sie liegt gewöhnlich aber nicht über 1,5—2% pro Tag.[1] Dies ist im allgemeinen wenig, reicht jedoch manchmal völlig aus, um eine entsprechende Schädigung hervorzurufen. Bei Befall der Haut mit großen Mengen radioaktiver Stoffe können sogar Geschwüre mit sehr langsamem und schlechtem Heilungsverlauf entstehen (B. N. Tarusov).

Die Reinigung der Haut von radioaktiven Stoffen[2] erzielt man am einfachsten durch mehrmaliges Waschen und Abreiben der Wundumgebung mit gewöhnlicher Seifenlösung (3- bis 5%ig) oder irgendwelchen anderen wäßrigen Lösungen (Chloramin, Rivanol o. a.) mittels Watte-Mulltampons. Die Benutzung organischer Lösungsmittel (Aether, Benzin usw.), die sonst zur Reinigung der Wundumgebung

[1] Nach experimentellen Angaben dringen manche radioaktive Stoffe, z. B. radioaktive Natrium-, Calcium-, Silber-Isotope u. a., überhaupt nicht durch die ungeschädigte Haut (T. L. Zaec und G. A. Smirnova u. a.).

[2] Sehr stark verseuchte Hautgebiete müssen bei der dosimetrischen Kontrolle markiert werden.

verwendet werden, ist in diesem Fall nicht angebracht, weil sie zu einer beschleunigten Resorption der radioaktiven Stoffe durch die ungeschädigte Haut führt (V. A. SANOCKIJ, B. N. TARUSOV). Zur Reinigung der Haut von radioaktiven Stoffen empfehlen manche Autoren spezielle Lösungen und Substanzen, zum Beispiel 2- bis 3%ige Zitronensäure-, Essigsäure- oder Salzsäurelösungen, gesättigte Lösungen von Kaliumpermanganat (anschließend Waschung mit 5%iger Natriumbisulfatlösung), eine Suspension von Titandioxyd in Salzsäure, Paste aus Titandioxyd, 0,2- bis 0,5%ige Lösung von Natrium-Aethylendiamintetraessigsäure (Natrium-EDTA), Kaolinpaste[1] u. a. (A. V. KOZLOVA, H. KÜNKEL, J. J. STEIN und A. W. BELLAMY u. a.).

Bei den japanischen Fischern, die von der radioaktiven Bikiniasche betroffen waren, wurde zur Entfernung der radioaktiven Stoffe von der Körperoberfläche mit recht gutem Erfolg eine Lösung des Natriumsalzes der Aethylendiamintetraessigsäure verwendet. Hier ist jedoch darauf hinzuweisen, daß die Prüfung der einzelnen Desaktivierungsmittel und -verfahren vielfach recht einseitig verlief: Man beachtete nur die „Restaktivität" der Haut, aber nicht die Resorption der radioaktiven Substanzen in den Organismus durch die Haut hindurch. Daher ist es nicht verwunderlich, daß in bezug auf die desaktivierenden Eigenschaften zum Beispiel von schwachen Säurelösungen widersprechende Angaben gemacht werden. Dünne Haut gibt bei der Reinigung leichter nach als grobe und dicke (P. E. GENAUD). Das Abreiben der Haut muß sehr vorsichtig geschehen, um Schrammen und Platzwunden zu vermeiden, da durch diese radioaktive Stoffe leicht in den Organismus eindringen können. Man darf nur in einer Richtung wischen (z. B. von der Wunde weg), und zwar so, daß die radioaktiven Substanzen nicht auf unverseuchte Körperstellen oder in Hautfalten gelangen, von denen sie sich schwerer entfernen lassen. Das gesamte Waschwasser ist sofort in Spezialgefäße zu schütten. Nach sorgfältiger Reinigung der Wundumgebung werden dem Patienten die Haare geschoren oder abrasiert. Danach wird die Wundumgebung erneut mit den gleichen Lösungen gewaschen, abgetrocknet und wie üblich mit Alkohol behandelt. Jodtinktur ist zur Behandlung der Wundränder bei Patienten, die ionisierender Strahlung ausgesetzt waren, nicht zu empfehlen, da Jod auf der bestrahlten Haut Verbrennungen verursachen kann.

Das über Reinigungsmaßnahmen der Haut Gesagte gilt in gewissem Umfang auch für Chirurgen und medizinisches Personal bei radioaktiver Verseuchung der Hände. Jedoch genügt schon das übliche 2- bis 3malige Händewaschen mit weicher Bürste, Seife und warmem Wasser, 5—10 Minuten lang ganz gut, um die Haut von radioaktiver Verseuchung zu reinigen. Dessen bedürfen insbesondere die Hände des medizinischen Personals. Man darf aber die Haut nicht zu stark bürsten, um Reizungen zu vermeiden; schon eine kleine Schramme kann zur Eingangspforte für radioaktive Substanzen werden. Händewaschen mit warmem Wasser und Seife reinigt jedoch die Haut nicht völlig von radio-

[1] Zusammensetzung: Kaolin 65,0, kalzinierte Soda 3,0, Waschseife 15,0, Wasser so viel, daß eine konsistente Paste entsteht (O. S. ANDREEVA).

aktiven Stoffen. Nach den bisherigen Untersuchungen verbleiben durchschnittlich 15—25% auf der Haut.

2. *Schnittführung, Operationszugang und Methode* können bei starker radioaktiver Verseuchung manchmal nicht typisch gewählt werden. Notwendig werden dann atypische Schnittführungen oder Zugänge, möglichst weit entfernt von der radioaktiven Verseuchung. Die Operationsmethoden müssen bei Strahlengeschädigten folgende Bedingungen erfüllen:

Einfachheit des Eingriffs. Es muß eindringlich daran erinnert werden, daß jeder operative Eingriff eine ernste zusätzliche Belastung für den strahlengeschädigten Organismus darstellt, der Verlauf und Ausgang der Strahlenkrankheit verschlechtern kann. Darum müssen alle Manipulationen und Eingriffe denkbar einfach sein. Komplizierte Operationen und Operationsverfahren sind hier nicht am Platze. Man muß sich nach Möglichkeit auf einfachste und extrem leichte Eingriffe beschränken.

Erweist sich auf dem Höhepunkt der Strahlenkrankheit eine Operation als erforderlich, so können die Operationsverfahren komplizierter werden als in den Frühstadien. Es gibt zum Beispiel experimentelle Hinweise dafür, daß in der Höhepunktsperiode der Strahlenkrankheit die gewöhnliche Darmnaht wegen der Schwächung der regenerativen und reparativen Prozesse nicht genügt (F. I. Gorelov, S. P. Mokrovskaja u. a.). In diesen Fällen ist die Darmnaht durch eine freie Omentumplastik zu verstärken. Mit den Geweben muß sehr zart umgegangen werden, da die Heilungs- und Regenerationsfähigkeit infolge der Strahleneinwirkung ohnedies stark geschädigt ist. Bei Bauchhöhlenoperationen an bestrahlten Tieren zeigt sich, wie leicht ausgedehnte Haematome in der Darmwand, im Mesenterium und im parietalen Bauchfell entstehen können, wenn man sie mit Pinzetten oder gar den Fingern anfaßt (V. I. Filatov, B. M. Chromov).

Geschwindigkeit. Je kürzer das zusätzliche Trauma der Operation, desto besser. Die Regel: „Schnell anfangen und noch schneller fertig werden“, gilt in diesen Fällen besonders. Schnelligkeit des operativen Eingriffs (natürlich ohne Nachteil für den Patienten) verringert die Gefahren durch Schock und Blutverlust und damit auch die Sterblichkeit.

3. *Blutstillung.* Bekanntlich ist eines der charakteristischen Symptome der Strahlenkrankheit das Blutungssyndrom, das sich vom 3.—9. Tag nach der Bestrahlung an zu erkennen gibt und $1^1/_2$—2 Monate und länger anhält. Diese erhöhte Blutungsbereitschaft der Gewebe zeigt sich manchmal schon bei Operationen in der Anfangs- und Latenzperiode der Strahlenkrankheit (I. J. Tichonin, I. S. Kas'janov, B. M. Chromov u. a.). Bei Tieren mit kombinierten Schädigungen ist der Blutverlust (und ebenso der Schock) häufig die unmittelbare Todesursache kurze Zeit nach der Verwundung oder dem operativen Eingriff (L. M. Kotel'nikov), denn bestrahlte Tiere sind, wie schon erwähnt, gegen Blutverlust empfindlich. Wenn man die erhöhte Blutungsbereitschaft und die besondere Bedeutung des Blutverlustes bei Strahlenkrankheit kennt, muß man der Blutstillung bei operativen Eingriffen in jedem Stadium der Strahlenschädigung

äußerste Aufmerksamkeit widmen. Selbst kleinste blutende Gefäße müssen sorgfältig unterbunden werden, um postoperative Heamatome oder, was noch schlechter ist, starke sekundäre Blutungen zu vermeiden. Außerdem müssen alle Blutstillungsmittel lokaler und allgemeiner Wirkung großzügig angewendet werden: Blutübertragungen während der Operation, haemostatischer Schwamm usw. Bei parenchymatösen Blutungen hat die kombinierte Anwendung von Thrombin und Fibrinhäutchen einen guten haemostatischen Effekt (B. A. Kudrjašov).

Bei Operationen am Dünndarm von bestrahlten Hunden verwendete V. I. Filatov zur Haemostase mit Erfolg Umstechungsnähte und haemostatischen Schwamm für die Darmwunde und auch für die Bauchwand. Auch A. I. Rybakov verwendete lokal bei der primären chirurgischen Versorgung von Schußbrüchen an bestrahlten Hunden haemostatische Präparate. Dabei beobachtete er, daß sich in den Fällen, wo die Präparate nicht angewandt wurden, im Wundgebiet gewöhnlich ausgedehnte Haematome entwickelten. Die lokale haemostatische Wirkung haemostatischer Schwämme und biologischer antiseptischer Tampons wurde auch von uns bei der primären chirurgischen Versorgung radioaktiv verseuchter Wunden und bei bestrahlten Tieren festgestellt. Experimente von P. I. Atavin an mit 400 r bestrahlten Hunden zeigten, daß bei akuter Strahlenkrankheit leichten und mittleren Grades in allen Perioden nicht nur Unterbindungen, sondern auch Wiederherstellungsoperationen der großen Gefäße möglich sind (Gefäßnähte, Autoplastik). K. K. Goldgammer und B. M. Razgovorov untersuchten die Möglichkeit, in den verschiedenen Stadien der Strahlenkrankheit bei Schädigungen der großen Gefäße eine zirkuläre Gefäßnaht auszuführen, und kamen zu dem Schluß, daß solche Nähte nur in den ersten zwei Tagen nach der Verwundung und Strahleneinwirkung Vorteile bringen. Später sind Gefäßnähte wegen der erheblichen Gefäßwandveränderungen unzweckmäßig.

Wenn man das Darniederliegen der Regenerationsprozesse der Gewebe und die häufige Wundinfektion in Betracht zieht, kann bei kombinierten Strahlenschädigungen die häufige Anwendung von Gefäßnähten schwerlich empfohlen werden. Zu bedenken bleibt auch, daß die Gefäßnaht auf die Dauer überhaupt einen unsicheren haemostatischen Effekt hat. Deshalb sollte man damit zurückhaltend sein. Die Hauptmethode zur Stillung von Blutungen aus geschädigten Gefäßen muß die Unterbindung der beiden Gefäßenden in der Wunde selbst sein. Diese Operation ist in der Regel technisch einfach und hat einen sicheren haemostatischen Effekt.

4. *Die Anwendung von Antibiotica* während der Operation ist bei strahlengeschädigten Patienten zweifellos obligatorisch; nicht nur ihre innerliche Anwendung ist selbstverständlich unumgänglich, sondern auch die lokale in der Wunde selbst. Im Zusammenhang sei betont, daß bei radioaktiv verseuchten Verwundungen und Verbrennungen die Dosierung der Antibiotica erheblich erhöht werden muß.

Die Notwendigkeit, Antibiotica reichlich zu verwenden, ist dadurch bedingt, daß bestrahlte Tiere, wie schon gesagt, gegen Mikroben (Autoinfektion, Infektion von außen) und ihre Toxine sehr empfindlich sind. Dadurch wird proportional zur Strahlendosis die natürliche Widerstandskraft des Organismus gegen die Infektion herabgesetzt und die Empfindlichkeit weiter gesteigert. Deshalb sind bei Strahlenschädigung die Wunden infolge eitriger, manchmal sogar anaerober Infektionen besonders häufig kompliziert. Interessanterweise sinkt bei der Strahlenkrankheit nicht nur allgemein die Widerstandsfähigkeit des Organismus gegen Infektionen, sondern es tritt auch eine Herabsetzung der bakteriziden Eigenschaften der Haut ein, die sich besonders frühzeitig an der Bauchhaut, später auch in anderen Bezirken zeigt (N. N. Klemparskaja). Die Ränder von Operationswunden und von Wunden nach primärer Versorgung müssen mit Penicillin-Novocain-Lösung infiltriert werden (200000 E Penicillin). Wird die Wunde durch eine feste Naht geschlossen, ist an einem der Wundenden oder durch eine zusätzliche kleine Incision ein dünnes Gummidrain einzulegen, durch das täglich Antibiotica eingebracht werden (Penicillin 200000 E und 0,25 Streptomycin). Bei der Besprechung der lokalen Anwendung von Antibiotica sei auf die Experimente von G. T. Golikov verwiesen, wonach die Anwendung von kristallinem salzsaurem Biomycinpuder (eine an sich wirksame Maßnahme zur Wundinfektionsprophylaxe) zu einer erheblichen Gewebsschädigung und zur Verschlechterung der regenerativen Prozesse in der Wunde führt. Eine lokale Anwendung des Biomycinpuders zur Behandlung frischer Wunden ist deshalb unzweckmäßig.

Auch jede Brusthöhlenoperation soll mit der Instillation von Antibiotica (0,5 Streptomycin und 300000 E Penicillin) abschließen. Das gleiche gilt bei Bauchhöhlenoperationen wegen Blutung (1,0 Streptomycin und 600000 E Penicillin) für die Bauchhöhle. Bei Operationen wegen Verletzungen der Hohlorgane werden durch kleine Incisionen in der linken oder rechten unteren Bauchhälfte dünne Gummidrains eingeführt, durch die Antibiotica (täglich 1,0 Streptomycin und 600000 E Penicillin) fünf Tage lang, vom Tage der Operation an gerechnet, instilliert werden. Nach Experimenten von I. J. Tichonin u. a. treten die meisten Wundeiterungen nach Operationen auf, die in der Höhepunktsperiode der Strahlenkrankheit ausgeführt werden, seltener bei Operationen in anderen Perioden. Das steht im Einklang mit den Befunden von V. I. Murav'ev, A. A. Gukasjan, D. N. V'junskovskij, wonach die Zahl der Mikroben besonders auf dem Höhepunkt der Strahlenkrankheit merklich ansteigt. Nach A. N. Morozov, V. I. Trubačev u. a. bessert die Anwendung von Antibioticis den Verlauf des Wundprozesses und senkt die Sterblichkeit der Tiere. Berücksichtigt man, daß die Wundflora gegen ein Antibioticum resistent werden kann, so erscheint es zweckmäßig, Kombinationen zu verwenden (Penicillin, Streptomycin, Biomycin u. a.). Die Gabe von Sulfanilamiden wird wegen ihrer leukopenischen Wirkung von den meisten Autoren bei Strahlenschädigungen nicht empfohlen. Jedoch bedarf diese Frage noch weiterer Untersuchungen (s. Kap. III). Manche Befunde sprechen dafür, daß auch die Anwendung der verschiedenen Antiseptica bei radioaktiv verseuchten Wunden kontraindiziert ist; auch diese Angaben müssen überprüft werden.

5. *Versorgung durch Naht.* Die Frage der primären Naht von Wunden bei Strahlengeschädigten hat verständlicherweise eine sehr große Bedeutung. Erstens

sichert die Wundnaht bekanntlich den schnelleren und glatteren Verlauf der Wundheilung, und zweitens liegen auch experimentelle Befunde darüber vor, daß sich bei Tieren mit unverschlossenen Wunden die Strahlenkrankheit früher entwickelt und schwerer verläuft als bei Tieren mit fest vernähten Wunden (N. N. ALEKSANDROV, A. N. BERKUTOV, V. P. ERKOV, I. L. KRUPKO, V. I. FILATOV). B. L. RAZGOVOROV stellte bei zahlreichen Versuchen an den verschiedensten Tieren fest, daß eine Wunde, die einwandfrei primär chirurgisch versorgt, jedoch nicht zugenäht wurde und deshalb nicht per primam heilt, vom Moment des Höhepunktes der Strahlenkrankheit an einen charakteristischen, schweren und langwierigen Verlauf mit gleichzeitig gesteigerten Symptomen der Strahlenkrankheit nimmt, an der die Tiere häufig sterben. Zahlreiche Experimente an bestrahlten Tieren zeigten überzeugend, daß die primäre feste Naht in der Regel eine glatte Wundheilung bis zum Beginn des Höhepunktes der Strahlenkrankheit sichert. Verlauf und Ausgang der kombinierten Strahlenschäden hängen in entscheidendem Maße davon ab, ob die Wunde durch eine Naht geschlossen oder offen gelassen wird. Die primäre Naht kann also oft für das Schicksal des Kranken bestimmend sein. Die kombinierten Strahlenschäden, bei denen eine völlige Wundheilung noch in der Latenzperiode der Strahlenkrankheit gelingt, werden damit aus kombinierten Schäden in reine Formen der Strahlenschädigung verwandelt, was verständlicherweise auch Verlauf und Prognose dieser Schädigungen bedeutend verbessert.

Erfolg verspricht die Anlegung einer primären Wundnaht bei kombinierten Strahlenschädigungen oder bei Patienten mit Strahlenkrankheit nur unter folgenden Bedingungen: 1. Ausführung der primären Naht in der ersten oder zu Beginn der zweiten Periode der Strahlenkrankheit, keinesfalls oder nur ausnahmsweise am Ende der zweiten Periode oder im Höhepunkt der Krankheit[1]; 2. ausreichende Excision des geschädigten und nekrotischen Wundgewebes; 3. frühe allgemeine und lokale (Infiltration) Anwendung von Antibioticis; 4. Anlegung weiter Nähte[2]; 5. Möglichkeit der Nachbeobachtung der Nähte bis zur Entfernung oder wenigstens während der ersten Tage. Grundbedingung für eine erfolgreiche Anwendung der primären Naht ist die komplexe Behandlung der Strahlenkrankheit.

Wenn die aufgezählten Bedingungen nicht erfüllbar sind (besonders bei Operationen am Katastrophenort), wird die Wunde tamponiert und die Frage einer spätprimären (nach 24—48 Stunden) oder sekundären (frühen oder späten) Naht[3] erst später entschieden. Vor allem darf nicht vergessen werden, daß der Zustand einer primären Reaktion auf die Bestrahlung mit drohendem Schock den

[1] Den Autoren, die eine primäre feste Naht in allen Perioden der Strahlenschädigung empfehlen, können wir nicht zustimmen.

[2] Nur bei reinen Operationswunden bei Kranken mit Strahlensyndrom soll man (wegen der erhöhten Blutungsbereitschaft der Gewebe) dichtere Nähte anbringen als gewöhnlich.

[3] Die frühe Sekundärnaht legt man bei granulierenden Wunden ohne Excision, die späte Sekundärnaht nach Excision an.

Chirurgen nötigen kann, die primäre Versorgung um ein bis zwei Tage zu verschieben. Außerdem wird bei Massenkatastrophen die primäre chirurgische Versorgung (und damit auch die primäre Naht) vieler kombinierter Schädigungen in der vordersten Etappe zeitlich und technisch nicht möglich sein.

Bei Strahlenschäden werden also meist nicht die primäre, sondern die spätprimäre und besonders die sekundäre Naht nach Abklingen des Strahlenkrankheitshöhepunktes anzuwenden sein. Natürlich richtet sich die Entscheidung über die Indikation zur Anlegung einer Sekundärnaht nicht nur nach der Zeit, die nach der Bestrahlung verstrichen ist, sondern vor allem nach dem Zustand des Organismus. So zeigte G. T. Golikov experimentell, daß man wohl eine Sekundärnaht bei leichten Graden von Strahlenkrankheit anlegen kann, nie aber in der Höhepunktsperiode der Erkrankung.

Alles oben über die primäre Naht Gesagte gilt nur teilweise bei Höhlenverletzungen (Brust, Bauch usw.) oder bei Operationen in diesen Gebieten. Natürlich ist in all diesen Fällen die Naht der tiefen Wundschichten (Pleura, Bauchfell u. a.) unbedingt nötig. Lediglich die oberen Schichten (Haut, Unterhautzellgewebe u. a.) bleiben unvernäht, aber auch nur dann, wenn die vorstehenden Bedingungen fehlen, welche eine primäre feste Naht ermöglichen.

Was die Anlegung der primären Naht bei strahlenverseuchten Wunden angeht, so kommen hier außer dem Gesagten noch zwei weitere Möglichkeiten in Frage. Sind infolge der primären chirurgischen Versorgung in einer Weichteilwunde nur noch minimale Mengen von radioaktiven Substanzen verblieben (zulässiges Niveau)[1], so bleibt für eine solche Wunde die primäre feste Naht möglich und wünschenswert, wenn die oben besprochenen Bedingungen vorliegen. Bleibt aber der radioaktive Verseuchungsgrad nach der chirurgischen Versorgung höher als zulässig, so darf die Wunde nicht vernäht werden. Eine solche Naht, wie sie bedauerlicherweise manchmal empfohlen wird (Ch. Sillevaerts u. a.), bewirkt nur, daß aus der fest vernähten Wunde, d. h. aus der geschlossenen Höhle, alle radioaktiven Stoffe in das Blut resorbiert werden, mit allen daraus resultierenden schädlichen Folgen für den Organismus. Außerdem verstärkt sich beim Vernähen solcher Wunden der ungünstige Einfluß der radioaktiven Substanzen auf die Zellen der Wunde selbst, ganz abgesehen von der Gefährlichkeit, die der Verschluß verseuchter Wunden im Hinblick auf die Entwicklung einer Infektion in sich birgt. Dagegen wird bei offener Wunde ein Teil der radioaktiven Stoffe mit dem Wundsekret ausgeschieden und teilweise vom Verband aufgesaugt. Bei günstigem Verlauf und je nach dem Grad der Reinigung der Wunde von radioaktiven Stoffen ist in solchen Fällen die Anwendung einer spätprimären oder auch sekundären (Früh- oder Spät-)Naht möglich. Übrigens muß man in Erwägung ziehen, daß auch bei starker Verseuchung der Wunden mit radioaktiven Stoffen besondere oder spezielle Indikationen zur primären Naht bestehen können, zum Beispiel bei der Notwendigkeit, einen offenen Pneumothorax zu verschließen.

[1] Die Frage der „zulässigen Höhe“ der radioaktiven Verseuchung von Wundflächen befindet sich noch im Untersuchungsstadium.

6. *Der Verband* einer postoperativen oder anderen Wunde bei Menschen mit Strahlenkrankheit ist nach den allgemeinen Regeln anzulegen. Bei nicht vernähter Wunde empfehlen sich nicht zu häufige Verbandwechsel, vorzugsweise mit Salben (Salbe nach A. V. VIŠNEVSKI, Penicillinsalbe o. a.). Beim Verband radioaktiv verseuchter Wunden ist folgendes zu beachten: Experimentelle Befunde sprechen dafür, daß ein gewöhnlicher Watte-Mull-Wundverband 50% und mehr der radioaktiven Substanzen aus der Wunde aufsaugen kann (A. N. BERKUTOV, R. A. BESEDOVSKIJ, B. M. CHROMOV, V. Z. ŠEJKO u. a.). Nach R. A. BESEDOVSKIJ absorbieren verschiedene Verbandmaterialien (Verbandpäckchen,

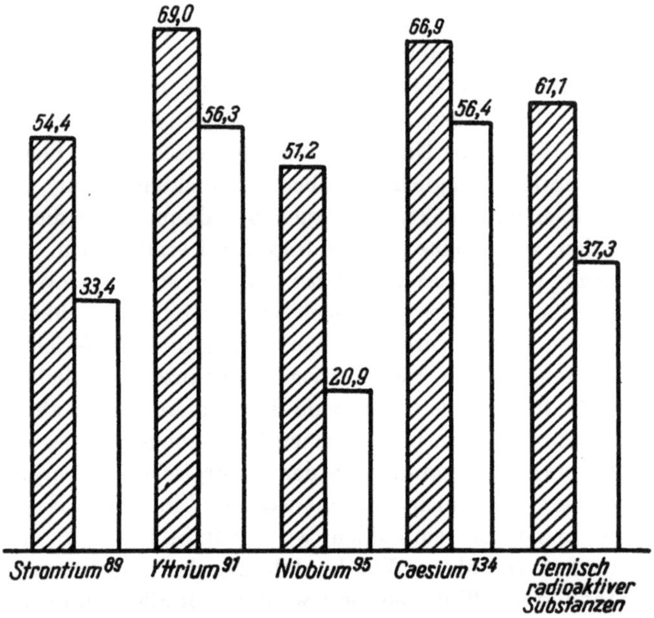

Abb. 43. Die Resorption der verschiedenen radioaktiven Substanzen durch den Verband einen Tag nach der Verseuchung der Wunde in Prozenten (nach V. Z. ŠEJKO).

Schraffierte Säule — mit Saugpuder von I. D. ŽITNJUK, weiße Säule — trockener Verband

Zellstoff und Torfmull) bei vierstündiger Exposition 25—32% und bei achtstündiger Exposition 40—60% des radioaktiven Phosphors, der sich in einer Wunde befindet. Nach V. Z. ŠEJKO werden vom Verband im Verlauf eines Tages 20—70% der verschiedenen radioaktiven Substanzen oder Gemische aufgesaugt (Abb. 43). Wenn man die Wunde nicht vernäht, wird sie nur locker mit feuchten Tampons tamponiert (z. B. mit hypertonischen Lösungen, Antibioticis), die beim Verbandwechsel entfernt oder gewechselt werden. Zweckmäßig sind Adsorbentien oder sogenannte Saugpuder, zum Beispiel der Puder von I. D. ŽITNJUK (S. 66) u. a.

Nach eigenen experimentellen Beobachtungen ist die Anwendung mancher Haemopräparate zweckmäßig, zum Beispiel des haemostatischen Schwamms, RS-Puders u. a., die eine schnellere Wundheilung bewirken (s. Abb. 51). Die Anwendung von Blutpräparaten empfiehlt sich besonders bei erhöhter Blutungsbereitschaft der Wunde infolge Strahlenwirkung. Um das Aufsaugen der radioaktiven Substanzen aus der Wunde in den Verband zu fördern, sind feuchte Verbände mit hypertonischer Kochsalz- oder Magnesiumsulfatlösung zweckmäßig. Im Gegensatz zu den üblichen Regeln erfordern radioaktiv verseuchte Wunden in der ersten Zeit (bis sie von radioaktiven Stoffen frei sind) häufigen Verbandwechsel, da jeder neue Verband wieder eine gewisse Menge radioaktiver Stoffe aufsaugt.

VI

Wunden und ionisierende Strahlung

Ionisierende Strahlung beeinflußt bei entsprechender Dosierung den menschlichen Organismus morphologisch und physiologisch sehr stark; große Strahlendosen lösen eine Allgemeinerkrankung in Form der Strahlenkrankheit aus.

Das besondere Interesse der Chirurgen und Traumatologen gilt verständlicherweise der Frage, wie weit ionisierende Strahlung den Wundheilungsverlauf beeinflußt. Dabei kommen, wie schon erwähnt, zwei Varianten in Betracht: erstens der Fall, daß der Wundprozeß mit irgendeiner Form von Strahlenkrankheit kombiniert ist oder die Wunde einer örtlichen Bestrahlung durch ionisierende Strahlung von außen ausgesetzt war (kombinierte Strahlenschädigungen im engeren oder allgemeinen Sinne des Wortes), und zweitens, daß die Wirkung der ionisierenden Strahlung auf die Wundfläche unmittelbar von radioaktiven Stoffen ausgeht, die in die Wunde gelangten (radioaktive Mixta).

Die radioaktiv verseuchten Wunden werden in den nächsten Kapiteln besprochen. Hier behandeln wir Verlauf, Heilung und Behandlung von Wunden bei gleichzeitiger Strahlenkrankheit, d. h. eine der wichtigsten und häufigsten Formen kombinierter Strahlenschädigung. Dabei hängt die Wirkung der Strahlenenergie auf die Wunden von vielen Faktoren ab: von Dosis und Dauer der Bestrahlung, vom Zustand und Alter des Organismus u. v. a.

Kleine Bestrahlungsdosen haben bekanntlich einen stimulierenden Einfluß auf die reparativen Wundprozesse. Speziell auf dieser Eigenschaft der Bestrahlung beruht ja bekanntlich die Röntgentherapie bei Weichteilwunden (N. I. Ivanov, A. N. Kruglov, B. N. Mogil'nickij und M. Radakovich u. a.). Allerdings konnten einige Untersucher bei keiner Dosierung einen günstigen Einfluß der ionisierenden Strahlung auf Wunden feststellen (A. L. Poljakov, T. N. Tužilkova). Es ist zu beachten, daß dauernde Einwirkung von geringen Strahlendosen die gleichen negativen Folgen haben kann wie eine einmalige und kurzzeitige Einwirkung großer Dosen auf das Wundgebiet (s. unten).

Hohe Bestrahlungsdosen haben einen ungünstigen Einfluß auf Wunden, wie viele experimentelle und klinische Beobachtungen überzeugend nachweisen konnten. Es ließ sich feststellen, daß bei örtlicher Röntgenbestrahlung von Wunden mit mehr als 15% der HED die Wundheilung schon erheblich verzögert ist. Die Heilungsdauer betrug bei den Versuchstieren 23—24 Tage, bei den Kontrolltieren 15—17 Tage. Bei hohen Dosen (200—300% der HED) war eine noch stärkere Verzögerung der Regenerationsprozesse und der Heilung festzustellen. In diesen Fällen boten die Wunden gewöhnlich das Bild chronischer, schlecht heilender Ulzerationen. Die histologische Untersuchung solcher Wunden zeigt eine starke Verminderung der Leukocyten und Histiocyten. Die Fibroblasten und die Bindegewebsfasern sind pathologisch verändert; es zeigen sich hypertrophierte Fibroblasten, die Fasern werden gröber und dicker. Es fanden sich auch Schäden der Gefäßwände (A. L. Poljakov). Bei Bestrahlung von Hautwunden an Kaninchen mit hohen Dosen von Polonium-Alphateilchen wurde eine Verzögerung der Wundheilung um einige Tage gegenüber den Kontrolltieren festgestellt (N. I. Ivanov). All diese Veränderungen der Wunde sind in der Anfangs- und Latenzperiode der Strahlenkrankheit noch schwach ausgeprägt und erreichen ihre höchste Intensität im Höhepunkt dieser Erkrankung. So konnte A. I. Mariev experimentell zeigen, daß der Heilungsverlauf bei Operationswunden nicht nur von der Schwere, sondern auch von der Entwicklungsperiode der Strahlenkrankheit abhängt. Die gröbsten Störungen der Wundheilungsprozesse traten beim Kaninchen dann auf, wenn die Wunden in der Höhepunktsperiode der Strahlenkrankheit gesetzt wurden (Abb. 44).

In der Anfangs- und Latenzperiode der Strahlenkrankheit unterscheidet sich der Wundprozeß wenig vom Verlauf bei gewöhnlichen Wunden. Bei ausreichender Dauer dieser Periode, wie zum Beispiel bei leichter und mittelschwerer Strahlenkrankheit (10—20 Tage und mehr), kann eine unkomplizierte Wunde schon vor Eintritt des Höhepunktes der Strahlenkrankheit verheilt sein. Eine glatte Wundheilung in diesen Entwicklungsstadien der Strahlenkrankheit erzielt man natürlich mit einer primären dichten Naht. Tatsächlich sprechen viele Experimente überzeugend dafür, daß die Wundheilung in den Anfangsstadien der Strahlenkrankheit und besonders bei entsprechender Therapie glatt verläuft und sich kaum von der Heilung gleicher Wunden bei nicht bestrahlten Tieren unterscheidet (N. N. Aleksandrov, A. N. Berkutov, P. G. Bražnikov, G. T. Golikov, A. I. Mariev, A. N. Morozov, V. I. Murav'ev, S. S. Sokolov, V. I. Filatov u. a.). Allerdings sieht man in diesen Fällen manchmal ungenügende Narben, die zu Dehiszenzen, Ulzerationen und Vereiterungen führen.

Der ungünstige Einfluß der ionisierenden Strahlung auf Wunden wird am auffälligsten im Höhepunkt der Strahlenkrankheit, besonders in schweren Fällen. Unter dem Einfluß der ionisierenden Strahlung entwickelt sich in der Wunde ein vorwiegend dystrophischer Prozeß, da die Bindegewebe- und Muskelzellen, besonders aber die Epithelzellen äußerst strahlenempfindlich sind. In den Zellen der Wundoberfläche kommt es zu degenerativen nekrobiotischen und nekrotischen Prozessen. Die Proliferationsfähigkeit der Zellen geht zurück oder fällt ganz aus. Besonders leiden hierunter die Zellen der Keimschicht und die Fibroblasten, die sich manchmal erst nach $1^1/_2$—2 Monaten wieder erholen. Die Entzündungsreaktion ist gewöhnlich schwach ausgeprägt und fehlt manchmal (makroskopisch) ganz. Einige (allerdings bisher sehr wenige) experimentelle Befunde sprechen dafür, daß bei Ganzbestrahlung die Entzündungsreaktion gehemmt wird: die Entwicklung eines Entzündungsoedems wird gebremst und die Barrierefunktion der Entzündungsreaktion verringert (T. S. Barkagan, V. G. Garšin u. a.). Erst viel später erscheinen Anzeichen einer Entzündungs-

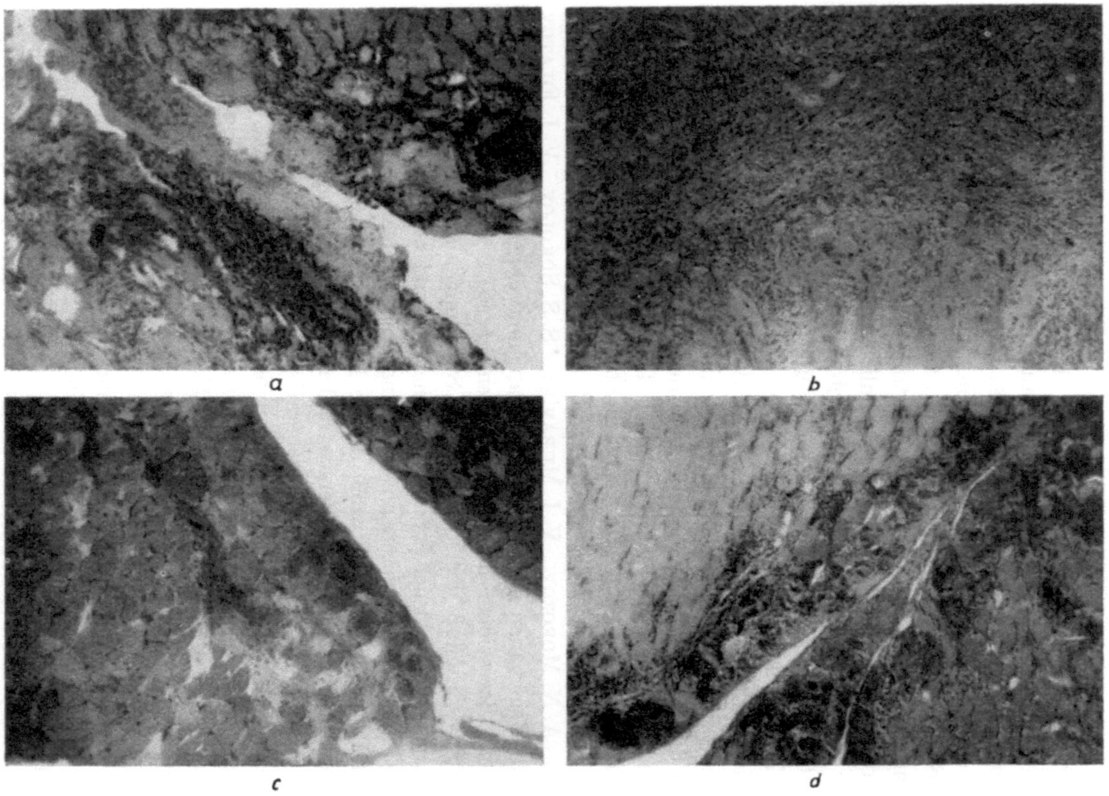

Abb. 44. Heilung von Weichteilwunden bei der Strahlenkrankheit am Kaninchen (nach A. I. MARIEV).

a – Kontrolle (nichtbestrahltes Kaninchen). Wunde am 3. Tag. Wundspalt im Muskelgewebe. Teile nekrotisch veränderter Fasern, um die herum und auch an den Wundrändern deutlich wucherndes junges Bindegewebe zu sehen ist; *b* – Kontrolle. Wunde am 6. Tag. Wundspalt im Muskelgewebe, der durch junges Bindegewebe ausgefüllt ist. Bindegewebe wächst zwischen die Muskelfasern; *c* – Bestrahltes Kaninchen (Strahlenkrankheit 3. Grades). Wunde am 4. Tag. Wundspalt im Muskelgewebe. Teile nekrotisch veränderter Muskelfasern am Rand des Wundspaltes. Fehlen von Wucherungen jungen Bindegewebes; *d* – Bestrahltes Kaninchen. Wunde am 7. Tag. Wundspalt in den Muskelfasern, um sie herum und auch an den Wundrändern schwache Wucherung von Bindegewebe reaktion, stoßen sich nekrotische Gewebe ab, sprießen Granulationen usw. (B. N. MOGIL'NICKIJ und Mitarbeiter, A. L. POLJAKOV, S. S. SOKOLOV, V. I. TRUBAČEV u. a.). Durch den entzündlich-dystrophischen Prozeß in Wunden, die ionisierender Strahlung ausgesetzt waren oder auf dem Hintergrund einer Strahlenkrankheit ablaufen, entstehen häufig ernste Komplikationen: Eiterungen, manchmal auch anaerobe Infektionen, langsames Abstoßen nekrotischer Gewebe und Verzögerung der Regeneration mit blassen und blutenden Granulationen und langsamer Epithelisierung. Die 1. Periode des Wundprozesses (Periode der biologischen Reinigung) ist durch die langsame Entwicklung des Leukocytenwalls, die schwach ausgeprägte Entzündungsreaktion, die Einschränkung der Exsudation und die verzögerte Abstoßung nekrotischer Gewebe gekennzeichnet. Bei der Untersuchung der Weichteilwunden von Hunden mit akuter Strahlenkrankheit fanden sich am 6.—7. Tage nach der Verletzung Bezirke mit blaßrötlichen Granulationen. Gegen den 11.—12. Tage füllen sich die Wunden mit grobhöckrigen, bläulich schimmernden Granulationen. Am 13.—15. Tage stellen sich zugleich mit dem Auftreten klinischer Strahlenkrankheitssymptome im allgemeinen Nekroseherde ein; die Wundfläche bedeckt sich mit einem grauen Belag und riecht selbst bei antibiotischer Behandlung faulig. Bei Strahlenkrankheit sind die Wunden der Versuchstiere durch ausgedehnte Hämorrhagien, Hämatome und tiefe Nekrosen gekennzeichnet, die sich auf dem Boden einer Abschwächung der entzündlichen Wundreaktionen abspielen (A. I. MARIEV, B. N. MOGIL'NICKIJ und Mitarbeiter, A. N. MOROZOV, S. S. SOKOLOV, G. E. GUSTAFSON und F. A. CEBUL, A. RAVENTOS, M. RADAKOVICH u. a.).

In der 2. Periode der Wundheilung (Granulation und Vernarbung) macht sich das Darniederliegen der reparativen Prozesse bemerkbar — das Wachstum der Granulationen ist in der Regel verzögert und kommt in schweren Fällen sogar völlig zum Stillstand. Die aufsprießenden Granulationen sind blaß oder bläulich und bluten leicht. Die Bildung von jungem Bindegewebe ist stark gehemmt, die Umbildung in Narbenbindegewebe verzögert. Die Epithelisierung der Wunde vollzieht sich sehr schleppend, manchmal fehlt sie völlig. Dies führt zur Entwicklung von schwer heilenden Defekten, die den Chirurgen an die bekannten trophischen Geschwüre erinnern. Wenn die Wunde vernäht ist, so führt nicht selten eine Blutung zur Abhebung der Haut und sofort nach dem Fädenziehen zur Dehiszenz der Wundränder. Die Störungen der Regenerationsprozesse machen sich bei primärer Wundheilung weniger bemerkbar als bei sekundärer Heilung der Wunde und sind bei einer Wundinfektion besonders ausgeprägt. Hier ist zu erwähnen, daß schwere Störungen der Gewebsregeneration bei Strahlenschäden sehr stark von der Entwicklung einer Infektion abhängen. Ähnliche Befunde ergaben Experimente von A. V. KOZLOVA, T. N. TUŽILKOVA, A. RAVENTOS u. a., die zeigen, daß eine Strahlenkrankheit Verlauf und Heilung von Schädigungen der verschiedensten Gewebe (z. B. Muskel- und anderem Gewebe) verschlechtert. So untersuchte N. V. BELOKONSKAJA die Morphologie der Heilung von Muskelwunden bei Strahlenkrankheit im Experiment und fand dabei ein sehr ausgeprägtes Ödem, sehr langwierige und schwere Nekrosen der Muskelfasern, eine schwache lokale leukocytäre Reaktion, eine verzögerte Regeneration, Blutergüsse und eine (im Vergleich zu den Kontrolltieren) sehr starke Entwicklung von Bindegewebe (Abb. 45).

Alle diese angeführten Störungen der Regenerationsprozesse bei Strahlenkrankheit sind offensichtlich nicht für Strahlenschäden spezifisch, denn gleiche Störungen der Wundheilung werden ja auch bei anderen pathologischen Zuständen beobachtet (z. B. bei allgemeiner Dystrophie u. a.). A. N. Bakulev und P. L. Sel'covskij weisen deshalb auch mit Recht darauf hin, daß „kombinierte Verletzungen (d. h. mit Strahlenkrankheit kombinierte — B. Ch.) keine prinzipiell neuen Probleme aufgeben im Vergleich zu dem, was S. S. Girgolav, I. V. Davydovskij u. a. schrieben. Es machen sich nur einige Unterschiede in der Art und Dauer des Verlaufes der einzelnen Phasen des Wundprozesses bemerkbar. Insbesondere ist ein Überwiegen der nekrotischen Prozesse gegenüber den reparativen im Höhepunkt der Strahlenkrankheit mittleren und schwereren Grades zu beobachten.“ [1]

Außerdem ist zu erwähnen, daß in der Literatur auch gegenteilige Angaben über Gewebsregeneration bei bestrahlten Tieren zu finden sind. So stellte E. V. Dmitrieva im Experiment an Ratten fest, daß bei Röntgenganzbestrahlung mit 520 r und sogar 1000 r die reaktiven posttraumatischen Prozesse im abgedeckten Muskel in der gleichen Art und ebensolange wie bei nichtbestrahlten Tieren ablaufen. Angeblich unterscheiden sich auch die Endausgänge der regenerativen Prozesse bei bestrahlten und nicht bestrahlten Tieren in keiner Weise. V. P. Michailov und K. M. Jaroslavceva untersuchten die posttraumatische Regeneration des Epithels des Kaninchenuterus bei Strahlenkrankheit und konnten auch hier keine Verminderung der Regenerationsfähigkeit der epithelialen Zellen feststellen. Man muß im Auge behalten, daß solche sich widersprechenden Angaben über den Charakter der Regenerationsprozesse bei Strahlenkrankheit sehr häufig durch die sehr verschiedenen experimentellen Methoden (u. a. auch der Bestrahlungsbedingungen) zu erklären sind, mit denen die einzelnen Autoren arbeiten.

Bemerkenswert ist, daß in den Anfangsstadien der Strahlenkrankheit bei traumatisierten Tieren häufig eine passagere Leukocytose als Sofortreaktion des Organismus auf das Trauma und die Resorption von Zerfallsprodukten aus dem Schädigungsherd in Erscheinung tritt. Im Höhepunkt der Strahlenkrankheit jedoch findet man eine typische Leukopenie sogar dann, wenn der Wundprozeß durch eitrig-septische Komplikationen belastet ist (A. I. Mariev, V. I. Murav'ev, A. A. Gukasjan und D. N. V'junskovskij, A. S. Rovnov, S. S. Sokolov, B. M. Chromov u. a.). Versuche von L. S. Korčanov, A. V. Jakubenko u. a. an Hunden zeigten, daß sich in der Entscheidungsphase der akuten Strahlenkrankheit schweren Grades eine Weichteilwunde nicht wesentlich auf den funktionellen Zustand auswirkt und zu keiner Störung des Entscheidungsprozesses der

[1] A. N. Bakulev und P. L. Sel'covskij. Einige Fragen der Wundbehandlung. „Chirurgia“ 1959, 5, S. 11.

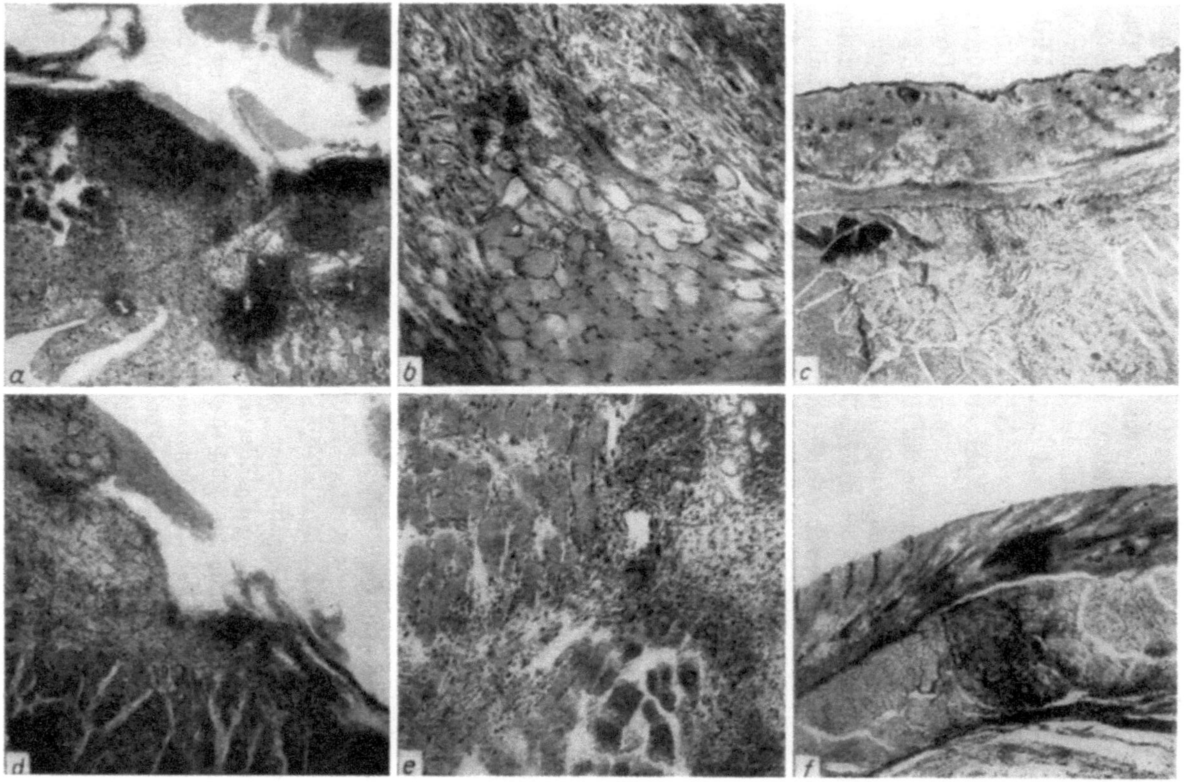

Abb. 45. Heilung von Weichteilwunden bei bestrahlten Tieren (nach N. V. Belokonskaja).

Nicht bestrahlte Tiere (*a*, *b*, *c*): *a* — Am 3. Tag. Stark ausgeprägte Infiltration der Wundränder. Massive Ansammlung von Leukocyten um die Gefäße; *b* — Am 6. Tag. Die Wunde wird aktiv durch Bindegewebe ersetzt, beginnende Regeneration des Muskelgewebes; *c* — Am 30. Tag. Die ehemalige Wunde ist durch eine Muskelbindegewebsnarbe ausgefüllt. Bindegewebszüge zart, unbedeutend. Bestrahlte Tiere (*d*, *e*, *f*): *d* — Am 3. Tag. Schwach ausgeprägte Infiltration der Wundränder, progrediente Nekrose des Muskelgewebes; *e* — Am 6. Tag. Verlangsamte Wundheilung, Bindegewebsreifung wenig ausgeprägt, Muskelregeneration fehlt; *f* — Am 30. Tag. Wunde mit bindegewebiger Narbe verheilt, die Bindegewebszüge sind grob, Muskelgewebsregeneration hält an

Erkrankung führt. Die reparativen Prozesse in den Geweben der Wunde weichen unter diesen Bedingungen vom gewöhnlichen klinischen Verlauf bei gesunden Tieren nicht sonderlich ab. Morphologisch beobachtet man in manchen Fällen verstärkte regenerative Prozesse in den geschädigten Geweben. V. K. Žgenti, G. P. Nazarišvili, A. A. Kvaliašvili, E. M. Semenskaja, Š. R. Topurija und E. N. Cverava führten interessante Experimente über den Einfluß von Druckwellen und Bestrahlung auf die Heilung von Weichteilwunden durch. Sie stellten fest, daß eine isolierte Wirkung der Druckwelle sich nicht auf die Wundheilung auswirkt, aber daß die Kombination von Druckwelle und Bestrahlung die Regenerationsfähigkeit des Organismus sehr stark beeinträchtigt, zu einer verlangsamten Wundheilung führt und der Regenerationsprozeß selbst durch Blutergüsse im Granulationsgewebe und durch Nekroseherde kompliziert wird.

Wunden an bestrahlten Körperstellen (z. B. durch Röntgenbestrahlung) neigen zu häufigen und ausgedehnten Nekrosen, der Heilungsprozeß ist verzögert (A. I. Mariev, A. L. Poljakov, J. Nickson u. a.). Je nach Höhe der Dosis beobachtet man entweder eine dauernde Hemmung oder sogar den völligen Verlust der Regenerationsfähigkeit. Der klinische Wundverlauf bei Menschen, die an Strahlenkrankheit leiden, weist viele Eigenheiten auf, ähnlich denen im Experiment. So sind die Schmerzen von Verwundeten, die ionisierenden Strahlen ausgesetzt waren, sehr unterschiedlich und hängen hauptsächlich von der Art und den Besonderheiten der Verwundung ab. In der ersten Zeit treten sie jedoch noch nicht als charakteristisch hervor, da die Anfangssymptome der Strahlenschädigung (allgemeine Schwäche, schlechter Allgemeinzustand, Schwindel, Kopfschmerzen usw.) denen bei gewöhnlichen Verletzungen gleichen. Hier muß betont werden, daß sich anfangs auch die Wunden selbst bei Strahlenschädigung äußerlich nicht von anderen unterscheiden. Natürlich kann deshalb die erste klinische Diagnostik der kombinierten Strahlenschäden auf die bekannten Schwierigkeiten stoßen. Nur die Anamnese (Hinweis auf die Bestrahlung) und die Blutanalyse (deren Veränderungen charakteristisch für Strahlenschädigungen sind) ermöglichen die richtige Diagnose. Wie schon erwähnt, haben die experimentellen und klinischen Befunde erwiesen, daß die kombinierten Strahlenschädigungen überhaupt und die Kombination von Verletzungen und Strahlenkrankheit im besonderen sich durch viele und wichtige Eigenheiten hervorheben: Sehr häufiges Auftreten von Schock und Infektion, Neigung zu Blutergüssen, Blutungen und anderen Komplikationen, die den Verlauf der Wundheilung und der Strahlenkrankheit besonders akzentuieren.

Wir verweilen bei einer kurzen Schilderung der *Komplikationen* des Wundprozesses bei der Strahlenkrankheit. Eine der wichtigsten und häufigsten ist die Wundinfektion. Bakteriologische Untersuchungen an bestrahlten Tieren sieben Stunden nach der Verwundung zeigten schon eine ganz ausgeprägte Besiedlung der Wunden mit Mikroben (V. I. Murav'ev, A. A. Gukasjan und D. N. V'junskovskij). Auch andere Autoren haben experimentell festgestellt, daß Anaerobier und Fäulnismikroben bei gleichzeitiger Strahlenkrankheit sehr häufig in den Wunden zu finden sind. In unbehandelten Wunden bestrahlter Tiere beobachtet man gewöhnlich folgende Mikroben: Staphylokokken, die Gruppe der Darmbakterien, Enterokokken, Proteus, Pyocyaneusbakterien u. a. Annähernd die gleichen Befunde erzielten wir bei der Untersuchung der Wundmikroflora von bestrahlten Kaninchen. Wundeiterungen wurden 2- bis 3mal häufiger als bei nichtbestrahlten Kaninchen beobachtet. Sehr wichtig ist es, daß eine Wundinfektion die Schnelligkeit des Auftretens und die Schwere der akuten Strahlenkrankheit beeinflußt. So führt nach G. T. Golikov die Verringerung der Mikrobenanzahl, die in die Wunde eingebracht werden, oder die Anwendung von Penicillin zu einer starken Senkung der Letalität und zur langsameren Entwicklung des akuten Strahlenschadens. Eine Wundinfektion bewirkt ein ganz frühes und stark ausgeprägtes Auftreten des haemorrhagischen Syndroms, was den Verlauf der Strahlenkrankheit verschlechtert. Schnellere Entwicklung und schwerere Form der Strahlenkrankheit bei Wundinfektion stellten auch V. I. Filatov u. a. fest.

Die häufigen Komplikationen eitriger Wundinfektionen, die bei gleichzeitiger Strahlenkrankheit eintreten, rühren — wie schon gesagt — von einer Vielzahl allgemeiner und lokaler Ursachen her: von der Toxaemie, Anaemie und Leukopenie, von der Verringerung der phagocytären Aktivität der Leukocyten, vom Versagen der immunbiologischen Schutzmechanismen, von der Schwächung der antitoxischen Funktion der Organe und Gewebe, vom dauernden Fehlen der Wundbarriere in Form von Granulationen u. v. a. Infolgedessen überschreitet die Infektion bei Strahlenkrankheit die Wundgrenzen, es kommt zu ausgedehnten Vereiterungen, Abszessen, Phlegmonen, infektiösen Ödemen, Rose, Sepsis und manchmal zu putrider Gangraen und anaeroben Infektionen.[1] Einen besonders schweren Verlauf nehmen Wunden mit verzweigtem Wundkanal. Oben wurde schon die Aufmerksamkeit darauf gelenkt, daß das klinische Bild der „Vereiterung" von Wunden bei Bestrahlten häufig nicht nur von akutinfektiösen Prozessen, sondern auch von nekrotischen Wundprozessen herrührt. Bei Entstehung all dieser Komplikationen kommt eine besondere Bedeutung nicht nur der exogenen, sondern auch der endogenen Infektion (Autoinfektion) zu. Komplikationen durch Infektion gehören zu den häufigsten Todesursachen bei Verwundungen, die mit Strahlenkrankheit kombiniert sind. In diesen Fällen gewinnen deshalb die prophylaktischen Maßnahmen gegen das Auftreten und die Entwicklung von Eiterinfektionen (Beachtung der Asepsis, Verwendung von Antibioticis u. a.) besondere Bedeutung.

Bei den kombinierten Strahlenschädigungen verdienen die primären und sekundären Blutungen besondere Beachtung. Die primären Blutungen bei der Verwundung selbst belasten die Strahlenkrankheit durch die noch größere Anaemisierung des Organismus. Es ist bekannt, daß bei der Strahlenkrankheit

[1] Hier muß erwähnt werden, daß in der Frühdiagnostik der Gasinfektion bei kombinierten Strahlenschädigungen L. S. Karčanov und P. P. Kondrat'ev der Röntgenuntersuchung besondere Bedeutung beimessen, die in der Höhepunktperiode der Strahlenkrankheit die wichtigste diagnostische Methode ist.

die Funktion der blutbildenden Organe und der Prozeß der Blutbildung erheblich gestört sind. Darum können schon geringe Blutverluste die Entwicklung eines anaemischen Zustandes sehr beschleunigen. Die sekundären Blutungen aus der Wunde werden durch die Strahlenkrankheit selbst hervorgerufen. Bekanntlich ist die Blutungsbereitschaft für diese Erkrankung charakteristisch. Sie rührt von der erhöhten Kapillarpermeabilität und -brüchigkeit, der Thrombocytopenie, der verzögerten Blutgerinnung u. a. her. Die blassen Granulationen, die sich bei Strahlenkrankheit in der Wunde bilden, bluten sehr leicht und reichlich bei den geringsfügigsten mechanischen Schädigungen. Die Blutungsbereitschaft tritt gewöhnlich am 3.—9. Tage nach der Bestrahlung auf, hält $1^1/_2$ Monate und länger an und gibt sich nicht nur durch sekundäre Blutungen, sondern mitunter auch durch sehr ausgedehnte Blutaustritte und die Bildung von Hämatomen zu erkennen. Besonders letztere gehören zu den häufigsten Komplikationen nach der primären chirurgischen Behandlung von Wunden bei bestrahlten Tieren.

Die Heilung von Wunden bei Strahlenkrankheit oder direkter Bestrahlung geht — wie schon gesagt — langsam vor sich und kann sich erheblich länger hinziehen als die Heilung gewöhnlicher Wunden. So zeigten Versuche von L. L. Libov, daß die Heilungszeit von Schußwunden bei bestrahlten Tieren etwa 50% länger dauert (Abb. 46). Nach eigenen Versuchen verlängert Röntgenbestrahlung von Kaninchen mit der LD 50 die Heilung kleiner ($2-2^1/_2$ cm) Hautmuskelwunden durchschnittlich um das Doppelte gegenüber gleichen Wunden bei unbestrahlten Tieren. Wundheilungsverzögerungen bei bestrahlten Tieren fanden auch andere Experimentatoren. Die verheilten Wunden neigen dazu, wieder aufzugehen, so wie man dies manchmal bei Geschwulstkranken beobachten kann. Die wechselseitige Abhängigkeit von Strahlenkrankheit und Wundprozeß wirkt sich auch auf die Lebenserwartung und die Sterblichkeit bei kombinierten Schädigungen aus. In diesem Zusammenhang sind die schon erwähnten Versuche S. S. Sokolovs und anderer Autoren bemerkenswert. Sehr überzeugende Ergebnisse erzielten auch wir bei Versuchen an Kaninchen mit Standardhautmuskelwunden von $2-2^1/_2$ cm Länge, die mit 700—800 r röntgenbestrahlt wurden. Während in der Gruppe der nicht bestrahlten (Kontroll-) Tiere keines starb, betrug die Sterblichkeit bei den bestrahlten Kaninchen 28% (s. Abb. 10).

Die Wundbehandlung bei Strahlenkrankheit soll sich auf die allgemeinen Behandlungsprinzipien bei kombinierten Strahlenschädigungen gründen, worüber bereits ausführlich gesprochen wurde. Wir verweilen hier nur etwas ausführlicher bei der so wichtigen Behandlungsmaßnahme der primär-chirurgischen Wundversorgung.

Die primäre Wundversorgung muß bei Menschen, die einer Strahleneinwirkung ausgesetzt waren, möglichst frühzeitig beginnen. Je höher die Dosis, desto kürzer ist die 1. und 2. Periode der Strahlenkrankheit, und um so schneller muß die chirurgische Versorgung der Wunden eingeleitet werden. Das ist bei Festlegung der Reihenfolge der chirurgischen Wundbehandlung und der Indikationsstellung zur Evakuierung der Verletzten zu berücksichtigen. Nach Versuchen von A. I. Ma-

RIEV und S. S. SOKOLOV erzielt man die besten Resultate, wenn man die Wundversorgung nicht später als sechs Stunden nach der Verwundung einleitet. Nach A. N. MOROZOV hängt es unmittelbar vom Operationszeitpunkt ab, wie häufig Nähtedurchschneiden und Wunddehiszenzen durch hinzutretende Infektionen zustande kommen. Versuche von L. S. KORČANOV, A. V. JAKUBENKO u. a. zeigten, daß eine chirurgische Wundversorgung während der Anfangs- und Latenzperiode der Strahlenkrankheit beim Hund keinen wesentlichen Einfluß auf den

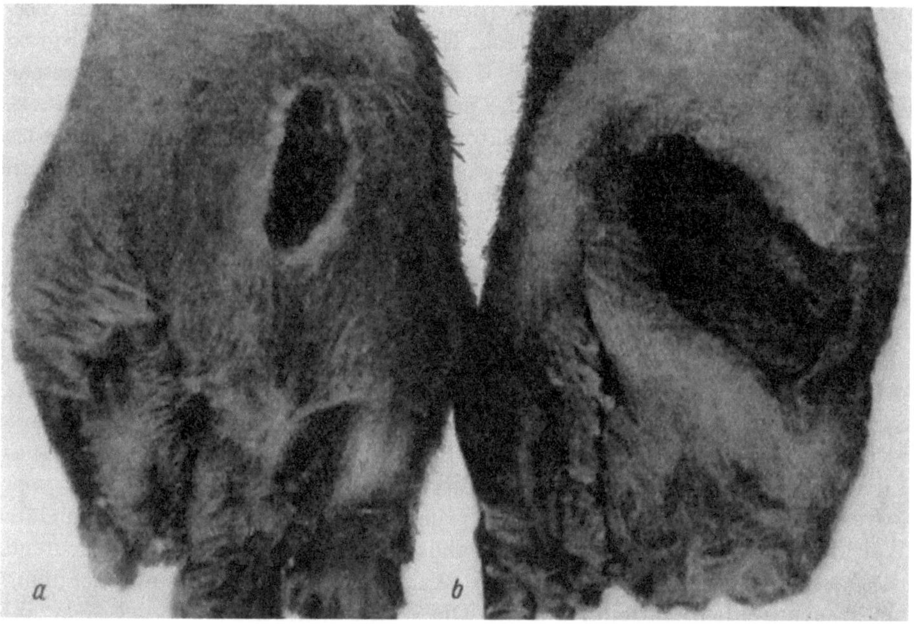

Abb. 46. Heilung von perforierenden Schußverletzungen bei Kaninchen (am 7. Tag) (nach L. L. LIBOV).

a – nichtbestrahlt, *b* – bestrahlt (600 r)

Zustand der Tiere hat, während der gleiche Eingriff auf dem Höhepunkt der Strahlenkrankheit den Allgemeinzustand stark verschlechtert. Überhaupt sei darauf aufmerksam gemacht, daß die Bedingungen sowohl für den Eingriff selbst (Blutungsgefahr) als auch für die Wundheilung (Entstehung von Haematomen u. a.) sich um so mehr verschlechtern, je später der chirurgische Eingriff beim Vorliegen eines Strahleninsults vorgenommen wird. Verständlicherweise kompliziert all dies jeden operativen Eingriff, auch eine umfangreichere chirurgische Wundversorgung.

Jedoch zeigt eine Reihe von Versuchen, daß alle modernen Methoden der chirurgischen Wundbehandlung (einschließlich der primären chirurgischen Versorgung und der Wundnaht) in allen Perioden der akuten Strahlenkrankheit leichten und mittleren Grades bei bestimmten Indikationen von seiten der Wunde selbst anwendbar sind (A. N. Morozov).

Die Technik der primären chirurgischen Wundversorgung bei Strahlenkrankheit unterscheidet sich nicht von der üblichen Behandlungstechnik. Es ist aber ganz besonders auf äußerste Schonung des Gewebes, auf möglichst vollständige Entfernung der Nekrosen und auf die sorgfältigste Blutstillung zu achten. Ohne besondere Indikation dürfen keine gröberen Gewebsverletzungen gesetzt werden, immer von dem Gedanken ausgehend, daß, je größer die Wunde ist, um so schwerer die Strahlenkrankheit verläuft. Außerdem erschwert natürlich jede gröbere Verletzung auch die spätere Wundheilung. Nach der Wundtoilette ist die Anlegung einer dichten Naht wünschenswert, d. h., man soll eine einzeitige chirurgische Versorgung anstreben. Jedoch ist die primäre Abschlußnaht nur unter Berücksichtigung der oben besprochenen Faktoren möglich. Beim Fehlen entsprechender Bedingungen wird die Wunde tamponiert. Nach unseren Beobachtungen wird zweckmäßigerweise ein antiseptischer biologischer Tampon in die Wunde eingeführt, wie ihn die Mitarbeiter des Leningrades Instituts für Bluttransfusionen vorschlagen (L. G. Bogomolova und N. M. Aleksandrova). Eigene Versuche zeigten, daß eine solche Tamponade den Prozentsatz an Eiterungen erheblich herabsetzt und die Heilungszeit dadurch verkürzt.

Erst die weitere Beobachtung des Verletzten kann die Frage klären, ob spätprimäre oder sekundäre Nähte in Frage kommen. Auch diese können trotz Strahlenkrankheit Anwendung finden. Allerdings muß man bei starker Leukopenie erst einmal bis zu deren Beseitigung auf die Sekundärnaht verzichten (A. N. Berkutov). Nach Versuchen von V. I. Murav'ev, A. A. Gukasjan, D. N. V'junskovskij, V. I. Trubačev u. a. führt die primäre, spätprimäre und frühe sekundäre Weichteilwundnaht beim Hund mit akuter Strahlenkrankheit zu bedeutend besseren Ergebnissen, wenn die Tiere gleichzeitig einer komplexen Behandlung unterzogen werden (Antibiotica usw.). Die Wunden heilen dann in der Mehrzahl per primam intentionem unter Bildung einer schmalen einfachen Narbe. Nach A. N. Morozov verbessern Antibiotica den Verlauf des Wundprozesses und senken die Sterblichkeit der Tiere.

Sehr günstige Ergebnisse erzielte L. S. Korčanov in Versuchen mit Antibiotica (Biomycin) und Gasbrandserum. Er setzte Kaninchen schwer zerfetzte Hautmuskelwunden, die er durch Gartenerde mit anaeroben und aeroben Erregern verschmutzte. Nach einer bestimmten Zeit (6—24 Stunden) folgte eine primäre chirurgische Wundversorgung. Es zeigte sich, daß eine vollwertige chirurgische Wundtoilette unter Anwendung von Biomycin und Antigangränserum das Angehen der anaeroben Infektion bei kombinierten Schädigungen in der Anfangsperiode der Strahlenkrankheit verhüten kann. Bemerkenswert ist, daß, während vor der primären Versorgung aus der Wunde eine breite anaerobe und aerobe Flora gezüchtet werden konnte, sich nach der Behandlung in den Kulturen nur vereinzelte Kolonien, vorwiegend von Bac. perfringens entwickelten. Diese Maßnahmen (Wundversorgung unter Biomycin und Serum) ermöglichen die primäre Naht mit günstigen Ergebnissen sogar bei verspäteter chirurgischer

Behandlung. Das ist besonders wichtig für das Bestreben, die Wunde noch vor dem Höhepunkt der Strahlenkrankheit zur Abheilung zu bringen. Versuche von V. I. TRUBAČEV zeigten, daß die Anwendung von Penicillin und Streptomycin mit Vitaminen bei bestrahlten Tieren wesentlich häufiger (89%) zu einer Wundheilung per primam intentionem führt. Ohne diese Behandlung betrug sie nur 23%. Wichtig erscheint auch, daß Streptomycin in Kombination mit Vitaminen den Wundregenerationsprozess etwas beschleunigt, so daß die Wunden vor dem Einsetzen des voll ausgeprägten Strahlenkrankheitsbildes verheilen (Abb. 47). Jedoch zeigten Untersuchungen des gleichen Autors, zusammen mit V. V. BYSTROV, daß manchmal die Streptomycin-Therapie erhebliche Kreislaufstörungen (Ödeme, Blutunterlaufungen) verursacht. Dies kann die Wundheilung erschweren und verschlechtern, nicht selten auch eine Wunddehiszenz herbeiführen.

Beim Einsatz der Antibiotica für die verschiedenen Verwundungen bei Strahlenkrankheit ist nicht nur die allgemeine (intramuskuläre usw.), sondern natürlich auch die lokale Anwendung, zum Beispiel in Form von Wundspülungen mit Antibiotica-Lösungen und Pudern der Wundflächen mit Antibiotica usw. zu berücksichtigen. Die Versuche von G. T. GOLIKOV über die kombinierte Anwendung von Antibiotica zur Wundbehandlung bei bestrahlten Tieren haben überzeugend nachgewiesen, daß allgemeine und lokale Anwendung von Penicillin und besonders Bicillin in entscheidendem Maße das Angehen einer Wundinfektion verhindert und die Erfolge bei primären Verschluß von Weichteilwunden verbessert.

Weiter müssen zur Behandlung der Wunde selbst, ihrer Komplikationen und der Strahlenkrankheit Maßnahmen folgen, die nach den allgemeinen Regeln für die Behandlung kombinierter Strahlenschädigungen durchgeführt werden (s. Kap. III). Wir erwähnen nur, daß nach unseren Versuchen bei Blutungsneigung aus der Wunde eine lokale Anwendung von haemostatischem Schwamm (Wundkompressen oder Tamponade) zweckmäßig ist. Günstig für diesen Zweck sind auch die Anwendung von Thrombin (in Form von thrombingetränkten Tampons), biologischen antiseptischen Tampons (Andrücken an die blutende Stelle für ein bis zwei Minuten), Trockenplasma usw. Bei wiederholter Blutung aus den Wunden, die manchmal einen profusen Charakter annehmen kann, ist die Übertragung kleiner (haemostatischer) Dosen Frischzitratblut (100—150 ml) oder Plasma (50—60 ml) zwei- bis dreimal am Tage bis zum endgültigen Stillstand der Blutung indiziert. Selbstverständlich wird eine entsprechende Operation (Gefäßunterbindung u. a.) notwendig, wenn alle diese Maßnahmen erfolglos bleiben. Um die Wundheilung zu beschleunigen, kann man lokal Blutpräparate, wie zum Beispiel den antiseptischen biologischen Puder RS (L. G. BOGOMOLOVA und Z. D. BLEKSMIT) oder den Puder KP (A. N. FILATOV und M. E. DEPP) versuchen, die nach unseren Erfahrungen manchmal einen stimulierenden Einfluß auf die Wundheilung bei bestrahlten Tieren ausüben (s. Abb. 51). Ebenso muß nochmals unterstrichen werden, daß eine entsprechende Therapie der Strahlenkrankheit Verlauf und Ausgang des Wundprozesses sehr günstig beeinflußt (Abb. 48).

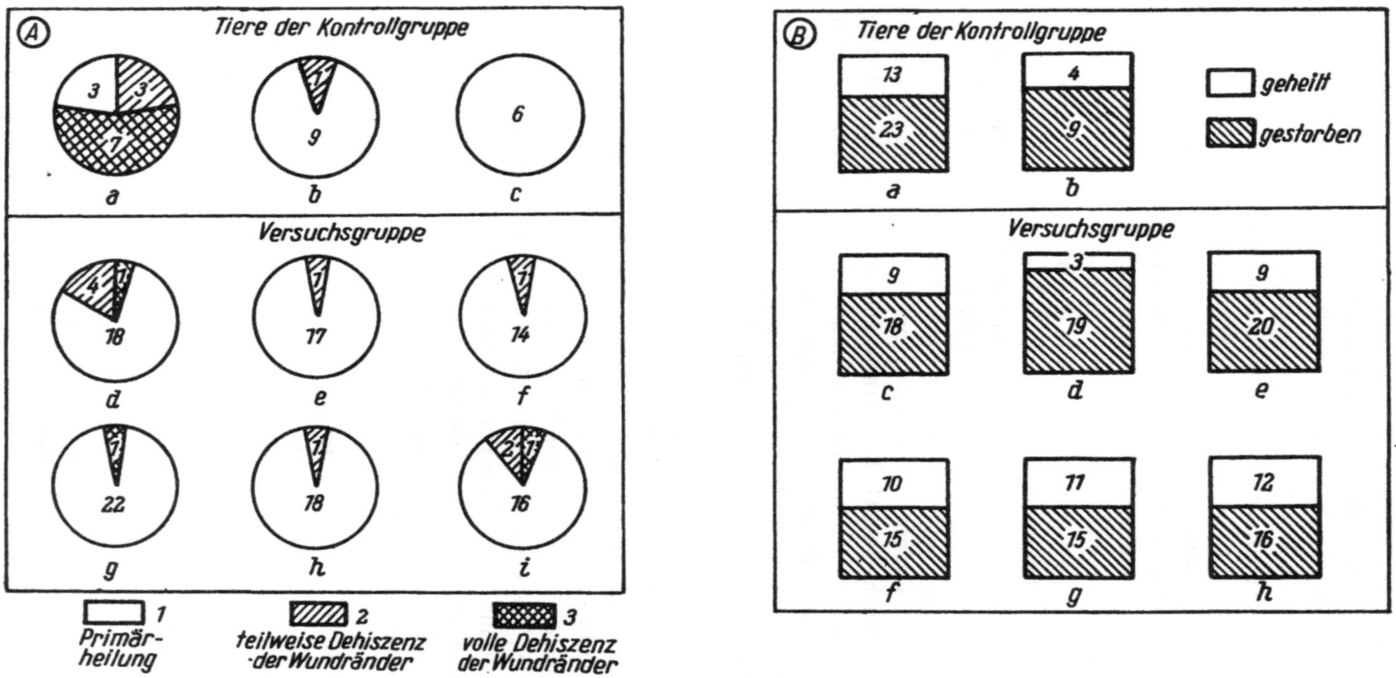

Abb. 47. Heilung von Weichteilwunden bei verschiedenen Behandlungsmethoden und Letalität hierbei (nach V. I. Trubačev).

A – Ausgang der Wundheilung bei Versuchs- und Kontrolltieren: *a* – bestrahlt ohne Behandlung, *b* – ohne Bestrahlung, Streptomycin, *c* – ohne Bestrahlung, Penicillin, *d* – Streptomycinbehandelte (40000 E), *e* – Penicillinbehandelte (15000 E), *f* – Penicillinbehandelte (1500–2000 E), *g* – Streptomycinbehandelte (40000 E), Vitamine, *h* – Streptomycinbehandelte (40000 E) und Penicillin (1500–2000 E) und Vitamine, *i* – Streptomycinbehandelte (8000–10000 E), Bluttransfusion. *B* – Sterblichkeit der bestrahlten Versuchs- und Kontrolltiere: *a* – bestrahlt ohne Trauma und Behandlung, *b* – bestrahlt mit Trauma ohne Behandlung, *c* – Streptomycinbehandelt, 40000 E, *d* – Penicillinbehandelt, 15000 E, *e* – Penicillinbehandelt, 1500–2000 E, *f* – Streptomycinbehandelt, 8000 bis 10000 E, Vitamine, *g* – Streptomycinbehandelt, 8000–10000 E, Penicillin 1500–2000 E, Vitamine, *h* – Streptomycinbehandelt, 8000–10000 E, Blutübertragung

Wenn nach dem Charakter der Verwundung plastische Operationen (z. B. eine freie Hauttransplantation) nicht zu umgehen sind, so führen sie nach den Versuchen von V. I. PETROV zu günstigen Ergebnissen nur dann, wenn sie sehr früh vorgenommen werden (in der Periode der primären Reaktionen) oder aber

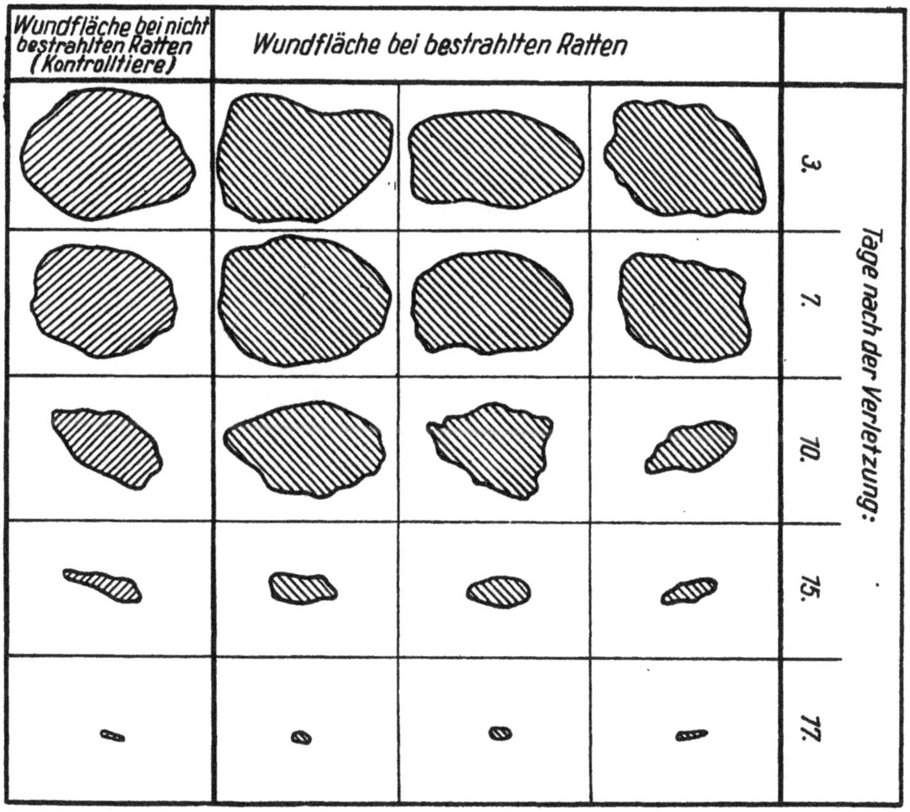

Abb. 48. Veränderungen der Wundflächen bei bestrahlten und nichtbestrahlten Ratten. die mit Penicillin und Aloe behandelt wurden (nach A. D. KAZARJAN und L. I. ABASKULIEVA).

in der Genesungsperiode der Strahlenkrankheit (8—11 Wochen nach der Bestrahlung). In der Latenzperiode hat eine Hauttransplantation wesentlich schlechtere, in der Höhepunktsperiode der Strahlenkrankheit ausschließlich negative Resultate.

Es versteht sich, daß das Hauptaugenmerk nicht so sehr auf die Wundbehandlung (die nur einige Besonderheiten hat) als vielmehr auf die Behandlung der Strahlenkrankheit selbst nach den allgemeinen Richtlinien zu konzentrieren ist. Kombinierte Strahlenschädigungen müssen daher stets von Chirurgen und Internisten gemeinsam behandelt werden. Die Prophylaxe des schädigenden Einflusses ionisierender Strahlen auf Wunden besteht in der Beachtung aller Vorsichtsmaßregeln bei der Arbeit mit Röntgenstrahlen, radioaktiven Substanzen und anderen möglichen Strahlenquellen. Oben wurden allgemeine Angaben über den Einfluß ionisierender Strahlung auf Wunden gebracht und die allgemeinen Prinzipien der Behandlung solcher Schädigungen dargelegt. Nach dieser allgemeinen Einführung müssen wir uns, wenn auch nur kurz, im besonderen mit dem Verlauf und der chirurgischen Behandlung von Verwundungen der einzelnen Organe oder Körperregionen bei Strahlenschädigungen beschäftigen. Natürlich gestatten die dürftigen experimentellen Befunde keine erschöpfende Behandlung dieser Frage.

Verletzungen von Schädel und Gehirn in Kombination mit Strahlenkrankheit sind immer sehr ernst und wirken sich verschlechternd auf den Verlauf der Strahlenkrankheit aus. Bei diesen kombinierten Schäden entwickeln sich sehr häufig infektiöse Wundkomplikationen, Pneumonien u. a. Bei Infektionsprozessen im Schädelinneren während der Höhepunktsperiode der Strahlenkrankheit bleibt eine stärkere Erhöhung der Zellzahl im Liquor aus. Zur Behandlung kombinierter Hirn-Schädelverletzungen erweist sich die Kombination intramuskulärer Injektionen von Antibioticis und deren Einführung in die Durawunde oder in den Subarachnoidalraum als besonders geeignet. Die Anwendung von Biomycin führte in diesen Fällen zu schlechten Resultaten, vielleicht seiner Toxicität wegen. Da offene Hirnschädelwunden bei Strahlengeschädigten einen ausgesprochen ungünstigen Einfluß auf den Verlauf und Ausgang der Strahlenkrankheit ausüben, ist die Indikation zur primären Abschlußnaht in diesen Fällen weiter zu ziehen. Versuche zeigen, daß bei rationeller Anwendung von Antibioticis kontaminierte und infizierte Schädel- und Hirnwunden bei Versorgung und dichtem Nahtverschluß drei Tage nach der Schädigung in ganz überwiegender Zahl per primam heilen (N. N. Aleksandrov, S. V. Ryžkov, G. B. Česnokov u. a.).

Verletzungen der Brusthöhle. A. D. Jaruševič und N. A. Meščerjakov untersuchten an Kaninchen den Verlauf von Lungenverletzungen bei Ganzbestrahlung. Bei Steckschußverletzungen der Lunge wurde festgestellt, daß die Einkapselung langsam verläuft und der Fremdkörper noch nach 30 Tagen nur von schwammigem Granulationsgewebe umgeben ist, während er bei den Kontrolltieren (nichtbestrahlt) schon am 12.—15. Tage von einer festen Bindegewebskapsel umschlossen war. Die Heilung von Streif-, Schuß- und Durchschußverletzungen der Lunge ist bei bestrahlten Tieren durch eine schlaffe und verzögerte entzündliche Reaktion und verlangsamte Abstoßung der Gewebstrümmer gekennzeichnet. Diese Eigenheiten verzögern die Heilung von Lungenverletzungen. Eine Versuchsserie mit Lungenschußwunden zeigte, daß der Verlauf solcher Wunden ohne allzu große Zerstörung von Lungengewebe bis zum Auftreten von Strahlenkrankheitssymptomen sich nicht von dem bei den Kontrolltieren unterscheidet. In einer Reihe von Fällen nahmen die Autoren notwendige Operationen an den Verletzungen vor und kamen zu dem Schluß, daß in den ersten Tagen nach der kombinierten Schädigung kein Grund vorliegt, auf entsprechende Operationen bei Lungenverletzungen zu verzichten. Sie führten in dringenden Fällen die primäre Wundversorgung, Lungenresektionen und sogar Lobektomien durch. Beobachtungen von Čžu—Čžun—Lin an bestrahlten Tieren zeigten, daß ein Haematothorax die Latenzperiode der Strahlenkrankheit stark verkürzt und eine weit frühere Entwicklung ihrer Höhepunktsperiode bewirkt. Die Resorptionsfähigkeit der Pleura wird stark gestört, und statt des Rückganges des Haematothorax kommt es zur Exsudatbildung.

Verlauf und Heilung von Magenverletzungen bei Strahlenkrankheit weisen ebenfalls eine Reihe von Besonderheiten auf, die von der Schwere dieser Erkrankung abhängen. In leichten Fällen von Strahlenkrankheit verläuft die Heilung von Magen- und Bauchwandverletzungen wie bei nichtbestrahlten Tieren. Bei Strahlenkrankheit mittlerer Schwere hat der Wundprozeß Blutungsneigung, Bildung von Nekrosen und Entwicklung eitriger Infektionen zur Folge. In der Magenwunde treten Blutaustritte auf, das Schleimhautepithel erleidet Nekrosen, und an der Wunde selbst hält sich lange Zeit eine Entzündungsreaktion; manchmal bilden sich in der Magenwand neben der Wunde Mikroabscesse. Eine vernähte Magenwunde erweist sich nach entsprechender Zeit stets als geheilt. Bei schwerer Strahlenkrankheit vollzieht sich die Wundheilung am Magen (falls die Tiere überhaupt am Leben bleiben) bedeutend langsamer.

In der Anfangs- und Latenzperiode der akuten Strahlenkrankheit vernähte Magenwunden heilen schneller als solche, die erst in der Höhepunktsphase der Krankheit verschlossen werden. Die plastischen Eigenschaften der Serosa des Magens und des Omentum majus sinken nur bei Strahlenkrankheit mittleren und schweren Grades ab. Ihre schützenden Eigenschaften werden jedoch in der Höhepunktsperiode der Strahlenkrankheit schwächer. Dadurch kann es zu Abscessen, Epiploitis und Magenphlegmonen kommen. Postoperativ ist eine sorgfältige Überwachung der Magen-Darm-Tätigkeit erforderlich, da in diesen Fällen eine Neigung zu Enterokolitiden besteht, die häufig zu einer starken Entkräftung, nicht selten mit tödlichem Ausgang führt (P. G. Bražnikov). Infolge Störung der Regenerationsprozesse ist die Wundheilung nicht selten kompliziert und beginnt erst viel später als bei den Kontrolltieren (N. T. Vaganova, E. A. Zujkova, I. S. Kas'janov und M. N. Kutepova). Die Magenresektion bei bestrahlten Tieren verschlechtert den Verlauf der Strahlenkrankheit. Die Indikation zur Resektion ist deshalb bei Magenverletzungen sehr vorsichtig zu stellen.

Leberverletzungen. Versuche von T. F. Biljukina, F. J. Bordjuk, V. S. Daškovskaja und M. V. Rudenska zeigten, daß ein Nahtverschluß bei Leberoperationswunden von röntgenbestrahlten Kaninchen in der Anfangsperiode der Strahlenkrankheit die Wundheilung gewährleistet und nicht zu postoperativen Komplikationen, wie sekundären Blutungen, Eiterungen, Ausreißen der Nähte und Peritonitis führt. Werden Kaninchen mit 500 r röntgenbestrahlt, verläuft der Heilungsprozeß der Operationswunden genau so wie bei nichtbestrahlten operierten Tieren. Bei einer Bestrahlung mit 1000 r heilt die Operationswunde infolge des Überwiegens der Alteration, der verzögerten Exsudation und Regeneration bedeutend später. Bei Verletzungen der Leber (und Milz) und gleichzeitiger Strahlenkrankheit ist nach Möglichkeit eine Vernähung der Wunde und

Tamponade mit Omentum vorzunehmen. Bei parenchymatösen Blutungen ergibt die kombinierte Anwendung von Thrombin und Fibrinschwamm einen schnellen und wirksamen haemostatischen Effekt (B. A. Kudrjašov).

Verletzungen des Dünndarmes in der Anfangsperiode einer akuten Strahlenkrankheit 2. und 3. Grades verlaufen äußerst schwer und führen früh zum Tod der Versuchstiere an Peritonitis und Strahlenkrankheit. Die Behandlung von Dünndarmverletzungen in der Anfangsperiode der Strahlenkrankheit verläuft beim Hund trotz der Störung der Regenerationsprozesse ohne Schwierigkeiten. In einzelnen Fällen jedoch wurden solche Verwundungen durch Dünndarminvaginationen kompliziert (s. Abb. 35), deren Erkennung infolge der Symptomatik der akuten Strahlenkrankheit erschwert ist. Je früher die Operation (Vernähung

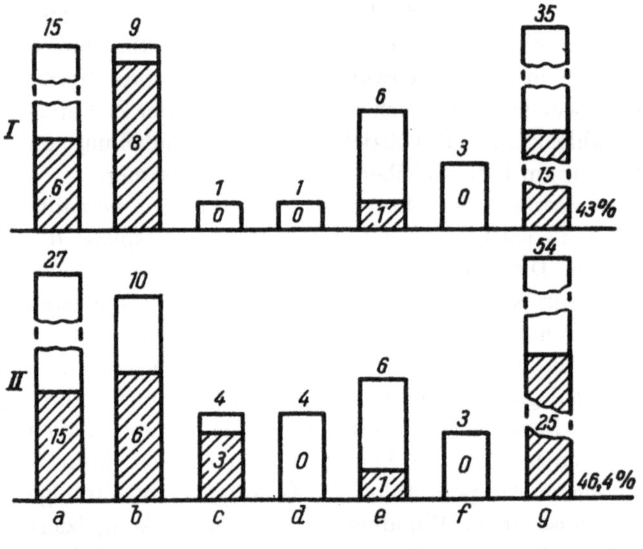

Abb. 49. Art der Schußwunden und postoperative Ausgänge bei Hunden (nach L. M. Kotel'nikov).

I – Nichtbestrahlte, *II* – Bestrahlte: *a* – Verletzungen des Dünndarms, *b* – Verletzung von Dünndarm und Milz, *c* – Verletzung von Dünndarm und Harnblase, *d* – Verletzung der Milz, *e* – Verletzung der Harnblase, *f* – nicht perforierende Bauchverletzungen, *g* – insgesamt, schraffiert – gestorben, weiß – insgesamt

der Wunde), desto besser die Ergebnisse. So starben alle Hunde, die acht Stunden nach Dünndarmverletzung in der Anfangsperiode der Strahlenkrankheit operiert, jedoch keiner Strahlenschutztherapie unterzogen wurden, an einer schweren Strahlenkrankheit oder ihren Komplikationen. Bei operierten Tieren entwickelt sich manchmal eine Peritonitis durch Dehiszenz der Dünndarmwunden, die von der Störung der Heilungsprozesse herrührt. Die Anwendung einer komplexen Therapie der Strahlenkrankheit in der postoperativen Periode verringert nach V. I. Filatov die Sterblichkeit erheblich (etwa auf $^1/_5$). Operationen in der Anfangs- und Latenzperiode finden bei erhöhter Blutungsneigung der Gewebe statt.

Auf dem Höhepunkt der akuten Strahlenkrankheit ist infolge der starken Verminderung der regenerativen und reparativen Prozesse die gewöhnliche Darmnaht ungenügend. Hier muß eine Dreietagennaht, verstärkt durch freie Omentumplastik, angewendet werden. Dünndarmverletzungen in der Höhepunktsperiode der Strahlenkrankheit führen auch bei frühestem operativem

Tabelle 5. Ergebnisse der operativen Behandlung von Darmschußverletzungen bei akuter Strahlenkrankheit (nach F. I. GORELOV)

Versuchsserie		Anzahl der Tiere	Geheilt	Insgesamt gestorben	Todesursache			
					akute Strahlenkrankheit	Schock und Blutung	Pneumonie	Peritonitis
In der Periode der Primärreaktion der akuten Strahlenkrankheit		15	8	7	2	4	1	—
In der Höhepunktsperiode der akuten Strahlenkrankheit	Darmnaht ohne Verstärkung mit isoliertem Omentum	12	1	11	4	1	—	6
	Darmnaht mit Verstärkung durch isoliertes Omentum	20	11	9	4	2	1	2
In der Genesungsperiode der akuten Strahlenkrankheit		10	6	4	—	2	1	1
Kontrollgruppe ohne Bestrahlung mit Operation		7	6	1	—	1	—	—
Kontrollgruppe mit Bestrahlung ohne Operation		13	12	1	1	—	—	—
Insgesamt		77	44	33	11	10	3	9

Eingreifen kurze Zeit nach der Operation meist zum Tod der Hunde (Abb. 49) (N. T. Vaganova, G. Š. Vasadze, F. I. Gorelov, I. S. Kas'janov, L. M. Kotel'nikov, S. P. Mokrovskaja, I. J. Tichonin, V. I. Filatov, A. V. Cagarejšvili, G. E. Gustafson und F. A. Cebul). Über den Einfluß des Stadiums der Strahlenkrankheit auf den Ausgang des operativen Eingriffs geben folgende experimentelle Befunde von V. I. Gorelov Auskunft (Tab. 5). Nach G. E. Gustafson und F. A. Cebul betrug die Sterblichkeit nach Dünndarmresektion bei bestrahlten Hunden 44% und bei bestrahlten, aber nicht operierten Tieren 39%). Die Operation verschlechtert also den Ausgang nur in geringem Maße. Fast bei der Hälfte der in der postoperativen Periode gestorbenen Tiere wurden Bronchopneumonien gefunden. Bei perforierenden Darmverletzungen von bestrahlten Tieren erzielte G. Š. Vasadze guten Erfolg und gute Antischockwirkung mit folgender prophylaktischer Komplextherapie: neuroplegische Mixtur (Aminasin, Lydol, Dimedrol), Antibiotica (Penicillin, Streptomycin, Biomycin), Infusion von Blut, Blutersatzlösung nach I. R. Petrov oder Hydrolysat, Glucose und Vitamin C, B_1, B_2, B_6 und PP-Faktor, Anaesthesie der Mesenterialwurzeln und beidseitige Nebennierenblockade.

Bei Verletzungen des Dickdarmes muß man entweder zur Vernähung der Wunde mit Dreietagennaht und Verstärkung durch Omentum (bei kleinen Verletzungen) bzw. zur Herausleitung des verletzten Darmabschnittes aus dem Bauchraum zwecks Bildung eines Anus praeternaturalis (bei großen Verletzungen) schreiten. Nach P. S. Bobrov, E. M. Dacenko u. a. waren bei akuter Strahlenkrankheit des Hundes keine Unterschiede in der Heilung von Wunden des Dick- und Dünndarmes zu verzeichnen.

VII

Durch radioaktive Substanzen verseuchte Wunden

Eine der wichtigsten Fragen der Atompathologie ist die Frage radioaktiv verseuchter Wunden. Ihre Bedeutung wird klar, wenn man bedenkt, wie häufig Verwundungen in der Kriegspathologie vorkommen und daß durch die Anwendung von Atomwaffen (als Atom- und Wasserstoffbomben oder radioaktive Kampfwaffen) immer eine Verseuchung der Wunden mit radioaktiven Stoffen droht. Es ist klar, daß unter der großen Zahl kombinierter Strahlenschädigungen gerade die radioaktiv verseuchten Wunden oder radioaktiven Mixta einen bestimmten Anteil stellen können. In einzelnen Fällen ist auch eine radioaktive Wundverseuchung in einer zivilen Einrichtung möglich. Deswegen muß jeder Chirurg und Traumatologe entsprechende Grundkenntnisse besitzen. Während bei äußerer Bestrahlung Gammastrahlung und Neutronen (wegen der großen Eindringtiefe in Gewebe) die größte Gefahr darstellen, sind bei innerer Bestrahlung (d. h. bei Eindringen von radioaktiven Stoffen in den Organismus) die Alpha- und Betateilchen infolge ihrer hohen Ionisationsdichte sehr viel gefährlicher.

Die Verseuchung der Wundflächen mit radioaktiven Stoffen kann im Augenblick der Atomexplosion (oder der Anwendung radioaktiver Kampfstoffe) selbst oder auch danach als Folge der Aktivierung des Bodens und des fall out radioaktiver Teilchen in Boden, Staub, Wasser usw. eintreten (Einzelheiten s. in Kap. I). Im Kriege gibt es zahlreiche Möglichkeiten für die Verseuchung von Wunden und Verbrennungen mit radioaktiven Stoffen. Es muß darauf hingewiesen werden, daß auch bei Anwendung gewöhnlicher Schußwaffen in Gelände, das radioaktiv verseucht ist (besonders durch langlebige radioaktive Substanzen), oder bei Einsatz sogenannter radioaktiver Kampfstoffe mit Wundverseuchungen zu rechnen ist.

Allerdings wird nach Meinung mancher Fachleute die Verseuchung von Wundflächen durch radioaktive Stoffe bei Atomexplosionen nicht oft und nur in relativ kleinem Ausmaß zu erwarten sein. Leider fehlen in der Literatur beweiskräftige Angaben über Häufigkeit und Grad (Niveau) der radioaktiven Verseuchung von Wunden. Bei einer solchen Verseuchung liegt der größte Teil der radioaktiven Stoffe in den oberflächlichen Schichten der Wundhöhle, während sie in der Tiefe der Wunde ganz fehlen können. Natürlich hängt die Eindringtiefe der radioaktiven Stoffe von Größe und Art der Wunde ab.

Während ungeschädigte Haut radioaktive Stoffe nur ganz geringfügig aufnimmt (200- bis 300mal weniger als z. B. der Verdauungstrakt), ist natürlich bei allen Hautschäden die Resorption erhöht. So zeigten Versuche von V. I. Baj-

DAK, daß Radiophosphor durch verbrannte Haut um ein Vielfaches schneller in den Organismus resorbiert wird und die Konzentration im Blut mehrere Tage lang höher ist als bei Resorption durch normale Haut. In Versuchen an Mäusen stellte I. T. CILJURIK fest, daß die Resorption von radioaktivem Silber durch eine Wundfläche, obgleich diese dreimal kleiner war als die ungeschädigten Hautflächen der Kontrolltiere, sich bei gleicher Applikationsdauer als achtmal höher erwies. Wäßrige Lösungen anderer radioaktiver Isotope (Jod, Phosphor, Eisen) dringen durch frische Wunden in noch größeren Mengen ein.

Welche Prozesse gehen nun in der Wunde bei Verseuchung mit radioaktiven Stoffen vor sich? In den ersten Momenten nach der radioaktiven Verseuchung spielen sich in der Wunde gleichzeitig zwei Prozesse ab: erstens pathologische Zellveränderungen der Wundoberfläche durch die Strahlenwirkung; zweitens Resorption der radioaktiven Stoffe und ihre Verteilung über den ganzen Körper auf dem Blutweg. Beschäftigen wir uns kurz mit diesen wichtigen Vorgängen.

Gelangen radioaktive Stoffe auf die Wundfläche, so ist folgendes als sehr wichtig zu beachten. Ein bestimmter Teil der radioaktiven Substanzen, die bei Atomexplosionen entstehen, tritt als Oxyde auf, die fast unlöslich sind und in den Körperflüssigkeiten deswegen sehr schlecht resorbiert werden. So sind die Carbonate, Sulfate und Phosphate von Calcium, Strontium, Barium und Radium schlecht in Wasser löslich. Zu den gut löslichen Verbindungen gehören die Chloride und Nitrite der aufgezählten Erdalkalien, ebenso Jodverbindungen und andere, die nebenbei bemerkt, auch bei Atomexplosionen entstehen (H. GLORIEUX, F. P. COONEY, I. M. LYON und CH. SILLEVAERTS u. a.). Infolge der schlechten Löslichkeit und der daraus sich ergebenden langsamen Resorption verbleibt ein Teil der radioaktiven Stoffe längere oder kürzere Zeit in der Wunde selbst. Die Dauer dieser Periode ist unterschiedlich, da sie von vielen Faktoren abhängt: von den physikochemischen Eigenschaften und der Menge der radioaktiven Stoffe, von Größe und Art der Wunde, von der Art etwaiger Operationen, von individuellen Besonderheiten des Organismus selbst und vielen anderen. Eine Reihe experimenteller Arbeiten zeigt, daß ein erheblicher Teil der radioaktiven Stoffe in der Wunde verbleibt und von den Geweben adsorbiert wird, die die Wand und den Boden der Wunde bilden (Angaben nach A. N. BERKUTOV).

Ein anderer Teil der radioaktiven Stoffe, der in der Gewebsflüssigkeit leicht löslich ist, wird sehr schnell in den Organismus resorbiert. In der Literatur finden sich Angaben, daß die Resorption solcher radioaktiver Stoffe buchstäblich in den ersten Minuten nach der Verseuchung der Wunde beginnt und ein Maximum in den ersten Stunden erreicht. Die Resorption der radioaktiven Stoffe hängt, wie schon gesagt, von ihren physikochemischen Eigenschaften ab. So wird nach V. Z. ŠEJKO besonders schnell radioaktiver Phosphor resorbiert, etwas langsamer Strontium und noch langsamer Niobium, Caesium u. a. Leider können wir bisher noch keine vollständigen und genauen Angaben darüber bringen, wie lange die verschiedenen radioaktiven Stoffe in der Wunde verbleiben. Die Lösung dieser Frage wird noch dadurch erschwert, daß bei Anwendung von Atomwaffen die Wunden nicht nur durch eine, sondern durch ein Gemisch von vielen radioaktiven

Substanzen verseucht sein können. Unabhängig davon muß man für die Praxis wissen, daß ein Teil der in die Wunde gelangten radioaktiven Stoffe sehr schnell vom Organismus resorbiert wird, andere aber länger oder kürzer in der Wunde selbst bleiben. Die Behandlungsmaßnahmen müssen also sowohl auf die Verringerung der Resorbierbarkeit von radioaktiven Stoffen als auch auf die Entfernung nicht resorbierter Substanzen aus der Wunde gerichtet sein.

Das Verbleiben radioaktiver Stoffe in der Wunde ist nicht ohne Folgen, sondern übt infolge der Alpha-, Beta- und Gammastrahlung sehr häufig negativen Einfluß auf die Zellen aus. Dadurch wird, wie besonders unsere eigenen Versuche zeigten, der Verlauf des Wundprozesses gestört und die Wundheilung verzögert. Selbstverständlich hängt der Grad der Strahlenschädigung von der Dauer des Verbleibs der radioaktiven Substanzen in der Wunde und all den anderen oben aufgezählten Faktoren ab. So ist es möglich, daß manchmal (bei geringen Mengen radioaktiver Stoffe u. a.) die Heilung radioaktiv verseuchter Wunden, wie wir mehrfach sahen, sich makroskopisch in nichts von den unverseuchten Wunden unterscheidet. Andererseits kann bei größeren Mengen radioaktiver Stoffe der ungünstige Einfluß auf die Zellen der Wunde so schnell und stark sein, daß sogar die völlige Entfernung der radioaktiven Stoffe aus der Wunde wenige Stunden nach der Verseuchung die Entwicklung degenerativer und besonders nekrotischer Prozesse nicht mehr verhindern kann.

Wie eine Reihe von Beobachtungen zeigt (darunter auch eigene, zusammen mit V. I. Teodorovič), entwickeln sich unter der Einwirkung der radioaktiven Stoffe in den Zellen der Wundoberfläche die verschiedensten degenerativen, nekrobiotischen und nekrotischen Prozesse (Abb. 50), die Proliferationsfähigkeit der Zellen verringert sich oder verschwindet, wie schon ausführlich besprochen, völlig (s. S. 171/172). Dadurch entwickeln sich in den radioaktiv verseuchten Wunden besondere Verhältnisse, vor allem häufig Komplikationen durch eitrige und manchmal sogar anaerobe Infektionen, nicht selten mit stürmischem Verlauf. So zeigten unsere Versuche an Kaninchen, daß; während Standardhautmuskelwunden normalerweise in 11,5% durch Eiterungen kompliziert waren, eine radioaktive Verseuchung (Jod, Rubidium) die Zahl der Eiterungen auf 22,2% erhöhte. Wenn die Tiere mit verseuchten Wunden noch zusätzlich einer Röntgenstrahlung ausgesetzt wurden, stieg die Zahl der Infektionen auf 53,8% (s. Abb. 51). Die Mikroflora radioaktiver Mixta weicht, wie unsere Versuche zeigten, so gut wie gar nicht von der Wundflora bei bestrahlten Tieren ab (s. S. 176).

Für die radioaktiven Mixta sind langsames Abstoßen nekrotischer Gewebe und die Verzögerung der Regenerationsprozesse charakteristisch. Dabei sprießen in der Wunde blasse und blutende Granulationen, die Epithelisierung geht langsam vor sich. In manchen Fällen kommen die Reparationsprozesse in der Wunde erst nach sehr langer Zeit (bis zu einigen Monaten) in Gang. Die Heilung radioaktiver Mixta geht deshalb sehr langsam voran und dauert wesentlich länger als die gewöhnlicher Wunden. Ist die Wunde nur relativ gering radioaktiv verseucht, so daß resorptiv keine Strahlenkrankheit entstehen kann, so führt das Vorhandensein radioaktiver Stoffe in der Wunde manchmal nur zu den erwähnten lokalen Veränderungen an den Zellen und Geweben der Wundoberfläche. Zuweilen nimmt die verseuchte Wunde den Charakter eines sich schnell vergrößernden Geschwürs an, das mit einer dünnen Schicht nekrotischen Gewebes bedeckt ist. Infolge der Nekrose und Einschmelzung von Weichteilen können sogar große Gefäße freigelegt, usuriert und dadurch starke sekundäre Blutungen verursacht werden. Nekrose und Gewebseinschmelzung können auch dann noch weiter andauern, wenn die radioaktiven Stoffe, die längere Zeit darin waren, längst von der Wundoberfläche beseitigt sind. Dies rührt offensichtlich daher, daß ein erheblicher Teil der in die Wunde gelangten radioaktiven Stoffe (70—80%) von den Geweben an der Schädigungsstelle resorbiert wird.

Wenn größere Mengen radioaktiver Stoffe in den Organismus gelangen, können all-

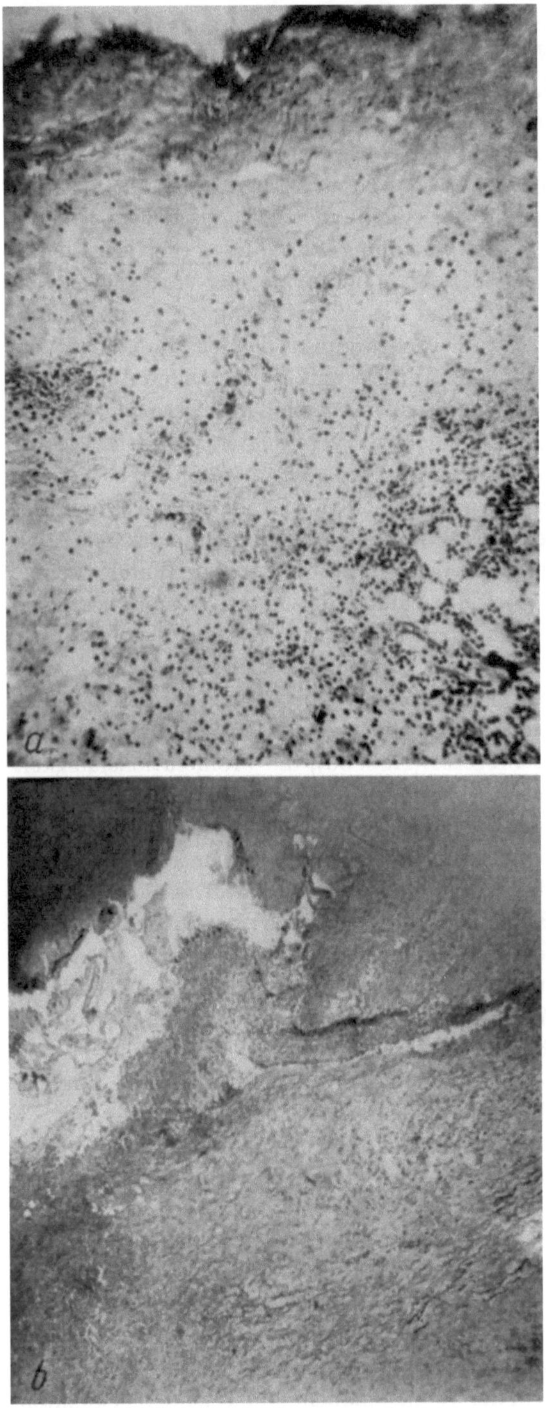

Abb. 50. Heilung von radioaktiv verseuchten Wunden (Mikrophotogramme).

a — 3 Tage nach der radioaktiven Verseuchung der Wunde: breite Wundfläche, erhebliches Ödem und kleinzellige Infiltration, die bis in das Unterhautfettgewebe reicht; *b* — 10 Tage nach der radioaktiven Verseuchung der Wunde: oben: großer Schorf, der aus nekrotischem Gewebe besteht, das sich zum Teil demarkiert; unten — große Ansammlung von zerfallenden Leukocyten. Ödematöses Granulationsgewebe, in das Leukocyten und Fibroblasten eingelagert sind; die Gefäße sind erweitert gemeine Strahlenkrankheitssymptome, wie Blutungsneigung, häufige Blutergüsse usw., auftreten. Alle diese Besonderheiten bei radioaktiv verseuchten Wunden treten natürlich relativ spät auf, d. h. nicht in den ersten Stunden nach der radioaktiven Verseuchung. In der ersten Zeit nach der Verseuchung ist an

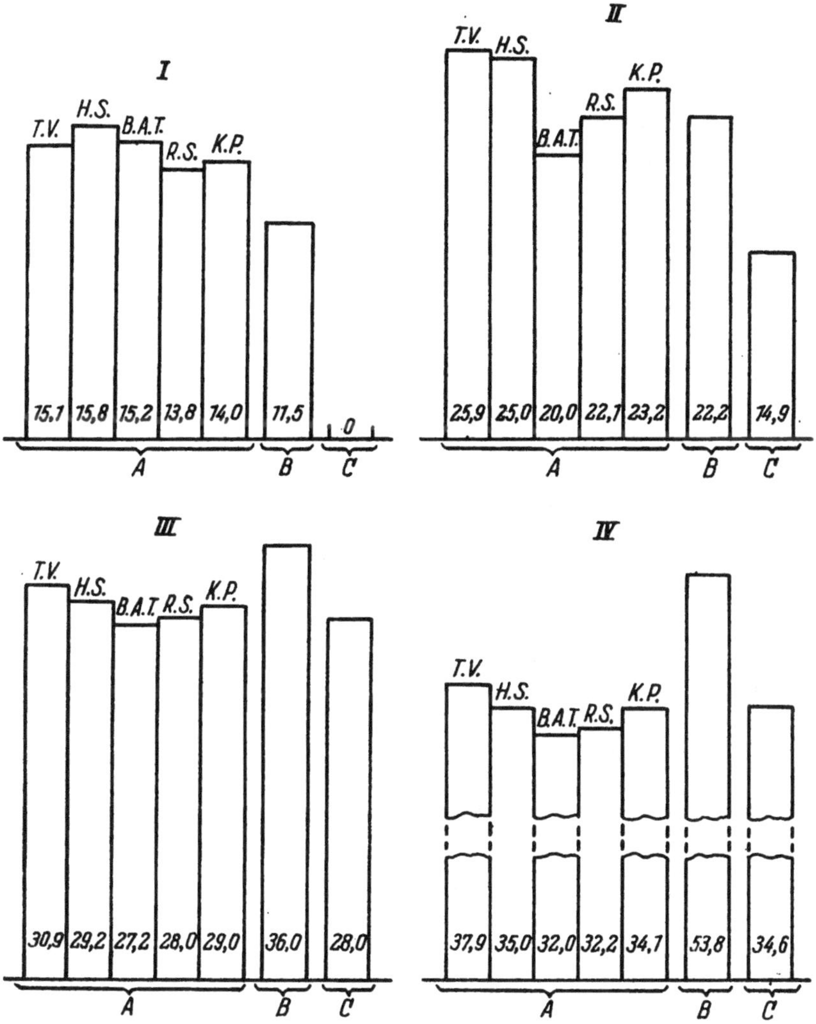

Abb. 51. Heilungszeit, Häufigkeit von Vereiterungen und Letalität bei radioaktiv verseuchten oder durch Strahlenkrankheit komplizierten Wunden.

I – reine Wunden (Kontrolle), *II* – radioaktiv verseuchte Wunden, *III* – reine Wunden und Strahlenkrankheit, *IV* – radioaktiv verseuchte Wunden und Strahlenkrankheit

T.V. – Trockener aseptischer Verband, *H.S.* – Haemostatischer Schwamm, *B.A.T.* – Biologischer antiseptischer Tampon, *R.S.* – Puder RS aus Retroplacentarblut, *K.P.* – Puder KP aus Blut mit Penicillin. *A* – Heilungszeiten der Wunden, *B* – Vereiterungen (in %), *C* – Letalität (in %)

der Wunde selbst von außen kein Unterschied zu nichtverseuchten Wunden festzustellen.

Bei einer Wundverseuchung geht neben den beschriebenen örtlichen Prozessen in der Wunde gleichzeitig noch ein anderer wichtiger Prozeß vor sich: die Resorption radioaktiver Stoffe in Blut und Lymphe, die sie über alle Organe und

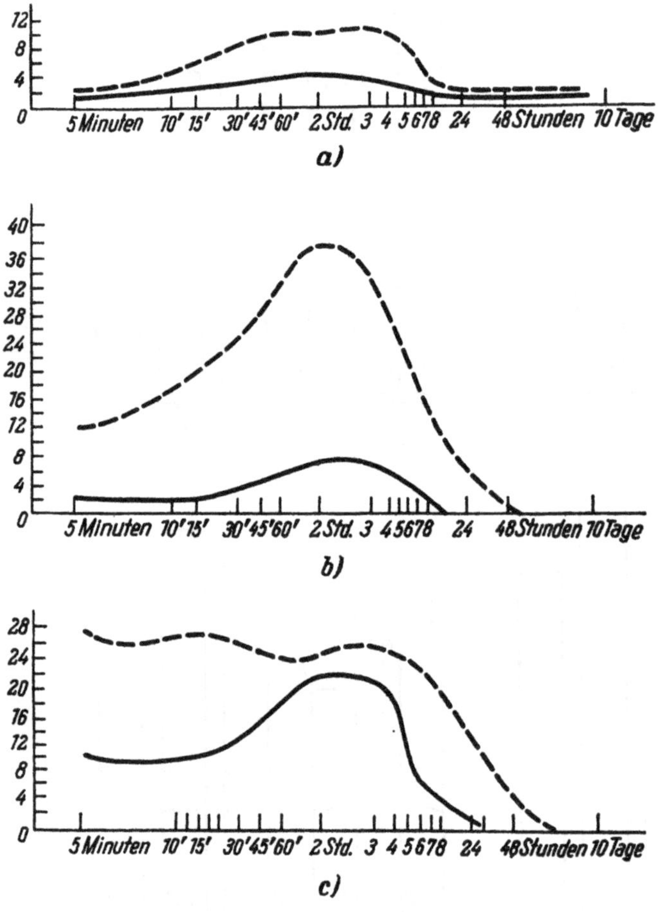

Abb. 52. Gehalt an radioaktivem Sulfazol im Blut bei Resorption aus verschiedenen Wunden (nach E. M. Guseva).

Ausgezogene Linie – unbehandelte Wunden, unterbrochene Linie – Wunde chirurgisch behandelt, *a* – Schnittwunden, *b* – Rißquetschwunden, *c* – Schußwunden

Gewebe des Organismus verteilen, wo sie schließlich fixiert werden. Wie schon oben erwähnt, hängt die Resorption von sehr vielen Faktoren ab, vor allem von der Löslichkeit der radioaktiven Stoffe in den Gewebsflüssigkeiten. Nach Experimenten von E. M. Guseva, die die Resorption radioaktiven Sulfazols untersuchte, beginnt sofort nach Verseuchung der Wunde die Aufnahme der radioaktiven Substanzen in das Blut. Die höchste Aktivität im Blut beobachtet man etwa 2–3 Stunden nach der Verseuchung der Wunde (Abb. 52). Eine besonders intensive Resorption radioaktiver Stoffe erfolgt bei Muskelwunden, eine langsamere, wenn nur Unterhautzellgewebe verletzt ist. Bei Schußwunden geht die Resorption schneller und intensiver vor sich als bei Schnitt- oder Quetschwunden. Später geht die Konzentration der radioaktiven Substanzen im Organismus beständig zurück. Jedoch kann sich — in Abhängigkeit von der Menge der radioaktiven Stoffe, die in den Organismus gelangten, der Halbwertzeit und einigen anderen Faktoren — ein bestimmter Spiegel noch sehr lange Zeit halten. Nach I. T. Ciljurik werden von der Wundoberfläche am leichtesten und in der größten Menge radioaktiver Phosphor und Calcium, schlechter Eisen und Zink und am wenigsten radioaktives Silber resorbiert.

Trotz ihrer schnellen Resorption können viele radioaktive Substanzen in der Wunde noch sehr lange nachgewiesen werden. So hielt sich nach unseren Befunden in Wunden sogar bei einer so leicht resorbierbaren Substanz wie Radiojod (J^{131}) die Radioaktivität mehrere Tage (s. Abb. 54). Natürlich hängt dies von der erwähnten Fixierung der radioaktiven Stoffe in den Zellen und Geweben der Wundoberfläche ab. Schlecht lösliche radioaktive Stoffe halten sich selbstverständlich noch länger in der Wunde. Oben sprachen wir von der Resorption radioaktiver Stoffe über die Weichteilwunden. Interessant ist auch die Resorption dieser Stoffe über die Synovialis und Serosa. Nach Experimenten von T. M. Tupikova an Katzen beginnt die Resorption von Radiophosphor aus dem Kniegelenk in das Blut in der ersten Minute. Die maximale Anreicherung der aktiven Substanzen im Blut beobachtet man etwa nach 10—20 Minuten. Die Intensität der Resorption aus dem Kniegelenk ist sehr hoch: Schon nach 5 Minuten sind nur noch 9,4% der injizierten Menge vorhanden. Dann sinkt die Resorptionsintensität erheblich: nach 3 Stunden sind noch 1,5% der injizierten Menge übrig. Aus der Bauchhöhle werden radioaktive Substanzen noch schneller resorbiert. Die maximale Konzentration im Blut wird 5—10 Minuten nach der Injektion der radioaktiven Substanz in die Bauchhöhle gemessen (Abb. 53). Die Diagnostik einer radioaktiven Wundverseuchung gründet sich sowohl auf die Anamnese (möglicher Kontakt mit radioaktiven Stoffen) und den Befund bei der dosimetrischen Kontrolle als auch auf die oben besprochenen Eigenschaften des Verlaufes.

Es ist darauf hinzuweisen, daß unter Atomkriegsbedingungen die Wunden häufig dosimetrisch auf eine Verseuchung mit radioaktiven Substanzen kontrolliert werden müssen. Die Notwendigkeit solcher Kontrollen der Wunden wird durch die Befunde der radiologischen Rekognoszierung diktiert, d. h. durch die Angaben über den Verseuchungsgrad des Terrains mit radioaktiven Stoffen. Bei Fehlen dieser Angaben ist jedoch eine dosimetrische Kontrolle auch unerläßlich. Die Verseuchung der Wunden mit radioaktiven Stoffen kann orientierend mit Radiometern und anderen dosimetrischen Geräten gemessen werden. Genauer läßt sich die Verseuchung durch Einführung eines Stückchens sterilen Filterpapiers in die Wunde bestimmen. Dann kann man mit einem Zählgerät die Radioaktivität dieses Stückchen Papiers, das mit Wundsekret vollgesogen ist, wie üblich ermitteln. Um den Verseuchungsgrad zu beurteilen, mißt man die Radioaktivität von 0,1 l Wundsekret, das man mit einer sterilen Pipette aus der Wunde entnimmt. Dann bestimmt man am Zählgerät die Aktivität des entnommenen

Materials mit nachfolgender Umrechnung auf 1 ml Sekret. Dieses Verfahren ist aber nur orientierend und nur in den ersten Stunden nach der Verseuchung anwendbar. Später verringert sich infolge der Resorption und des Zerfalls der radioaktiven Substanzen auch die Aktivität der Wunde selbst. Deshalb kann nach einiger Zeit die Radioaktivität des Sekrets das anfängliche Niveau der Wundverseuchung nicht mehr charakterisieren.[1]

Bei der Wunddosimetrie sei noch auf eine sehr wichtige Tatsache hingewiesen: Infolge der Einwirkung des Neutronenstromes hat ein Teil der Verletzten induzierte Radioaktivität, die eine äußere Verseuchung vortäuschen kann. Natürlich

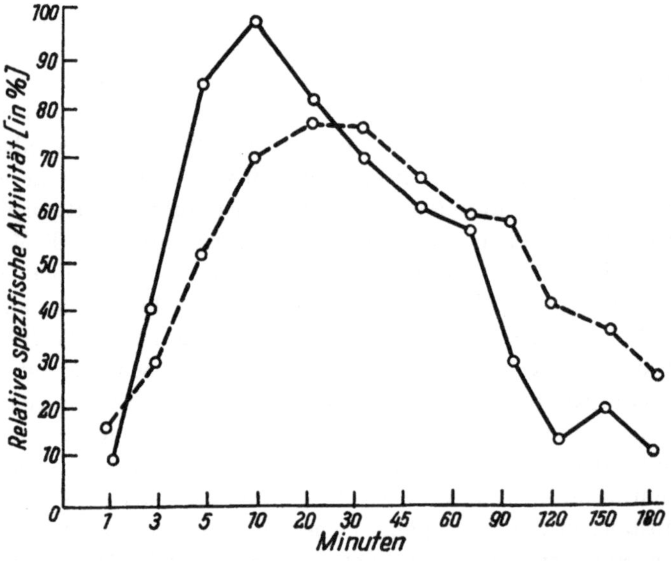

Abb. 53. Vergleichende Befunde über die Anreicherung von Radiophosphor im Blut bei Resorption aus Gelenk- und Bauchhöhle der Katze (nach T. M. Tupikova).

Ausgezogene Linie — bei Injektion in die Bauchhöhle, unterbrochene Linie — bei Injektion in ein Gelenk

erschwert dies die Diagnostik der radioaktiven Verseuchung der Wunde und macht eine detailliertere und speziellere Untersuchung des Verletzten erforderlich. Schwierigkeiten in der Diagnostik radioaktiver Mixta können bei sporadischen Fällen mit atypischem trägem Verlauf des Wundprozesses bei Verletzten auftreten, deren Anamnese keinen Hinweis auf den Kontakt mit radioaktiven Stoffen gibt. In diesen Fällen ist die Differentialdiagnose durch Ausschluß von Avitaminosen, Agranulocytose und anderen Erkrankungen zu stellen, weil diese den Verlauf des Wundprozesses in ähnlicher Weise stören können.

[1] A. I. Sautin. Über die Dosimetrie von Wunden und Verbrennungen, die radioaktiv verseucht sind. Voenno-medicinskij žurnal 1957, 4, S. 15—22.

Wegen der schädlichen Wirkung der radioaktiven Substanzen auf die Zellen der Wunde und wegen Gefahr der Resorption der radioaktiven Substanzen in den Organismus kommt einer zweckmäßigen und möglichst frühzeitigen chirurgischen Wundversorgung besondere Bedeutung zu. Sie ist so früh wie möglich durchzuführen, sobald die Bedingungen es irgendwie erlauben. Die Versorgung solcher Wunden hat außer der Prophylaxe der Wundinfektion auch eine möglichst vollständige Entfernung der radioaktiven Substanzen aus der Wunde zum Ziel. Die rechtzeitige und zweckmäßige primäre Behandlung radioaktiv verseuchter Wunden soll nicht nur eine möglichst glatte Heilung und Verringerung der Gefahren der Sekundärinfektionen bewirken, sondern auch die Gefahren der inneren Bestrahlung durch die radioaktiven Substanzen senken. Mit der Notwendigkeit einer recht schnellen und vollständigen Entfernung der radioaktiven Stoffe aus der Wunde ändern sich auch die Indikationen zur primären chirurgischen Wundversorgung etwas (A. N. Berkutov). Normalerweise bedarf eine bestimmte Gruppe von Verwundungen überhaupt keiner chirurgischen Behandlung. Sind solche Wunden jedoch radioaktiv verseucht, muß unbedingt behandelt werden. Es müssen also alle Wunden, die über die Permitgrenze radioaktiv verseucht sind, einer primären chirurgischen Versorgung in irgendeiner Form unterzogen werden (Exzision, Spülung).[1] Wegen der besonderen Wichtigkeit der chirurgischen Versorgung dieser Fälle müssen wir diese Frage ausführlicher behandeln, zumal sie etwas Neues darstellt.

In der Literatur finden sich bisher nur sehr kurze und recht allgemeine Angaben über die Behandlung von radioaktiv verseuchten Wunden (A. V. Kozlova, M. N. Pobedinskij, B. N. Tarusov, T. Christiansen, G. V. Le Roy, Ch. Sillevaerts, R. Shirabe und Th. Sears). Nur in den Arbeiten von A. N. Berkutov und A. S. Rovnov ist dieser Frage größere Aufmerksamkeit gewidmet. Aber auch diese Autoren weisen darauf hin, daß die Frage der chirurgischen Versorgung radioaktiv verseuchter Wunden noch weiterer Bearbeitung bedarf, zumal noch sehr wenige experimentelle Untersuchungen auf diesem Gebiet vorliegen.

Bei der chirurgischen Behandlung radioaktiver Mixta müssen alle Regeln der Asepsis und der allgemeinen und persönlichen Prophylaxe gegen Kontaktverseuchungen anderer Verwundeter und des medizinischen Personals strengstens beachtet werden (getrennte Verband- bzw. Operationsräume, Arbeiten mit Handschuhen, Schürzen, Desaktivierung des Instrumentariums u. a.). Wenn es der Zustand des Verwundeten erlaubt, soll dieser, bevor er in den Verband- oder Operationsraum gelangt, einer allgemeinen sanitären Versorgung oder Desaktivierung unterzogen werden (s. Kap. V).

Bei allen operativen Eingriffen an Strahlenkranken (auch im Falle der primären chirurgischen Versorgung von radioaktiv verseuchten Wunden) kommt der

[1] Wenn die Verseuchung von Wunden mit radioaktiven Stoffen die zulässige Grenzdosis nicht überschreitet, also nur gering bleibt, ist bei der chirurgischen Hilfeleistung nichts Besonderes zu beachten.

Zweckmäßigkeit der Schmerzausschaltung — wie schon gesagt — besondere Bedeutung zu. Bei der Versorgung radioaktiv verseuchter Wunden ist die Methode der Wahl die Lokalanaesthesie mit den üblichen Novocainlösungen unter Zusatz von Antibioticis (Penicillin, Streptomycin u. a.). Dadurch werden die radioaktiven Substanzen aus der Wunde ausgewaschen, und die Gefahr einer Wundinfektion wird herabgesetzt. Wichtig ist, daß nach Versuchen von I. A. Muchamedžanov und M. S. Surovikina die Anwendung von Novocain die Geschwindigkeit und den Charakter der Resorption von radioaktiven Substanzen (Jod^{131}) aus Unterhautzellgewebe und Muskulatur nicht beeinflußt. Darüber hinaus verringert sogar die Anwendung von Novocainlösungen in destilliertem Wasser die Resorption radioaktiver Stoffe für 30—60 Minuten. Bei entsprechenden Indikationen können auch manche Allgemeinnarkosen vorgenommen werden (Aether, Barbiturate u. a.). Interessant ist, daß Aethernarkose die Resorption radioaktiver Substanzen fast auf die Hälfte verringert (B. D. Zabudskij).

Bevor man die Wunde selbst angeht, muß die Umgebung sorgfältig von geronnenem Blut, Schmutz usw. gereinigt werden, besonders sind radioaktive Stoffe (Desaktivierung) zu beseitigen. Die Reinigung der Wundumgebung wird in solchen Fällen nach den oben beschriebenen Regeln vorgenommen, d. h. in der Hauptsache mit verschiedenen wäßrigen Lösungen (s. S. 161). Nach sorgfältiger Waschung der Wundumgebung werden die Haare geschoren oder abrasiert. Danach wird die Wundumgebung nochmals gewaschen, abgetrocknet und mit Alkohol nach Vorschrift bearbeitet. Die primäre chirurgische Versorgung radioaktiv verseuchter Wunden soll sich der Reihe nach auf folgende Hauptpunkte erstrecken:

1. *Mechanische Wundreinigung*, d. h. Entfernung aller oberflächlich liegenden Fremdkörper, Blutcoagula usw.

2. *Reichliches und mehrmaliges Spülen der Wunde* mit verschiedenen Flüssigkeiten. Hierzu gehören steriles Wasser, physiologische Kochsalzlösung, Seifenlösung, schwache Lösungen von Antiseptica u. a., notfalls auch abgekochtes Wasser. Die Spülung wird mit feuchten Mulltampons oder besser noch mit dem Wasserstrahl aus einer großen Spritze vorgenommen. Der Effekt hängt natürlich vom Zeitpunkt der Spülungen ab. So lassen sich beim Spülen der Wunde eine Stunde nach der Verseuchung noch 20% der radioaktiven Substanzen, nach 2 Stunden 10% und später nur noch 3—5% entfernen (nach A. N. Berkutov). Natürlich hängt der durch Spülen erreichte Reinigungsgrad der Wunde sehr stark von den Besonderheiten der Wunde selbst ab (Form, Größe, Tiefe, Fremdkörper usw.). Überhaupt ist es wünschenswert, während der ganzen chirurgischen Versorgung die radioaktiv verseuchten Wunden ununterbrochen oder periodisch mit einem Flüssigkeitsstrahl zu spülen. Dabei bleibt zu beachten, daß die Flüssigkeit, die von der Wundfläche abläuft, radioaktiv ist und daher Haut, Kleidung und umgebende Gegenstände verseuchen kann. Um das zu vermeiden, ist die ganze Wundflüssigkeit (Spülwasser) un-

mittelbar in einem entsprechenden Gefäß aufzufangen (z. B. in einer Nierenschale).

In eigenen Kaninchenversuchen zur Versorgung von Hautmuskelschnittwunden von 2—$2^1/_2$ cm Länge, die mit 40 μc Jod^{131} kontaminiert waren, verwendeten wir zur Wundspülung (2—3 Stunden nach der Verseuchung) verschiedene Flüssigkeiten (physiologische Kochsalzlösung, 3%ige Seifenlösung, 0,5%ige wäßrige Lösung von Jodtinktur) und stellten bei allen im allgemeinen den gleichen Effekt fest. Dieser hängt offensichtlich von der mechanischen Auswaschung der radioaktiven Substanzen ab, dagegen nicht von der chemischen Zusammensetzung der

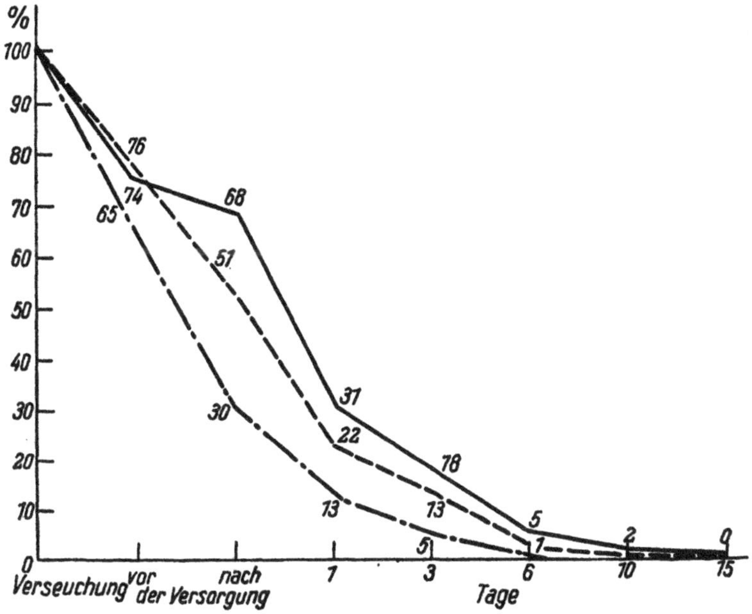

Abb. 54. Aktivität von Weichteilwunden (Impulse in %) bei Verseuchung mit Radiojod

Nach $2^1/_2$ Stunden sind von dem Isotop in der Wunde verblieben: ausgezogene Linie — ohne jede Bearbeitung 68, unterbrochene Linie — nach Wundexcision 51, strichpunktierte Linie — nach Excision und Spülung der Wunde 30

Spülmittel. Die Wundspülung mit physiologischer Kochsalz- oder Seifenlösung bewirkte zwar eine schnellere Heilung (27—28 Tage) als die Spülung mit Jodlösung (32 Tage), aber die Radioaktivität der Wunde fiel in allen drei Versuchsgruppen annähernd gleichartig ab (Abb. 54).

Natürlich sagen diese Befunde mit nur drei Lösungen nichts darüber aus, ob der chemischen Zusammensetzung der Spülflüssigkeit nicht doch eine besondere Bedeutung zukommt. Im Gegenteil, eine Reihe theoretischer Überlegungen geben zu bedenken, daß die chemische Zusammensetzung der Spülflüssigkeit doch eine ganz wesentliche Rolle bei der Befreiung der Wunde von radioaktiven Substanzen oder der „Neutralisation“ in der Wunde selbst spielt. So verfährt man zwecks schnellerer und verstärkter Ausscheidung der radioaktiven Substanzen aus dem Organismus und besonders aus Knochen nach der sogenannten Methode der Substitution oder „Konkurrenz“, die auf der Anwendung entsprechender nichtradioaktiver Stoffe mit einem physikochemischen Antagonismus zu den radioaktiven Isotopen basiert. Dazu lassen sich Zirkon, zitronensaures Natrium und anderes verwenden (P. D. Krjukov, N. O. Harris u. a.). Obwohl die Anwendung all dieser „konkurrierenden“ Mittel bisher noch keinen ganz befriedigenden Erfolg zeitigte, kann man doch annehmen, daß sie bei der Versorgung „radioaktiver Mixta“ von Nutzen sein könnten (sie stellen eigentümliche physikochemische „Antidota“ gegen die radioaktiven Substanzen dar). Selbstverständlich erfordert die Erprobung solcher Antidota noch erhebliche Forschungsarbeit.

Zur vollständigen Auswaschung der radioaktiven Substanzen aus Wunden kann man bei entsprechenden Verhältnissen die von A. N. Syzganov und G. K. Tkačenko ausgearbeitete Methode einer sorgfältigen äußeren und transossalen Spülung der Wundhöhle versuchen. Im wesentlichen handelt es sich um folgendes: An die Extremität legt man proximal eine elastische Binde an. Die Wundhöhle wird mit Hilfe einer Spritze mit 0,25%iger Novocainlösung gespült, der 400000 E Penicillin und 1 g Streptomycin zugesetzt sind. Dann führt man in die Epiphyse des Röhrenknochens eine Nadel ein, durch die dieselbe Lösung infundiert wird. Die durch das Knochengewebe (richtiger durch das Gefäßsystem des Knochengewebes) infundierte Lösung läuft zum Teil durch die Wunde nach außen ab. Auf diese Weise wird eine transossale Spülung des Wundgewebes und der tiefen Bezirke der Wundhöhle realisiert. Danach folgt nochmals eine Spülung der Wundhöhle von außen. Zum Schluß werden nach der Wundnaht durch die vorher in den Knochen eingeführte Nadel nochmals 20—30 ml der erwähnten Lösung infundiert. Bei dieser Behandlung werden nach Meinung der Autoren Mikroben, kleine Fremdkörper, freiliegende abgestorbene Gewebsteile und radioaktive Stoffe aus der Wunde und dem umliegenden Gewebe ausgespült. Die Methode ist offensichtlich so kompliziert, daß sie im Massenkatastrophenfall kaum anwendbar ist. Einzelne Autoren sprechen sich gegen die Spülung radioaktiv verseuchter Wundoberflächen aus, da das Spülen eine schnellere Resorption der radioaktiven Substanzen in den Organismus bewirken könnte. Diese Meinung bedarf einer experimentellen und beweiskräftigen Untermauerung.

3. *Spaltung und etwas breitere Excision der Wundränder und des Wundbodens als üblich*. Dies dient dazu, die radioaktiven Substanzen möglichst restlos aus der Wunde zu entfernen. Natürlich kann die Möglichkeit zur völligen Wundexcision durch Größe, Art und die topographisch-anatomische Lage eingeschränkt sein. Besondere Aufmerksamkeit ist bei der Wundversorgung der Entfernung möglichst aller Fremdkörper zu widmen (es fanden sich sehr viele bei den verletzten Japanern), die Kollektoren radioaktiver Substanzen und Quellen innerer Bestrahlung sowie erheblicher Veränderungen des örtlichen Gewebes darstellen. Natürlich ist die Empfehlung, alle Fremdkörper zu entfernen, nicht immer

ohne Zufügung eines großen zusätzlichen Traumas (z. B. bei Fremdkörpern im Gehirn) zu erfüllen. In solchen Fällen muß manchmal auf den Versuch der Fremdkörperentfernung verzichtet werden. Wir erwähnten oben unsere Experimente an Kaninchen, in denen es durch Wundexcision 2 Stunden nach der Verseuchung gelang, ein Drittel und mehr der radioaktiven Substanzen aus der Wunde zu entfernen und die Aktivität für die ganze Folgezeit zu verringern. Es liegen Befunde vor, die dafür sprechen, daß durch Wundexcision 70—80% der radioaktiven Substanzen beseitigt werden können (A. N. Berkutov).

4. *Wiederholte Spülungen der angefrischten Wunde mit den obenerwähnten Lösungen mit Antibioticazusatz.* Sie können eine noch bessere Entfernung der radioaktiven Substanzen aus der Wunde bewirken. So beseitigt nach unseren Experimenten die Wundexcision mit anschließender Spülung (obenerwähnte Lösungen) die Hälfte der radioaktiven Stoffe und mehr aus der Wunde, und verringert ihre Radioaktivität für die Folgezeit beträchtlich (Abb. 54). Nach dieser Behandlung wird die Wunde dosimetrisch kontrolliert und mit Wundspülungen fortgefahren, solange die Radioaktivität das zulässige Niveau noch übersteigt. Wenn die Spülungen keine Senkung des Niveaus mehr bewirken, sind sie einzustellen. Jede primäre chirurgische Versorgung radioaktiv verseuchter Wunden soll mit reichlicher örtlicher Anwendung von Antibioticis abschließen.

Die weitere Behandlungstaktik hängt vom Grad der Säuberung von radioaktiven Substanzen und vom Zeitpunkt der primären Behandlung ab. Wenn nach der chirurgischen Behandlung die Restaktivität in der Wunde das höchstzulässige Niveau nicht überschreitet, ist die primäre Naht indiziert. Diese wird mit frischem Instrumentar und nach Dekontaminierung der Hände der Operateure vorgenommen. Doch ist eine primäre dichte Naht auch in diesen Fällen nur bei Vorliegen der entsprechenden Bedingungen möglich, von denen oben gesprochen wurde (s. S. 166). Wenn die Restaktivität in der Wunde auch nach der chirurgischen Behandlung noch das zulässige Maß überschreitet, ist die primäre dichte Naht kontraindiziert (s. Kap. V). Man kann dann nur weite Nähte anbringen und in die Wunde ein dünnes Drainröhrchen für die Instillation von Antibioticis einlegen. Welchen Einfluß der Zeitpunkt einer primären chirurgischen Versorgung radioaktiver Mixta hat, geht daraus hervor, daß sogar bei weitgehender Entfernung radioaktiver Substanzen aus der Wundhöhle 8 Stunden nach der Verseuchung manchmal die Entwicklung degenerativer nekrotischer Prozesse nicht verhindert werden kann. Daraus ist zu schließen, daß bei einer späten Versorgung (später als 8 Stunden) eine primäre dichte Naht nicht statthaft ist. Nicht vernähte Wunden tamponiert man nur locker mit feuchten Mulltampons (z. B. mit hypertonischer Lösung, Antibiotica), die beim Verbandwechsel entfernt oder gewechselt werden. Zweckmäßig ist die Anwendung von Adsorbentien, Haemopräparaten u. a.

Die Frage der spätprimären oder frühen sekundären Naht bei Wunden, die von radioaktiven Substanzen befreit sind, wird nach den allgemeinen Richtlinien zu entscheiden sein. Es ist jedoch zu beachten, daß, wenn sich beträchtliche Mengen radioaktiver Stoffe länger als 8 Stunden in der Wunde befanden, ihre Beseitigung die ungünstige Wirkung auf die Wunde, insbesondere das Auftreten einer Nekrose usw. nicht mehr verhindert. Darum ist die Naht solcher Wunden nicht zu empfehlen. Die hier aufgestellte Reihenfolge der Maßnahmen bei radioaktiv verseuchten Wunden gilt für alle operativen Eingriffe, gleich welcher Lokalisation (Kopf, Brust, Bauch usw.).

Oben wurde die allgemeine Technik der primären chirurgischen Versorgung radioaktiv verseuchter Wunden dargelegt, die so früh wie möglich erfolgen soll. Wenn die realen Lageverhältnisse, der Zustand des Kranken oder topographisch-anatomische Besonderheiten der Wunde (z. B. bei Verseuchung von Gelenkverwundungen, Körperhöhlen u. a.) aber die beschriebene frühe primäre Versorgung „radioaktiver Mixta“ nicht zulassen, läuft die Versorgung unvermeidlich nur auf die Säuberung der Wundränder und der Wunde selbst durch zahlreiche und reichliche Spülungen mit den erwähnten Lösungen hinaus. Muß unter dem Druck der Verhältnisse die primäre chirurgische Versorgung verseuchter Wunden aufgeschoben werden, sind häufige Verbandwechsel zweckmäßig (möglichst 2- bis 3mal am Tag), eingedenk der Tatsache, daß man mit jedem Verband einen bestimmten Teil der radioaktiven Substanzen mit entfernt. In manchen Fällen sollte man den Saugpuder nach I. D. Žitnjuk, von dem wir oben sprachen, versuchen. Nach Besserung der äußeren Umstände oder des Allgemeinzustands des Kranken muß in diesen Fällen eine sekundäre chirurgische Versorgung nach den üblichen Richtlinien Platz greifen.

Natürlich müssen alle mit radioaktiven Mixta Verwundeten die vorgeschriebenen prophylaktischen Dosen Tetanus- und Gasbrandserum (je nach Indikation) erhalten; notfalls ist für die übliche Ruhigstellung zu sorgen usw. Bedarf der Verletzte nach der primären Versorgung seiner radioaktiv verseuchten Wunden noch zusätzlich eines chirurgischen Eingriffs, so müssen bei diesen chirurgischen wie überhaupt bei allen weiteren Behandlungsmaßnahmen ohnehin nach allgemeinchirurgischen Regeln Wäsche, Kittel, Handschuhe, Instrumente u. a. schon vorher gewechselt werden. Bei der ärztlichen Hilfe für radioaktiv verseuchte Verwundete ist noch eine wichtige Frage zu behandeln. Bei Verwundeten, die sich in der radioaktiven Zone befinden, können die radioaktiven Stoffe nicht nur durch die Wunde, sondern auch durch Lungen und Magen-Darmtrakt in den Organismus gelangen. In diesen Fällen kann man das Bild einer akuten Vergiftung mit radioaktiven Stoffen beobachten. Das macht eine Reihe dringender medizinischer Maßnahmen erforderlich: Gabe von Brechmitteln, von Adsorbentien in Form von Bariumsulfat (50 g) oder Knochenasche, Kohle, Bolus (25—30 g) und nach 15—20 Minuten Magenspülung mit nochmaliger Gabe von Adsorbentien, Verordnung von purgierenden und reinigenden Klysmen und Darmbädern, Diuretica usw. Zur Bindung und beschleunigten Ausscheidung der radioaktiven Substanzen aus dem Organismus ist die Anwendung von sogenannten Komplexbildnern wie

EDTA oder Komplezin nötig. Es ist jedoch dabei zu betonen, daß viele der aufgezählten Behandlungsmaßnahmen an sich ziemlich ernste Eingriffe darstellen, die einer strengen Individualisierung bedürfen. Besonders schwerwiegend sind sie bei kombinierten Strahlenschädigungen; in einer Reihe von Fällen (Bauchverletzungen u. a.) muß man auf sie ganz verzichten.

Wenn die dosimetrische Kontrolle nach der Behandlung zeigt, daß in der Wunde radioaktive Substanzen nur in Mengen verblieben sind, die die festgelegte „Norm“ nicht überschreiten, kann der Verwundete in einer allgemeinen Abteilung untergebracht werden, da er keine Gefahr für seine Umgebung darstellt. Ergibt die dosimetrische Kontrolle nach der Behandlung jedoch noch große Mengen radioaktiver Stoffe in der Wunde, so sind diese Patienten in Einzelzimmern oder Spezialabteilungen unterzubringen. In der postoperativen Periode wird die Behandlung nach den allgemeinen Regeln der Wundbehandlung unter Beachtung der charakteristischen Besonderheiten radioaktiver Mixta fortgeführt (s. Kap. V). Treten Symptome der Strahlenkrankheit auf, so richtet sich die Behandlung nach den hierfür festgelegten Richtlinien.

Wie schon erwähnt, sind die radioaktiven Mixta häufig durch Eiterinfektionen kompliziert, wodurch Abscesse, Phlegmonen, Eiterungen, Osteomyelitis und Sepsis entstehen können. Nach unseren Befunden am Kaninchen sind chirurgisch behandelte, jedoch nicht genähte Wunden in 19% durch Entwicklung einer Eiterinfektion kompliziert. Bei Verseuchung solcher Wunden mit radioaktiven Substanzen sahen wir die Vereiterung in 31,8%. Nach I. N. Verchovskaja, G. M. Frank, V. V. Vlasov, K. Morgan u. a. liegt der Gehalt an radioaktiven Substanzen im Gebiet eines Entzündungsherdes gewöhnlich 20- bis 30mal höher als im normalen Gewebe.

Die Heilungsdauer bei verseuchten Wunden hängt von vielen Faktoren ab: von Menge und physikochemischen Eigenschaften der radioaktiven Stoffe, die in die Wunde gelangten, vom Vorhandensein oder Fehlen von Strahlenkrankheitssymptomen, von der Größe und Art der Wunde selbst, von individuellen Besonderheiten des Organismus u. v. a. In unseren, schon erwähnten Versuchen an Kaninchen brauchten die $2-2^1/_2$ cm langen und mit kleinen Radiojoddosen verseuchten Hautmuskelwunden durchschnittlich doppelt so lange Zeit zur Heilung wie normale Wunden. Die Excision solcher Wunden, besonders in Kombination mit Spülungen und örtlicher Anwendung gewisser Haemopräparate kürzt die Heilungszeit ab. Auch mit höheren Radiophosphordosen verunreinigte Wunden heilen sehr langsam (A. I. Sautin). Natürlich verlängert die Entwicklung einer Strahlenkrankheit oder eine sekundäre Infektion die Wundheilungszeit sehr stark. Nach der Wundheilung entwickeln sich manchmal breite, schwache und leicht exulcerierende Narben. Unsere obenerwähnten experimentellen Untersuchungen zeigen, daß bei Wundverseuchungen mit radioaktiven Substanzen mit erhöhter Sterblichkeit zu rechnen ist, besonders wenn die radioaktive Verseuchung mit einer Allgemeinbestrahlung verbunden ist.

Da sich bei radioaktiv verseuchten Wunden eine Strahlenkrankheit (auch nach Wundversorgung) entwickeln kann und die Heilung bei radioaktiven Mixta (besonders bei Strahlenkrankheit) in der Regel sehr lange dauert, müssen alle diese Verwundeten vom Verletzungsort weg weit ins Hinterland verlegt werden, wo sie auch weiter zu behandeln sind.

Es wurden nur die grundlegenden Tatsachen über radioaktiv verseuchte Wunden dargelegt. Da dieses Gebiet neu ist, verfügt die moderne Chirurgie nur über elementare, recht unvollständige und sich z. Zt. noch widersprechende Auffassungen in diesen wichtigen Fragen. Deshalb bedarf dieser neue und wichtige Abschnitt der allgemeinen Wundlehre weiterer allseitiger und gründlicher Forschung.

VIII

Thermische Verbrennungen und ionisierende Strahlung

Gewidmet ist dieses Kapitel den Grundzügen wichtiger und häufiger Schädigungen bei atomaren Explosionen, den Verbrennungen, die sich von gewöhnlichen thermischen Verbrennungen durch einige Besonderheiten unterscheiden. Das erscheint um so notwendiger, als diese Frage neu ist und darüber auch in modernen Monographien über Verbrennungen nichts zu finden ist (Monographien von V. D. BRATUS', A. I. DREVINA, B. N. POSTNIKOV u. a.).

Das Ausmaß der Verbrennungen stellt eine charakteristische und besonders wichtige Eigenheit der Atomexplosionsschäden dar. Daher gewinnt — im Gegensatz zu früheren Kriegen — das Problem der Verbrennungen im modernen Krieg als eine der wichtigsten Fragen entscheidende Bedeutung nicht nur für die Armee, sondern auch für das ganze System der zivilen Verteidigung. Somit ist es nicht verwunderlich, daß man im Ausland sowohl der allseitigen Untersuchung dieses komplizierten Problems als auch der eingehenden Unterrichtung der Militär- und Zivilärzte wie auch der Medizinstudenten, des mittleren medizinischen Personals und der ganzen Bevölkerung besondere Aufmerksamkeit widmet.

Häufigkeit der Verbrennungen.[1] Bekanntlich war in früheren Kriegen, in denen keine Atomwaffen angewendet wurden, die Zahl der Verbrennungen im allgemeinen gering. Sie verursachten rund 1% aller Verluste. Im Kriege 1941/45 nahm die Zahl der Verbrennungen etwas zu. Die Anwendung von Atomwaffen verändert das bisherige zahlenmäßige Verhältnis zwischen den einzelnen Verletzungsarten von Grund auf. So halten viele Autoren die Verbrennungen für die Hauptverletzungsart bei Atombombenexplosionen. Über die Häufigkeit von Verbrennungen bei Atomexplosionen geben die Aufstellungen über die Verletzten in Hiroshima und Nagasaki ein klares Bild. So gibt CH. SILLEVAERTS in Hiroshima rund 40000 und M. TSUZUKI sogar rund 70000 Verbrennungen an; von den in der ersten Woche nach der Explosion Verstorbenen hatten rund 90% Verbrennungen. Insgesamt waren ca. 50% der Todesfälle in diesen zwei Städten Folgen von Verbrennungen (C. ARZT, E. REISS, W. DAVIS, H. AMSPACHER und J. RIED).

Viele Autoren nehmen mit Recht an, daß bei einer Atombombenexplosion die Verbrennungen mindestens 15—30% der Gesamtzahl der Verletzungen aus-

[1] Hier werden nur die Verbrennungen der Hautoberfläche behandelt, da die häufigen und wichtigen Verbrennungen der Augen oder der Netzhaut durch Atombombenexplosionen einer speziellen Betrachtung bedürfen.

machen; hierbei handelt es sich aber nur um die reinen Verbrennungen. Berücksichtigt man auch die kombinierten Schäden, so dürfte die Zahl der Verbrennungen wesentlich höher liegen und 60—85% aller Verluste betragen (C. Arzt, J. N. Crawford, I. P. Cooney, P. Clarkson, T. Christiansen, G. V. Le Roy, Miller, R. Pillsbury, M. L. Reynolds, Th. Sears und E. I. Evans u. a.). Ursache der Verbrennungen bei Atombombenexplosionen sind, wie schon gesagt, die Einwirkung der gewaltigen Explosionstemperatur und der riesigen Lichtstrahlung des Feuerballs auf den Organismus, aber auch die zahlreichen Brände, die im Gefolge der atomaren Explosion entstehen (s. Kap. I).

Klassifikation der Verbrennungen. Es ist zwischen reinen und kombinierten Formen von Verbrennung durch Atombombenexplosionen zu unterscheiden (s. Abb. 7). Die reinen Formen unterteilt man in primäre (durch Lichtstrahlung) und sekundäre (durch Feuer) Verbrennungen. Von den tödlich verlaufenen Verbrennungen in Hiroshima und Nagasaki waren 20—30% durch die unmittelbare Lichtstrahlung hervorgerufen, der Rest durch Flammen der Feuerbrünste. Selbstverständlich sind diese Zahlen nur grob orientierend. Kombinierte Formen der Verbrennung sind die verschiedensten Kombinationen von Verbrennungen (verschiedenen Grades) mit mechanischen Traumen aller Art (Wunden, Knochenbrüche) oder Strahlenschädigungen (Strahlenkrankheit, Verseuchung der Brandwunde mit radioaktiven Stoffen).

Verweilen wir bei einer kurzen Charakteristik der aufgezählten Verbrennungsformen.

Reine Verbrennungsformen

1. *Primäre Verbrennungen* entstehen im Augenblick der Atombombenexplosion infolge der plötzlichen ungeheuren Intensität von Lichtstrahlung und Temperatur. Diese Verbrennungen werden auch „Augenblicks"-, „Licht"-, „Hitze"-Verbrennungen oder „flash burns" genannt und stellen das charakteristische und spezifische thermische Trauma dar, das durch die primäre oder direkte Hitze- (bzw. Licht-)wirkung der atomaren Explosion entsteht. In der Pathogenese der Lichtverbrennungen spielen die Infrarotstrahlen die entscheidende Rolle. Der Prozentsatz an ultraviolettem Licht an der Gesamtstrahlung ist nur gering (rund 7—13%). Der Hauptanteil an primären Verbrennungen kommt also durch die Infrarotstrahlung zustande. Die Lichtstrahlung bzw. Hitzewelle breitet sich, wie schon erwähnt, riesig schnell aus und geht der Druckwelle und der Ausbreitung der ionisierenden Strahlung voraus. Die Wirkung der Lichtstrahlung auf den Organismus des Menschen ist daher tatsächlich eine augenblickliche. Die Temperatur dieser Licht- oder Hitzewelle ist so hoch, daß Menschen in unmittelbarer Nähe des Explosionsortes (bis zu einer Entfernung von einigen 100 m) vollständig verkohlen.

Bei den Atombombenexplosionen in Japan trugen die Betroffenen verschieden starke Verbrennungen von Körperteilen — je nach Abstand vom Explosionsort — davon:

im Abstand bis	1000 m	Verbrennungen (bzw. Verkohlungen)	4. Grades
im Abstand von	1000—1500 m	,,	3. bis 4. Grades
,, ,, ,,	1500—2500 m	,,	3. bis 2. Grades
,, ,, ,,	2500—4000 m	,,	2. bis 1. Grades

In 5—9 km, ja sogar 16 km Entfernung verspürten die Menschen wohl alle die Hitze bzw. Wärme an unbekleideten Körperstellen, doch kam es hier nicht mehr zu Brandwunden (Ch. F. Behrens, H. Glorieux, J. N. Crawford, G. V. Le Roy, Ch. Sillevaerts, R. Shirabe, Th. Sears, E. I. Evans). Die vorliegenden Berichte lassen den Schluß zu, daß bei klarem Wetter die Lichtstrahlung einer nominellen A-Bombe in einer Entfernung bis zu rund 3 km vom Explosionszentrum oder innerhalb eines Gebietes von 32 km² bei ungeschützten Menschen erhebliche Verbrennungen hervorrufen kann. Es bleibt zu berücksichtigen, daß all diese Zahlen, die den Verbrennungsgrad in Abhängigkeit vom Abstand zum Explosionsort charakterisieren, sich bei Explosionen von größeren atomaren und besonders von Wasserstoffbomben neueren Typs, bei denen die Wärmewirkung sich auf 25—30 km und mehr ausbreitet, entsprechend ändern.[1] Die Zonen tiefer und äußerst umfangreicher Verbrennungen, die den sofortigen Tod nach sich ziehen, werden dann natürlich weitaus größer sein. Besonders vergrößert sich aber die Zone oberflächlicher, lokalisierter Verbrennungen.

Vom klinischen Standpunkt aus haben die primären (Licht-)Verbrennungen gegenüber den bekannten thermischen Verbrennungen einige charakteristische Eigenheiten, denen man früher nicht begegnete, da die „Lichtverbrennungen" eine für die Medizin neue Verletzung darstellen (Abb. 55). Da Ursache der primären Verbrennungen Lichtstrahlung ist, die sich gradlinig ausbreitet, entstehen solche Verbrennungen nur an Körperstellen, die im Augenblick der Explosion ihr zugewandt sind, also die Bombe „sehen können". Die primären oder Lichtverbrennungen werden daher auch als „Profilverbrennungen" bezeichnet. So trugen Menschen, die im Augenblick der Explosion am Fenster saßen, Verbrennungen nur an den Körperstellen davon, die dem Fenster zugewandt waren. Beobachtungen an Tieren bei Atombombenexplosionen ergaben, daß schwarze Tiere sehr viel gröbere Verbrennungen erlitten als weiße. Es ist ja auch bekannt, daß die menschliche Haut etwa 65%, schwarze Gegenstände 99%, dagegen weißes Material nur 25% des auffallenden Lichtes absorbieren.

Wie vor den bekannten Verbrennungen durch Sonnenstrahlen schützt auch vor primären Lichtverbrennungen (von einer bestimmten Entfernung vom Explosionsort ab) eine Stofflage, besonders hell gefärbter Stoffe. So stellte man fest, daß in einer Entfernung von mehr als 1500 m vom Explosionsort die Kleidung einen wirksamen Schutz gegen die Einwirkung der Lichtstrahlung bietet. In Japan wurde vielfach beobachtet, daß Menschen in Khakikleidung in einer Ent-

[1] Bei der Explosion thermonuklearer Bomben (Energie von 2000 nominellen Atombomben) treten tödliche Verbrennungen durch Lichtstrahlung in einem Radius von 20—30 km, starke Verbrennungen in einem Radius von 30—50 km ein.

fernung von 1500 m, wo im allgemeinen Verbrennungen III. Grades zu erwarten sind, keine Verbrennungen davongetragen hatten. Dagegen waren bei Menschen in bunter Kleidung die Stellen unter den dunkelfarbigen Mustern am stärksten

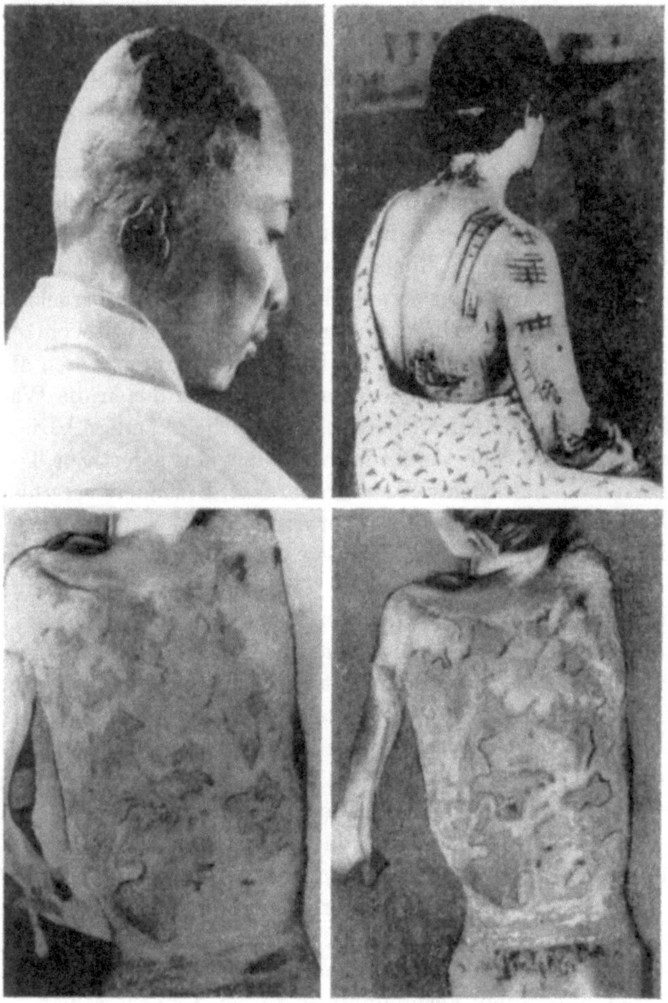

Abb. 55. Lichtverbrennungen (Japan).

geschädigt. Frauen in bunten Gewändern wiesen Verbrennungen von merkwürdiger Zeichnung auf, besonders an Stellen unter dunkelfarbigen Mustern (s. Abb. 55). Die Schutzwirkung der Kleidung zeigt sich auch darin, daß primäre Verbrennungen am häufigsten an unbekleideten Körperstellen beobachtet werden (Gesicht, Hals, obere Extremitäten), seltener am Rücken und an den unteren Extremitäten. Allerdings können Verbrennungen auch an Körperstellen auftreten, wo die Kleidung besonders eng an der Haut anliegt (Schulter, Brust u. a.). Solche Verbrennungen werden als „Kontaktverbrennungen" bezeichnet. In Hiroshima wurde beobachtet, daß Kleidung sogar noch in einer Entfernung von mehr als 2000 m vom Explosionsort Feuer fing.

Unmittelbar nach der Explosion tritt eine Rötung der betroffenen Hautabschnitte auf. Bei Verbrennungen 1. Grades geht das Erythem nach 2—3 Tagen in eine Pigmentierung über, die oft Monate bestehen bleibt. Bei Verbrennungen 2. Grades nimmt die anfängliche Hautrötung später einen dunkleren Farbton an, dann kommt es zur Schwellung der Haut, und schon nach einigen Stunden (manchmal auch nur Minuten) erscheinen auf der verbrannten Oberfläche Blasen. Verbrennungen 1. und 2. Grades sind von starken Schmerzen begleitet, die häufig zu schweren Schocks führen. Wichtig ist, daß zum Unterschied vom traumatischen Schock beim Verbrennungsschock häufig Bewußtlosigkeit mit späterem Übergang in einen komatösen Zustand eintritt. Verbrennungen 3. Grades sind fast schmerzlos wegen der Zerstörung der Nervenendigungen (Ch. Sillevaerts, E. J. Evans). Lichtverbrennungen führen meist zu ausgedehnten Verbrennungen 2. und 3. Grades. Selbstverständlich sind alle diese Verbrennungen infiziert. Da die Verbrennungen bei Atomexplosionen durch kombinierte Einwirkung von infrarotem und ultraviolettem Licht entstehen, beobachtet man hierbei ein akutes Erythem mit späterer Pigmentierung und Depigmentierung der Haut. Deswegen bleibt nach diesen Verbrennungen manchmal eine eigentümliche, ganz charakteristische Hautfärbung zurück („Hiroshimamaske").

In der Klinik der Verbrennungen hat bekanntlich die Größenbestimmung der Verbrennungsfläche eine große Bedeutung für Behandlung und Prognose. Im Zusammenhang damit ist darauf hinzuweisen, daß unter den Verhältnissen der ärztlichen Hilfeleistung bei Massenverbrennungen die Messung der Brandwundenflächen nach der bewährten Methode von B. N. Postnikov äußerst erschwert, ja praktisch eigentlich unmöglich sein dürfte. Unter diesen Ausnahmebedingungen ist es deshalb zweckmäßig, die Brandwundenflächen mit einfacheren und schnelleren Methoden zu bestimmen, zum Beispiel nach Handflächen (etwa 1—1,2% der Körperoberfläche) oder mit Hilfe der „Neunerregel", nach der die Gesamtoberfläche des Körpers in Abschnitte eingeteilt wird, die 9% der Körperoberfläche oder ein Vielfaches von 9% betragen (Kopf mit Hals, eine obere Extremität je 9%, vordere oder hintere Rumpffläche, untere Extremitäten je 18%, Damm 1%).

2. *Die sekundären Verbrennungen* werden, wie schon gesagt, durch die zahlreichen Brände verursacht, die infolge der Hitzestrahlung der Atomexplosion entstehen. Diese Flammen- oder Kontaktverbrennungen sind charakteristisch für Städte und Siedlungszentren. Sekundäre Verbrennungen sind gewöhnlich weniger ausgedehnt als primäre oder Lichtverbrennungen und führen seltener zu Schockzuständen (Ch. Sillevaerts und Th. Sears). Mit Ausnahme der Fälle, in denen sich die Menschen nicht durch Flucht vor den Flammen retten konnten, war die Brandwundenfläche kleiner als 10% der Körperoberfläche. Da die sekundären Verbrennungen gewöhnliche thermische Verbrennungen darstellen, erscheint es nicht nötig, hier näher darauf einzugehen.

Kombinierte Verbrennungsformen

Zu den kombinierten Verbrennungen gehören die folgenden möglichen Kombinationen:

1. Verbrennung und mechanisches Trauma;
2. Verbrennung und Strahlenkrankheit;
3. Verbrennung, die mit radioaktiven Substanzen verseucht ist;
4. Verbrennung, mechanisches Trauma und Strahlenschädigung (Strahlenkrankheit oder Verseuchung mit radioaktiven Substanzen).

1. *Die Kombination von thermischem und mechanischem Trauma* stellt für den Chirurgen nichts Neues dar, da diese Kombination ja in der Friedens- und besonders in der Kriegs-Chirurgie hin und wieder vorkommt (s. Kap. II). Wir erinnern nur daran, daß solche kombinierten Schädigungen bei Atombomben mittleren Kalibers in einem Radius bis zu 2,5 km auftreten können. Wirklich neu, und darum den Chirurgen auch wenig bekannt, sind die anderen kombinierten Verbrennungen, auf die deswegen näher eingegangen werden muß.

2. *Verbrennung und Strahlenkrankheit*, d. h. gleichzeitige Einwirkung des Temperaturfaktors und durchdringender Strahlung auf den Organismus, wobei also nicht nur eine Verbrennung, sondern auch eine akute Strahlenkrankheit auftritt, ist für Atombombenexplosionen charakteristisch (I. S. Kolesnikov, E. L. Alpen, Brooks, W. M. Davis, Th. Sears, M. Tubiana und C. Paoletti und E. J. Evans). Sie ist etwa bis zu einem Radius von 1,5 km vom Zentrum der Explosion einer Bombe mittleren Kalibers zu erwarten. Die Strahlenkrankheit hat einen ungünstigen Einfluß auf Verlauf und Ausgang des thermischen Traumas; umgekehrt verschlechtert die Verbrennung Verlauf und Ausgang der Strahlenkrankheit. Diese Wechselwirkung beobachtet man bei vielen kombinierten Strahlenschädigungen (A. N. Berkutov, V. A. Poljakov, A. S. Rovnov, B. M. Chromov, Th. Sears u. a.).

Die Kombination: Verbrennung mit Strahlenkrankheit führt häufig zu Symptomen und Komplikationen, die charakteristisch für die kombinierten Strahlenschäden überhaupt sind, insbesondere: Verkürzung der Latenz- und Anfangsperiode der Strahlenkrankheit und damit früherer Eintritt des Höhepunktes, häufige Schockentwicklung (gewöhnlich mit Verlängerung der erektilen und Verkürzung der torpiden Phase), Neigung zu Blutergüssen und Blutungsbereitschaft (was natürlich nicht nur den Verlauf der kombinierten Verbrennungsformen, sondern auch die notwendigen chirurgischen Maßnahmen bei der Behandlung von Verbrennungen 3. und 4. Grades kompliziert), häufig Entwicklung eitriger und manchmal auch anaerober Infektionen, Senkung der Regenerationsfähigkeit der Gewebe usw. (s. Kap. II).

Ch. Sillevaerts unterstreicht besonders, daß die Kombination von Verbrennung und Strahlenkrankheit auch bei nicht sehr ausgedehnten Verbrennungen durch einen schweren Verlauf charakterisiert ist und stets unverzügliche, energische Allgemeinbehandlung erfordert. BROOKS und Mitarbeiter stellten bei Hunden mit Verbrennungen von 20% der Körperfläche eine Sterblichkeit von etwa 12% fest. Schon bei Kombination mit einer Bestrahlung von relativ geringer Dosis (100 r) steigt die Sterblichkeit auf 75% an. E. L. ALPEN und G. E. SHELINE zeigten an Ratten, daß eine Röntgenbestrahlung mit 100 bis 500 r in Kombination mit Verbrennungen (16—40% der Körperoberfläche) eine höhere Letalität hat als alleinige Bestrahlung oder Verbrennung. Während eine Verbrennung von 31 bis 35% der Körperoberfläche innerhalb von 30 Tagen zum Tode von 50% der Tiere führte, erhöhte sich die Sterblichkeit bei Kombination mit einer Röntgenbestrahlung von 100 bis 250 r auf 65 bis 100% (in verschiedenen Serien). Verbrennungen von 16 bis 20% der Körperoberfläche, die im allgemeinen nicht zum Tode führten, ergeben in Kombination mit einer Bestrahlung von 500 r 75% Sterblichkeit, während die Bestrahlung allein nur 20% Letalität aufwies. E. L. ALPEN und W. M. DAVIS zeigten, daß die Kombination von Bestrahlung und hohen Temperaturen schneller zur Anämie führt als die Bestrahlung allein.

S. L. CYBIZOVA untersuchte die Empfindlichkeit vorbestrahlter Mäuse (700 r) gegen schwere thermische Verbrennungen. Tiere mit akuter Strahlenkrankheit erwiesen sich als äußerst empfindlich gegen ein Verbrennungstrauma. Die Kontrolltiere, die nur Verbrennungen hatten, lebten fast dreimal länger als bestrahlte mit Verbrennungen. Nach Befunden von L. S. KORČANOV, A. V. JAKUBENKO u. a. verschlechtern sogar relativ kleinflächige Verbrennungen ohne Behandlung den Verlauf der akuten Strahlenkrankheit und erhöhen die Letalität. H. A. BAXTER, J. A. DRUMMOND u. a. untersuchten den Histaminblutspiegel beim Schwein nach Röntgenganzbestrahlung (400 r) und thermischer Verbrennung (10—15% der Körperoberfläche) und fanden, daß die Verbrennung allein nicht tödlich wirkt, die Bestrahlung allein nur eine geringe Letalität hat; bei Kombination von Verbrennung und Bestrahlung kommt es jedoch bei den meisten zum Tod. Bei einer solchen kombinierten Schädigung ist der Histaminblutspiegel stark erhöht; bei der Sektion der Tiere fanden sich zahlreiche petechiale Blutungen in der Haut und den inneren Organen, in manchen Fällen auch massive Blutungen in den Darm und tiefe Geschwüre mit teilweiser oder vollständiger Darmperforation.

Die erhöhte Sterblichkeit bei der Kombination von Verbrennung und Strahlenkrankheit rührt von vielen Faktoren her, besonders von der Schwächung der Schutzmechanismen infolge der Bestrahlung (Leukopenie), durch die eine Bakteriämie und eine Septikämie begünstigt werden. Eine solche kombinierte Schädigung hemmt die Blutbildungsprozesse; es kommt zur allmählichen Entwicklung einer Anämie und Leukopenie. Die für Verbrennungen sonst so charakteristische Leukocytose ist weder im Früh- noch im Spätstadium zu beobachten (auch nicht bei Hinzutreten einer Infektion): eine Folge der Strahlenkrankheit (G. A. ZUBOVSKIJ, A. S. ROVNOV, E. E. GILLER, A. I. KAC, O. S. MIŠAREV, N. A. FEDOROV u. a.).

Überhaupt werden bei Kombination von ionisierender Strahlung und thermischen Verbrennungen erhebliche haematologische Veränderungen im Organismus beobachtet: erhöhte mechanische Fragilität der Erythrocyten und Verringerung ihrer Zahl, starke Schwankungen im Haemoglobingehalt, Thrombocytopenie, Erhöhung der Blutgerinnungszeit, Veränderungen der Bluteiweißfraktionen u. v. a. All dies ist stärker ausgeprägt als bei isolierter Einwirkung ionisierender Strahlung oder Licht-(Wärme-)Strahlung (A. I. Makkaveeva, O. S. Mišarev, L. V. Popel', E. L. Alpen, H. A. Baxter, W. M. Davis, J. A. Drummond). Es ist auch bemerkenswert, daß sich nach kombinierter Einwirkung von ionisierender und Lichtstrahlung bei Tieren schneller eine Anämie entwickelt als nach Bestrahlung allein.

Die Wundfläche der kombinierten Verbrennungen hat eine Mikroflora, die der bei gewöhnlichen thermischen Verbrennungen ähnelt, d. h. Streptokokken, Staphylokokken, Proteus u. a. Bei Kombination einer Verbrennung mit Strahlenschaden erhöht sich (gegenüber Tieren, die nur eine Verbrennung oder nur Strahlenkrankheit hatten) die Zahl der positiven Bakterienkulturen aus dem Blut und den Organen. Durch diese Septikämie sind die Schwere des klinischen Verlaufs und die erhöhte Letalität zu erklären (E. V. Stachovskij und O. S. Mišarev). Nach Versuchen von V. M. Burmistrov und V. G. Slinko ist die Heilung umschriebener thermischer Verbrennungen während des Höhepunkts der Strahlenkrankheit durch ausgeprägte Abweichungen vom üblichen Verlauf charakterisiert. Das äußert sich im zeitlichen Ablauf und in der Intensität der reaktiven und reparativ-regenerativen Prozesse, in verzögerter Abstoßung des Schorfs, verzögerter Epithelisation und Vernarbung der Wundflächen. In der Anfangs- und Latenzperiode der Strahlenkrankheit beobachtet man bei Verbrennungen keine wesentlichen Störungen im Ablauf des Wundprozesses. A. I. Kot untersuchte den Verlauf einer Verbrennung 3. Grades bei gleichzeitiger Strahlenkrankheit und stellte fest, daß die entzündlichen Veränderungen in der Umgebung der Brandwunde erheblich schwächer ausgeprägt sind und der Schorf sich erst 10—15 Tage später abstößt als bei unbestrahlten Kontrolltieren. Es fanden sich stark ausgeprägte Schlaffheit, Blässe und Blutungsneigung der Granulationen, Neigung zur Einschmelzung und eine verzögerte oder sogar fehlende Epithelisierung. Die Heilung der Brandwunden begann 15—20 Tage später als bei den Kontrolltieren.

Die experimentellen Befunde zeigen ganz offenkundig, daß die Strahlenkrankheit einen ungünstigen Einfluß auf Verlauf und Ausgang thermischer Verbrennungen hat. Diese sind dabei besonders häufig durch zusätzliche Infektionen kompliziert (sekundäre oder Autoinfektionen). Alle Stadien verlaufen schleppend, besonders die Schorfbildung. Nekrotische Gewebe stoßen sich sehr langsam ab, Heilung und Epithelisierung dauern sehr lange. Die Granulationen sind blaß, leicht verletzbar und blutend, die Epithelisierung ist häufig gestört, was sich in einem Sistieren des Epithelwachstums oder partiellem Wiedereinschmelzen äußert. Histologische Untersuchungen ergaben, daß die entzündliche Reaktion, die Wundreinigung, die Epithelregeneration und die Heilungszeit der Brandwunden bei kombinierten Strahlenschäden schwach ausgeprägt und verlangsamt sind. Häufig tritt bei den überlebenden Tieren um den 21.—25. Tag eine Nekrose der

Granulationen auf (K. K. Zajceva). Auf dem Höhepunkt der Strahlenkrankheit können ein Gewebszerfall der Brandwunde und eine Allgemeininfektion mit starker Intoxikation des Organismus eintreten. Die Heilung verläuft häufig mit zahlreichen Blutergüssen am Herd (während des Höhepunkts der Strahlenkrankheit), vorwiegend in den tiefen Hautschichten (G. A. Zubovskij).

Auf Grund ihrer Tierversuche glauben N. A. Fedorov, S. V. Skurković, E. V. Šamšina und M. P. Chochlova, daß das Verbrennungs-Strahlentrauma eine neue Erkrankung hervorruft, die sich sowohl von der Strahlen- als auch von der Verbrennungskrankheit unterscheidet. Dabei ist die Verbrennungsintoxikation

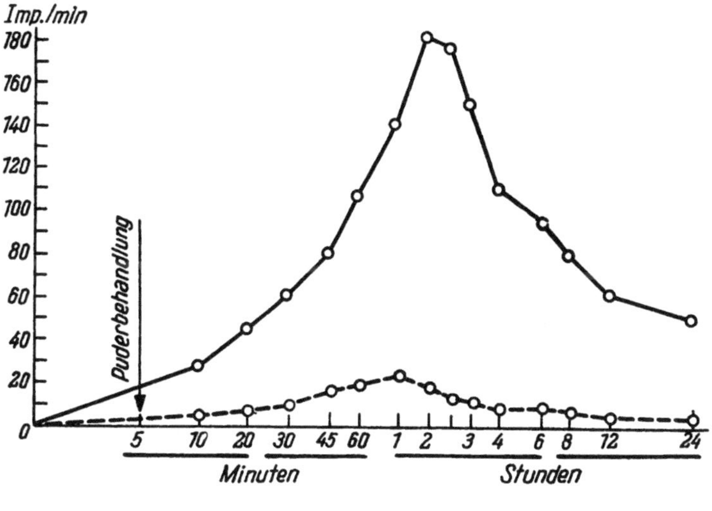

Abb. 56. Geschwindigkeit der Aufsaugung von Radiophosphor durch Brandwundenflächen 2. bis 3. Grades.

Mittlere Radioaktivität des Blutes von 6 Versuchstieren (punktierte Linie), bei denen der Saugpuder von I. D. Žitnjuk angewendet wurde (nach V. Z. Šejko) und 6 Kontrolltieren (ausgezogene Linie)

offensichtlich ein Faktor, der die Regenerationsfähigkeit des Knochenmarks unterdrückt und dadurch die Empfindlichkeit gegenüber dem ionisierenden Faktor erhöht.

Selbstverständlich hängen alle diese Besonderheiten im klinischen Verlauf der Verbrennungen von der Schwere der Strahlenkrankheit ab. Sie sind am ausgeprägtesten auf dem Höhepunkt der Strahlenkrankheit, weniger deutlich in der Anfangs- und Latenzperiode.

3. *Mit radioaktiven Substanzen kontaminierte Brandwunden.* Die Brandwunde kann — wie jede andere Wundfläche — unter entsprechenden Bedingungen radioaktiv verseucht werden. Es gilt dann alles oben über radioaktiv verseuchte Wunden Gesagte (s. Kap. VII). Diese Form radioaktiver Mixta wird deshalb hier nicht nochmals besprochen. Es sei nur betont, daß radioaktiv verseuchte Brandwunden eine wichtige Form der kombinierten Strahlenschäden darstellen (Abb. 56).

4. *Brandwunden, mechanisches Trauma und Strahlenschäden* sind Folge gleichzeitiger Einwirkung von Lichtstrahlung, Druckwelle und ionisierender Strahlung. Diese Schädigung ist bei der Explosion einer Atombombe mittleren Kalibers etwa bis zu einem Radius von 1,5 km möglich. Zu dieser kombinierten Verbrennung gehören alle obengenannten Kombinationen von Verbrennungen mit mechanischem Trauma, Strahlenkrankheit oder radioaktiver Verseuchung der Brandwunden. Nach Versuchen von A. A. NIKITIN u. a. verschlechtern Kombinationen von Verbrennungen, Brüchen der langen Röhrenknochen und Strahlenkrankheit den Verlauf und den Ausgang jedes einzelnen dieser pathologischen Prozesse.

Die Behandlung reiner Lichtverbrennungen richtet sich nach den allgemeinen Regeln für die Behandlung thermischer Verbrennungen. Wir müssen hier nur auf einige allgemeine und spezielle Fragen der Behandlung von kombinierten Verbrennungsformen eingehen. Vor allem muß unterstrichen werden, daß nach allgemeiner Auffassung die Behandlung von Verbrennungen eines der wichtigsten Probleme bei einem Atomkrieg sein dürfte. Die gleichzeitige Behandlung zahlreicher Brandverletzter erfordert sehr viel speziell ausgebildetes Personal, Instrumente, Verbandmaterial, Blut, Blutersatz u. a. Sehr wichtig ist die Standardisierung der Behandlungsmaßnahmen (insbesondere Brandbinden); sie könnte das Problem der Behandlung und Versorgung etwas vereinfachen. Bei der ersten Hilfe und dem Abtransport der Verletzten muß die Organisation elastisch sein. Die Behandlung der Brandverletzten muß unbedingt in spezialisierten medizinischen Einrichtungen durchgeführt werden, wo das notwendige Material und Instrumentarium bereitsteht (Krankenzimmer, Abteilungen, Krankenhäuser, Krankenhauskomplexe). Umfang und Art der ärztlichen Hilfe hängen natürlich von der Zahl der Verletzten und den Arbeitsbedingungen oder -verhältnissen ab. Bekanntlich ist das Problem der Behandlung schwerer Verbrennungen vor allem ein Problem der Schockbehandlung. Deshalb haben in allen Etappen der medizinischen Hilfeleistung die Antischockmaßnahmen den Vorrang; die lokale Behandlung soll erst nach den entsprechenden Antischockmaßnahmen in Angriff genommen werden.

Unter den zahlreichen bekannten Antischockmaßnahmen verdienen die jüngsten (1956) Vorschläge von K. MARKLEY u. a. Beachtung. Sie geben beim Verbrennungsschock reichlich zu trinken (bis zu 7 l einer Lösung aus einem Teelöffel Kochsalz und $^1/_2$ Teelöffel Soda auf 1 l Wasser). Diese einfache Methode, die noch überprüft werden muß, halten die Autoren bei der Behandlung des Verbrennungsschocks für dringlich.

Bei Besprechungen der Antischockmaßnahmen sind noch einige Empfehlungen und Überlegungen zu erwähnen. E. J. EVANS schlägt vor, bei Verbrennungen von 20—25% der Körperoberfläche in den ersten 24 Stunden 1—2 l Plasma oder Blut zu übertragen[1]. Bei kleineren Brandwunden kann man sich auf reichliche Gabe von Getränken beschränken. Da Blut und Plasma meist nicht in ausreichen-

[1] Beim Verbrennungsschock ist der Dauertropfinfusion von Plasma oder Serum gegenüber Vollblut der Vorzug zu geben, da bei Verbrennungen eine Eindickung des Blutes und eine Verringerung des Volumens an zirkulierendem Plasma eintreten. Die Verabreichung von

der Menge zur Verfügung stehen dürften, darf es nur zur Nachbehandlung bei schweren Verbrennungen angewendet werden; in allen übrigen Fällen sind Blutersatzstoffe einzusetzen. CH. SILLEVAERTS rechnet für jeden Verletzten mit tiefen und ausgedehnten Verbrennungen 17 l Plasma, 18—19 l Frischblut, 45 l der verschiedenen Flüssigkeiten, große Mengen Antibiotica und schmerzstillende Mittel, hunderte Meter Mull und Binden und hunderte Kilogramm Watte. Zur Pflege eines solchen Verletzten sind 3 Schwestern nötig, außerdem viele Arbeitsstunden eines Facharztes. Nach offiziellen amerikanischen Angaben braucht man zur Behandlung eines Brandverletzten: 42 Ballon Sauerstoff, 40 Pint Blut, 36 Pint Blutplasma und 2,7 m Mull. Interessant ist, daß sich im medizinischen Vorrat der Bundesverwaltung der Zivilverteidigung der USA 1956 7250000 Spezialbrandbinden befanden (M. WHITNEY).

Mittelschwere und schwere Verbrennungen erfordern natürlich intravenöse Behandlungsmethoden (Übertragung von Blut und Blutersatz usw.). Bei Verbrennungen großer Flächen sind intravenöse Infusionen sehr schwierig. Daher müssen hier intraossäre Infusionen breite Anwendung finden. Man rechnet gewöhnlich damit, daß ein Verletzter mit schweren, großflächigen Verbrennungen nach 48 Stunden aus dem Schockzustand herauskommt. Zu diesem Zeitpunkt beginnt eigentlich die 2. Periode, während der alle Kraft auf Verhütung und Behandlung der Infektion, des sekundären Schocks, der Toxämie, Hypoproteinämie und der Anämie gerichtet sein muß. Insbesondere müssen Antibiotica (Penicillin, Streptomycin u. a.), Blutübertragungen und Blutersatzmittel breite Anwendung finden. Bei bestrahlten Tieren mit thermischen Verbrennungen 3. Grades erzielte N. P. IVANOVA mit Ganglionblockern während der ersten 3 Tage nach der Verbrennung günstige Resultate. Im morphologischen Bild der Wundheilung kam die Wirkung dieser Mittel allerdings nicht zum Ausdruck.

Die lokale Behandlung der Lichtverbrennungen ist, wie schon gesagt, nach den allgemeinen Regeln für die Behandlung thermischer Verbrennungen durchzuführen: schonende primäre Versorgung, vorwiegend geschlossene Behandlungsmethode[1] mit Salben aus Antibiotica und Anaesthetika oder perforierten Fibrin-

Plasma ist auch deshalb besonders zweckmäßig, weil die Plasmaeiweiße die Wiederherstellung des normalen Zustandes der Kapillaren, ihres Tonus und der Permeabilität ihrer Wände ermöglichen.

Bei akuter Verbrennungstoxämie muß man zur Dauertropfinfusion von Plasma, Serum und anderen Blutersatzstoffen greifen (LIPK-Lösung Nr. 3, Serotransfusin COLIPK, Polyglukin, Synkol u. a.).

[1] In der Literatur neigen die Ansichten mehr zur offenen Behandlung der Verbrennungen im Atomkrieg (F. WOOLHOUSE). Die realen Bedingungen zur Hilfeleistung und die Unmöglichkeit, die Verletzten sofort abzutransportieren, erlauben jedoch wahrscheinlich nicht, die offene Methode breit anzuwenden. Auch die Verfechter dieser Methode müssen anerkennen, daß bei ihrer Anwendung eine Hospitalisierung der Kranken für nicht weniger als 3 Tage notwendig ist, d. h. bis zur Bildung eines Wundschorfs. Natürlich bestehen solche Möglichkeiten in den vorderen Etappen nicht. In außerhalb gelegenen Krankenhäusern kann die offene Behandlung von Verbrennungen eine recht breite Anwendung finden.

filmen, baldige Hautplastik u. a. Es muß nochmals unterstrichen werden, daß für die Behandlung Brandverletzter große Mengen von Verbandmaterial erforderlich sind. So werden nach Berechnungen von W. BOWERS für je 1000 Brandverletzte (mit Verbrennungen von 20—30% der Körperoberfläche) 2285 kg Verbandmaterial, d. h. 2 $1^1/_2$ Tonnen-LKW gebraucht.

Die Behandlung kombinierter Verbrennungen ist wegen ihrer Wichtigkeit und Neuheit von größtem Interesse. Bei der Kombination von Verbrennung und Strahlenkrankheit muß eine Komplextherapie sowohl der Verbrennung als auch der Strahlenkrankheit angewendet werden (s. Kap. III). Es sind hier besonders aktive chirurgische Maßnahmen zu ergreifen, um nach Möglichkeit eine Wundheilung vor dem Höhepunkt der Strahlenkrankheit zu erzielen. Die Anfangs- und Latenzperiode muß maximal ausgenutzt werden, um in diesen Perioden alle aktiven chirurgischen Maßnahmen durchzuführen, die Bedingungen für schnellste Beseitigung der Infektion und Heilung der Brandwunde zu schaffen.

Die allgemeine und lokale Behandlung der Verbrennungen bei Strahlenkrankheit wird nach den Behandlungsprinzipien bei gewöhnlichen thermischen Verbrennungen mit besonderer Berücksichtigung der Antischockmaßnahmen, der frühzeitigen chirurgischen Versorgung, der Bekämpfung der Blutungsneigung, der Prophylaxe und Behandlung der Infektion und der Stimulation der Regenerationsprozesse vorgenommen. Bekanntlich gehört zur Allgemeinbehandlung thermischer Verbrennungen die Immunotherapie mit Brandwundenrekonvaleszentenserum (N. A. FEDOROV, S. V. SKURKOVIČ u. a.). Einige Versuche zeigen, daß diese Methode auch bei mit Strahlenkrankheit kombinierten thermischen Verbrennungen Erfolg hat. Die Übertragung von Brandwundenrekonvaleszentenblut in Kombination mit frühzeitiger Nekrektomie zeigt eine deutliche therapeutische Wirkung, die Intoxikation ist geringer, die Überlebenszeit länger, die Heilungszeit der Brandwunden kürzer.

Überhaupt muß man sich darüber im klaren sein, daß eine rationelle Allgemein- und Lokalbehandlung die Gefährlichkeit von kombinierten Verbrennungen bedeutend verringert. So sank nach Befunden von A. L. KOMENDANTOVA, E. A. CHRUŠČEVA, A. P. MAJSJUK, K. V. BOCMANOV und O. P. KOKORINA die Sterblichkeit von Tieren mit Verbrennungen 2.—3. Grades und Bestrahlungen mit 400 r unter zweckmäßiger Behandlung von 92 auf 37,7%. Besondere Aufmerksamkeit verdient die Frage aktiver chirurgischer Eingriffe bei Verbrennungen 3.—4. Grades, d. h. frühzeitige Nekrektomie und primäre Hautplastik, Methoden, über die von der Behandlung gewöhnlicher thermischer Verbrennungen her ausreichende Erfahrungen vorliegen. Über die Möglichkeit ihrer Anwendung bei der Kombination von Verbrennung und Strahlenkrankheit sind erst kürzlich Versuchsreihen begonnen worden.

P. I. BURENIN, B. L. RAZGOVOROV und A. V. AGIŠEV untersuchten experimentell die Frage, ob Nekrektomie bei kombinierten Verbrennungen 3. Grades zweckmäßig ist. Sie stellten fest, daß in der Latenzperiode und sogar auf dem Höhepunkt der Strahlenkrankheit die Nekrektomie möglich ist und die Wunde danach per primam heilen kann, wenn man Penicillin gibt. Ohne Penicillin wird die Nekrektomie im Höhepunkt der Strahlenkrankheit schlecht vertragen. Am verträglichsten ist die Excision nekrotischen Gewebes, wenn die Strahlenkrankheit ihren Höhepunkt überschritten hat. Eine Nekrektomie verschlechtert — wie jede andere Operation — vorübergehend den Zustand des Tieres. Die Autoren sind der Meinung, daß die Nekrektomie zusammen mit lokaler Hautplastik bei kombinierten Verbrennungen durchaus durchführbar ist. V. M. Burmistrov, K. P. Zajcev, V. G. Slinko und I. A. Čalisov untersuchten experimentell die Wirkung der Behandlung von Verbrennungen bei kombinierten Strahlenschäden mit frühzeitiger Nekrektomie und gleichzeitiger Hautplastik in Kombination mit Behandlung der Strahlenkrankheit und Anwendung von Antibiotica. Aus ihren Untersuchungen geht hervor, daß die Frühnekrektomie mit gleichzeitiger Deckung der Brandwunde durch ein freies Hautautotransplantat in Kombination mit der Anwendung von Antibiotica zur Behandlung umschriebener thermischer Verbrennungen 3. Grades bei Strahlenkrankheit anwendbar ist (Abb. 57).

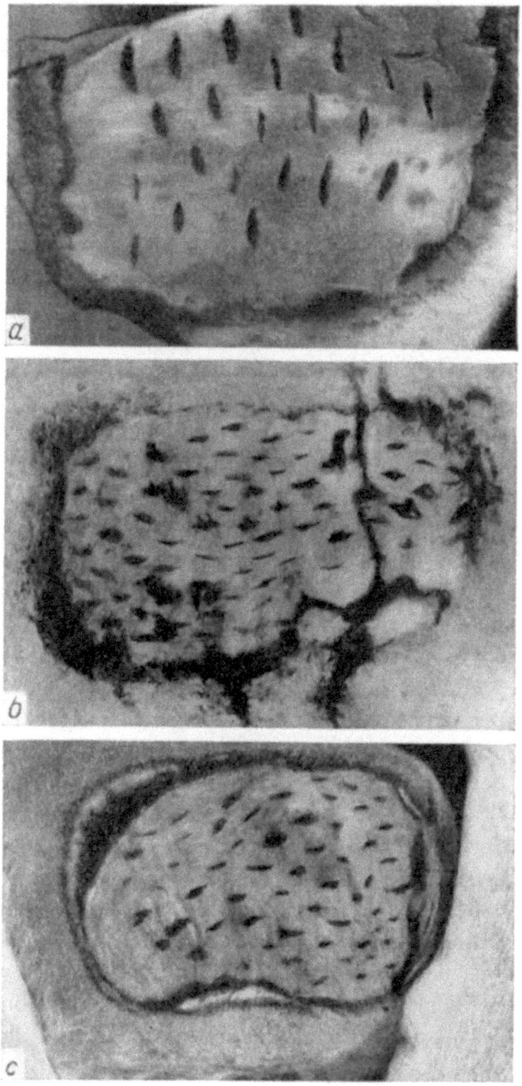

Abb. 57. Hautautoplastik bei thermischer Verbrennung 3. Grades beim Ferkel (nach V. M. Burmistrov und V. G. Slinko).

a — Anheilen des Autotransplantats bei nicht bestrahltem Ferkel (am 6. Tag nach der Plastik); *b* — Ausgedehnte Blutergüsse im Autotransplantat beim Ferkel mit Strahlenkrankheit 3. Grades (am 11. Tage nach der kombinierten Schädigung und am 6. Tag nach der Plastik); *c* — Erhöhte Blutungsneigung der Granulationen im Bereich des Autotransplantats beim Ferkel mit Strahlenkrankheit 3. Grades (am 12. Tag nach der kombinierten Schädigung und am 7. Tag nach der Plastik)

Auf Grund von Versuchen an bestrahlten Kaninchen mit thermischen Verbrennungen 3. Grades (10% der Oberfläche) empfehlen N. P. Ivanova und M. N. Pavlova Nekrektomie und anschließende Homoplastik mit kältekonservierter Haut. Für 30 Tage liegt das Homotransplantat eng dem Gewebe des Wundgrundes an und erfüllt damit die Funktion eines biologischen Verbandes. Damit wird erreicht, daß die Wunde während der ganzen Höhepunktsperiode der Strahlenkrankheit geschlossen ist. Nach 30 Tagen, also beim Abklingen der Strahlenkrankheit, empfehlen die Autoren eine nochmalige Hautautoplastik. Diese wird von den Tieren gut vertragen; in der absoluten Mehrzahl der Fälle heilt das Autotransplantat vollständig an.

K. K. Zaiceva untersuchte die morphologischen Besonderheiten der Anheilung freier Hauttransplantate bei Verbrennungen 3. Grades an bestrahlten Ferkeln und kam zu dem Ergebnis, daß sich in der Anfangs- und Rekonvaleszenzperiode der akuten Strahlenkrankheit die Anheilung solcher Autotransplantate qualitativ ähnlich wie bei nichtbestrahlten Tieren vollzieht. Auf dem Höhepunkt der akuten Strahlenkrankheit findet man bei den verstorbenen Tieren Teilnekrosen des Autotransplantats, abgestorbenes, regeneriertes Epithel und Nekrosen der Granulationen im Spenderteil. Bei den überlebenden Tieren dauerte das Anwachsen der Autotransplantate und die Anheilung von Spenderhautlappen ebenso lange wie bei nichtbestrahlten. Dies letztere Ergebnis des Autors ist nicht sehr überzeugend, wenn man bedenkt, daß bei den bestrahlten Tieren in den Geweben des Hautlappens und des Spendertransplantats Blutaustritte sowie nekrotische und dystrophische Veränderungen beobachtet wurden.

Auch andere Autoren bestätigen experimentell die Zweckmäßigkeit der frühen primären Nekrektomie mit gleichzeitiger Hautplastik bei mit Strahlenschädigungen kombinierten Verbrennungen 3. Grades in der Anfangs- und Latenzperiode der Strahlenkrankheit (M. M. Kantorovič und L. S. Lejbin, J. E. Armstrong, J. K. Schaeffer, C. R. Arter). Dabei ist noch zu beachten, daß während der Operation bei der Schorfentfernung an der Grenze zum gesunden Gewebe bei den bestrahlten Tieren eine sehr viel größere Blutungsneigung beobachtet wird. Nach Entfernung der nekrotischen Bezirke bildet die dichte Naht die Methode der Wahl, denn in 90% der Fälle ist eine p. p. Heilung ohne Komplikationen zu beobachten. All diese Eingriffe werden mit Antibioticis kombiniert. Bei langer Beobachtungszeit (mehr als 3 Monate) waren festzustellen: Besserung des Allgemeinzustandes, elastische Narbe ohne Ulcerationen und Keloide; dies weist auf das Fehlen von Komplikationen nach Nekrektomie mit anschließender dichter Naht hin.

Die Nekrektomie mit gleichzeitiger Hauttransplantation zu späterem Zeitpunkt und besonders in der Höhepunktsperiode der Strahlenkrankheit ist, wie das eine Reihe von Versuchen zeigte (A. V. Gridnev, L. S. Korčanov, S. G. Orel, A. V. Jakubenko u. a.), nicht nur erfolglos, sondern verschlechtert sogar Verlauf und Ausgang der Strahlenkrankheit wie auch der Verbrennung selbst (Abb. 58). In der Genesungsperiode der Strahlenkrankheit werden die Ergebnisse der Hauttransplantation bei kombinierten Verbrennungen 3. Grades im Laufe der Zeit besser. Nekrektomie mit dichter Naht ergibt bei kleinen Verbrennungen 3. Grades in allen Stadien der Strahlenkrankheit bessere Resultate als Hauttransplantationen. Man muß nur im Auge behalten, daß jeder operative Eingriff im Höhepunkt der Strahlenkrankheit deren Verlauf verschlechtert.

Interessante Befunde erzielte J. G. TRENTIN an bestrahlten Mäusen. Es zeigte sich, daß die Hauthomoplastik bessere Ergebnisse zeitigt, wenn man intravenös eine Knochenmarksuspension von Tieren einer anderen Linie gibt. Diese Befunde bedürfen weiterer Bestätigung. Versuche von A. A. NIKITIN u. a. weisen darauf hin, daß auch bei Kombination von Verbrennung, mechanischem Trauma und Strahlenkrankheit die chirurgische Behandlung (Nekrektomie, primäre Naht oder Hautplastik) die besten Resultate in der Latenzperiode der Strahlenkrankheit zeigt.

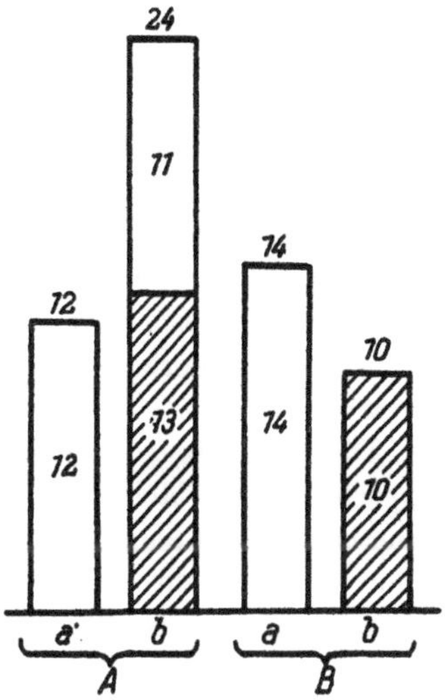

Abb. 58. Ausgang der Operationen von Verbrennungen 3. Grades beim Ferkel (nach L. S. KORČANOV, A. V. JAKUBENKO u. a.).

A – Latenzperiode, *B* – Höhepunktsperiode, *a* – Kontrolle, nicht bestrahlt, *b* – bestrahlt, weiße Felder – überlebend, schraffierte Felder – verstorben

Die vorliegenden experimentellen Befunde beweisen nicht nur, daß eine *frühzeitige* Operation bei kombinierten Verbrennungen (Nekrektomie des verbrannten Bezirkes, primäre Naht oder Primärplastik) zweckmäßig ist, sondern auch, daß ein solcher Eingriff Verlauf und Ausgang der Strahlenkrankheit günstig beeinflußt. Die wichtige Frage der Anaesthesie bei Primäroperation von Verbrennungen ist ausführlich im Kap. V dargelegt.

Schwieriger und komplizierter ist die Frage der *Behandlung von Verbrennungen, die radioaktiv verseucht sind,* zumal experimentelle Untersuchungen dieses Problems bisher nicht bekannt geworden sind. Man muß sich deshalb nach den bereits vorliegenden Empfehlungen für die Behandlung radioaktiv versuchter Wunden richten (s. Kap. VII). Die allgemeinen Maßnahmen sind bei diesen Brandwunden die üblichen (Antischockbehandlung usw.). Die lokale Behandlung besteht im wesentlichen in einer möglichst frühzeitigen primären chirurgischen Versorgung sowie zahlreichen und reichlichen Spülungen der Wundflächen mit verschiedenen Lösungen (physiologischer Kochsalzlösung, 3%iger Seifenlösung oder anderem), um eine möglichst vollständige Entfernung der radioaktiven Stoffe zu erreichen. Bei Verbrennungen 3. und 4. Grades gilt das über Kombination von Brandwunden mit Strahlenkrankheit Gesagte: nach Möglichkeit eine frühzeitige Nekrektomie mit anschließender primärer Naht oder Autoplastik nach ausreichender Reinigung der Brandwundenfläche von radioaktiven Stoffen. Alle diese Vorschläge gründen sich jedoch nur auf die Analogie mit den radioaktiv verseuchten Wunden und bedürfen natürlich noch einer experimentellen Nachprüfung. Es sei daran erinnert, daß bei jeglicher Behandlung radioaktiv verseuchter Brandwunden die Regeln der allgemeinen und speziellen Prophylaxe gegen Kontaktverseuchung und Verschleppung von radioaktiven Stoffen peinlich beachtet werden müssen. Die Komplikationen bei reinen Lichtverbrennungen sind die üblichen, d. h. die gleichen wie bei thermischen Verbrennungen (Schock, Toxämie, Infektion usw.).

Bei kombinierten Verbrennungen treten folgende Komplikationen besonders häufig auf: Schock, eitrige (Phlegmone, Sepsis) oder anaerobe Infektionen, haemorrhagische Diathese und Blutergüsse, verzögerte Regeneration. Grund für die Häufigkeit dieser und anderer Komplikationen sind die Schwächung der allgemeinen Widerstandsfähigkeit des Organismus, das Fehlen der Wundbarriere u. a. Sehr wichtig ist der Hinweis, daß sogar Komplikationen wie Eiterungen, Sepsis, Erysipel und anaerobe Infektionen gewöhnlich mit stark ausgeprägter Leukopenie und in reaktionslosem Zustand des Organismus verlaufen (A. S. Rovnov). Das klinische Bild, zum Beispiel eitriger Komplikationen, ist deshalb sehr schwach ausgeprägt, was die rechtzeitige Erkennung und Behandlung ungemein erschwert.

Die Prognose von Lichtverbrennungen hängt mehr von der Ausdehnung der geschädigten Fläche als von der Tiefe der Verbrennung ab. Beobachtungen aus der letzten Zeit berechtigen jedoch zu der Annahme, daß Verbrennungen 1. Grades, die $^1/_3$ und mehr der Körperoberfläche einnehmen, nicht unbedingt zum Tode führen müssen. Nicht wenige dieser Beobachtungen deuten darauf hin, daß bei rechtzeitiger qualifizierter und energischer Behandlung Patienten mit Verbrennungen von 50 und sogar 60% der Körperoberfläche noch gerettet werden können. Nur Verbrennungen von 70% der Körperoberfläche und mehr waren bisher stets letal. Die Prognose bei sekundären Verbrennungen ist günstiger als bei primären (Licht-) Verbrennungen.

Sehr viel ernster ist die Prognose bei kombinierten Verbrennungen. Verletzte mit tiefen Verbrennungen, auch nur von 15—20% der Körperoberfläche, sind, wenn sie ionisierender Strahlung ausgesetzt waren, immer als Schwerkranke zu betrachten und bedürfen sofortiger stationärer Aufnahme und intensiver Behandlung. Patienten mit Verbrennungen von 40% der Körperoberfläche, die gleichzeitig ionisierender Strahlung ausgesetzt waren, haben fast keine Chance zu überleben. Die Strahlenkrankheit, bei der das Blut und die Blutbildungsorgane sehr stark geschädigt werden, führt bei Kombination mit Verbrennungen häufig zum unausweichlichen Tod innerhalb der ersten 3 Tage (Ch. Sillevaerts u. a.).

Der Ausgang thermischer Verbrennungen durch Lichtstrahlung ist häufig ungünstig. Von den Brandverletzten in den japanischen Städten waren am Ende der ersten Woche 53% und am Ende der zweiten Woche 75% gestorben (H. Glorieux, R. Shirabe). Unter den Brandverletzten außerhalb der 3-km-Zone vom Epizentrum wurden keine Todesfälle beobachtet. Wir erwähnen zum Vergleich, daß im zweiten Weltkrieg die Letalität bei den Brandverletzten je nach der Verletzungsursache 0,3—4% betrug (J. J. Džanelidze und B. N. Postnikov). R. Shirabe und andere Autoren unterstreichen die besondere Schwere und

Gefährlichkeit der Lichtverbrennungen im Vergleich zu den mechanischen Verletzungen, die bei Atombombenexplosionen auftreten; die maximale Sterblichkeit wurde in der Brandschädengruppe beobachtet.

Nach der Heilung von Brandwunden entstehen häufig ausgedehnte Keloidnarben, die für Lichtverbrennungen besonders charakteristisch sind (W. Butterfield, J. N. Crawford, P. Genaud, Th. Sears, M. Tsuzuki). So behauptet Th. Sears, daß Keloide bei 75% aller Verbrennungen 2. bis 3. Grades auftraten. M. Tsuzuki beobachtete 3 Jahre nach der Atomexplosion bei 46% der nachuntersuchten Japaner Keloide. Die Gründe für diese Häufigkeit der Keloide sind bisher noch ungeklärt. N. Kusano meint, Ursache könne der erhöhte Gehalt an radioaktiven Stoffen in diesen Narben sein; das ist jedoch wenig wahrscheinlich. Manchmal entstehen infolge dieser Narben Verunstaltungen oder Kontrakturen, die plastische Operationen erfordern. In anderen Fällen heilen die Verbrennungen unter Bildung pigmentierter Narben ab. Dabei bilden sich um die pigmentierten Flächen herum nicht selten Zonen, die blasser als die normale Haut der Umgebung sind (Depigmentierung). Bei Strahlenkrankheit neigen die Narben nach Verbrennung häufig zur Ulzeration.

Verhütung von Verbrennungen bei Atombombenexplosionen. Bekanntlich stehen uns heute ziemlich sichere Schutzmittel und -maßnahmen bei atomaren und Wasserstoffexplosionen, besonders gegen die Wirkung der Lichtstrahlung zur Verfügung. Natürlich kann man nicht über den Schutz gegen jeden einzelnen Schädigungsfaktor einer Atomexplosion sprechen; der Atomschutz muß Maßnahmen umfassen, die gleichzeitig sämtliche Schädigungsfaktoren berücksichtigen. Der Schutz vor der Lichtstrahlung ist besonders kompliziert, weil diese buchstäblich im Augenblick der Atomexplosion auftritt und nur sehr kurze Zeit anhält.

Jedoch kann die Lichtstrahlungswirkung auf den menschlichen Organismus durch entsprechende Schutzmaßnahmen wesentlich abgeschwächt werden. Die Lichtstrahlung breitet sich nur geradlinig aus und stellt daher nur dann eine Gefahr dar, wenn sich der Mensch an einer ungedeckten Stelle aufhält. Da diese Ausbreitung innerhalb von 3 Sekunden nach der Explosion erfolgt, muß gerade diese Zeit genützt werden, um sich möglichst schnell in Deckung zu bringen und dadurch vor der Strahlung zu schützen. Allerdings können sich Menschen manchmal auch Verbrennungen nicht durch die direkten, sondern durch reflektierte Strahlen zuziehen, worüber schon oben gesprochen wurde. Deshalb darf man sich auch nicht an geöffneten Fenstern aufhalten. Besonders zuverlässig schützen die verschiedenen Spezialanlagen geschlossener Form vor direkten und reflektierten Strahlen, aber auch vor den anderen Faktoren der Atomexplosion (der Druckwelle, ionisierender Strahlung und fall out). Alle Deckungen, die vor der Druckwelle schützen, bieten auch Schutz vor der Lichtstrahlung.

Ohne auf Einzelheiten einzugehen, läßt sich die allgemeine Situation so umreißen: all das, was vor der direkten Lichtwirkung Schutz gewährt, schützt auch vollständig oder wenigstens in erheblichem Maße vor der Lichtverbrennung. Dazu gehört jedes lichtundurchlässige Hindernis, wie Hauswände, hohe Dämme, tiefe Schluchten, Wald, Zeltbahnen, Panzerungen, zum Teil Kleidung u. v. a. Im Abstand von mehr als 1000 m vom Explosionszentrum schützt Kleidung (besonders helle) fast immer vor der Lichtstrahlung und damit vor Verbrennungen.

Bietet sich im Augenblick der Explosion keine Zuflucht in der Nähe, soll man nicht hin und her laufen und suchen. In diesem Falle heißt es: sich schnell mit dem Gesicht nach unten auf die Erde legen, die Füße in Richtung zur Explosion, die Hände unter den Körper und die Augen schließen. Diese Lage verringert die Wirkung der Druckwelle und schützt Teile des Körpers (Gesicht, Hände) vor Lichtstrahlungsschädigungen. Beim Atombombenversuch von Bikini kamen von den Versuchstieren, die sich 900—1000 m vom Explosionsort entfernt im Inneren der Schiffe befanden, bedeutend weniger durch die Licht- und ionisierende Strahlung um als von denen auf offenem Deck.

Gegen die zahlreichen sekundären Verbrennungen bei Atomexplosionen spielen durchdachte und gut organisierte Feuerlöschmaßnahmen prophylaktisch eine große Rolle. Es ist zu unterstreichen, daß die Lokalisierung und die Eindämmung von Bränden zu den wichtigsten technischen Maßnahmen bei der Beseitigung der Atombombenfolgen gehören.

IX

Strahlenverbrennungen

Ionisierende Strahlung führt entweder zur Entstehung einer Strahlenkrankheit (am häufigsten zu beobachten), oder zu einer vorwiegenden Schädigung der Haut (sogenannten Strahlenverbrennungen); dies hängt im wesentlichen von der Durchdringungsfähigkeit der verschiedenen Strahlungen ab. Die Bestrahlung von außen durch Alpha- und besonders durch Betateilchen, die im Gewebe eine geringe Reichweite haben, ruft in der Hauptsache Hautschäden hervor, während äußere Bestrahlung durch Röntgen- oder Gammastrahlen bzw. Neutronen, die eine große Reichweite haben, meistens eine Allgemeinschädigung in Form der Strahlenkrankheit bewirkt. Zu den möglichen Folgen der Einwirkung ionisierender Strahlung auf den menschlichen Organismus gehören die verschiedenen Hautschäden, insbesondere Strahlenverbrennungen, die auch mit einer Strahlenkrankheit kombiniert sein können.

Während die verschiedenen thermischen Verbrennungen ein bei Atombombenexplosionen besonders häufiges Trauma darstellen, sind die reinen Strahlenverbrennungen für die Strahlenschäden im Frieden charakteristisch. Jedoch kommen auch Strahlenverbrennungen bei Atom- und Wasserstoffbombenexplosionen vor. Besonders werden sie durch den fall out großer Mengen radioaktiver Stoffe verursacht (Betastrahlen). Derartige Verbrennungen entstanden zum Beispiel in großer Zahl bei den Bewohnern der Marshall-Inseln nach der thermonuklearen Testexplosion am Bikini-Atoll 1954 (C. Hunter).

Da die Strahlenverbrennungen häufig eine chirurgische Behandlung erfordern, sind sie für Chirurgen und Traumatologen von besonderem Interesse.

Schon bald nach Entdeckung und erster praktischer Anwendung der Röntgenstrahlung (1895) beobachtete man Strahlenschäden der Haut. Bereits im Jahre 1897 bildeten Klassifikation, Pathologie und Klinik der Röntgenhautschäden Themen auf dem Internationalen Kongreß in Moskau. In Rußland wurden die ersten Hautschäden durch Röntgenstrahlen von A. I. Pospelov im Jahre 1905 (Hautulcus) und von P. P. Lampsakov 1914 (Cancroid) beschrieben.

In den folgenden Jahren erschienen in den verschiedensten Ländern zahlreiche Arbeiten über Hautschäden durch Röntgenstrahlen oder Radium. So lagen schon 1902 Berichte über 172 Strahlenschäden der Haut bei röntgendiagnostischen Untersuchungen vor. 1927 veröffentlichte M. I. Karlin 20 Hautschäden nach Röntgendurchleuchtung des Magens und wies darauf hin, daß (1927) 50 Fälle akuter Strahlenschäden der Haut registriert waren.

Bei der Erforschung der Strahlenschäden der Haut waren viele russische Wissenschaftler maßgeblich beteiligt (S. V. GOLDBERG, S. M. DAMBERG, A. I. DOMBROVSKIJ, V. M. IVANOV, I. I. IVANOV, M. I. NEMENOV, M. N. POBEDINSKIJ u. a.). Die relativ große Zahl von Strahlenschäden der Haut gegen Ende des 19. und zu Beginn des 20. Jahrhunderts ist damit zu erklären, daß in der ersten Zeit der Anwendung der Röntgenstrahlen und des Radiums ihre Wirkung auf den Organismus erst wenig erforscht und der Wert von Schutzmaßnahmen noch unbekannt war. In den letzten Jahrzehnten ging die Zahl der Veröffentlichungen über Strahlenschäden der Haut zurück. Mit der erweiterten Erzeugung von Atomenergie traten jedoch ganz neue Strahlenverbrennungen auf und wurden veröffentlicht. In der Weltliteratur sind einige hundert Fälle der verschiedensten Strahlenverbrennungen beschrieben.

Strahlenschäden der Haut können sowohl bei mit Röntgenstrahlen oder radioaktiven Stoffen behandelten Kranken beobachtet werden (besonders bei unsachgemäßer Anwendung) als auch bei Personen, die ohne Beachtung der notwendigen Vorsichtsmaßnahmen mit Quellen ionisierender Strahlung arbeiten. Noch immer kommen Hautschädigungen bei Strahlentherapie, zum Beispiel von Geschwülsten, recht häufig vor. Es darf nicht vergessen werden, daß Strahlenschäden der Haut, etwa Verbrennungen, nicht nur bei langdauernder Einwirkung ionisierender Strahlung entstehen können (bei mehrmaliger Strahlentherapie), sondern auch nach kurzzeitiger Einwirkung. So wurden Röntgenverbrennungen nach gewöhnlicher einmaliger Röntgendurchleuchtung oder Röntgenaufnahme beschrieben (B. I. BERŠADSKIJ u. a.). Vor einigen Jahren (1955) beschrieb G. A. ZUBOVSKIJ eine ganz schwere Hautverbrennung nach einer Röntgendurchleuchtung des Unterarms von 20 Minuten Dauer. Die Strahlenreaktionen der Haut sind spezifisch; in anderen Organen läuft der pathologische Prozeß anders ab (M. N. POBEDINSKIJ und J. K. KUDRICKIJ). Je nach Schnelligkeit des Eintritts und des Verlaufs unterscheidet man akute und chronische Hautschädigungen durch ionisierende Strahlung. Von den akuten Strahlenschäden der Haut haben die Strahlenverbrennungen die größte Bedeutung. Überhaupt sind die charakteristischsten äußeren Erscheinungen einer Strahleneinwirkung eben die verschiedenen Hautveränderungen.

Die Intensität der Strahlenverbrennungen hängt von vielen physikalischen und biologischen Faktoren ab.

Zu den physikalischen Faktoren gehören im wesentlichen Dosis und Art der Strahlung. So setzen Alpha- und Betastrahlung in der Regel oberflächlichere und leichtere Hautschäden als Röntgen- oder Gammastrahlung (N. A. ŽOGA, I. I. IVANOV, J. V. SEBRANT, JACKSON, B. V. LOW-BEER, R. E. ZIRKLE).

Von den biologischen Faktoren haben Bedeutung: 1. Geschlecht (die Haut der Frau ist empfindlicher als die des Mannes); 2. Alter (die Haut von Kindern ist empfindlicher als die Erwachsener); 3. Bestrahlungsgegend (Handrücken, Achselhöhle, Leistengegend z. B. sind empfindlicher als Handteller, Fußsohle, Gesicht, Brust und Rücken); 4. individuelle Empfindlichkeit der Haut gegenüber Bestrahlung, (die sogar bei normalen Menschen in bestimmten Grenzen schwankt).

Sie erhöht sich unter dem Einfluß der verschiedensten Faktoren (z. B. Wärme, Licht, Säure, Lauge, Jod, bei Medikation von Brom, Wismut, Salvarsan u. a.), auch bei Erkrankungen (Tuberkulose, Malaria, Syphilis, Basedow, Hypertonie, Nephritis, einigen Hautkrankheiten und -schädigungen). Im allgemeinen ist die Haut um so empfindlicher gegen Bestrahlung, je besser sie mit arteriellem Blut versorgt wird, je höher ihr Stoffwechsel und ihre Temperatur sind. Die Hautreaktion kann also unterschiedlich verlaufen, je nachdem, ob eine Ganz- oder Teilbestrahlung vorlag, ob sie einmalig oder mehrmalig erfolgte, ob nur Strahlung einwirkte oder ob eine Kombination mit irgendwelchen anderen Faktoren vorlag (M. N. Pobedinskij, J. Kudrickij).[1]

Abb. 59. Epilation bei Japanern nach der Explosion der Atombombe.

Wichtig ist, daß bei Strahlenverbrennungen außer Schäden an der Haut und den Weichteilen auch Knochenschäden auftreten können (A. V. Kozlova und E. D. Semiglazova u. a.).

Man unterscheidet vier Grade des Reagierens der Haut auf ionisierende Strahlung, die ohne scharfe Abgrenzung ineinander übergehen können. Die Histopathologie der Strahlenschäden der Haut ist heute recht gut erforscht (Monographien von W. Bloom, A. Hollaender u. a.).

Die Strahlenverbrennung ersten Grades (Dermatitis suberythematosa) oder Epilationsreaktion tritt gewöhnlich bei einmaliger Bestrahlung der Haut mit einer Dosis bis zu 500 r auf. Sie wird im wesentlichen durch zeitweisen Haarausfall (Epilation) charakterisiert, der nach 10—21 Tagen einsetzt und nach 3—6 Wochen beendet ist. Ein Erythem fehlt in diesen Fällen. Nach der Verbrennung beobachtet

[1] M. N. Pobedinskij und J. K. Kudrickij, Die Hautreaktion bei Einwirkung ionisierender Strahlung. Moskau 1958.

man eine Hautschuppung, später eine Pigmentierung. Gegen Ende des 3. Monats wachsen die Haare (manchmal in anderer Form und Farbe) gewöhnlich wieder nach.

Bei den Japanern, die die Atombombenexplosion überlebten, war eine vorübergehende grobe Epilation des Kopfes und der Achselhöhlen usw. eine häufige Erscheinung, die man schon in der ersten Woche nach der Explosion und später beobachten konnte (Abb. 59). Auch in schweren Fällen wuchsen die Haare nach

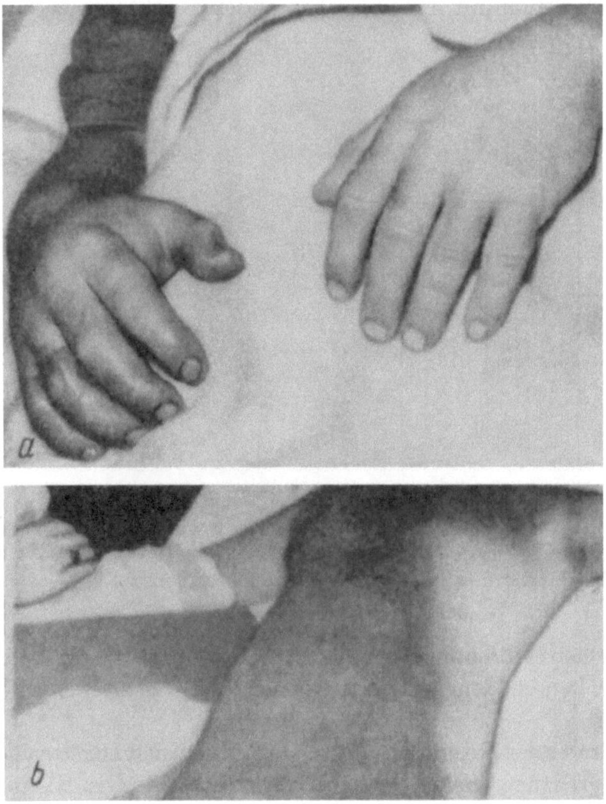

Abb. 60. Strahlenverbrennungen 1.—4. Grades bei dem Unfall im Los-Alamos-Laboratorium (nach HEMPELMANN, LISCO und HOFFMAN).

1. Patient: *a* — Handrücken 42 Stunden nach der Bestrahlung. Die Nagelbetten der rechten Hand sind leicht cyanotisch; am 4. Finger ist eine Blase zu sehen. Der linke Handrücken ist mäßig geschwollen; *b* — Ansicht des Bauches 24 Tage nach der Bestrahlung. Die Epidermis ist ganz abgegangen. Das Derma ist von lachsroter Farbe und mit etwas Fibrin bedeckt. Die Achselhöhlen sind teilepiliert. Auf dieser Aufnahme ist die schon erhebliche Epilation der Brusthaare schlecht zu sehen

einigen Monaten wieder (CH. F. BEHRENS, A. M. BRUES, H. GLORIEUX, P. E. GENAUD, P. D. KELLER, CH. SILLEVAERTS, R. SHIRABE, TH. SEARS). Der Haarausfall ist eines der zuverlässigsten Zeichen für eine vorausgegangene Bestrahlung. Da Erkrankungen, die mit einer Epilation einhergehen, selten sind, ist bei diesem Merkmal üblicherweise an der Strahlenschädigung kein Zweifel möglich.

Die Strahlenverbrennung zweiten Grades (Dermatitis erythematosa) oder Erythemreaktion entsteht gewöhnlich bei einmaliger Bestrahlung mit 500 bis 800 r. Sie ist durch ein Erythem mit manchmal cyanotischer Verfärbung, Oedem, Hautinfiltration und schnellen Haarausfall (nach etwa 7—14 Tagen) gekennzeichnet. Begleiterscheinungen sind Hitzegefühl, Juckreiz und manchmal Sensibilitätsstörungen. Oft hat das Erythem wellenförmigen Charakter, d. h., kommt und geht. Allmählich lassen die Erscheinungen nach. In den bestrahlten

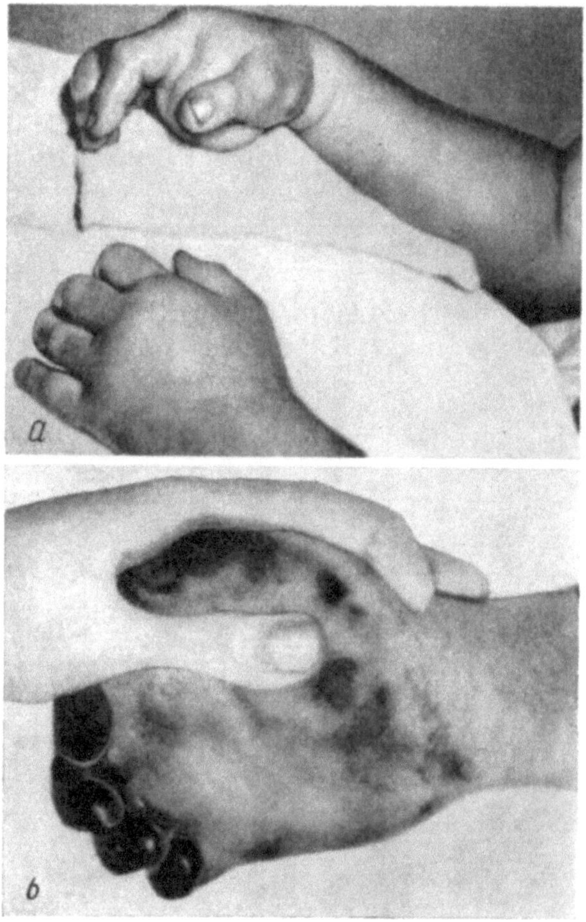

Abb. 61. Derselbe Kranke.

a – Hände $3^1/_2$ Tage nach der Bestrahlung; auf dem Handteller rechts ist eine große Blase zu sehen; *b* – rechter Handteller 24 Tage nach der Bestrahlung. Kontraktur der Finger. Handteller und Handgelenk sehr blaß als Folge der Ischämie und Nekrose

Gegenden kommt es zu einer langandauernden Hautschuppung und zu starker, manchmal dauernder Pigmentierung. Die Haare wachsen nach 1—3 Monaten oder auch noch später wieder nach. Manchmal beobachtet man noch nach langer Zeit (1—3 Jahre) Spätveränderungen der Haut: Trockenheit, Atrophie u. a.

Die Strahlenverbrennung dritten Grades (Dermatitis bullosa) oder bullöse Reaktion entsteht bei einmaliger Bestrahlung mit 800—1200 r und beginnt am 5.—10. Tage mit einem sich allmählich verstärkenden, bronzefarbenen oder bläulich getönten Erythem. Gleichzeitig entwickelt sich ein erhebliches Ödem der Haut, ein entzündliches Infiltrat und starke Schmerzen, von einer Lymphadenitis und erhöhter Körpertemperatur begleitet. Nach einigen Tagen erscheinen in den erythematösen Hautbezirken Blasen verschiedener Größe, die nicht selten konfluieren und mit seröser Flüssigkeit gefüllt sind, die allmählich trübe und eitrig wird. Die Blasen gehen leicht auf, und an ihrer Stelle entstehen eitrige erosiv-ulceröse Flächen (Abb. 60, 61, 62), die sich allmählich mit Schorf bedecken.

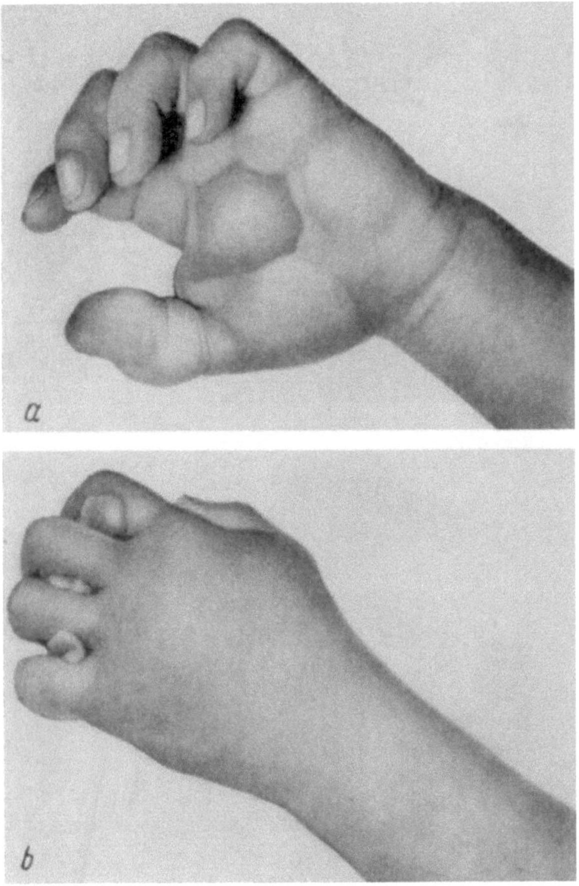

Abb. 62. Strahlenverbrennungen 1. bis 4. Grades bei dem Unfall im Los-Alamos-Laboratorium (nach HEMPELMANN, LISCO und HOFFMAN).

2. Patient: *a* — linker Handteller 3 Tage nach der Bestrahlung. Blasen auf dem Handteller und am Daumen. Die Haut der Hand ist sehr cyanotisch mit Zeichen einer Frühgangrän am Daumenendglied; *b* — linker Handrücken 3 Tage nach der Bestrahlung. Gut zu sehen sind die Blasen zwischen den Fingern. Fleckige Cyanose der Haut der Mittelhand durch Eiskompressen

Unter diesem vollzieht sich auch der weitere Heilungsprozeß, der Wochen und Monate dauert (2—3 Monate und mehr). Nach der Heilung der bullösen Dermatitis bleibt die Haut trocken, atrophisch und unelastisch, pigmentierte Stellen wechseln mit depigmentierten ab. Später können Teleangiektasien oder chronisch-indurative Ödeme auftreten.

Die Strahlenverbrennung vierten Grades (Dermatitis ulcerosa) oder ulcerösnekrotische Reaktion stellt die schwerste Form dar. Sie tritt bei einmaliger Bestrahlung mit 1200—1500 r und mehr auf und verläuft gewöhnlich sehr stürmisch. Schon sehr früh (gewöhnlich nach 2—5 Tagen) entsteht am Bestrahlungsort eine purpurrote bis bläuliche Verfärbung der Haut mit Bildung kleiner Blasen und schneller Entwicklung degenerativer und nekrotischer Prozesse in allen Hautschichten, manchmal auch in der Umgebung und den tiefer gelegenen Weichteilen. Besonders schwere Haut- und Weichteilnekrosen beobachtet man in Knochennähe. Die Entwicklung eines infektiös-nekrotischen Prozesses führt zu starken, manchmal qualvollen Schmerzen, regionärer Lymphadenitis und Störung des Allgemeinzustandes (Temperaturerhöhung, Schüttelfrost, Schwäche, Schlaflosigkeit, Gewichtsverlust u. a.). Infolge der Haut- und Weichteilnekrosen entstehen ein ziemlich charakteristisches Ulcus oder Ulcera der verschiedensten Form (Abb. 63). Der Geschwürsrand ist gewöhnlich glatt und scharf abgesetzt, manchmal auch unregelmäßig, wie abgefressen, bald das Niveau des umgebenden Gewebes überragend, bald weich und verdünnt. Das Geschwür selbst hat eine schmutziggraue bis schmutziggelbe Farbe, die Oberfläche ist mit Eiter bedeckt. Meist ist der Geschwürsgrund wegen der festen Verbindung mit dem darunter liegenden Gewebe nicht verschieblich. Die Haut um das Geschwür ist cyanotisch, ödematös, manchmal schlecht verschieblich, atrophisch und empfindlich, ungleichmäßig pigmentiert, teleangiektatisch und haarlos.

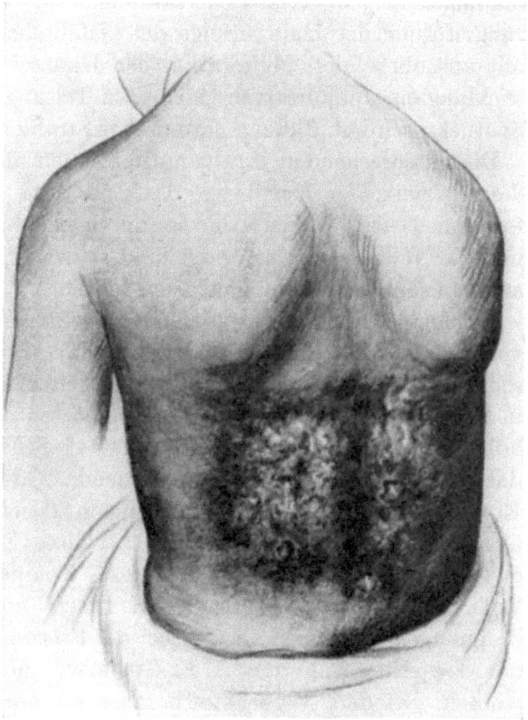

Abb. 63. Röntgenverbrennung (nach Kirschner-Nordmann).

Außer dieser relativ schnellen Entwicklung von Strahlenulcerationen gibt es auch Spätulcera, einige Monate oder sogar Jahre nach der Bestrahlung (Spätreaktion). Es sind Fälle beschrieben, wo die Latenzperiode, vom Monat der Bestrahlung an gerechnet, 2—3 Jahre, ja sogar 9—26 Jahre dauerte. Besonders schwere und gefährliche Spätreaktionen der Haut beobachtet man nach Einwirkung von Betastrahlen (N. A. Žoga, A. I. Prokopčik, H. D. Griffith, J. J. Morton, R. Zirkle u. a.).

Die Heilung dieser Geschwüre dauert sehr lange (Monate und Jahre); manchmal heilen sie überhaupt nicht. Sie erinnern in ihrem Verlauf an die den Chirurgen wohlbekannten trophischen Geschwüre. Solche nicht heilenden Geschwüre bedrohen den Patienten ständig durch die Gefahr der Entwicklung septischer Komplikationen, von Amyloidose oder karzinomatösen Entartungen. Porter beobachtete bei 100 Kranken mit Röntgenverbrennungen 46 mal Cancroide. Bei der Heilung entstehen an der Stelle des Ulcus eingezogene, atrophische Narben, die unter dem Einfluß geringster äußerer Wirkungen zu rezividierenden Geschwürsbildungen neigen. Diese Spätreaktionen sind im wesentlichen durch die Ernährungsstörung der Haut infolge der Gefäßschädigung bedingt. Die Endarteriitis mit anschließender Obliteration der Hautgefäße führt zur Atrophie, zur Entwicklung eines indurativen Ödems, zu Teleangiektasien und zur Entstehung von Spätnekrosen mit Bildung chronischer Strahlenulzerationen.

Die entsprechenden Strahlenulzerationen an den Schleimhäuten des Mundes, des Pharynx, der Harnblase, des Enddarms und der Vagina, können zu Perforationen nach außen oder in die benachbarten Körperhöhlen oder Organe und zur Bildung von schweren und schwierig zu behandelnden Fisteln oder zu anderen schweren Komplikationen führen.

Bei lokaler Einwirkung ionisierender Strahlung mit sehr hoher Dosisleistung verlaufen alle Symptome der Strahlenverbrennung wesentlich schwerer und schneller als oben beschrieben. So erhielten bei der Havarie des Uranreaktors in Los Alamos (USA) einige der Verletzten an einzelnen Körperstellen extrem hohe Strahlendosen von 5000—40000 r! Schon nach 30 Minuten entstand an der Hand ein immer weiter zunehmendes Ödem, nach einigen Stunden trat ein Erythem mit Blasen auf, nach einigen Tagen eine Hautnekrose und trockene Gangrän der Finger (s. Abb. 62). All diese Erscheinungen waren von starken, dauernden Schmerzen, Puls-, Atmungs-, Temperatur- und Blutbildveränderungen begleitet (L. H. Hempelmann, H. Lisco und J. G. Hoffman). Strahlenverbrennungen geringeren Grades bei der Störung eines Atomreaktors sind auch in der Sowjetliteratur von A. K. Gus'kova und G. D. Bajsogolov beschrieben worden. Bei dem Wasserstoffbombentest am Bikini-Atoll 1954 wurden einige japanische Fischer, die sich auf offenem Meer befanden, durch radioaktiven Aschenregen von ionisierender Strahlung getroffen. Die Folge waren nicht nur Strahlenkrankheit, sondern auch starke Hautveränderungen in Form von Rötung, Ödemen, Blasenbildung, Ulceration und Nekrosen, d. h. das typische Bild von Strahlenverbrennungen aller Grade (A. O. Ravina, M. Tsuzuki).

Dieser Fall bedarf einer etwas eingehenderen Beschreibung.

Am 1. März 1954 kreuzte in der Morgendämmerung das kleine Fischereifahrzeug „Glücklicher Drache" im Stillen Ozean, 130 km von Bikini entfernt. Plötzlich wurde das Dunkel des Himmels von einem grellen Feuerball zerrissen, ein furchtbares Krachen war zu hören, und über dem Ozean erhob sich ein riesiger wachsender „Pilz". Das war der erste Wasserstoffbombentest der Amerikaner. 3 Stunden danach begann aus dem Nebel ein gelblich-weißer Staub niederzugehen, der das ganze Fischerboot mit einer dicken Schicht bedeckte. Am Abend dieses Tages fühlten die 23 Besatzungsmitglieder Kopfschmerzen und Übelkeit; einige erbrachen. Nach 2—3 Tagen rötete sich die Haut an Hals und Ohren,

Juckreiz trat auf, später auch Schmerzen. Nach 2 Wochen trat an den Hautstellen, die mit Staub bedeckt waren (Bikinistaub), eine Pigmentierung auf. Die Untersuchung ergab, daß dieser Staub rund 30 radioaktive Isotope mit Beta- und Gammastrahlung der verschiedensten Halbwertzeiten enthielt (von 2 Stunden bis zu 19 Jahren). Die Radioaktivität des Staubes betrug rund 1 Curie auf 1 g Gewicht. Durch diesen Staub war die Besatzung einer Bestrahlung von 170—700 r ausgestzt. Bei der Ankunft im Hafen, 2 Wochen danach, wurden die Opfer in die Universitätsklinik Tokio aufgenommen. Die stärksten Schäden wurden an der Haut beobachtet, Haarausfall, bei einigen auch nekrotische Geschwüre. Eines der Opfer (Kubojama) starb 207 Tage nach der Explosion an der Strahlenkrankheit, die anderen konnten nicht vollständig geheilt entlassen werden (O. Itikawa, S. Sevitt, M. Tsuzuki u. a.).

Hautschäden in Form der verschiedensten Strahlenverbrennungen beobachtete man nach der gleichen Wasserstoffbombenexplosion auch bei Bewohnern der Marshall-Inseln. Unter 250 Menschen, deren Haut einer Beta- und Gammastrahlung ausgesetzt gewesen war, fanden sich bei 90% Epilationen und Hautgeschwüre, die 2 Wochen nach der Explosion auftraten (R. Canard, E. P. Cronkite u. a.).

Die Hauptreaktionen der Haut auf Strahleneinwirkung, die bei hohen Dosen ionisierender Strahlung besonders stark ausgeprägt sind, bilden entzündliche Infiltrationen der Unterhaut und dystrophisch-hypertrophische Veränderungen der Epidermis (L. V. Funštein). Mit Erhöhung der Bestrahlungsdosis beschränkt sich die Schädigung nicht auf die Epidermis und die obersten Hautschichten, sondern dehnt sich auch auf die tieferen Gewebsschichten aus und erreicht manchmal sogar den Knochen. Im bestrahlten Gebiet kommt es zu Störungen der Innervation und des Blutkreislaufes infolge der hartnäckigen Stasen, der Arteriolonekrosen und der sich daraus entwickelnden Endarteriitiden und Arteriosklerose (N. I. Ivanov, N. A. Kraevskij, Ch. F. Behrens, W. Bloom, S. Warren und R. Zirkle u. a.).

Die oben beschriebenen verschiedenen Grade der Strahlenverbrennung, die bei einmaliger Einwirkung großer Strahlendosen entstehen, können auch bei mehrmaligen Bestrahlungen mit kleinen Dosen auftreten.

Die Ausdehnung der Verbrennung hängt natürlich von der Größe des bestrahlten Hautbezirks ab. Meistens sieht man bei rein lokaler Einwirkung ionisierender Strahlung recht begrenzte Strahlenverbrennungen. Bei Ganzbestrahlung (besonders mit hohen Dosen) entstehen natürlich ausgedehnte und sehr schwere Verbrennungen, evtl. mit Nekrose ganzer Glieder und Symptomen schwerer Strahlenkrankheit. Außer den typischen lokalen Veränderungen bei Strahlenverbrennungen können auch die gleichen Allgemeinerscheinungen und Komplikationen wie bei thermischen Verbrennungen oder Strahlenkrankheit beobachtet werden (Schock, Blutbildveränderungen, Toxämie, Septikotoxämie, Sepsis, Wundstarrkrampf, lokale eitrige Infektion o. a.). Besonders eitrige Komplikationen sind bei Strahlenverbrennungen äußerst häufig. In vielen Fällen ist eine Verseuchung der Wundfläche mit radioaktiven Substanzen möglich, wie zum

Beispiel bei den japanischen Fischern durch den radioaktiven Staub der Wasserstoffbombenexplosion auf dem Bikini-Atoll.

Die Allgemeinerscheinungen hängen im wesentlichen von der Strahlenart ab. Während zum Beispiel nach Einwirkung von Röntgen- oder Gammastrahlen die für die Strahlenkrankheit typischen Allgemeinsymptome (Leukopenie, Haemorrhagie, Schädigung des Magen-Darmtraktes u. a.) auftreten, fehlen diese bei Betabestrahlung (J. V. SEBRANT, R. ZIRKLE). Bei großen Strahlendosen kann der Latenzperiode der Hautschäden eine kurze sogenannte Primärreaktion vorausgehen, die sich in lokalen und allgemeinen Erscheinungen äußert (Hyperaemie und Brennen der Haut, allgemeine Schwäche, Kopfschmerzen, Übelkeit, Erbrechen u. a.).

Die Diagnostik der Strahlenverbrennungen gründet sich in der Hauptsache auf die Anamnese (Einwirkung ionisierender Strahlung) und das recht typische Bild. Die Strahlenverbrennungen sind durch ihren bestimmten Entwicklungsablauf gekennzeichnet: Latenzperiode, Periode der akuten destruktiv-entzündlichen Veränderungen und Periode der lange nichtheilenden trophischen Geschwüre (N. A. KRAEVSKIJ).

Die Hautreaktion auf ionisierende Strahlung erinnert in vielem an den Sonnenbrand. Sehr wesentliche Unterscheidungsmerkmale sind jedoch (außer der Anamnese) die lange Latenzperiode (gewöhnlich einige Tage oder sogar Wochen), die meist viel tiefer reichende Schädigung des Gewebes und die längere Dauer (Wochen bis Monate). Gegenüber gewöhnlichen thermischen Verbrennungen sind bei Strahlenschäden der Haut die einzelnen Perioden etwa 4- bis 7mal so lang (Zeit bis zum Einsetzen der Reaktion, Heilung usw.). Für die Strahlenverbrennung ist außerdem nicht nur der schleppende Verlauf, sondern auch die Rezidivneigung charakteristisch (J. V. SEBRANT, R. ZIRKLE u. a.).

Die Behandlung der Strahlenverbrennungen kann in der Mehrzahl der Fälle eine konservative sein; sie besteht aus einer Kombination von allgemeinen und lokalen Maßnahmen, die sich von denen bei gewöhnlichen thermischen Verbrennungen (s. Kap. VIII) kaum unterscheiden.

Ohne auf die bekannten Dinge im einzelnen eingehen zu wollen, möchten wir nur einige ergänzende Empfehlungen zur Behandlung von Strahlenschäden der Haut anführen. Für die lokale Behandlung kommen folgende Öle in Frage: Rizinusöl oder 10%iges Carbolöl, Sanddornöl, Lebertran und Lebertranpräparate, andere Fischtrane, Balsam-Vinilin nach FAVORSKI-ŠOSTAKOVSKIJ.

Salben: mit Azulen, Pantothensäure, Vitaminen, Rodon, Penicillin, Zinkpräparaten, Cystin u. a.

Emulsionen: Syntomycin, Tesan, u. a.

Verschiedene andere Medikamente und Präparate: Aloeblätter, Wasserstoffperoxyd, Phytoncide, Linol und Linolen-Säure u. a.

Auch Fibrinfilme sind bei der Behandlung von Strahlenverbrennungen sehr wirksam.

An allgemeinen ärztlichen Maßnahmen werden angewandt: Novocainblockade und intraarterielle Injektion von Novocain, Gewebetherapie, BOGOMOLEC-Serum

(ACS), Serum F, Cortison, Antibiotica, Sulfanilamidpräparate, Vitamine u. a. (S. N. Allaverdjan, J. G. Grigor'ev, I. N. Davydova und S. E. Manojlov, N. G. Darenskaja, N. S. Kazanceva, N. V. Kublickaja, N. P. Mordvinova, G. F. Nevskaja, S. A. Popojan, K. N. Čočia, M. G. Ščerbina, E. G. Williams, H. Dworacek, A. Devois und C. Tavernier, B. V. Low-Beer, F. Neuberger u. a.). Kürzlich stellten P. Gershlowitz, M. Wiedersheim und R. D. Tucker an Ratten fest, daß Fütterung mit roher Stiermilz vor und nach örtlicher Röntgenbestrahlung die Hautschäden verringert und den Allgemeinzustand der Tiere bessert. Es gibt Hinweise dafür, daß äußere Anwendung von Ronisad und anderen Fermentpräparaten bei der Behandlung nekrotischer Hautschäden durch ionisierende Strahlung aussichtsreich ist (N. S. Priorov, B. S. Kasavina, S. Hultberg u. a.).

Auch physikotherapeutische Maßnahmen werden empfohlen: Blau- und Rotlicht, Sollux, Ultraviolettbestrahlungen, Diathermie, Iontophorese, meist mit Novocain, Schlammpackungen, Ultrakurzwelle, Ultraschall u. a. Manche physikotherapeutischen Maßnahmen dürfen jedoch nicht angewandt werden, zum Beispiel hydrotherapeutische Prozeduren wie Bäder usw., weil die Hautmaceration den Verlauf der Verbrennungen verschlechtern würde.

Ist die Strahlenbrandwunde radioaktiv verseucht, so müssen Maßnahmen ergriffen werden, um sie von diesen Substanzen zu säubern: Spülungen mit verschiedenen Lösungen usw. (wie bei anderen radioaktiv verseuchten Wunden).

Von allgemeinen Maßnahmen wird besonders die Heliotherapie empfohlen, bei der der ganze Körper mit Ausnahme der Bezirke mit Strahlendermatitis exponiert wird. Bei starken Schmerzen ist die Gabe von schmerzstillenden Mitteln (Anaesthesin, Novocain, Barbitursäurepräparate, Opium u. a.) indiziert.

Im Falle von Strahlenverbrennungen der Haut empfehlen sich auf Grund der experimentellen und klinischen Befunde beim Einsetzen von Hyperaemie und Ödemen intraarterielle Injektionen von 1%iger Novocainlösung (2—5 ml) oder zirkuläre Novocainblockaden mit 0,25%iger Lösung. Bei Blasenbildung und der folgenden feuchten Epithelitis verwendet man Salbenverbände (Penicillinsalbe, Syntomycinemulsion, Aloesalbe, Tesanemulsion, Hexerol). Bei Verbrennungen 3. Grades empfiehlt sich zur Reinigung der Geschwürsoberfläche Hexerol, Pepsinlösung, Aloesalbe und bei begrenztem Umfang, wenn irgend möglich, die chirurgische Excision. Zur Beschleunigung der Regeneration führt man eine roborierende Behandlung, Gewebetherapie (Glaskörper, Aloe) oder Injektionen von Bogomolec-Serum durch.

Während die konsequente Behandlung von Strahlenverbrennungen 1. und 2. und sogar 3. Grades recht wirksam ist, erscheint die Behandlung von Verbrennungen 4. Grades, d. h. von Strahlenulcerationen, besonders schwierig, weil man es hier mit Innervations- und Kreislaufstörungen und mit sklerosierten Geweben zu tun hat, die keine normale Regenerationsfähigkeit mehr besitzen. Es ist nicht verwunderlich, daß in solchen Fällen auch konsequente und lange Behandlungen häufig nicht den gewünschten Erfolg bringen.

War die konservative Behandlung erfolglos, dann ist die operative Behandlung der Strahlenulcerationen indiziert, d. h. die totale Excision der Ulcera im Gesunden mit zusammenziehender oder dichter Naht oder plastischem Verschluß des Defektes mit Hilfe von freien Hauttransplantaten nach V. P. FILATOV u. a. (B. I. BERŠADSKIJ, A. A. OGLOBIN, V. M. SVJATUCHIN u. a.). Es sind auch Fälle erfolgreicher Hauthomoplastik bei Röntgengeschwüren beschrieben. Zur Behandlung der chronischen Strahlendermatitiden wurde die periarterielle Sympathektomie vorgeschlagen, jedoch fand dieser Vorschlag keine Anwendung.

Die *Prognose* der Strahlenverbrennungen hängt von Grad und Ausdehnung ab. Während bei Verbrennungen kleinen Umfangs die Prognose in der Regel günstig ist, verschlechtert sie sich erheblich bei Verbrennungen, die eine größere Fläche einnehmen. Orientierend läßt sich sagen: Je kürzer die Latenzperiode, desto schwerer die Strahlenverbrennung. Ein schlechtes prognostisches Merkmal ist das Auftreten von Blutergüssen. Verbrennungen 4. Grades sind, was ihre endgültige Heilung anlangt, immer ungünstig, auch wenn sie nur geringen Umfang haben. Die Behandlung von Strahlenverbrennungen erfordert häufig recht lange Zeit; bei der ulcerösen Dermatitis zieht sie sich nicht selten über Monate hin und führt nicht immer zum erstrebten Endeffekt.

Die *Prophylaxe* der Strahlenverbrennungen besteht in der pedantischen Beachtung der für die Arbeit mit ionisierenden Strahlenquellen festgelegten Richtlinien.[1] Man muß nur noch ergänzen, daß zur Verhütung von Strahlenschäden der Haut, zum Beispiel bei Röntgentherapie, einige Mittel empfohlen werden können, die auch zur Behandlung von Strahlenverbrennungen angewandt werden, so Fischtran, Lebertran, Rizinusöl, ŠOSTAKOVSKIJ-Balsam, Vitaminsalben, Salben mit Cystin oder Adrenalin, Spezialcremes, Adrenalin, Wismut, Phytonzide, Antihistaminpräparate wie Benadril, Phenergan, Soventolgelee, Bepanthen, Rutin, Gewebsimplantate u. a. (N. S. KAZANCEVA, I. N. DAVYDOVA, S. E. MANOJLOV, N. P. MORDVINOVA, H. D. GRIFFITH, H. DWORACEK, G. TOWLER u. a.).

Wegen der herabgesetzten Widerstandsfähigkeit der bestrahlten Gewebe gegen alle zusätzlichen äußeren Einflüsse muß jede mechanische, thermische und chemische Reizung dieser Hautbezirke vermieden werden; Sauberkeit und alle anderen Maßnahmen zur Prophylaxe von Infektionen sind zu beachten.

[1] Ausführlicher darüber vgl. in den Handbüchern der medizinischen Radiologie.

X

Knochenbrüche und ionisierende Strahlung

Die Wirkung ionisierender Strahlung auf das Knochensystem und auf Verlauf und Behandlung von Frakturen ist für Chirurgen und Traumatologen von besonderem Interesse und großer Bedeutung.

Nach Literaturangaben beträgt der Anteil der Knochenbrüche an der Gesamtzahl der mechanischen Schäden, die die Japaner bei der Atombombenexplosion davontrugen, mindestens 11% (G. Le Roy, Th. Sears u. a.). Die Frakturen waren häufig mit Strahlenkrankheit kombiniert, was sich natürlich ungünstig auf Verlauf und Ausgang dieser Knochenbrüche und auf ihre Behandlung auswirkte.

Bevor wir jedoch über die Besonderheiten des klinischen Verlaufs der mit Strahlenschädigungen kombinierten Frakturen sprechen, muß die überaus wichtige Frage der Wirkung ionisierender Strahlung auf das Knochensystem beleuchtet werden. Hierbei sind zwei Möglichkeiten im Auge zu behalten: 1. die Wirkung von Strahlenenergie aus äußeren Strahlenquellen, wie Röntgenstrahlen, Atombombenexplosionen usw. (äußere Bestrahlung), auf das Knochengewebe; 2. die Wirkung von radioaktiven Substanzen, die in den Organismus gelangten (innere Bestrahlung), auf das Knochengewebe.

Die Wirkung der Bestrahlung mit Röntgenstrahlen oder Radium von außen wird seit langem experimentell und klinisch untersucht und ist in der Fachliteratur recht ausführlich behandelt. Wir wollen hier nur noch einmal die Grundtatsachen in Erinnerung rufen.

Vor allem ist darauf hinzuweisen, daß bis vor kurzem in der Literatur unbegründete und unrichtige Meinungen über eine angeblich hohe Resistenz des Knochengewebes gegen ionisierende Strahlung herrschten (L. F. Uspenskaja, F. Ellinger u. a.). Zahlreiche Untersuchungen der letzten Jahre zeigen jedoch sehr klar, daß Knochengewebe gegen ionisierende Strahlung sehr empfindlich ist, ja sogar empfindlicher sein kann als Oberflächengewebe, wie zum Beispiel die Haut u. a. (L. D. Podljaščuk und V. J. Fridkin u. a.). Die Wirkung der Strahlenenergie auf das Knochengewebe hängt von der Dosis und der Bestrahlungsdauer, vom Zustand und Alter des Organismus u. v. a. ab.

Kleine Dosen ionisierender Strahlung üben eine bestimmte stimulierende Wirkung auf das Knochengewebe aus. So ist bekannt, daß die lokale Anwendung kleiner Strahlendosen zu einer merklichen Beschleunigung der Knochenbruchheilung führt. Auf diese Wirkung der Strahlung gründet sich bekanntlich die Röntgentherapie von Frakturen und Osteomyelitiden (N. I. Ivanov, A. Z. Koz-

DOBA, A. V. KUZ'MINA-PRIGRADOVA, N. P. NEGOVSKIJ, L. D. PODLJAŠČUK, V. N. SEL'CER, V. I. STECULA, P. D. JAL'ZEV, A. M. JUGENBURG u. a.).

Dauereinwirkung kleiner Dosen äußerer oder innerer Bestrahlung kann die gleichen Folgen hervorrufen wie eine kurzzeitige Einwirkung großer Dosen, d. h. Erscheinungen einer chronischen Strahlenkrankheit, Knochenveränderungen usw. (s. unten). Sehr wichtig ist, daß bei dauernder Einwirkung kleiner Strahlendosen Osteosarkome entstehen können (N. N. PETROV, A. LACASSAGNE, M. TUBIANA und C. PAOLETTI).

Hohe Strahlendosen rufen in den Knochen eine Reihe pathologischer Veränderungen hervor: Entkalkung, Resorption, Atrophie, Osteoporose und sogar Nekrose der Knochen (M. D. ABDULAEV, A. V. KOZLOVA, G. P. NAZARIŠVILI, B. N. TARUSOV, CH. BEHRENS, L. H. HEMPELMANN, H. LISCO und J. G. HOFFMAN, W. STEPHENSON u. a.). Nach Röntgenganzbestrahlungen treten morphologische Veränderungen im Knochengewebe auf, die sich in einem Dünnerwerden der Corticalis der langen Röhrenknochen, einer Störung des lamellären Aufbaus des Knochens und einer Vergrößerung des Lumens der HAVERSschen Kanäle äußern. In einzelnen Fällen sind bei ausgeprägter Corticalisverdünnung Mikrobrüche festzustellen. Bei Strahlenschäden treten starke Störungen der haemopoetischen Funktionen des Knochenmarks auf (M. N. PAVLOVA). All diese Veränderungen hängen mit der schädigenden Wirkung der Strahlung auf die Osteoblasten (Herabsetzung der Funktion), die Knochengefäße (Erhöhung der Permeabilität und Verdickung der Gefäßwände, manchmal bis zur völligen Obliteration der Gefäßlumina und Störung des Knochenblutkreislaufes) und auf das Knochenmark zusammen (degenerative und nekrobiotische Veränderungen der Knochenmarkzellen, was zu Atrophie und grober Funktionsstörung des wichtigsten Blutbildungsorgans mit allen Folgen führt — Anämie usw.).

Nach experimentellen Untersuchungen von P. V. SIPOVSKIJ, V. S. PETROV, E. V. BOČORIŠVILI u. a. sind schon lange vor den obenerwähnten morphologischen Veränderungen in den Knochen bestrahlter Tiere Störungen in der Verteilung der Calciumsalze festzustellen, eine Folge des Knochenumbaus im Zuge der reaktiven Anpassung an die neuen biologischen und funktionellen Bedingungen. Bei weiterem Fortschreiten der Strahlenschädigung des Knochens wird die Störung des Calciumstoffwechsels immer stärker, führt zu erhöhter Brüchigkeit und später auch zu Spontanfrakturen.

All diese funktionellen und morphologischen Veränderungen des Knochengewebes unter dem Einfluß ionisierender Strahlung treten klinisch am häufigsten als Wachstumsverzögerung, Atrophie, Nekrose und „Spontan"- oder „Strahlen"-Frakturen der Knochen in Erscheinung. Außerdem ist eine starke Minderung der Regenerationsfähigkeit des Knochens zu beobachten. Bekanntlich beansprucht bei Röntgenologen, die ständig der Einwirkung von Röntgenstrahlen in geringen Dosen ausgesetzt sind, die Konsolidierung von Frakturen (z. B. PHALANX) manchmal die doppelte Zeit wie gewöhnlich (A. G. ZEMLJANOJ, T. F. IVANOVA, I. L. KRUPKO, G. P. NAZARIŠVILI, M. N. PAVLOVA, A. I. RYBAKOV, C. BARRET, A. W. SPITTLER, J. W. BATCH und B. A. RUTLEDGE u. a.).

Knochenschäden durch Röntgenbestrahlung wurden zuerst von WELSH schon im Jahre 1899 beschrieben. Danach erschienen viele Veröffentlichungen über hartnäckige, nicht heilende Nekrosen und spezifische „Strahlenfrakturen", die manchmal nach Röntgentherapie zu beobachten sind. So wurden nach Röntgentherapie von Carcinomen der Zunge, der Mamma, des Beckens und anderer Gebiete entsprechende Frakturen der Ober- und Unterkiefer, des Schlüsselbeins, der Rippen, des Schenkelhalses, der Beckenknochen u. a. beobachtet (E. A. SOKOLENKO, F. PACE). Nach Ansicht mancher Spezialisten sind die Knochennekrosen der größte Nachteil der Röntgentherapie.

Die Knochen wachsender Organismen sind besonders empfindlich gegen Bestrahlung; infolge Störung der Osteogenese verlangsamt sich das Knochenwachstum. Die durchdringende Strahlung wirkt sich negativ sowohl auf die Epiphysenknorpel als auch auf das periostale Wachstum und den Ossifikationsprozeß der Knochen aus (B. N. MOGIL'NICKIJ, M. I. NEMENOV, M. N. PAVLOVA, L. D. PODLJAŠČUK, E. A. SOKOLENKO, L. F. USPENSKAJA, C. BARRET und E. GÜNSEL). Es ist interessant, daß die ungünstige Wirkung der Bestrahlung auf den Knochen manchmal erst nach mehreren Jahren bemerkbar wird. So beobachtete W. M. WHITEHOUSE bei Kindern 10 Jahre nach Röntgenbestrahlung im Kleinkindalter ein Zurückbleiben der Wirbelentwicklung auf der Bestrahlungsseite, eine Skoliose und eine Unterentwicklung des Darmbeins.

Die Einwirkung großer Strahlendosen ist in Friedenszeiten nicht häufig. Sie tritt auf, wenn die Vorsichtsmaßregeln bei der Arbeit mit ionisierenden Strahlenquellen nicht beachtet werden, infolge unglücklicher Zufälle bei der Arbeit mit radioaktiven Substanzen, in modernen Anlagen zur Atomspaltung oder an Röntgenapparaten usw. Verständlicherweise wächst aber die Gefahr der Einwirkung hoher Strahlendosen (auch auf das Knochensystem) bei Anwendung von Atomwaffen im modernen Kriege. Das beweisen die Atombombenfolgen in Japan.

Hohe Strahlendosen haben zweifellos eine sehr große und äußerst ungünstige Wirkung auf das Knochensystem. Das gleiche ist auch bei langer Einwirkung kleiner Strahlendosen von außen zu beobachten.

Wenn das Frakturgebiet bei Bestrahlten durch radioaktive Stoffe verseucht wird, kommt es zu noch größeren Störungen der regenerativen Prozesse im Knochen. In Versuchen von N. N. IVANOV waren bei den Kontrollkaninchen (nicht bestrahlt) die ersten Zeichen der Bruchkonsolidierung im allgemeinen schon vom 7. Tage an zu sehen, die volle Konsolidierung am 35. Tag. Bei bestrahlten Kaninchen (830 r) traten die ersten Konsolidierungszeichen erst zwischen dem 10. und 15. Tage auf. Bei Verseuchung der Frakturregion mit radioaktivem Calcium oder Strontium waren bei bestrahlten Kaninchen Konsolidierungszeichen sogar am 28. und 29. Tage noch nicht nachzuweisen.

Neuer und bisher weniger bekannt und veröffentlicht ist die Frage der Wirkung innerer Bestrahlung auf das Knochensystem, die dann auftritt, wenn radioaktive Substanzen in den Organismus gelangen. Diese wichtige Frage soll daher eingehender behandelt werden.

Radioaktive Stoffe, die in den Organismus gelangen, werden vom Blut resorbiert und über den Kreislauf in sämtliche Organe und Gewebe des Organismus verteilt (s. Kap. II). Dort bleiben sie teilweise auch über längere Zeit liegen.

Wie schon erwähnt, wird ein großer Teil der bekannten radioaktiven Stoffe selektiv gerade im Knochen gespeichert. Dies sind die „osteotropen" radioaktiven Substanzen oder „Knochensucher". Nach K. Z. MORGAN lagern sich von 70 untersuchten radioaktiven Substanzen selektiv ab: in den Knochen 32, in den Nieren 17, in den Lungen 5, in der Schilddrüse 3 usw. Zu den „Knochensuchern" gehören: Plutonium, Radium, Strontium, Phosphor, Calcium, Thorium, Yttrium, Barium usw. So werden im Skelett von Radiothorium oder Yttrium 45—60%, von Strontium 65%, von Plutonium und Radium 60—80% der Gesamtmenge, die in den Organismus gelangte, gespeichert.

Die verschiedenen Knochen haben eine recht unterschiedliche Fähigkeit, radioaktive Substanzen anzureichern. In der relativen Speicherungsfähigkeit, zum Beispiel für Radium, ergibt sich folgende Reihenfolge: Wirbel, Kiefer, Hüftknochen usw. (R. D. EVANS). Manche radioaktiven Stoffe (Caesium, Rubidium u. a.) lagern sich normalerweise im Knochen überhaupt nicht ab. Die selektive Anreicherung der radioaktiven Stoffe im Knochen ist schon in den ersten Stunden der Verseuchung nachzuweisen und steigt allmählich weiter an. Dieses Anwachsen der Speicherung hält 1—2 Monate an und beruht auf dem Übertritt radioaktiver Stoffe aus anderen Geweben in die Knochen (B. N. TARUSOV, E. E. ČEBOTAREV, G. HEVESY u. a.). Gibt man zum Beispiel Ratten Radiophosphor, so finden sich nach $^1/_2$ Stunde in den Muskeln 18,3% und in den Knochen 19,1%, d. h. eine fast gleichmäßige Verteilung. Nach 98 Stunden jedoch sind in der Muskulatur nur noch 3,6% vorhanden, in den Knochen dagegen 92% (G. HEVESY). Eine Spezialkommission in England berechnete, daß als Folge der Versuche mit thermonuklearen Waffen die Knochendosis durch radioaktives Strontium^{90} beim Menschen bis zum Jahre 1970 von 9% auf 45% der natürlichen Strahlenbelastung anwachsen wird. Merken wir uns, daß gerade das Strontium^{90} eine der gefährlichsten radioaktiven Substanzen für die Menschheit ist.

Wo lagern sich nun die radioaktiven Stoffe im Knochen ab? Ganz allgemein werden sie am meisten in den Epiphysen, weniger in den Diaphysen angereichert (Abb. 64). Jedoch hängt die Verteilung in den Knochen im wesentlichen von der Art und den physikalisch-chemischen Eigenschaften des radioaktiven Stoffes ab. So lokalisiert sich zum Beispiel Radiophosphor vorwiegend in der Corticalis und im Periost, Strontium und Barium im Epiphysenknorpel und in der Mineralsubstanz des Knochens, Plutonium und Schwefel im Periost, Endost und den Trabeceln, Radium zunächst in der Spongiosa, später in der Corticalis usw. (P. N. KISELEV, J. M. SLAVUTSKIJ. W. BLOOM, B. ENGFELDT u. a.). Die Speicherung der radioaktiven Substanzen geht nicht gleichmäßig in allen Knochen vor sich. Vorwiegend reichern sie sich im Unterkiefer und den Epiphysen der Röhrenknochen, später in den Zähnen, Wirbeln usw. an (B. N. TARUSOV).

Intensität und Höhe der Speicherung im Knochen sind abhängig von der Art der radioaktiven Substanz (Yttrium reichert sich zum Beispiel mit größerer

Intensität an als Plutonium), vom Typ der chemischen Verbindung des radioaktiven Stoffes (Plutoniumnitrit reichert sich im Knochen auf 20% und Plutoniumchlorid und -citrat auf 48—50% an), von der Art, wie der radioaktive Stoff in den Organismus gelangte (Radiocalcium und -strontium reichern sich bei intravenöser Injektion im Knochen 3mal stärker an als bei peroraler Gabe) und von vielen anderen physikalisch-chemischen Eigenschaften.

Viel hängt auch vom Organismus selbst ab. So reichern sich in den Knochen männlicher oder jugendlicher Individuen die radioaktiven Substanzen in größeren Mengen an als bei weiblichen, erwachsenen oder älteren Personen. Bei Tieren im Wachstumsalter werden die radioaktiven Stoffe vorwiegend in den Wachstumszonen der Röhrenknochen gespeichert. Auch manche Erkrankungen haben eine stärkere Ablagerung der radioaktiven Stoffe im Knochen zur Folge. In den einzelnen Knochen reichern sich die radioaktiven Stoffe in unterschiedlicher (relativer) Menge an (A. J. Finkel, G. Hevesy u. a.).

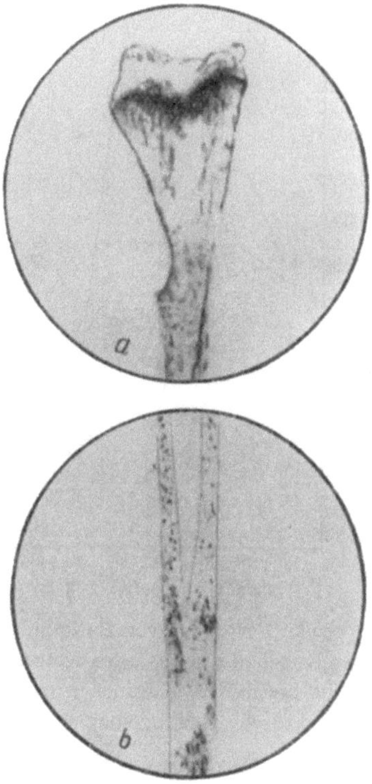

Abb. 64. Autoradiographie der Tibia (*a*), des Radius und der Ulna (*b*) nach Injektion von Radionatrium (nach Vogan).

Wichtig ist der Hinweis, daß die Knochenspeicherung einiger radioaktiver Stoffe in gewissem Grad von der Ernährung abhängt. So beträgt bei einem Phosphordefizit in der Nahrung die Strontiumanreicherung im Knochen nur ein Drittel der Speicherung bei normaler Ernährung usw. Nach A. G. Zemljanoj und M. M. Popova werden im Knochen bestrahlter Tiere radioaktive Stoffe in merklich größeren Mengen gespeichert als bei Kontrolltieren (Abb. 65 u. 66). Das hängt sehr wahrscheinlich mit einer Permeabilitätserhöhung der Zellmembranen und einer Störung der Gefäßpermeabilität infolge der Einwirkung ionisierender Strahlung zusammen. Natürlich sind diese Befunde noch nicht endgültig, und die Frage bedarf weiterer Untersuchungen, zumal nach Versuchen von N. A. Žižina in den ersten Tagen nach der Bestrahlung eine deutliche Senkung der Resorption von Radiophosphor und Radiocalcium eintritt.

Für den Unfallchirurgen ist es von besonderem Interesse, daß manche Schmerzausschaltungsmittel die Verteilung der radioaktiven Stoffe im Organismus beeinflussen können. In diesem Zusammenhang ist auch auf Angaben hinzuweisen, wonach die Verteilung der radioaktiven Stoffe im Organismus vom Zustand des Nervensystems abhängt. So verringerte sich bei Dämpfung des Nervensystems mit Luminal die Menge der radioaktiven Stoffe in den parenchymatösen Organen und erhöhte sich im Knochen. Hemmungsprozesse im Zentralnervensystem bewirkten zum Beispiel eine Anreicherung von radioaktivem Kobalt in den Geweben (M. G. PETROVKIN). Andererseits erhöht sich bei Anregung des Nervensystems die Menge der radioaktiven Stoffe in den parenchymatösen Organen usw. (nach B. N. TARUSOV).

Ein entzündlicher Prozeß in den Geweben bewirkt eine Ansammlung von radioaktiven Stoffen im Schädigungsherd. In solch einem Herd übersteigt der Gehalt an radioaktiven Substanzen den Gehalt normaler Gewebe um das 20—30-fache (L. N. VLASOVA, K. MORGAN u. a.). I. N. VERCHOVSKAJA und G. M. FRANK zeigten, daß bei experimenteller Knochentuberkulose des Kaninchens der Gehalt an radioaktiven Substanzen in den Knochen der kranken Extremitäten immer höher war als bei gesunden. In großer Menge werden radioaktive Substanzen auch in Knochengeschwülsten gespeichert.

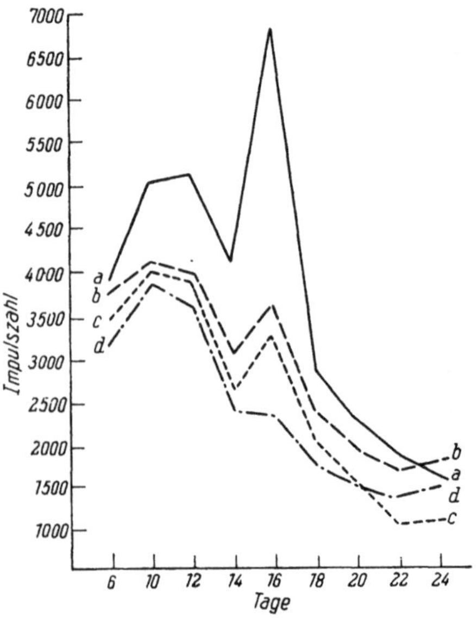

Abb. 65. Verteilung von Radiophosphor in den Knochen und im Callus bestrahlter und nicht bestrahlter Kaninchen (nach A. G. ZEMLJANOJ).

a — Knochencallus bei bestrahltem, *b* — geschädigter Knochen bei nicht bestrahltem Kaninchen, *c* — Knochencallus bei nicht bestrahltem Kaninchen, *d* — ungeschädigter Knochen von nichtbestrahltem Kaninchen

Besonderes Interesse beansprucht die Frage der Verteilung der radioaktiven Substanzen bei Frakturen.

Hier ist voranzustellen, daß sich in den geschädigten Knochen mehr radioaktive Stoffe anreichern als in normalen (F. R. BOGDANOV, M. P. GVOZDEV, J. W. Os-

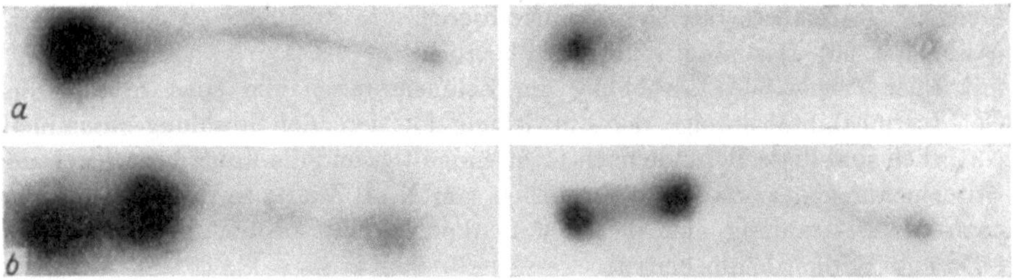

Abb. 66. Autoradiogramme von Knochen nichtbestrahlter (*a*) und bestrahlter (*b*) Kaninchen, denen Radiophosphor gespritzt wurde (nach A. G. ZEMLJANOJ).

Die radioaktiven Stoffe konzentrieren sich in den Wachstumsbezirken: im nichtgeschädigten Knochen im Epiphysenbereich, im geschädigten Knochen in der Gegend des Callus

BORNE). Nach klinischen Beobachtungen reichert sich radioaktives Gallium in geschädigtem oder stark proliferierendem Knochengewebe 5mal stärker an als in normalem. 2 Wochen nach einer experimentellen Fraktur enthielt der verletzte Knochen fast das Vierfache an Radiokalzium gegenüber normalem Knochen.

V. A. POLJAKOV zeigte an Kaninchen, daß sich die radioaktiven Stoffe vom 3. bis 6. Tage an selektiv im Frakturbereich allmählich zunehmend anreichern. Nach der vollständigen Organisation des Knochenkallus läßt die Anreicherung radioaktiver Stoffe nach, jedoch bleibt eine hohe Konzentration im ehemaligen Frakturbereich noch über 3—5 Monate bestehen (Abb. 67). L. M. KAPICA und A. D. FEDOROVA sowie J. M. SLAVUTSKIJ kamen zum gleichen Ergebnis. Sie weisen weiter darauf hin, daß radioaktiver Phosphor in geringen Dosen die Regeneration von Knochengewebe stimuliert und die Frakturkonsolidierung beschleunigt. Große Phosphordosen hemmen hingegen die Kallusbildung.

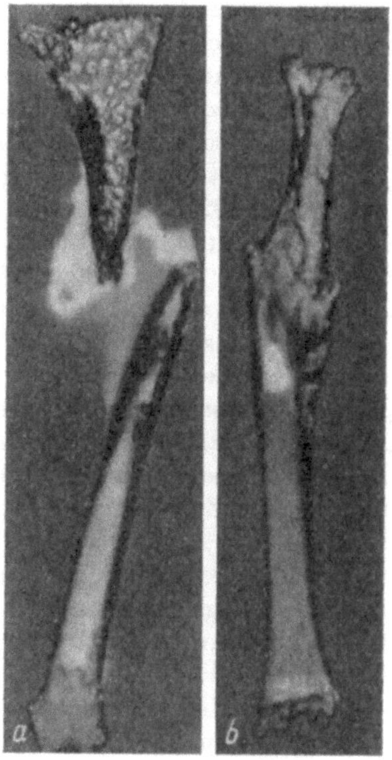

Abb. 67. Autoradiographie von Knochen bei Frakturen (nach V. A. POLJAKOV).

a — Schienbein des Hundes 134 Tage nach der Fraktur, *b* — Speiche desselben Hundes 471 Tage nach der Fraktur

Die Quantität der Einlagerung bei Frakturen hängt von der Art der radioaktiven Substanz ab. Zu Beginn der Frakturheilung reichern sich Phosphor, Plutonium und Yttrium stärker an als Strontium usw. Erwähnenswert ist, daß die Verteilung der radioaktiven Substanzen auch von der Behandlungsmethode des Bruches abhängen kann. Nach Versuchen von G. S. JUMAŠEV werden bei der Behandlung von Frakturen mit den üblichen Maßnahmen radioaktive Substanzen, die sich sonst gleichmäßig über alle Knochen verteilen, maximal im Frakturbereich gespeichert. Bei Marknagelung werden die radioaktiven Substanzen dagegen vorwiegend im Periost abgelagert und fehlen fast völlig im Bereich der Fraktur und im Knochenmarkkanal.

Die schädliche Allgemeinwirkung der im Knochen gespeicherten radioaktiven Stoffe auf den Organismus wurde schon erwähnt und wird durch folgende Tatsachen beleuchtet: 1920 starben in den USA einige hundert Menschen, die während des ersten Weltkrieges in Fabriken mit Leuchtstoffarben, die Radium enthielten, gearbeitet hatten. W. LOONEY untersuchte 1952 eine Reihe von Kranken, die mit Radium behandelt worden waren oder zwischen 1915 und 1930 damit gearbeitet hatten. Er stellte bei 40% der Untersuchten Knochenveränderungen fest, die mit Radiumablagerungen im Knochen zusammenhingen und etwa 15 Jahre nach der Radiumbehandlung bzw. nach dem Kontakt mit Radium aufgetreten waren. Die Wirkung der selektiven Anreicherung vieler radioaktiver Stoffe im Knochen auf den Gesamtorganismus ist jedoch nicht so groß wie die auf den Knochen selbst; hier kommt es zu lokalen Erscheinungen, die zu einer Wachstumsverzögerung, Hemmung der Regeneration, zu den oben beschriebenen Nekrosen dieser „leblosen“ Knochen, zu Spontanfrakturen, schmerzhafter Ostitis, zur Entwicklung bösartiger Geschwülste usw. führen.

Im Jahre 1924 berichtete W. Bloom als erster über die schädliche Wirkung radioaktiver Substanzen auf den Knochen und beschrieb dabei den sogenannten „Radiumkiefer“. In der Folgezeit stieg die Anzahl solcher Beobachtungen mit jedem Jahr (W. Bloom, N. O. Harris, W. B. Looney u. a.).

Eine der ernstesten Folgen innerer Bestrahlung durch radioaktive Stoffe, die sich im Knochen anreichern, ist die Entwicklung einer bösartigen Geschwulst. In diesem Zusammenhang genießen die langlebigen radioaktiven Stoffe, wie Radium, Strontium u. a., eine traurige Berühmtheit. Sie können Ursache für die Entstehung eines Osteosarkoms der Röhrenknochen mit Neigung zur Metastasierung werden. Zum Beispiel führt bei Ratten die Gabe von radioaktivem Strontium in 60—70% (mit sehr langer Latenzzeit) zu bösartigen Knochengeschwülsten (N. A. Kraevskij, N. N. Litvinov u. a.). H. Muth meint, daß schon 10^{-7} g Radium im Organismus nach 20—30 Jahren zur Bildung eines Knochensarkoms führen kann. A. Lacassagne hält die Betateilchen für das Hauptagens der Geschwulstbildung.

Experimentelle Befunde beweisen, wie häufig Geschwülste (Knochen, Uterus, Mamma, Hypophyse, Ovarien u. v. a.) unter dem Einfluß der Strahlung radioaktiver Substanzen entstehen (D. I. Zakutinskij, N. A. Kraevskij, N. N. Litvinov, I. A. Pigalev, A. M. Brues, J. Furth, A. J. Finkel u. a.). Die Latenzzeit solcher Geschwülste hängt von den verschiedensten Umständen ab. So entwickeln sich bei Mäusen unter Strontium Osteosarkome schon nach 3 bis 4 Monaten, bei Hunden unter Radiothorium nach 2—3 Jahren, bei Affen unter Radium nach 8—10 Jahren, beim Menschen nach 9—12 Jahren. Alle diese „lokalen“ Erscheinungen einer schädigenden chronischen Einwirkung radioaktiver Stoffe sind von einer allmählich einsetzenden allgemeinen Schwäche begleitet. Bemerkenswerterweise rufen manche radioaktiven Stoffe (Strontium, Caesium u. a.) im Tierorganismus vorwiegend Geschwülste der Röhrenknochen hervor, andere (Polonium u. a.) hauptsächlich Geschwülste der Wirbelsäule usw. Radiogene Osteosarkome zeichnen sich durch schnelles Wachstum und häufige Metastasierung in die Lungen und andere Organe aus (N. N. Litvinov, N. N. Petrov, V. N. Strel'cova und J. I. Moskalenko, A. M. Brues, A. Lacassagne, Norgard, A. J. Finkel, E. J. Evans u. a.).

Eine äußerst wichtige Folge der Anwesenheit radioaktiver Substanzen im Knochen ist die starke Herabsetzung der Regenerationsfähigkeit des Knochengewebes. Diese muß man bei radioaktiv verseuchten Frakturen berücksichtigen. Schon wenige Stunden nach Ablagerung radioaktiver Substanz im Knochen sind eine Nekrose und ein allmähliches Verschwinden der Osteoblasten zu beobachten. Interessant ist, daß sich gleichzeitig die Tätigkeit der Osteoklasten erhöht. Es kommt zu Resorptions- und Demineralisationsprozessen und zu Veränderungen der Knochengefäße (Wandverdickungen, sogar völlige Obliteration) und kann bei jungen, wachsenden Organismen zu Wachstumsverzögerungen, Epiphysiolyse usw., bei Erwachsenen zu den beschriebenen Knochenveränderungen, zu atypischer und verlangsamter Knochenrestitution führen (N. N. Litvinov, W. Bloom u. a.).

Betrachtet man die verschiedenartigen, sehr erheblichen Veränderungen, die unter der Einwirkung radioaktiver Substanzen im Knochen vor sich gehen, so verwundert es nicht, daß in diesen Fällen der Wiederherstellungsprozeß des Knochengewebes bei Frakturen mit großer Verspätung einsetzt (erst nach 3 Wochen und später) und sehr langsam und atypisch verläuft. Nach Versuchen von A. G. Zemljanoj ist die Verzögerung der Frakturheilung bei Kombination von innerer und äußerer Bestrahlung noch größer.

Wenn radioaktive Stoffe in den menschlichen Organismus gelangt sind und daraus schädliche Wirkungen auf das Knochengewebe und den ganzen Organismus entstehen, erhebt sich die Frage, ob es nicht möglich ist, diese Stoffe schneller und gründlicher aus dem Organismus und besonders aus dem Knochen zu eliminieren. Diese wichtige und interessante Frage wurde von vielen Wissenschaftlern geprüft. Wir können hier nicht auf diese Untersuchungen eingehen. Es sei nur soviel gesagt, daß für die Praxis Präparate des Komplexbildners EDTA (Dinatrium-Calciumsalz der Aethylendiamintetraessigsäure) oder Komplezin zur Beschleunigung der Ausscheidung von radioaktiven Stoffen aus dem Organismus empfohlen werden können.

Ohne auf diese Frage[1] näher einzugehen, sei zugegeben, daß die Methoden zur Beschleunigung und Erhöhung der Ausscheidung von radioaktiven Stoffen bisher noch ungenügend bearbeitet sind und weiterer Forschungsarbeit bedürfen. Die bisher bekannten Tatsachen sprechen dafür, daß die Schwierigkeit nicht nur darin liegt, rationelle und wirksame Mittel zur Herauslösung der radioaktiven Stoffe aus den Knochen zu finden, sondern auch darin, sie, wenn dies gelungen ist, aus dem Organismus zu entfernen.

Nach den Darlegungen über die allgemeine Wirkung ionisierender Strahlung auf das Knochengewebe müssen wir uns noch mit dem speziellen Verlauf und der Behandlung von Knochenfrakturen bei Strahlenkrankheit beschäftigen. Zunächst ist zu sagen, daß dieser Fragenkomplex für den Traumatologen neu ist. Unser Wissen stützt sich daher vorwiegend auf experimentelle Ergebnisse der letzten Jahre.

Beginnen wir mit den Besonderheiten des Verlaufs von Frakturen bei Kombination mit Strahlenschäden. Es wurde schon oben davon gesprochen, daß bei

[1] V. S. Balabucha und G. E. Fradkin. Die Speicherung radioaktiver Elemente im Organismus und ihre Ausscheidung. Moskau 1958.

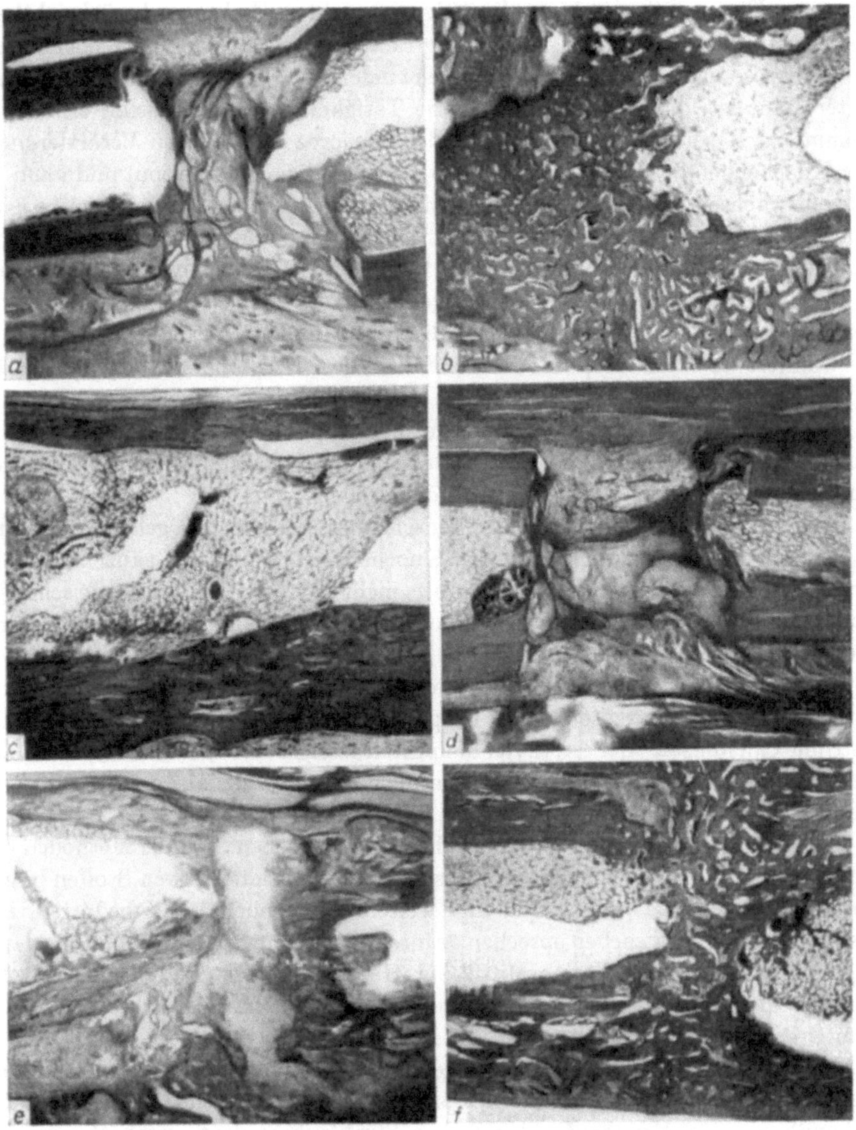

Abb. 68. Heilung geschlossener Frakturen bei Strahlenkrankheit (nach A. N. ANTIPINA und A. G. ZEMLJANOJ).

a – Kontrolle (nach 5 Tagen). Zwischen den Knochenbruchenden sind Blutgerinnsel zu sehen. Granulationsgewebe wächst vom Periost aus ein. Eine aktive Osteogenese fehlt; *b* – Kontrolle nach 19 Tagen. Die Knochenbruchenden sind durch neugebildete Spongiosa miteinander verbunden. Stark ausgeprägte periostale und endostale Knochenbildung mit Umbau der Fragmentenden; *c* – Kontrolle (nach 60 Tagen). Vollständige Wiederherstellung der Integrität der Corticalis mit geringer Verdickung im Frakturbereich. Periostaler und endostaler Callus zurückgebildet. Knochenmarkkanal durchgehend wiederhergestellt; *d* – 5 Tage nach Bestrahlung. Zwischen den

Schädigung des Organismus durch ionisierende Strahlung (äußere oder innere Bestrahlung) die Regenerationsprozesse im Knochengewebe langsamer vonstatten gehen. Das beweisen zahlreiche experimentelle und einige klinische Beobachtungen. Die Frakturkonsolidierung ist besonders in der Höhepunktsperiode der Strahlenkrankheit verlangsamt.

Nach Experimenten von A. G. Zemljanoj und T. F. Ivanova tritt zum Beispiel die Konsolidierung offener Frakturen bei Strahlenkrankheit erst zwischen dem 45. und 60. Tag ein, bei den nichtbestrahlten Kontrolltieren schon zwischen dem 30. und 40. Tag (Abb. 68). Bei einem Teil der bestrahlten Tiere bildet sich an der Bruchstelle eine Pseudarthrose. In Versuchen von S. S. Tkačenko wiesen die Frakturen bei den nicht bestrahlten Kaninchen schon am 7. bis 14. Tag röntgenologisch und mikroskopisch die ersten Anzeichen von Callusbildung auf, am 21. Tag eine gut ausgebildete Knochennarbe, und gegen den 42. Tag waren schon der Umbau des Callus und die Wiederherstellung des Knochenmarkkanals im Gange. Bei den bestrahlten Tieren fanden sich die ersten Anzeichen der Callusbildung erst am 14.—21. Tag, ein gut ausgebildeter Callus am 28.—35. Tag und die Wiederherstellung des Knochenmarkkanals erst gegen den 60.—70. Tag. Die Verzögerung der Callusbildung ist in der Höhepunktsperiode der Strahlenkrankheit besonders deutlich. Ähnliche Versuchsergebnisse hatten auch M. D. Abudlaev, A. N. Berkutov, F. R. Bogdanov, A. N. Ganšina, M. P. Gvozdev, N. A. Žižina, N. N. Ivanov, U. I. Kažlaeva, N. V. Koporulin, L. M. Kotel'nikov, G. P. Nazarišvili, A. A. Nikitin, M. N. Pavlova, S. S. Tkačenko, V. I. Filatov, A. W. Spittler, I. W. Batch. B. A. Rutledge u. a.

Frakturen verlaufen bei bestrahlten Tieren unter einer Leukopenie, verschlechtern die Strahlenkrankheit und erhöhen die Sterblichkeit, die außerdem früher einsetzt.

Noch schwerer verlaufen Frakturen bei Bestrahlten mit gleichzeitiger Schädigung von Weichteilgeweben. Versuche von U. I. Kažlaeva zeigen, daß Frakturen bei dauernder Kontusion der Weichteile schlechter zusammenwachsen. Die verzögerte Callusbildung konnte durch histologische und röntgenologische Untersuchungen untermauert werden. Die Strahlenkrankheit verläuft in diesen Fällen wesentlich schwerer. Die Versuchstiere zeigen gegenüber den Kontrollen höheren Gewichtsverlust, stärkere Veränderungen im peripheren Blutbild, schwerere Funktionsstörungen des Organismus und eine hohe Sterblichkeit. Die Schwere des klinischen Verlaufs, Komplikationen und Ausgang hängen vom Grad des Traumas der Weichteilgewebe, von der Fläche des traumatisierten Gewebes und von der Dauer der Kompression der Extremitäten ab. Eine verlangsamte Regeneration wird nicht nur bei Diaphysenfrakturen der Röhren-

---

Bruchenden ist Blutgerinnsel zu sehen, Granulationsgewebe wächst vom Periost her ein. Aktive Osteogenese fehlt; *e* — 19 Tage nach Bestrahlung. Der Raum zwischen den verschobenen Knochenenden ist durch Chondroidknorpel mit metaplastischen Anteilen in den Knochenbälkchen ausgefüllt. Die endostale und periostale Knochenbildung ist schwach ausgeprägt; *f* — 60 Tage nach Bestrahlung. Eine Wiederherstellung des Knochenmarkkanals ist nicht eingetreten, es besteht ein Knochenriegel im ehemaligen Frakturbereich. Die Verschmälerung des Knochengewebes an den Fragmenten bleibt bestehen. Der periostale Callus ist nicht zurückgebildet knochen beobachtet, sondern auch bei Gelenkfrakturen (G. A. GARIBDŽANJAN), bei Kiefernbrüchen (A. T. RUDENKO) u. a.

Die Verzögerung der Knochenregeneration bei Strahlenkrankheit wird einerseits durch die lokale Unterdrückung der reparativen Knochenprozesse bewirkt, aber auch durch dystrophische Prozesse, die bei Strahlenschäden im Organismus auftreten. In diesem Zusammenhang verdienen einige Besonderheiten im Eiweißstoffwechsel Aufmerksamkeit, die bei mit Strahlenkrankheit kombinierten Frakturen auftreten und von B. S. KASAVINA gefunden wurden. Bei biochemischen Untersuchungen gelang es ihr, einige charakteristische Gesetzmäßigkeiten aufzudecken; die Einwirkung von Röntgenstrahlen bei gleichzeitiger Fraktur führte zu keiner erhöhten Ausscheidung von Endprodukten des Stickstoffstoffwechsels im Urin. Man fand in solchen Fällen eine Veränderung der Serumeiweiße (Anhäufung von Eiweißen mit hohem Molekulargewicht usw.). Die Abschwächung der Zufallsprozesse der Gewebeeiweiße und die Unterdrückung der Fermentaktivität bei Röntgenbestrahlung in Kombination mit Frakturen müssen offensichtlich als eine für den Organismus ungünstige Wirkung betrachtet werden, welche die Gewebsregeneration und Callusbildung hemmt. Die auf Grund dieser Untersuchungen festgestellten Gesetzmäßigkeiten können die Aufdeckung der Ursachen für die Hemmung der Callusbildung bei bestrahlten Tieren erleichtern und weisen vielleicht sogar Wege für eine aktive Beeinflussung der Regeneration. Wirksame Maßnahmen könnten eiweißreiche Ernährung, systematische Bluttübertragungen, Aminosäuren- und Vitamintherapie sein.

Ionisierende Strahlung stört die Stoffwechselprozesse — auch im Knochengewebe selbst — infolge der unterdrückenden Wirkung der Strahlung auf die Knochenfermente. Dies bewiesen kürzlich V. P. TORBENKO für die Aktivität der alkalischen Phosphatase und für die Amylase des Knochengewebes, G. P. KRASOVSKAJA für den Mineralstoffwechsel. Auch dies kann einer der Gründe für die verlangsamte Knochenregeneration bei Strahlenkrankheit sein.

Das Ausmaß der Unterdrückung der Knochenregeneration und damit auch der Verlangsamung der Frakturkonsolidierung hängt natürlich von der Schwere der Strahlenkrankheit ab. Versuche von J. G. RUBINŠTEIN u. a. zeigten, daß die Frakturkonsolidierung bei leichter Strahlenkrankheit recht intensiv abläuft und sich nur wenig von der bei gesunden Hunden unterscheidet, während bei schwerer Strahlenkrankheit die Knochengewebsregeneration äußerst langsam vonstatten geht. Im Zusammenhang mit der Störung der Trophik im Frakturbezirk entstanden Nekrosen der Bruchenden. Nach I. L. KRUPKO, A. A. NIKITIN und S. S. TRAČENKO treten bei Bestrahlung von Kaninchen mit 600 r (die zu einer Strahlenkrankheit mittleren Grades führt) die röntgenologischen Merkmale der Entwicklung einer Knochennarbe später auf als bei den Kontrolltieren. Der endgültige Umbau des Callus ist bei den bestrahlten Tieren gleichfalls verzögert. Bei Bestrahlung mit höheren Dosen (800 r) beobachtet man eine noch stärkere Verzögerung der Frakturheilung.

Bei Kombination von Frakturen mit Strahlenkrankheit tritt das bekannte Syndrom der gegenseitigen Belastung auf, was insbesondere in Erhöhung der

Sterblichkeit zum Ausdruck kommt. Nach I. L. KRUPKO und Mitarbeitern beträgt die Sterblichkeit bestrahlter Tiere: bei alleiniger Bestrahlung 16%, bei Bestrahlung und unkomplizierter Fraktur bis 50%, bei Bestrahlung und offenem (infiziertem) Bruch bis 85%.

Die Wechselwirkung von Strahlenkrankheit und Fraktur hängt natürlich vom Grad des Strahlenschadens und von Art und Charakter der Fraktur ab. Nach V. M. DEM'JANOV verschlechtert ein infizierter Bruch der Speiche bei Bestrahlung mit 400 r den Allgemeinzustand der bestrahlten Tiere nur wenig. Ein gleichartiger Bruch des Oberschenkels erschwert schon erheblich den Allgemeinzustand von Tieren, die mit 600 r bestrahlt wurden. Die Mehrzahl stirbt in den ersten 10 Tagen. In manchen Fällen treten auch pathologische Frakturen auf (Abb. 69).

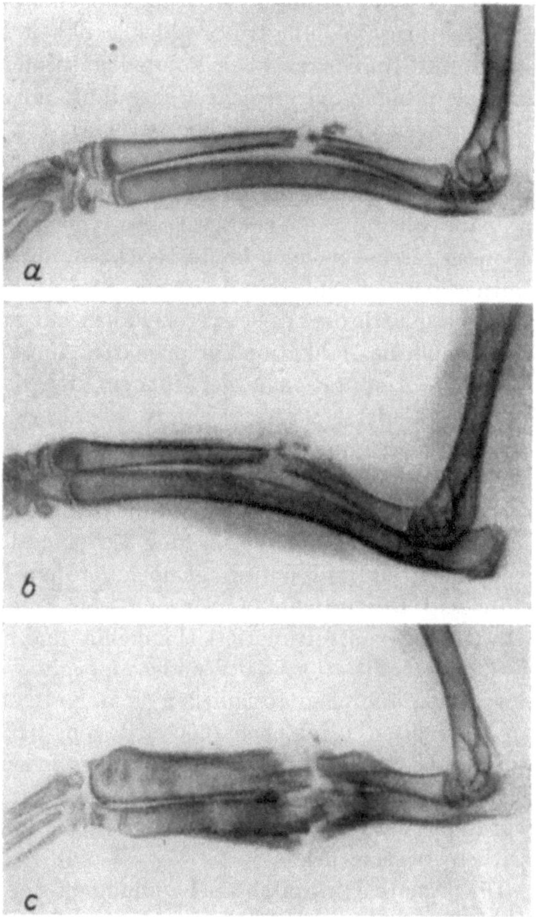
Abb. 69. Verlauf von infizierten Frakturen bei bestrahlten Kaninchen (400 r) (nach V. M. DEM'JANOV).

a – Nach 6 Tagen, *b* – nach 14 Tagen und *c* – nach 30 Tagen. Eiterung der Knochenwunde mit Bildung von Sequestern und pathologischer Fraktur der Elle

Offene Frakturen sind bei bestrahlten Tieren sehr häufig durch eine Osteomyelitis kompliziert (M. A. PLINER und S. I. VOLKOV u. a.).

Ionisierende Strahlung belastet den Verlauf von Schußfrakturen sehr stark und führt zur Entwicklung schwerer eitrig-septischer Wundkomplikationen. Die Konsolidierung von Schußfrakturen setzt bei bestrahlten Tieren sehr viel später ein als bei nichtbestrahlten; so verzögert sie sich bei einer Schußfraktur des Oberschenkels um einen Monat (M. A. SARKISOV).

Aber auch geschlossene Frakturen können bei Strahlenkrankheit auf haematogenem Wege infiziert werden. Bei Kombination von Strahlenkrankheit mit Frakturen und Verbrennungen sieht man einen besonders schweren Verlauf (A. A. NIKITIN).

Angesichts der verzögerten Frakturheilung bei Strahlenschäden muß man zu der sehr wichtigen praktischen Schlußfolgerung kommen, daß Frakturen mit gleichzeitigen Strahlenschäden einer wesentlich längeren Ruhigstellung bedürfen.

Nach diesen einführenden Bemerkungen wollen wir uns nun mit den Fragen der Frakturbehandlung bei Strahlenkrankheit befassen.

Bei mit Strahlenkrankheit kombinierten offenen Frakturen ist eine frühe und radikale primäre chirurgische Behandlung notwendig, besonders wenn sie radioaktiv verseucht sind; außerdem ist neben den allgemeinen Regeln der primären chirurgischen Behandlung von Wunden bei Strahlenschäden eine ganze Reihe spezieller Eigenheiten dieser Frakturen (Blutungsneigung usw.) zu beachten. Die primäre chirurgische Versorgung des Knochens soll äußerst vorsichtig und ökonomisch geschehen; eine breite Resektion der Bruchenden oder eine überflüssige Entfernung von Splittern führt bei Strahlenkrankheit fast immer zur Bildung einer Pseudarthrose. In schweren Fällen mit ausgedehnter Schädigung des Knochens muß die Indikation zur primären Amputation erweitert werden, weil eine sekundäre Amputation in der Höhepunktsperiode der Strahlenkrankheit den Zustand des Verletzten verschlechtert. Allerdings wird die primäre chirurgische Versorgung nicht immer frühzeitig durchführbar sein einerseits wegen des Zustandes des Verletzten (Gefahr der Überlagerung eines traumatischen durch einen Strahlenschock), andererseits im Blick auf die örtlichen Operationsbedingungen. Ein Aufschieben der primären Versorgung auf eine allzu späte Zeit ist jedoch nicht zu empfehlen; sie muß unbedingt noch vor dem Höhepunkt der Strahlenkrankheit einsetzen. Die primäre Versorgung von Frakturen soll mit reichlicher lokaler Anwendung von Antibioticis (Penicillin und Streptomycin) in Form einer Umspritzung (Infiltration) der Wundränder mit Antibioticalösungen und Instillation durch Drainröhrchen abschließen (I. L. Krupko). T. F. Ivanova überzeugte sich an bestrahlten Kaninchen (600 r) davon, daß Streptomycin und Blutübertragungen die Sterblichkeit bei Tieren mit offenen Brüchen senkt und die Zahl der Komplikationen verringert. Eine Beschleunigung der Frakturkonsolidierung wurde hierbei jedoch nicht beobachtet. Sie bleibt gegenüber den Kontrolltieren zeitlich etwas zurück.

Die primäre chirurgische Behandlung offener Frakturen soll unter entsprechenden Bedingungen (s. S. 165) mit einer primären Naht abschließen. Eine Reihe von Versuchen hat gezeigt, daß bei bestrahlten Hunden mit unvernähten Oberschenkelfrakturen Wundheilung und Callusbildung wesentlich langsamer abliefen. Auch die Höhepunktperiode der Strahlenkrankheit setzte früher ein und verlief schwerer als bei Tieren mit geschützten Wunden (N. N. Aleksandrov, A. N. Berkutov, B. M. Dem'janov, V. P. Erkov, L. M. Kotel'nikov, V. I. Filatov u. a.).

Wir wissen, daß die Frakturbehandlung aus einer Reihe allgemeiner und örtlicher Maßnahmen besteht.

Die allgemeinen Maßnahmen bei der Behandlung von Frakturen sind auf die Bekämpfung der lebensbedrohenden Komplikationen gerichtet (Schock, Blutverlust, Infektion u. a.). Eine ausführlichere Darlegung dieser bekannten Maßnahmen gehört nicht zu unseren Aufgaben, zumal eine Einführung speziell für die Strahlenschäden schon gegeben wurde (s. Kap. III u. IV). Hier bleibt nur zu erwähnen, daß alle Maßnahmen zur Bekämpfung der Strahlenkrankheit auch die Heilung der Frakturen verbessern werden. So konstatierten G. P. Nazarišvili und Mitarbeiter bei bestrahlten Hunden mit Frakturen im Verlauf der Behandlung der Strahlenkrankheit mit Vitaminen und Penicillin ein früheres Auftreten der periostalen Reaktion.

Örtliche Maßnahmen zur Behandlung von Frakturen mit Strahlenschäden. Bekanntlich sind die hauptsächlichen modernen Methoden der Frakturbehandlung: 1. Behandlung mit ruhigstellenden (Gips-)Verbänden; 2. Behandlung mit Dauerstreckverbänden (Zug an der Haut oder am Skelett); 3. operative Behandlung (Osteosynthese).

Die Behandlung mit Strahlenschäden kombinierter Frakturen soll sich auf die allgemeinen Prinzipien der Frakturbehandlung stützen, d. h. Lokalisation und Charakter der Fraktur berücksichtigen; außerdem müssen Art und Schwere der Strahlenschädigung in Rechnung gestellt werden. Lage und Möglichkeiten zur Hilfeleistung bei Massenkatastrophen sind einzukalkulieren.

Die *Behandlung mit Gipsverbänden* wird sehr häufig angewandt. Sie ist einfach, billig und fast unter allen Bedingungen anwendbar. Sehr häufig werden Gipsverbände für offene Frakturen der langen Röhrenknochen verwendet, besonders wegen der erleichterten Abtransportmöglichkeit mit angelegtem Gipsverband. Im zweiten Weltkrieg fanden Gipsverbände daher sehr häufig Anwendung. Man muß jedoch darauf hinweisen, daß bei anaeroben Infektionen, ja sogar schon beim Verdacht darauf, ein zirkulärer Gipsverband bei einem offenen Bruch nicht angelegt werden darf. Gipsverbände können und müssen natürlich auch bei der Behandlung vieler mit Strahlenschäden komplizierten Frakturen, besonders der geschlossenen, eine breite Anwendung finden. Wenn man bedenkt, daß nach Anlegung eines Gipsverbandes Verletzte mit Frakturen transportfähig werden (und bei manchen Verletzungen sich sogar selbst fortbewegen können), so darf man vermuten, daß bei einem Krieg mit Massenvernichtungsmitteln Gipsverbände weite Verbreitung finden werden. Man darf jedoch nicht außer acht lassen, daß manche Gipsverbände (z. B. bei Frakturen des Oberschenkels und des Oberarms) erheblichen Zeitaufwand erfordern. Dadurch ist natürlich ihre Verwendung am Ort von Massenverletzungen begrenzt, und kommt hauptsächlich in rückwärtigen stationären Einrichtungen in Frage.

Wegen der akuten Störung der Gewebstrophik und der Möglichkeit des frühen Auftretens von Decubitus und Ödemen bei Strahlenkrankheit muß man die Anlage zirkulärer Gipsverbände einschränken und Gipslonguetten anwenden.

Viele Autoren verwendeten mit Erfolg Gipsverbände zur Frakturbehandlung bei bestrahlten Tieren und beobachteten dabei keine besonderen Komplikationen. Es gibt jedoch auch gegenteilige Erfahrungen. Nach P. D. Degtjarev, A. S. Kumurdžiev, D. N. Runovskij, A. N. Solomin u. a. hat die Immobilisierung geschlossener Frakturen bei bestrahlten Hunden mit Gipslonguetten schlechtere Resultate als die Anwendung einer Metallosteosynthese. Auch G. P. Nazarišvili,

R. J. VEPCHVADZE, T. A. VACHTANGIŠVILI und K. T. GARSIAŠVILI hatten mit Gipsverbänden bei Frakturen bestrahlter Hunde ungünstige Ergebnisse: Nach 2 und mehr Monaten hatte sich noch kein Callus gebildet, und es kam zur Pseudarthrose. Allerdings war in diesen Fällen die Zeit der Ruhigstellung im Gipsverband kurz (30 Tage).

Trotz dieser vereinzelten ungünstigen Befunde möchten wir glauben, daß der Gipsverband unter entsprechenden Verhältnissen für die Behandlung vieler mit Strahlenschäden kombinierter (besonders geschlossener) Frakturen in Frage kommen wird. Besonders ist dies bei Strahlenkrankheit 2. und 3. Grades indiziert, da in diesen Fällen bei Drahtextension Komplikationen in Form von infektiös-nekrotischen Prozessen rund um den Draht auftreten können.

Die Behandlung von Frakturen durch Dauerzug (an Haut oder Skelett) bietet bekanntlich eine ganze Reihe Vorteile und sollte prinzipiell zur Behandlung entsprechender Frakturen herangezogen werden. Die Methode hat jedoch einen sehr großen Fehler: Sie macht den Verletzten für lange Zeit transportunfähig, was besonders bei Massenkatastrophen nachteilig ist.

Zieht man deshalb die reale Lage bei Anwendung von Atomwaffen in Betracht, insbesondere die Notwendigkeit, die Verletzten schnellstens zu evakuieren, so wird man davon ausgehen müssen, daß es bei Massenschäden fast unmöglich oder doch in den medizinischen Einrichtungen des Hinterlandes nur sehr beschränkt möglich sein wird, mit Strahlenschäden kombinierte Frakturen mit Streckverband zu behandeln.

Die Knochenzugbehandlung wird in der Hauptsache für geschlossene Frakturen mit leichten Formen der Strahlenkrankheit in Frage kommen. Sie ist auch bei schweren Strahlenschäden angezeigt, wenn ein Gipsverband aus irgendwelchen Gründen kontraindiziert ist, zum Beispiel bei gleichzeitiger Verbrennung der Extremität u. a.

Operative Behandlung von Frakturen. Unter den gebräuchlichen Methoden der operativen Behandlung geschlossener und offener Frakturen hat in den letzten Jahren die Metallosteosynthese die weiteste Verbreitung gefunden. Sie hat für manche Fälle zweifellos Vorzüge. Einer davon (außer Einfachheit und Sicherheit der Ruhigstellung) ist die Möglichkeit des aktiven Verhaltens des Kranken und damit die Transportfähigkeit, was verständlicherweise unter den Verhältnissen einer Massenkatastrophe von überragender Bedeutung ist.

Außer diesen unbestreitbaren Vorteilen hat die Methode jedoch auch einige Nachteile; viele experimentelle und klinische Beobachtungen zeigten, daß die Metallstifte an sich schon die Callusbildung verzögern, d. h. das Zusammenwachsen des Bruches hinausschieben (V. A. POLJAKOV, P. V. SIPOVSKIJ u. a.). Da auch die Strahlenkrankheit eine hemmende Wirkung auf die Frakturkonsolidierung ausübt, wird verständlich, daß die Frage der Zweckmäßigkeit von Metall-Osteosynthesen zur Frakturbehandlung bei Strahlenkrankheit sehr aktuell ist.

S. E. KAŠKAROV und P. V. SIPOVSKIJ untersuchten an bestrahlten Kaninchen die Frakturheilung bei Osteosynthese mit Metallstiften und kamen zu dem Ergebnis, daß diese Methode voll anwendbar ist und der Konsolidierungsprozeß morphologisch im wesentlichen verläuft wie ohne zusätzliche Strahleneinwirkung. Natürlich wird bei klinisch deutlichen Symptomen der Strahlenkrankheit die periostale Osteosynthese verlangsamt sein (Abb. 70). Auch der Knochenumbau wird sich länger hinausziehen (insbesondere die Erscheinung der Rarefikation). Eine Verzögerung der Frakturkonsolidierung bei Metallosteosynthesen bestrahlter Tiere beschreiben auch A. W. SPITTLER, J. W. BATCH und B. A. RUTLEDGE u. a.

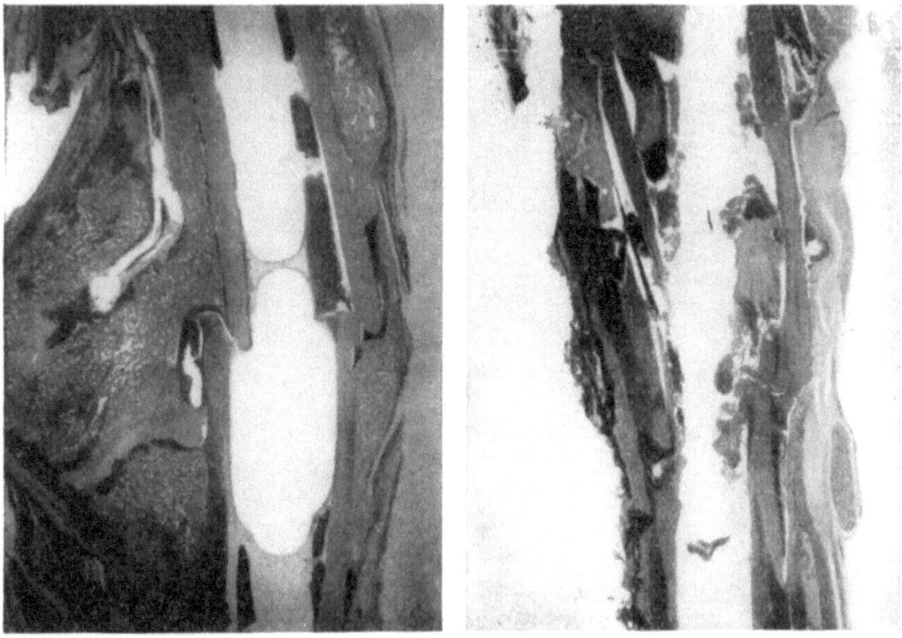

a b

Abb. 70. Osteosynthese einer Fraktur mit Metallstift am 30. Tag (nach S. E. KAŠKAROV und P. V. SIPOVSKIJ).

a – nicht bestrahltes Kontrolltier. Konsolidierung der Fraktur durch mächtige periostale Wucherungen; *b* – bestrahltes Tier, periostale Knochenwucherungen fehlen fast völlig

In zahlreichen Versuchen von I. L. KRUPKO und Mitarbeitern hatte die intramedulläre Metallosteosynthese vor Entwicklung der Strahlenkrankheit bei Frakturen bestrahlter Tiere keinerlei ungünstigen Einfluß auf Verlauf und Ausgang der Strahlenkrankheit, im Gegenteil, der Allgemeinzustand der Tiere war besser als der der Kontrolltiere ohne Frakturfixation durch Metallstift. Wenn dem Versuchstier (mit Metallosteosynthese) dazu noch Antibiotica gegeben wurden (Penicillin und Streptomycin), erhöhte sich die Überlebensrate auf das Dreifache.

Bei offenen Frakturen bestrahlter Tiere ergab die chirurgische Behandlung der Wunden und Metallosteosynthese (vor Entwicklung der Strahlenkrankheit)

ebenso günstige Ergebnisse; dagegen bewahrte die Anwendung (auch mit Antibiotica) nach Ausbruch der Strahlenkrankheit die Tiere nicht vor dem Tode.

Auch V. V. Simonov hat sich experimentell mit dieser Frage beschäftigt und kam zu dem Ergebnis, daß sich bei Frakturen, die in der Höhepunktssperiode der akuten Strahlenkrankheit gesetzt und mit intraossaler Metallosteosynthese behandelt wurden, die Konsolidierung um 10—14 Tage verzögert und daß häufiger

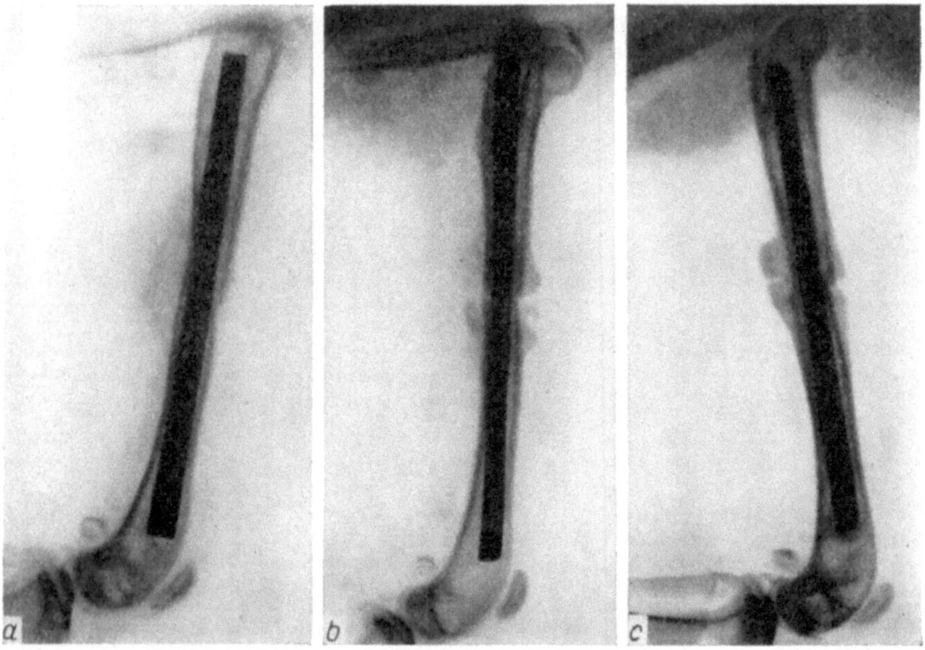

Abb. 71. Verzögerte Callusbildung bei bestrahlten Tieren (*a* und *b*) im Vergleich zu nichtbestrahlten Tieren (*c*) (nach V. V. Simonov).

eitrige Wundkomplikationen entstehen. Bei der gleichen Behandlung von Frakturen, die in der kritischen Periode der Strahlenkrankheit gesetzt wurden, war die Callusbildung verzögert. Die Verwendung von Pentoxyl und Vitaminen beschleunigt die Knochenregeneration. (Abb. 71).

A. N. Berkutov und N. N. Aleksandrov untersuchten an großem experimentellen Material (203 Hunde) die Anwendungsmöglichkeit der Metallosteosynthese bei Schuß-(Gewehr-)Frakturen bestrahlter Tiere und stellten fest, daß eine vollwertige chirurgische Wundbehandlung mit Anwendung von Antibioticis, primärer dichter Naht und Immobilisierung der Frakturenden durch einen intraossären Stahlstift einen großen Teil der Tiere retten kann, eine p. p. Wundheilung sichert, Callusbildung und Funktionswiederherstellung begünstigt. Zu gleichen Ergebnissen kamen auch andere Untersucher (M. A. Sarkisov u. a.).

Die Untersuchungen der operativen Frakturbehandlungsmöglichkeiten bei Strahlengeschädigten von B. I. Bušnin und A. V. Voronzov ergaben, daß eine intramedulläre Osteosynthese mit rostfreiem Stahlnagel, Hetero-, Auto- oder

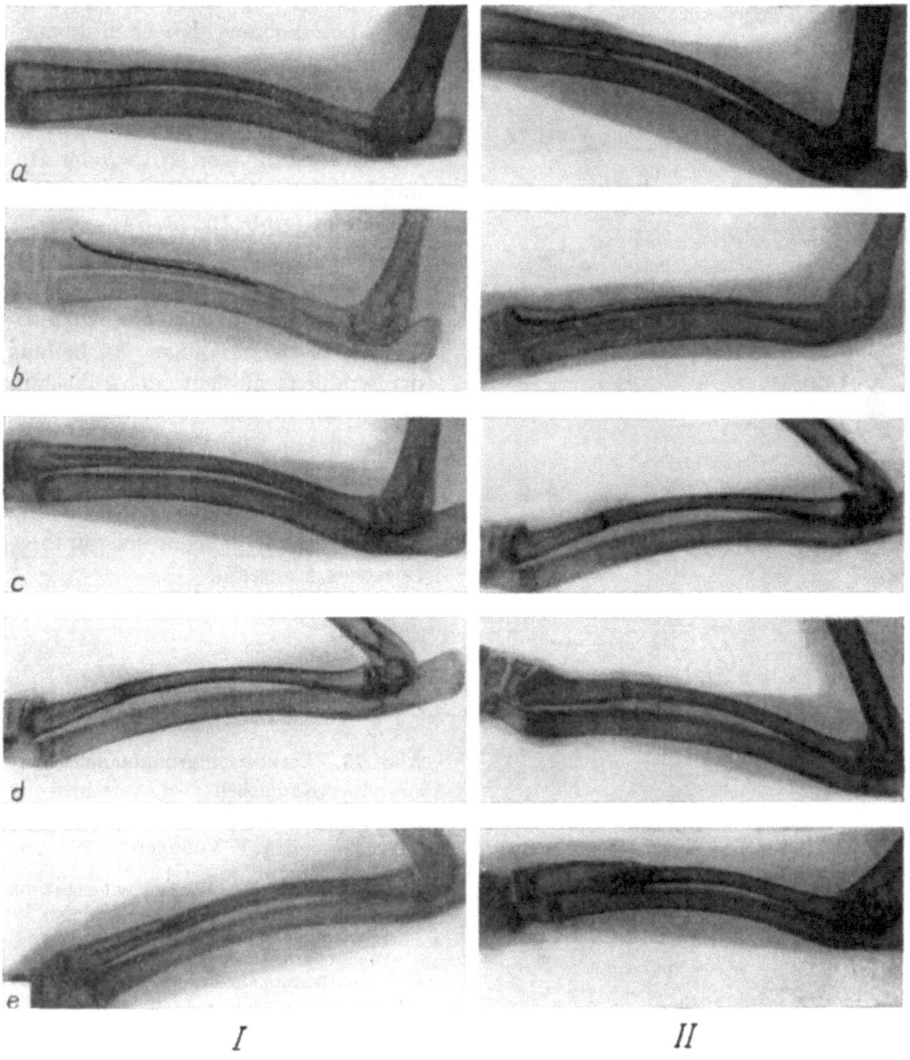

Abb. 72. Röntgenaufnahmen von Frakturen bestrahlter Kaninchen bei verschiedenen Behandlungsmethoden (nach B. I. Bušnin und A. V. Voroncov).

I – 7 Tage nach Bestrahlung, Fraktur und Osteosynthese. Callus nicht festzustellen. *II* – nach 14 Tagen. Eine periostale Reaktion ist zu sehen. Sie ist bei Auto- und Homotransplantaten deutlicher ausgeprägt; *a* – Kontrolle, *b* – Metallsynthese, *c* – Osteosynthese mit Heterotransplantat, *d* – Osteosynthese mit Homotransplantat, *e* – Osteosynthese mit Autotransplantat

Homotransplantaten zu keinerlei Entgleisung der Osteogeneseprozesse führt. In den Kontroll- und Versuchsserien wachsen die Frakturenden gegen den 45. Tag zusammen. Doch zeigen sich gewisse Unterschiede im Heilungsablauf der Frakturen je nach Osteosynthesematerial. Bei Verwendung von rostfreiem Stahl oder heterogenem Knochen kommt es anfangs zu einer gewissen Hemmung der Callusbildung, namentlich von seiten des Endosts, dagegen ist bei Anwendung von Auto- oder Homoplantaten die Callusbildung beschleunigt (Abb. 72, 73, 74).

Bei Besprechung der verschiedenen plastischen Frakturoperationen ist zu unterstreichen, daß solche Operationen erst nach völliger Ausheilung der Strahlenkrankheit oder frühestens in der Genesungsperiode möglich sind. Daher haben alle Versuche zur Anwendung von osteoplastischen Operationen in der Höhepunktsperiode der Strahlenkrankheit eigentlich nur theoretisches Interesse.

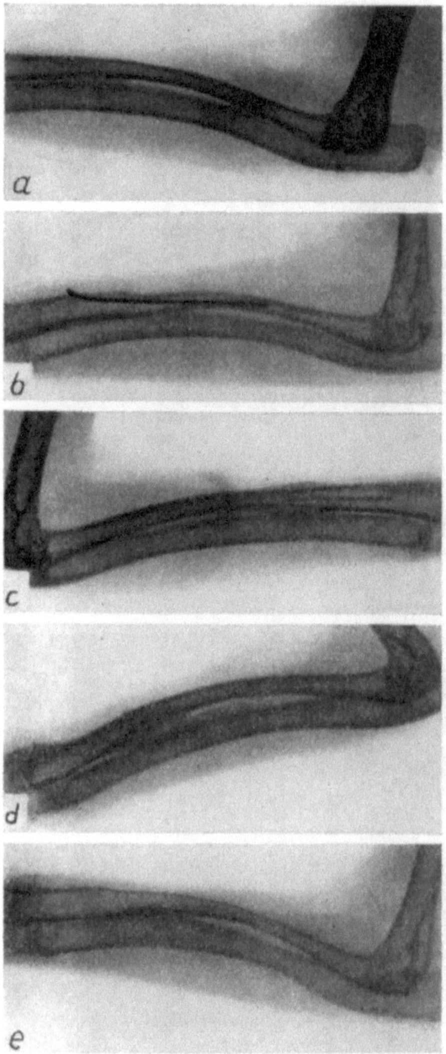

Abb. 73. Frakturröntgenaufnahmen bestrahlter Kaninchen bei verschiedenen Behandlungsmethoden (nach B. I. Bušnin und A. V. Voroncov).

Nach 30 Tagen. Die Knochennarbe ist formiert. Die Frakturlinie ist schwach zu sehen, besonders bei Auto- und Homotransplantaten.
a — Kontrolle, *b* — Metallsynthese, *c* — Osteosynthese mit Heterotransplantat, *d* — Osteosynthese mit Homotransplantat, *e* — Osteosynthese mit Autotransplantat

Gute Ergebnisse erzielten auch andere Autoren bei bestrahlten Tieren mit Metallosteosynthese der verschiedensten Frakturen. Sehr günstig erscheint die Metallosteosynthese in Kombination mit Antibioticis oder einer komplexen Therapie einschließlich Hydrolysin 103, Pentoxyl, Ascorbinsäure usw. (M. P. Gvozdev, V. P. Erkov, E. M. Koptievskij, A. A. Nikitin, V. V. Simonov, I. A. Sičkoruk, M. V. Strukov, S. S. Tračenko, V. I. Filatov und andere).

Besondere Aufmerksamkeit verdient die experimentelle Arbeit von P. M. Gvozdev; er prüfte anscheinend als erster die Möglichkeiten der Metallosteosynthese bei Frakturen mit akuter Strahlenkrankheit durch *innere* Bestrahlung (subcutane Injektion von radioaktivem Phosphor). Seine Versuche sprechen für die Eignung dieser Methode in solchen Fällen. Der metallische Verweilstift führte

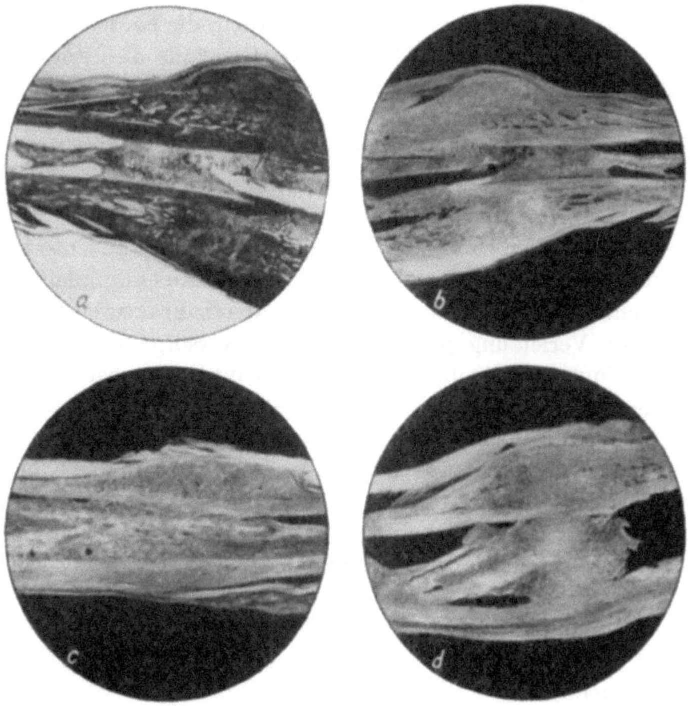

Abb. 74. Mikrofotogramme 21 Tage nach Bestrahlung, Fraktur und Osteosynthese (nach B. I. Bušnin und A. V. Voroncov).

Spongiöser Charakter des Knochencallus, ohne scharfe Grenzen in das Knochengewebe übergehend. Knochencallus bei Auto- und Homotransplantaten deutlicher ausgebildet.
a — Metallsynthese, *b* — Heterotransplantat, *c* — Autotransplantat, *d* — Homotransplantat

nur zu einer geringen Erhöhung der Radiophosphorablagerung im geschädigten Knochen und hatte offenbar keinen merklich schädlichen Einfluß auf die Frakturheilung, da die Callusbildung etwa die gleiche war.

Alle diese Ergebnisse sprechen dafür, daß die Metallosteosynthese mit gleichzeitiger komplexer Therapie den Verlauf der Strahlenkrankheit durchaus nicht verschlechtert, sondern sie im Gegenteil leichter macht. Wir stimmen mit I. L. Krupko überein und glauben, daß bei geschlossenen Frakturen die metallische intramedulläre Osteosynthese, bei offenen Frakturen die chirurgische Behandlung mit primärer Naht und Anwendung von Antibioticis die Möglichkeit gibt, die Entwicklung einer Wundinfektion in den meisten Fällen zu verhüten, die Stützfunktionen der Extremitäten früh wiederherzustellen, den Allgemeinzustand zu bessern und die Sterblichkeit an Strahlenkrankheit herabzusetzen.

Metallosteosynthese ist bei entsprechenden Verhältnissen zur Behandlung mancher Frakturen (namentlich der offenen) bei Strahlenkrankheit 1. und 2. Grades zu empfehlen. Es ist aber darauf zu achten, daß zur intraossalen Fixation der Fragmente nur solche Methoden angewandt werden, die ein leichtes traumaloses Entfernen des Metallstiftes oder Nagels gestatten, falls dies erforderlich wird. *Bei radioaktiv verseuchten offenen Frakturen ist die Osteosynthese nicht zu empfehlen.*

Die spezielle Therapie der kombinierten Frakturen der langen Röhrenknochen wurde schon oben besprochen. Wir müssen nun noch kurz auf die Kieferfrakturen eingehen, die einige Besonderheiten aufzuweisen haben.

Bei der experimentellen Untersuchung der Behandlung von Unterkieferschädigungen (Schußfrakturen) in Kombination mit Strahlenkrankheit stellte A. I. Rybakov folgendes fest: 1. In der Tiergruppe, deren Frakturen 6 Stunden nach der kombinierten Verletzung primär chirurgisch versorgt wurden, waren keine gröberen Abweichungen gegenüber der Kontrollgruppe zu beobachten. Die Wunden der Mundhöhle und die äußeren Wunden heilten, bevor die Strahlenkrankheit ihren Höhepunkt erreicht hatte. Nur das Zusammenwachsen des Bruches begann klinisch und röntgenologisch etwa 10—15 Tage später als in der Kontrollgruppe. 2. Wurde die chirurgische Versorgung der Frakturen später vorgenommen (nach 24—48 Stunden), so verlängerten sich die Heilungszeiten erheblich, und es traten eine Reihe von Komplikationen auf: Haematome, Osteomyelitis u. a. 3. Als zweckmäßigste Methode der Bruchfixation erwiesen sich bei kombinierten Schäden die Naht mit Metalldrähten und der Apparat nach Rud'ko. 4. Für die Überbrückung eines Kieferdefektes ist ein Homotransplantat oder konservierter Knochen zu verwenden.

Die Osteosynthese mit Metall- (oder Plexiglas-) Stift wird bei kombinierten Frakturen des Unterkiefers auch von anderen Autoren empfohlen. Sie weisen dabei besonders auf die absolute Notwendigkeit hin, Antibiotica zu geben (M. A. Pliner und S. I. Volkov u. a.).

Ganz gleich, welche Behandlungsmethoden bei kombinierten Frakturen auch angewendet werden, stets bedürfen solche Kranken natürlich einer zusätzlichen Allgemeinbehandlung, wie Physiotherapie und Heilgymnastik. Auch die verschiedenen konservativen und operativen Maßnahmen zur Stimulation der Regeneration im geschädigten Knochen müssen breite Anwendung finden.[1] V. V. Simonov wendete zum Beispiel bei bestrahlten Tieren zu diesem Zweck mit Erfolg Pentoxyl in verschiedenen Verbindungen an. N. F. Krut'ko zeigte am bestrahlten Kaninchen die günstige Wirkung von Coffein — sowohl auf den

[1] G. V. Golovin, Methoden zur Heilungsbeschleunigung von Knochenfrakturen. Leningrad 1959.

Verlauf der Strahlenkrankheit selbst als auch auf die Normalisierung der Regeneration des Knochengewebes. Allerdings sind diese Versuche zahlenmäßig noch zu gering und bedürfen der Bestätigung.

Was die Dauer der Ruhigstellung bei Frakturen anlangt, die mit Strahlenschäden kombiniert sind, so werden außer den üblichen Faktoren auch Art und Schwere des Strahlenschadens einzukalkulieren sein. Orientierend läßt sich sagen, daß die Dauer der Ruhigstellung bei kombinierten Frakturen um 25 bis 50% und mehr verlängert werden muß.

XI

Kompressionssyndrom

Das „Kompressionssyndrom“[1] ist ein ganz eigenartiges Krankheitsbild aus der chirurgischen Pathologie, das (es muß gesagt werden) einem großen Kreis praktischer Ärzte noch kaum bekannt ist. Dabei gehört das Kompressionssyndrom beim Einsatz von Atomwaffen zu den häufigsten und charakteristischen Schäden. Kenntnisse über dieses Syndrom sind deshalb äußerst nötig.

Unter Kompressionssyndrom versteht man ein ganz spezifisches klinisches Bild bei geschlossenen Weichteilverletzungen, das mit Allgemeinerscheinungen (Schock, Intoxication) einhergeht und bei längerer Kompression oder Quetschung von einzelnen Körperteilen (vorwiegend von Extremitäten) auftritt. Es ist besonders zu unterstreichen, daß das Kompressionssyndrom eine selbständige nosologische Form bei Kompression von Weichteilen darstellt und eine komplizierte Pathogenese hat.

Über die „lokale Gewebsasphyxie“ und „traumatische Kompression der Gewebe“ schrieben schon N. I. Pirogov und einige Chirurgen des 19. Jahrhunderts. A. Calmers berichtete über Weichteilnekrosen bei den Opfern des großen Erdbebens von Messina (1909). In und nach dem ersten Weltkrieg gab es in der Literatur eine Reihe von Veröffentlichungen über Schädigungen durch langdauernde Kompression von Weichteilen und über den Anteil der Toxämie an der Entwicklung des traumatischen Schocks.

Ziemlich viele Arbeiten über das Kompressionssyndrom erschienen im zweiten Weltkrieg (A. J. Pytel’, E. Bywaters, McMichael u. a.). Selbstverständlich beobachtet man das Kompressionssyndrom am häufigsten im Kriege. So entfielen bei den Luftangriffen auf London (1945) 3,7% aller Schäden auf dieses Syndrom (E. Bywaters und McMichael). Nach den Literaturangaben wurde ein Kompressionssyndrom bei etwa 5% der Opfer von Bombenangriffen auf Städte beobachtet.

Nach H. Glorieux, F. A. Simeone, Ch. Sillevaerts und anderen entstanden auch viele derartige Schäden bei den Atombombenexplosionen in Japan infolge Quetschung durch Trümmer von Gebäuden und Anlagen, durch Steine, durch Verschüttung mit Erde usw.

[1] Wir halten diese Bezeichnung oder die Bezeichnung „Kompressionskrankheit“ (E. A. Kovalenko) für die richtigste und annehmbarste. Die zahlreichen anderen vorgeschlagenen Bezeichnungen für dieses Syndrom z. B. „Syndrom der Dauerquetschung“, „Crushsyndrom“, „traumatische Toxikose“, „Releasesyndrom“ u. a. erscheinen uns weniger zweckmäßig. Wir verwenden sie in den weiteren Darlegungen nicht.

Weichteilkompressionen kommen manchmal auch im Frieden vor, zum Beispiel durch Einstürze bei Erdarbeiten, in Gruben, in Schächten, beim Bau von unterirdischen Anlagen usw. Viele Fälle von Kompressionssyndrom (rund 30% aller Opfer) beobachtete man beim Erdbeben in Aŝchabad 1948 (N. N. Elanskij, M. R. Marcinovič).

In den Nachkriegsjahren erschienen eine Reihe klinischer und experimenteller Arbeiten, die das Kompressionssyndrom behandelten (V. P. Bespalko, M. G. Danilov, E. A. Kovalenko, Bywaters und McMichael, P. Loustalot, H. Eufinger, O. Margin u. a.). In der modernen Literatur sind schon viele hundert Fälle von Kompressionssyndrom beschrieben. Tatsächlich kommen sie noch wesentlich häufiger vor, werden jedoch schlecht diagnostiziert und laufen häufig unter der Diagnose „traumatischer Schock" usw.

Trotz ihrer großen Bedeutung in Krieg und Frieden ist dieser chirurgische Symptomenkomplex bisher ganz ungenügend erforscht, insbesondere sind die Ansichten über die Pathogenese noch uneinheitlich.

Infolge langdauernder (einige Stunden und mehr) und meist massiver Kompression oder Quetschung einzelner Körperteile entstehen spezifische und ausgedehnte geschlossene Weichteilschäden. Es wurden auch einzelne Fälle beschrieben, bei denen ein Kompressionssyndrom nach kurzdauernder Kompression der Extremitäten entstand, zum Beispiel schon nach 30—45 Minuten, bei Autounfällen oder ähnlichem (A. J. Pytel'). In der Regel jedoch tritt das Kompressionssyndrom nur dann auf, wenn die Quetschung der Extremitäten länger als 4 Stunden dauert. Am häufigsten sind die unteren Extremitäten einer solchen langdauernden Quetschung oder Kompression ausgesetzt, seltener die oberen und noch seltener beide zugleich. Natürlich können mit dem Kompressionssyndrom auch andere Verletzungen auftreten (z. B. Frakturen); charakteristisch für dieses Syndrom ist jedoch gerade das Fehlen wesentlicher Verletzungen.

Die *Pathogenese* des Kompressionssyndroms ist bisher noch nicht völlig geklärt. Es gibt nur eine Reihe mehr oder weniger glaubwürdiger und recht widersprüchlicher Hypothesen. M. I. Kuzin ist der Meinung, daß die Dauerkompression komplex über mehrere Faktoren wirkt: Schmerz, Plasmaverlust und traumatische Toxikose aus den Kompressionszonen. Die führende Bedeutung wird dem neuralen Schmerzfaktor zugeschrieben.

Wir wollen nicht auf alle Gesichtspunkte und Theorien eingehen und nur sagen, daß in der komplizierten Pathogenese des Kompressionssyndroms zweifellos viele Faktoren eine Rolle spielen, insbesondere: die traumatische (ischämische) Nekrose der Muskulatur, die toxische Wirkung von Zerfallsprodukten der geschädigten ischämischen Gewebe und der Autolyse in der Kompressionszone (Toxaemie), der Plasma- und Blutverlust (durch Plasmaaustritt aus den Kapillaren der geschädigten Extremität in den extravasculären Gewebsraum), die Vergrößerung des Fassungsvermögens des Blutstrombettes im Moment der Beendigung der Kompression und die Deponierung eines Teils des Blutes in den paralysierten Gefäßen der traumatisierten Extremität und schließlich neuroreflektorische Störungen, die unter dem Einfluß des afferenten Impulsationsstromes vom Kompressionsgebiet her eintreten (N. N. ELANSKIJ, E. A. KOVALENKO, A. J. PYTEL'). Bei der Entwicklung des Kompressionssyndroms kommt den sekundären toxischen Veränderungen und Funktionsstörungen der Nieren und der Leber besondere Bedeutung zu (hepato-renale Insuffizienz oder Leber-Nierenanoxie).

Was die unmittelbaren Ursachen der Muskelnekrose selbst anlangt, so rührt diese im wesentlichen von der Ischämie durch die starke Kompression und manchmal Zerschmetterung der Muskulatur und ihrer Gefäße selber her, von der Kompression der Muskeln und Gefäße in den musculo-fascialen Logen durch Haematome und Blutplasma, das immer weiter aus den Gefäßen in die intermuskulären, endofascialen Räume austritt und schließlich von dem arteriellen Dauerspasmus als unmittelbare Gefäßreaktion auf das Trauma (A. J. PYTEL').

Die Entstehung des klinischen Bildes des Kompressionssyndroms kann man sich schematisch folgendermaßen erklären: Durch die Dauerkompression der Extremität entsteht eine traumatische, ischämische Muskelnekrose, in der sich giftige Zerfallsprodukte bilden, die in das Blut übergehen und eine Toxämie hervorrufen. Die toxischen Zerfallsprodukte wirken vor allem und am stärksten auf Nervensystem, Leber und Nieren, deren Schädigung dem ganzen klinischen Bild, dem Verlauf und Ausgang dieser Erkrankung den spezifischen Stempel aufdrückt. Außer der Nekrose und Autolyse der Muskulatur der gequetschten Extremitäten und der folgenden Toxämie spielen in der Pathogenese des Kompressionssyndroms auch neuroreflektorische Mechanismen eine große Rolle.

Das klinische Bild des Kompressionssyndroms hängt vom Grad der Kompression (Quetschung) der Weichteile ab: Je ausgedehnter und gröber die Kompression ist, um so schwerer ist auch das klinische Bild der Schädigung und desto ungünstiger der Ausgang.

Der Gesamtverlauf des klinischen Bildes des Kompressionssyndroms läßt sich in drei Perioden unterteilen: Früh-, Mittel- und Spätperiode (M. I. KUZIN u. a.).

Die Frühperiode oder Periode der Zunahme des Ödems und der haemodynamischen Störungen erstreckt sich gewöhnlich über 1—2 Tage nach der Befreiung des Geschädigten aus der Ruine oder den Schuttmassen und ist durch ein klinisches Bild gekennzeichnet, das ganz an einen traumatischen Schock erinnert. Trotz des überstandenen physischen und psychischen Traumas bleibt der Allgemeinzustand der Verletzten in den ersten Stunden (manchmal auch Tagen) in der Regel befriedigend. Sie klagen nur über allgemeine Schwäche und Schmerzen in dem geschädigten Körperteil. Manchmal finden sich Erregungszustände, in einzelnen Fällen auch der Zustand eines torpiden Schocks. Die Körpertemperatur ist normal oder subfebril.

Der Umstand, daß die Verletzten sich im Moment der Befreiung aus den Ruinen und auch in den ersten Stunden danach wohlfühlen, führt häufig zu einer Unterbewertung der geschlossenen Weichteilverletzungen. Die Geschädigten selbst und auch das medizinische Personal glauben, daß alles gut gehen wird. Aus diesem Grunde bleiben diese Verletzten leider oft ohne die nötige Beobachtung und entsprechende Behandlung. Erst die ständige Verschlechterung ihres Zustandes zwingt dazu, ihnen besondere Aufmerksamkeit zuzuwenden.

Gewöhnlich tritt schon 6—8 Stunden nach der Schädigung ein starkes Ödem in der Gegend der gequetschten Extremität auf; sie wird kalt, sehr derb und gespannt (Abb. 75).

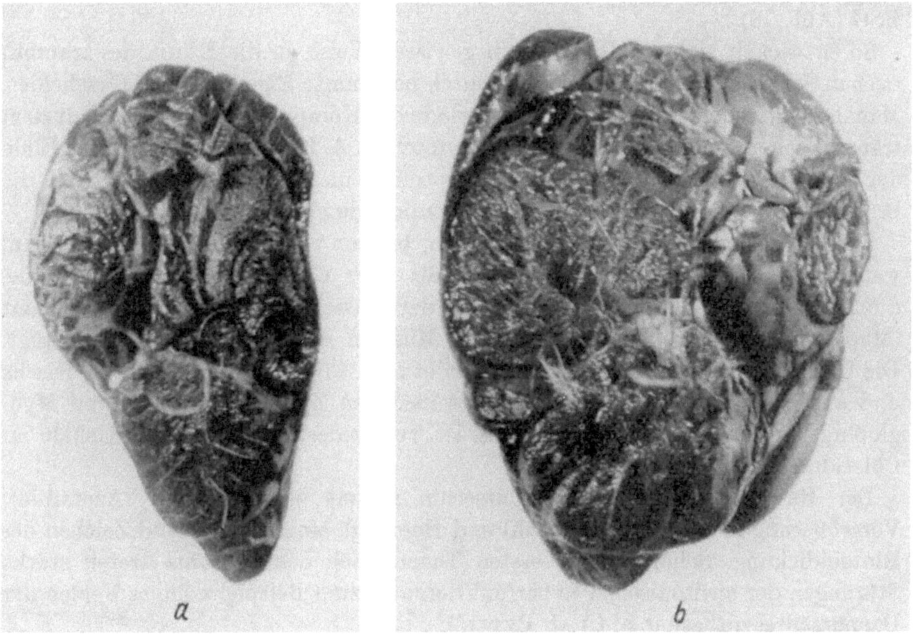

Abb. 75. Entwicklung des Ödems nach Weichteilquetschung des Oberschenkels beim Hund (nach E. A. Kovalenko).

a — normaler Oberschenkel, *b* — Oberschenkel nach Kompression

Die Haut der Extremität, anfangs blaß, nimmt allmählich eine blaurote Färbung an, besonders intensiv an den Stellen, die der Quetschung am stärksten ausgesetzt waren. Nach und nach bilden sich auf der Haut Petechien und Blasen, die mit seröser bernsteingelber oder blutig tingierter Flüssigkeit angefüllt sind. In der Tiefe der Muskulatur können dichte Herde von Blutaustritten entstehen. Der distale Arterienpuls in der geschädigten Extremität verschwindet allmählich. Das Aussehen einer solchen gequetschten Extremität erinnert dann etwas an das Bild einer anaeroben Infektion.

Bewegungen der verletzten Extremität fehlen oder sind stark eingeschränkt; alle Sensibilitätsqualitäten sind durch die Schädigung der Nervenendigungen oder auch der Nervenstränge selbst gestört.

Mit der Zunahme der lokalen Erscheinungen (Ödem der Extremität u. a.) verschlechtert sich auch der Allgemeinzustand der Verletzten: es treten Durst,

Erbrechen, Schlaffheit, Apathie, Schläfrigkeit und Gehemmtheit, Blässe und Beschleunigung der Atemfrequenz auf. Umgekehrt beobachtet man in manchen Fällen Unruhe und Erregung der Kranken. Die Körpertemperatur steigt auf 38—39°. Der Puls beschleunigt sich und wird schwach. Der Blutdruck sinkt schon bald nach der Bergung des Geschädigten (auf 60—70 mm Hg).[1] Bei der Blutuntersuchung finden sich eine Leukocytose und eine Beschleunigung der BSG (Abb. 76).

So entwickelt sich ein Bild, das in gewisser Weise an die Klinik des traumatischen Schocks erinnert, sich jedoch durch bestimmte Eigenheiten unterscheidet. Manche Untersucher setzen die Frühperiode des Kompressionssyndroms mit dem traumatischen Schock gleich (M. G. Danilov, E. A. Kovalenko u. a.). Am Ende der Frühperiode treten gewöhnlich Symptome einer Nierenschädigung auf, die besonders für die darauf folgende Zwischenperiode charakteristisch sind.

Die Urinmenge beginnt stark zu sinken, bis zur völligen Anurie, selbst dann, wenn der Verletzte viel Flüssigkeit erhält. Der Urin ist konzentriert, trübe, dunkelbraun oder blutig gefärbt infolge der Ausscheidung von Muskelpigment (Myoglobin), das aus den gequetschten Muskeln in den Blutkreislauf gelangt. Die Urinreaktion wird sauer. Im Urin findet man Eiweiß (bis zu 6—12%), frische und ausgelaugte Erythrocyten, die verschiedenen Zylinder, Schollen von Myoglobin, Kreatin; der Harnstoffgehalt ist vermindert, während der Gehalt an Chloriden ansteigt.

Der Reststickstoffgehalt im Blutserum nimmt allmählich zu (Azotämie); Vergrößerung der Erythrocytenzahl und Haemoglobinerhöhung sind Zeichen der Bluteindickung. Schon in den ersten Tagen nach dem Trauma treten starke Störungen der antitoxischen Leberfunktion auf, zum Beispiel völliges Fehlen der Hippursäuresynthese u. a. (A. J. Pytel').

Je nach Grad und Dauer der Weichteilquetschung ist die Frühperiode des Kompressionssyndroms mehr oder weniger ausgeprägt. War die Quetschung kurzdauernd und der in Mitleidenschaft gezogene Bezirk relativ klein, so sind die Symptome der Frühperiode weniger deutlich zu sehen, die haemodynamischen Verschiebungen und die Störungen der Nieren- und Leberfunktion bleiben häufig sogar unbemerkt.

Bei langdauernder Quetschung großer Kompressionsflächen sind die Symptome der Frühperiode wesentlich deutlicher; unter ständigem Fortschreiten der Erkrankung sterben die Opfer schon am 1.—2. Tag an der starken haemodynamischen Zerrüttung. Nur bei rechtzeitiger Behandlung gelingt es, manche Patienten aus dem schlechten Zustand herauszuholen und den Blutdruck zu heben. Jedoch auch diese Besserung ist manchmal nicht von Dauer.

Die *Zwischenperiode* beginnt 3—4 Tage nach dem Trauma und ist durch eine progressive akute Niereninsuffizenz gekennzeichnet. Die Nierenschädigung hängt von besonderen Stoffen im Blut der gequetschten Extremität ab, die eine dauernde

[1] In manchen Fällen ist kein allmählicher, sondern ein schneller Abfall des Blutdrucks gleich nach Beseitigung der Kompression zu beobachten.

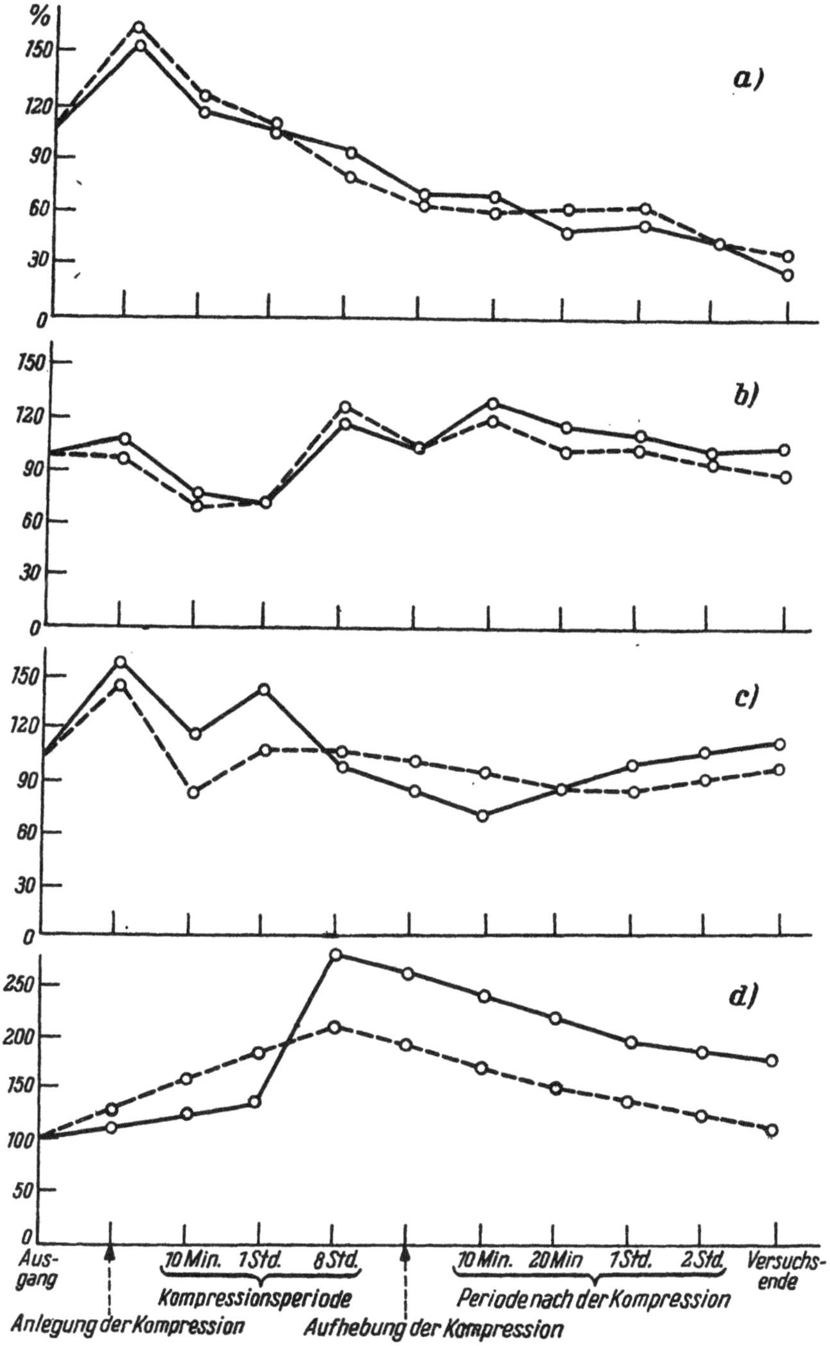

Abb. 76. Blutdruck (*a*), Pulsfrequenz (*b*), Atemfrequenz (*c*), Leukocytenzahl (*d*), von nichtbestrahlten und bestrahlten Hunden bei Quetschung der Weichteile (nach E. A. KOVALENKO).

Ausgezogene Linie – nichtbestrahlte Tiere, gestrichelte Linie – bestrahlte Tiere

Oligurie hervorrufen (M. I. KUZIN). Von Bedeutung sind in der Pathogenese der Nierenschädigung die reflektorischen Gefäßspasmen der Nierenrinde, die Ansammlung von Myoglobin in den Nierenkanälen, die erhöhte Säuerung des Urins u. a.

Die Schmerzen in der betroffenen Extremität verlieren an Intensität, auch die Ödeme gehen zurück. Dafür entstehen manchmal Kreuzschmerzen, die offensichtlich von der Spannung der fibrösen Nierenkapsel durch die sich in den Nieren abspielenden pathologischen Prozesse herrühren. Der Puls ist beschleunigt, der Blutdruck normal oder sogar etwas erhöht. Die Temperatur steigt auf 37,5 bis 38°.

Die Urinmenge verringert sich von Tag zu Tag, in einzelnen Fällen bis zur völligen Anurie. Im Urin findet man die gleichen pathologischen Veränderungen wie schon am Ende der Frühperiode, jedoch in ausgeprägtem Maße.

Im klinischen Bild spielen auch die Leberfunktionsstörungen (antitoxische Funktion u. a.) eine große Rolle, wie A. J. PYTEL' gezeigt hat. Thrombosen werden nicht beobachtet, aber die Azotämie nimmt laufend zu; der Reststickstoff im Blut erreicht 200—300 mg %.

Es ist zu beachten, daß in leichten Fällen die Nierenfunktionsstörung in der Zwischenperiode nur durch Urin- und Blutuntersuchungen festgestellt werden kann (Reststickstoff). Gewöhnlich wird am 4.—5. Tag der Allgemeinzustand wesentlich schlechter. Es treten Erbrechen, Bewußtseinsstörungen, manchmal auch allgemeine Ödeme auf. Wenn sich die Nierenfunktion nicht bessert, stirbt der Verletzte 8—10 Tage nach dem Trauma an azotaemischer Urämie.

In weniger schweren Fällen und bei richtiger und rechtzeitiger Behandlung kommt die Nierenfunktion nach 7—9 Tagen wieder in Ordnung, und der Patient gesundet.

Die *Spätperiode* beginnt 10—12 Tage nach dem Trauma, sie ist durch Veränderungen in dem verletzten Körperteil selbst gekennzeichnet.

Der Allgemeinzustand des Patienten bessert sich in dieser Periode im allgemeinen und ist gewöhnlich befriedigend.

Die Extremitätenödeme werden fast völlig resorbiert, aber die Schmerzen werden stärker und nehmen als Folge einer traumatischen Neuritis einen brennenden Charakter an.

An den Stellen der stärksten Quetschung bilden sich allmählich begrenzte Hautnekrosen. Nach Abstoßung der nekrotischen Teile entstehen Hautdefekte, durch die die abgestorbene Muskulatur herausdrängt. Sehr häufig kommt eine sekundäre Infektion hinzu, die schwere Phlegmonen mit Nekrose und Abstoßung von Muskelgewebe verursacht. Nach Beruhigung der eitrig-nekrotischen Prozesse wird das abgestorbene Gewebe durch Narbengewebe ersetzt. An der geschädigten Extremität kommt es zu Muskelatrophie und Narbenkontrakturen.

Wie nicht anders zu erwarten, beobachtet man sogar bei manchmal mehrstündiger Quetschung der Extremität relativ selten eine Gangrän. Auch ausgedehnte Nekrosen sind selten. Charakteristisch für das Kompressionssyndrom sind also begrenzte Weichteilnekrosen. Falls sich eine Gangrän der Extremität entwickelt, machen sich die ersten Anzeichen gewöhnlich 3—4 Tage nach dem Trauma bemerkbar; die Gangrän schreitet rasch fort und führt zu einer starken Verschlechterung des Allgemeinzustandes.

Gewöhnlich 20—30 Tage nach dem Trauma entwickeln sich häufig eine ausgeprägte Anämie und eine neutrophile Leukocytose, die von den Resorptions- und Entzündungsprozessen im Verletzungsbereich herrühren.

Differentialdiagnose. Das Kompressionssyndrom muß anfangs hauptsächlich gegen den traumatischen Schock diagnostisch abgegrenzt werden, später gegen die anaerobe Infektion. Eine rasche Diagnose des Kompressionssyndroms macht es (außer der klinischen Beobachtung) erforderlich, die 24-Stunden-Diurese zu kontrollieren, den Urin zweimal täglich zu untersuchen, ferner Blutuntersuchungen auf Reststickstoff und Funktionsprüfungen der Leber vorzunehmen.

Die *Prognose* des Kompressionssyndroms hängt von der Dauer und dem Grad der Kompression und der Größe des gequetschten Bezirkes ab. Vom Gesichtspunkt des klinischen Verlaufs und der Prognose unterscheidet man zweckmäßigerweise zwei Formen des Kompressionssyndroms: die blitzartige und die akute Form.

Bei der blitzartigen Form entwickelt sich das klinische Bild sehr schnell, in 12—30 Stunden nach der Bergung des Verletzten aus den Erdmassen, Ruinen usw., und die Opfer sterben gewöhnlich innerhalb von 1—2 Tagen unter schockähnlichen Erscheinungen. Bei der akuten Form treten die Anzeichen einer Nieren- und Leberinsuffizienz und einer progressiven Intoxikation gewöhnlich am Ende der ersten Woche in Erscheinung und entwickeln sich nicht so schnell wie bei der blitzartigen Form. Viele Patienten mit akuter Form des Kompressionssyndroms sind zu retten; ein Teil stirbt allerdings nach 8—10 Tagen an Urämie. Prognostisch sehr günstig ist eine ausreichende und steigende Diurese und der schnelle Rückgang der Azotämie zu werten.

Die Sterblichkeit ist sehr hoch, sie erreicht 66—75% (N. N. Elanskij, A. J. Pytel', E. Bywaters). Neuere Ergebnisse zeigen allerdings schon eine geringere Letalität. So starben nach Angaben von M. I. Kuzin (1959) von 114 Patienten mit Kompressionssyndrom 34 (29,8%).

Bei der Sektion werden gewöhnlich Blutungen, Nekrose- und Degenerationsherde in der Muskulatur des verletzten Körperteils, Hyperämie und Ödeme der Lunge, der Magen- und Darmschleimhaut ohne sonstige wesentliche mikroskopische Veränderungen gefunden. Die gröbsten pathologischen Veränderungen finden sich in den Nieren (in Form einer akuten interstitiellen serös-hämorrhagischen Nephritis) und in der Leber (fettige Degeneration, Blutaustritte u. a.).

Eine Kompression der oberen Extremitäten hat eine bessere Prognose als die der unteren, die Schädigung zweier Extremitäten natürlich schlechtere Aussichten als die Kompression nur einer Extremität.

Bei richtiger und rechtzeitiger Behandlung kommt es im Mittel nach $1^1/_2$—2 Monaten zur Heilung.

Natürlich beschäftigt uns hier besonders die Frage der kombinierten Schäden, d. h. die Kombination des Kompressionssyndroms mit Strahlenkrankheit. Leider fand diese neue und wichtige Frage bisher in der Literatur wenig Beachtung. Es wird immer nur kurz auf die Möglichkeit und Wichtigkeit dieser Kombination hingewiesen. Erst in jüngster Zeit (1957) erschien zu dieser Frage eine grundlegende Untersuchung von E. A. KOVALENKO.

Bei seinen zahlreichen Versuchen an bestrahlten Hunden (350 r) zeigte sich, daß die Strahlenkrankheit bei Tieren, die einer Gewebskompression ausgesetzt wurden, schwerer verlief und schnell zum Tode führte. Allerdings hatten diese Hunde in den ersten Tagen eine größere Überlebungsrate als nichtbestrahlte. Der Autor erklärt dies mit der stimulierenden Wirkung der ionisierenden Strahlen auf eine Reihe von Organfunktionen, vor allem auf die Funktionen des Zentralnervensystems.

Die *Behandlung* des Kompressionssyndroms muß komplex sein, d. h. aus einer ganzen Reihe von Behandlungsmaßnahmen bestehen, die in den verschiedenen Perioden des klinischen Bildes unterschiedlich sind. Sie sollen die Beseitigung des Schmerzreizes und des lokalen toxischen Herdes, die Liquidierung der haemodynamischen Störungen, die Verringerung der Intoxikation und der Plasmorrhoe und auch eine Einwirkung auf die geschädigten Nieren und die Leber zum Ziele haben. Je früher die Behandlung beginnt, desto schneller lassen sich natürlich die im Organismus auftretenden Störungen beseitigen und die Entwicklung einer akuten Niereninsuffizienz verhindern.

Frühperiode. In dieser Periode sind eine Reihe von Antischockmaßnahmen gegen die pathologischen Erscheinungen einzuleiten, die in gewissem Grade an die des traumatischen Schocks erinnern. Dabei ist die Spezifik zu berücksichtigen, die von der Eigenart des Traumas und dem Charakter der sich anbahnenden Störungen abhängt.

Zur Verringerung des Zustroms von Schmerzimpulsen und zur Verlangsamung der Resorption der toxischen Zerfallsprodukte muß die verletzte Extremität unbedingt ruhiggestellt werden, auch Narcotica sind zu geben (Morphininjektionen u. a.). Experimentell ist die Zweckmäßigkeit der futteralen Novocainblockade oberhalb der Kompressionsstelle (M. G. DANILOV) und der intravenösen Injektion von 0,25%iger Novocainlösung erwiesen, die zeitweise die Interorezeptoren der verletzten Muskeln und des Gefäßbettes ausschalten, den Zustrom von afferenten Impulsen zum Zentralnervensystem verringern und damit die Entwicklung pathologischer Erscheinungen verhüten (V. P. BESPALKO).

Zur Verbesserung des Blutkreislaufs soll die verletzte Extremität hoch gelagert werden. Zur Verminderung des arteriellen Spasmus werden subcutane Injektionen von Atropin (0,001) und Papaverin (0,01) oder Alkohol peroral empfohlen.

Zur Hemmung der Autolyseprozesse, Herabsetzung des örtlichen Stoffwechsels in den ischämischen Geweben und Verringerung der Resorption der Giftstoffe und der Intoxikation empfehlen manche Autoren, vom ersten Tag des Traumas an die verletzte Extremität in Eis oder Schnee zu packen (A. J. PYTEL', F. M. ALLEN u. a.). Die Abkühlung der Extremität soll möglichst zeitig und für 2—3 Tage erfolgen, wobei alle 4—5 Stunden die Eisbeutel abgenommen werden und die Extremität sich für 2—3 Stunden „erholen" kann. Eine Reihe Autoren behauptet, daß sich mit dieser Maßnahme Amputationen manchmal vermeiden lassen. Jedoch begegnet die Zweckmäßigkeit solcher Maßnahmen bei anderen Chirurgen erheblichem Zweifel, da die Kälte gleichzeitig ungünstig auf die Gewebstrophik wirkt.

Andere Autoren (D. PATEY u. a.) empfehlen, die Extremität sofort nach der Befreiung aus der Kompression mit einer elastischen Binde zu umwickeln und diese erst allmählich zu lockern, damit die Toxine langsam und in geringer Menge resorbiert werden und keine plötzliche Intoxikation hervorrufen.

Gegen die Störungen der Hämodynamik sind Infusionen von Blut, Plasma[1], Serum, Blutersatz- und Antischocklösungen[2] angebracht.

Bei Schwäche der Herztätigkeit sind Herzmittel (Kampfer, Coffein u. a.) zu geben.

Zur Verringerung der Acidose und Verhütung der Verstopfung der Nierenkanälchen durch Myoglobin verordnet man Natriumbicarbonat peroral (2 g alle 3—4 Stunden), bis die Urinreaktion alkalisch wird. Die Gabe von alkalischen Lösungen hat große Bedeutung und sollte nach Möglichkeit schon am Verletzungsort angewandt werden. Nötig ist auch reichliches Trinkenlassen (4—5 l pro Tag) oder Verabreichung von Flüssigkeit auf beliebigen anderen Wegen.

Bei Oligurie nimmt man eine doppelseitige lumbale Blockade nach A. V. VIŠNEVSKIJ vor. Zur Erhöhung der antitoxischen Leberfunktion und zur Bekämpfung der Toxämie sind intravenöse Infusionen von 40%iger Glucoselösung mit Insulin notwendig, ebenso Gaben von Vitamin B_1. Bei Sauerstoffmangel in den Geweben im allgemeinen und Nieren-Leberanoxie ist eine Sauerstofftherapie durch Inhalation oder subcutane Injektion von Sauerstoff angezeigt.

In der Behandlung der Verletzten mit Kompressionssyndrom nehmen physische und psychische Ruhe und die Ausschaltung von Schmerzreizen einen wichtigen Platz ein. Notwendig ist auch die Anwendung von Antibioticis. Die Anwendung von Sulfanilamidpräparaten ist nicht zu empfehlen, da sie die Hämaturie verschlimmern und die Diurese verringern können.

In letzter Zeit wurden zur Behandlung des Kompressionssyndroms auch manche Ganglionblocker (Aminasin, Chlorpromazin u. a.) und Antihistaminpräparate eingesetzt.

Jedoch bedarf diese neue Frage weiterer Forschung, dies um so mehr, als kürzliche Untersuchungen von E. A. KOVALENKO keine besondere Wirksamkeit der neuroplegischen Stoffe zeigten. Offensichtlich hängt dies mit der hypotensiven Wirkung und der Störung der reflektorischen Regulierung des Gefäßtonus bei Verwendung dieser Stoffe zusammen.

Zur Behandlung des Kompressionssyndroms im Frühstadium empfiehlt E. A. KOVALENKO eine komplexe Methode, die die Anlegung einer Blutleerbinde, Novocainblockade, lokale Kühlung, Transfusion von Blut und Blutersatzflüssig-

[1] Bei Zeichen von Niereninsuffizienz sind Blut- und Plasmatransfusionen kontraindiziert.

[2] Mit Ausnahme von physiologischer Kochsalzlösung, die in diesen Fällen nutzlos, manchmal sogar schädlich ist.

keiten nach I. R. PETROV mit einer Vitaminmischung und die Gabe von narkotischen Mitteln umfaßt. Bei seinen Versuchen blieben mit dieser Methode 80% der Tiere am Leben (bei 100% Letalität in den Kontrollversuchen).

Zwischenperiode. Bei akuter Niereninsuffizienz greift man zur intravenösen Injektion einer 2%igen Natriumbicarbonatlösung (200—300 ml), 5%iger Glucoselösung (500 ml), 0,5%iger Novocainlösung (10—20 ml) 2- bis 4mal täglich und zur Anwendung harntreibender Mittel, die, wie einige Untersuchungen beweisen, die Ausscheidung von Harnstoff und anderen Schlacken fördern und die Reparations- und Kompensationsprozesse erleichtern.

In schweren Fällen muß man zur Dekapsulation der Nieren schreiten. Diese Operation ist vorzunehmen, bevor die Nieren ihre Tätigkeit ganz eingestellt haben und es zur Entwicklung urämischer Zustände gekommen ist. Kürzlich erschienen Berichte über günstige Behandlungserfolge bei Crushsyndrom mit der „Künstlichen Niere“ (K. HOIGNE, A. ESSELIER) und durch Bauchhöhlenspülungen mit physiologischer Kochsalzlösung über Drainagen in der Unterbauchgegend (SNUPPER, LEITER u. a.) (nach M. I. KUZIN).

Zur Verringerung der Resorption der toxischen Zerfallsprodukte und der Ödemflüssigkeit aus den gequetschten Geweben („traumatische Toxikose“) und zur Herabsetzung der Gewebskompression durch das austretende Plasma sind breite und tiefe Incisionen der gequetschten Körperteile mit unbedingter Durchtrennung der fascia propria profunda und Eröffnung der Fascienhüllen vorzunehmen. Die dabei entstehenden breiten Wunden werden tamponiert (möglichst mit Tampons, die mit hypertonischer Kochsalzlösung oder Magnesiumsulfat getränkt sind). Bei solchen Incisionen oder anderen offenen Verletzungen ist die Anwendung von Penicillin und anderen Antibioticis unbedingt erforderlich.

Davon ausgehend, daß die allgemeine Intoxikation und die Schädigung der Nieren sowie der Leber beim Kompressionssyndrom durch die ischämische Muskelnekrose verursacht werden, empfiehlt eine Reihe von Autoren einen radikaleren Eingriff, nämlich die Frühamputation der verletzten Extremität innerhalb der ersten 3—4 Tage. Damit verhütet man die Resorption von autolytischen Zerfallsprodukten und die Intoxikation des Organismus (E. BYWATERS u. a.). Wenn bei der oben dargelegten konservativen Behandlung, inklusive breiter Incisionen, in 2—3 Tagen der erhoffte Effekt nicht eintritt, darf man mit der primären Amputation nicht zögern, da sie dann die einzige Möglichkeit zur Rettung darstellt. Eine Spätamputation — wenn bereits Symptome einer Nieren- und Leberschädigung vorliegen — kann in der Regel den Patienten nicht mehr retten.

Spätperiode. Wunden, die durch die Entspannungsschnitte oder durch Abstoßung von nekrotischem Gewebe entstehen, werden nach allgemeinchirurgischen Regeln behandelt. Bei schlecht granulierenden Wunden oder Ulcerationen sind plastische Operationen angezeigt.

Zur Anregung der Resorption von Ödemen, Blutungen und entzündlichen Infiltraten sind entsprechende physiotherapeutische Maßnahmen angebracht (Wärmeanwendungen, Paraffin- und Schlammpackungen). In den recht seltenen

Fällen von Gangrän distaler Extremitätenabschnitte ist die Amputation im Gesunden indiziert. Dabei ist im Augen zu behalten, daß die Spätamputation (24—36 Stunden nach der Bergung aus den Schuttmassen) die Urämie nicht mehr verhüten kann (N. N. ELANSKIJ). Bei sekundärer Anämie sind Transfusionen von Blut oder Erythrocytenmasse (100—150 ml) angezeigt.

Selbst wenn es glückt, die Extremität zu erhalten, so erweist sie sich meist als funktionell minderwertig (eingeschränkte Beweglichkeit u. a.). Physiotherapeutische Kuren und Heilgymnastik sind deshalb unumgänglich.

Bei der Behandlung kombinierter Schäden, d. h. bei Kompressionssyndrom mit Strahlenkrankheit, ist folgendes zu beachten:

1. Reichliche und häufige Flüssigkeitszufuhr in den ersten zwei Tagen (mindestens 3 l pro Tag).
2. Anwendung von Antibioticis vom ersten Tage an.
3. Bei relativ geringen Quetschungen ohne stürmische Ödembildung Vermeidung von Entlastungsschnitten, besonders bei schwerer Strahlenkrankheit. Sind Entlastungsschnitte indiziert, so sollen diese unmittelbar nach Beseitigung der haemodynamischen Störungen vorgenommen werden; bei leichter Strahlenkrankheit nach Rückgang der Ödeme, sonst 6—7 Tage vor der Höhepunktsperiode, ist die Sekundärnaht der Incisionen angezeigt.
4. Bei sehr schweren Schädigungen und in Fällen von schon früh erkennbaren Gewebsnekrosen Indikation der primären Amputation.
5. Bei mittlerer und schwerer Strahlenkrankheit sehr enge Indikation zur Nierendekapsulation.

XII

Prognose der kombinierten Strahlenschäden

Die Prognose der kombinierten Strahlenschäden wird natürlich einerseits durch Verlauf und Ausgang des mechanischen oder thermischen Traumas und andererseits durch Verlauf und Ausgang der Strahlenschädigung beeinflußt. Wie schon erwähnt, verschlechtert bei kombinierten Strahlenschädigungen das mechanische (oder thermische) Trauma den Ausgang und Verlauf der Strahlenschädigung und umgekehrt. Die Folgen und die möglichen Endausgänge bei mechanischen und thermischen Traumen sind recht gut erforscht, vielfach beschrieben und jedem Chirurgen bekannt. Wir brauchen uns deshalb in diesem Kapitel nur mit der Prognostik der kombinierten Schäden zu beschäftigen, soweit sie von der Einwirkung ionisierender Strahlung oder den Eigenheiten des Strahlenschadens selbst abhängt.

Bevor wir jedoch darauf eingehen, möchten wir einige allgemeine Zahlen über die Sterblichkeit unter den Atombombenopfern in Japan anführen. Die Sterblichkeit hängt von vielen Faktoren ab, besonders vom Abstand vom Epizentrum der Explosion, vom Bodenrelief, von der Deckung, von der Art der Schädigungen selbst u. v. a.

In einem Radius von 1 km betrug die Letalität praktisch 100%. In 1,5 km Abstand erreichte sie immer noch 50%, bei noch größerem Abstand nahm sie schnell ab. Jedoch wurden auch noch in 2 km Abstand vom Epizentrum Todesfälle beobachtet. Wie zu erwarten, war unter denen, die sich ganz ungeschützt unter freiem Himmel befanden, die Sterblichkeit am größten. Von dieser Gruppe starben in 1,5 km Abstand 95%, in 2 km Abstand 50%.

Holzbauten stellten einen gewissen Schutz dar, besonders bei einem Abstand von mehr als 1,5 km. Im 1-km-Bereich erreichte die Sterblichkeit jedoch auch in dieser Gruppe 98%. Im 1,5- bis 2-km-Abstand betrug die Sterblichkeit in dieser Gruppe insgesamt 1%, jedoch waren auch noch im Radius von 2—2,5 km einige Todesfälle zu beklagen. Verbrennungen und mechanische Verletzungen hatten etwa gleichen Anteil an der hohen Sterblichkeit im Abstand von 0,5—1 km. Außerhalb dieses Bereiches war die Sterblichkeit an Verbrennungen noch hoch, die mechanischen Verletzungen waren jedoch weniger schwerwiegend. Das Fehlen entsprechender Behandlung, das Hinzutreten der Strahlenkrankheit und eine Reihe anderer Faktoren erhöhen die Sterblichkeit unter den Verbrennungsverletzten.

In den Verletzten-Gruppen im Abstand von 0—1 km vom Epizentrum der Explosion trat der Tod bei mehr als der Hälfte (53%) in den ersten 2 Wochen ein,

$^2/_3$ (64%) starben in den ersten drei Wochen. Von den Verletzten aus der 1- bis 1,5 km-Zone starben 27% oder $^1/_4$ der Gesamtzahl innerhalb von 2 Monaten nach der Explosion. Die kleine Zahl von Todesfällen unter den Verletzten, die sich in 1,5—2 km und 2—3 km vom Explosionszentrum befunden hatten, verteilt sich gleichmäßig auf den 2. und 3. Monat. Diese Erscheinung läßt sich folgendermaßen erklären: Bei geringem Abstand vom Epizentrum führte die Kombination von mechanischem Trauma, Verbrennungen und intensiver Bestrahlung schnell zum Tod, während bei mehr als 1 km Abstand die Verbrennungen und Verletzungen nicht so schwer waren, die Strahlenwirkung jedoch zum Spättod führte.

Rund 65% der Menschen mit Verbrennungen starben innerhalb der ersten 2 Wochen, von den mechanischen Traumen in der gleichen Zeit 50%. Im Hinblick auf die Angaben einiger Autoren, daß ein mechanisches Trauma selten nach dem ersten Tag zum Tode führt, und da die obenangeführten Todesziffern bei Verbrennungen und Verwundungen die gleichen sind, läßt sich vermuten, daß der für beide Gruppen gemeinsame, den Ausgang bestimmende Faktor die schwere Strahlenschädigung ist (A. Bauer, J. N. Crawford, G. V. Le Roy, Ch. Sillevaerts, R. Shirabe, Th. Sears, S. Warren, M. Tsuzuki u. a.).

Die akute Strahlenkrankheit kann enden: mit voller klinischer Wiederherstellung, unvollständiger Heilung mit verschiedensten Resterscheinungen, Komplikationen und Folgen, tödlichem Ausgang, der gewöhnlich als Folge der schweren Intoxikation, der Anämie, von Blutungen und infektiösen Komplikationen eintritt.

Nach dem Zeitpunkt des Todes unterscheiden C. L. Prosser und andere Autoren im Tierversuch 4 Typen des tödlichen Ausgangs:

1. den „unmittelbaren Tod“ oder „Blitztod“, den P. D. Gorizontov auf die zahlreichen Blutungen im Zentralnervensystem zurückführt;
2. den „schockähnlichen Tod“ in den ersten 48 Stunden nach der Bestrahlung;
3. den „Frühtod“ nach 4—6 Tagen;
4. den „akuten Strahlentod“ nach 9—21 Tagen, dessen Ursache nach Meinung von P. D. Gorizontov im wesentlichen die Blutung und die anschließende Infektion sind.

Später (nach 20—30 Tagen) sind seiner Meinung nach die häufigsten Todesursachen die zunehmende Anämie und die Entwicklung tiefgreifender dystrophischer Prozesse infolge irreversibler Veränderungen im Zentralnervensystem.

Offensichtlich werden Prognose und Spätfolgen der Strahlenkrankheit, und deshalb auch der kombinierten Strahlenschäden, durch eine ganze Reihe physikalischer und biologischer Faktoren bestimmt. Dabei sind Dosis und Art der Strahlung, Ausgangszustand des Organismus, Dauer der Latenzperiode und Schwere des klinischen Verlaufs der Strahlenkrankheit von entscheidender Bedeutung. Auf Ausgang und Spätfolgen der Strahlenkrankheit haben auch Alter, Geschlecht, Zeit der Erkrankung, Begleitkrankheiten, Hinzukommen thermischer und mechanischer Verletzungen und manches, was hier nicht berücksichtigt werden konnte, erheblichen Einfluß. So zeigen statistische Erhebungen, daß in einem Abstand von 1 km vom Epizentrum der Explosion die Sterblichkeit unter Frauen etwas geringer ist als bei Männern, daß dieser Unterschied sich aber bei größerem Abstand ausgleicht. Am größten war die Sterblichkeit der Kinder und alten Leute.

Bei Strahlenkrankheit 1. Grades ist die Prognose im allgemeinen günstig. Bei Strahlenkrankheit 2. Grades sieht die Prognose, wenn keine infektiöse Komplikation dazukommt, nicht schlecht aus. Bei Strahlenkrankheit 3. Grades ist die Prognose sehr ungünstig. Bei Ganzkörperbestrahlung mit hohen Dosen ist der Ausgang fast immer letal.

Einen wesentlichen Einfluß auf den Ausgang der akuten Strahlenkrankheit hat die Ausprägung der klinischen Krankheitssymptome. Von den primären Symptomen bedingen frühzeitiges Auftreten von Erbrechen, Ohnmacht, Adynamie, Cyanose eine ungünstige Prognose: in der Latenzperiode: Blutbildveränderungen (Linksverschiebung der Leukocyten) und besonders Thrombopenie, Durchfall; in der Höhepunktsperiode der Krankheit: Adynamie, Erschöpfung, Blutungen, Blutaustritte, Herz- und Kreislaufinsuffizienz, Hemmung der Blutbildung, Intoxikation, Nekrosen, Pneumonien usw.

Bei der Prognose der Strahlenkrankheit muß dem Ausgangszustand des Organismus entscheidende Bedeutung beigemessen werden. Ein erschöpfter, geschwächter Organismus erträgt die Strahlenkrankheit schlecht; schon relativ geringe Strahlendosen können in diesen Fällen schnell zum Tode führen. Stürmische Entwicklung der Strahlenschädigung (katastrophaler Gewichtsverlust, schnelles Einsetzen der Leukopenie, Intoxikation des Organismus, Durchfall und andere Symptome), kurze oder fehlende Latenzperiode bei ausgeprägten, schweren Frühsymptomen verschlechtern die Prognose erheblich. Prognostisch schlecht ist auch eine früh einsetzende Temperaturerhöhung. Eine große Hilfe für die Prognose einer Strahlenkrankheit leisten Hinweise auf den Schädigungsgrad der Blutbildungsorgane, besonders die Geschwindigkeit des Einsetzens der Leukopenie und Anämie. Eine lange bestehende Leukopenie setzt die immunbiologischen Reaktionen und die Widerstandsfähigkeit des Organismus gegen Infektionen stark herab und kann viele schwere Komplikationen nach sich ziehen (Tuberkulose, Pneumonie, Enterokolitis usw.) und wirkt sich ungünstig auf die Prognose aus.

Wichtige prognostische Bedeutung bei akuter Strahlenkrankheit haben die Werte der phagocytären Leukocytenaktivität (V. J. Lavrik), Zytogramme aus dem Wundexsudat und von Hautproben mit Trypanblau (O. A. Bogomolec). Starke Verminderung der phagocytären Leukocytenaktivität und Absinken der Zellzahl im Wundexsudat führen zur Minderung der Widerstandsfähigkeit des Organismus und sprechen für eine schlechte Prognose.

Für die Beurteilung der Schwere und der Prognose der Strahlenkrankheit hat ferner der Grad der funktionellen Störungen im Zentralnervensystem Bedeutung. Bei schweren Formen bleiben die neurologischen Symptome lange Zeit ausgeprägt (erhöhte Reizbarkeit, Erschöpfung, trophische Störungen usw.). Einige prognostische Bedeutung haben auch Grad und Art des radiogenen Haarausfalls.

Die Kombination von Strahlenkrankheit mit Traumen und Verbrennungen verringert natürlich die Heilungsaussichten. Bei ausgeprägter Anämie und Leukopenie erhöht sich die Sterblichkeit der kombinierten Schäden erheblich, besonders wenn sie infiziert sind; ohne sekundäre Infektion ist die Prognose immer günstiger.

Prognostisch günstig zu werten sind bei Strahlenkrankheit schneller Rückgang der klinischen Symptome, Besserung des Appetits, Nachlassen der dyspeptischen Störungen, allmähliches Ansteigen der Leukocyten-, Lymphocyten-, Thrombocyten- und Reticulocytenzahlen, Rückgang der Temperaturen, Zunahme der Diurese, Rückgang der Blutsenkungsgeschwindigkeit usw. (G. A. Levčuk, V. J. Lavrik).[1]

Fälle von Heilung nach kombinierter Strahlenschädigung mit den verschiedenartigsten Resterscheinungen, Komplikationen und Folgen (manchmal sehr späten) sind von erheblichem Interesse und großer praktischer Bedeutung. Allerdings konnten die Spätfolgen der Strahlenkrankheit bisher noch durchaus nicht vollständig erforscht werden, aber vieles ist doch schon recht gut bekannt. Man darf nicht vergessen, daß, obwohl seit den Atombombenexplosionen in Japan schon viele Jahre vergangen sind, sich auch jetzt noch kein endgültiges Fazit über die Zahl der Opfer und die Art der Erkrankungen, die von den Atombombenexplosionen herrühren, ziehen läßt, da im Laufe der Zeit immer neue pathologische Zustände beobachtet werden, deren Erforschung auch heute weitergeht (A. V. Kozlova). Manche Autoren schlagen deshalb vor, alle Personen, die irgendwann einer Bestrahlung ausgesetzt waren, zeit ihres Lebens unter ärztlicher Kontrolle zu halten, um irgendwelche Spätfolgen der Strahlenschädigung aufzudecken (Myoshi u. a.).

Heute sind die möglichen und sehr verschiedenartigen Komplikationen und Folgen der Einwirkung ionisierender Strahlung recht gut bekannt. Hierzu gehören zum Beispiel die verschiedenen Resterscheinungen von Schäden des Nervensystems, der Blutbildungsorgane und vieler anderer Organe und Systeme. Insbesondere gibt es eine recht umfangreiche Literatur über die Folgen der Atombombenexplosionen in Japan (A. V. Kozlova, N. Kusano, K. Myoshi u. a.). Von diesen verschiedenen Komplikationen und Folgen interessieren uns besonders die, mit denen der Chirurg manchmal zu tun hat.

Zu diesen „chirurgischen" Komplikationen oder Folgen der Einwirkung ionisierender Strahlung gehören die verschiedenen Hautschäden (Verbrennungen, chronische Geschwüre, Hautkrebs, Keloide), Knochenschäden (Strahlennekrosen, Spontanfrakturen, Osteosarkome) und manches andere.

In der Pathogenese der jeweiligen Strahlenkomplikationen spielen physikalische und biologische Faktoren eine große Rolle.

Chirurgische Komplikationen (Verbrennungen, Geschwüre) können recht bald nach Einwirkung hoher Strahlendosen aus äußeren Strahlenquellen auftreten

[1] Die Organisation der medizinischen Versorgung bei Massenkatastrophen. Unter der Redaktion von A. E. Minenko, Kiew 1957, S. 161–163.

(z. B. Röntgen- oder Radiumstrahlen, Atomexplosionen usw.). Freilich wurden in Japan auch Spätfolgen (nach 3—4 Jahren) bei Atombombenopfern beobachtet, die sich in der Nähe der Explosion befunden hatten. Andere chirurgische Komplikationen (Knochennekrosen, Frakturen, Osteosarkome, Hautkrebs) entstehen langsam und gewöhnlich bei Dauer- oder häufiger Einwirkung kleiner Strahlendosen. Folgen äußerer Dauerbestrahlung sind meist Hautveränderungen, die innerer Dauerbestrahlung Knochenschäden.

Zu den Strahlenschäden der Haut gehören: Verbrennungen, Geschwüre und Krebs. Die Verbrennungen durch ionisierende Strahlung wurden schon oben beschrieben (s. Kap. IX). Es wird deshalb hier nur noch eine kurze Beschreibung der Hautkrebse und Geschwüre gegeben, die im wesentlichen Späterscheinungen der Hautreaktion auf Bestrahlung sind (nach M. N. Pobedinskij und J. K. Kudrickij).

Hautgeschwüre nach Einwirkung ionisierender Strahlung können ganz früh oder erst nach Monaten und sogar Jahren entstehen. Im ersten Fall spricht man von einer Strahlenverbrennung 4. Grades oder einer ulcerösen Dermatitis (s. Kap. IX), So wurde bei zwei japanischen Fischern, die der Einwirkung der radioaktiven „Bikiniasche" (s. S. 230) ohne Kopfbedeckung ausgesetzt waren, schon in den nächsten Tagen die Haut des ganzen Scheitels nekrotisch. Es bildeten sich schmerzhafte Geschwüre mit flachen, schlaffen Granulationen.

Im zweiten Fall handelt es sich um die sogenannten Strahlenspätschäden, die erst Monate oder sogar Jahre nach der Einwirkung ionisierender Strahlung manifest werden. Dazu gehören die Spätnekrosen und Ulcerationen der Weichteile, die sich vorwiegend in atrophischer, narbig veränderter und sklerosierter Haut mit Störungen der Innervation und der Blutversorgung durch Gefäßobliteration bilden (G. A. Zubovskij, Gocht, H. Karcher u. a.). Solche Spätnekrosen und Ulcerationen sind meist Folgen kombinierter Schäden, d. h., sie rühren nicht allein von der vorangegangenen Strahleneinwirkung, sondern auch von den zusätzlichen thermischen, mechanischen oder chemischen Reizen her.

Für die Strahlenspätnekrosen und -geschwüre sind die langsame Abstoßung der nekrotischen Gewebe, die Ausbreitung der Nekrose in die Tiefe (bis auf den Knochen) und qualvolle Schmerzen kennzeichnend, die Schlaf und Ruhe rauben. In einzelnen Fällen brechen solche Geschwüre in Körperhöhlen ein (Pleura, Abdomen usw.) — mit allen daraus entstehenden Folgen für den Patienten. Strahlenspätulcerationen haben wenig Heilungstendenz und können über Monate und Jahre fast unverändert bestehenbleiben. Diese chronischen Strahlengeschwüre müssen zusammen mit den anderen Strahlenschäden der Haut (Hyperkeratosen, Rhagaden, Narben, Hautatrophie) als praecanceröse Zustände aufgefaßt werden, da sich manchmal an diesen Stellen Hautkrebs entwickeln kann (Abb. 77, 78).

Strahlenspätnekrosen und -ulcerationen können Rezidive bestrahlter bösartiger Geschwülste vortäuschen. In diesen Fällen ist deshalb die Differentialdiagnose wichtig. Für die Strahlenspätnekrosen und -ulcerationen ist folgendes typisch: rasche Entwicklung, glatter Rand, gelbgrüner gangränöser Grund, Fehlen von Blutungen, starke Schmerzen u. a. Rezidive bösartiger Geschwülste werden gekennzeichnet durch: langsamere Entwicklung, höckrigen Rand und Grund des Ulcus, Blutungsneigung, brettharte Konsistenz u. a.

Zu den chronischen Hautschäden durch Einwirkung ionisierender Strahlung (auch durch radioaktive Substanzen) gehört der Hautkrebs. Nur selten kommt es zur Entstehung eines Sarkoms.

Der Strahlenkrebs der Haut kommt am häufigsten bei Patienten vor, die lange Zeit mit Strahlen behandelt wurden, und bei Personen, die lange mit ionisierenden

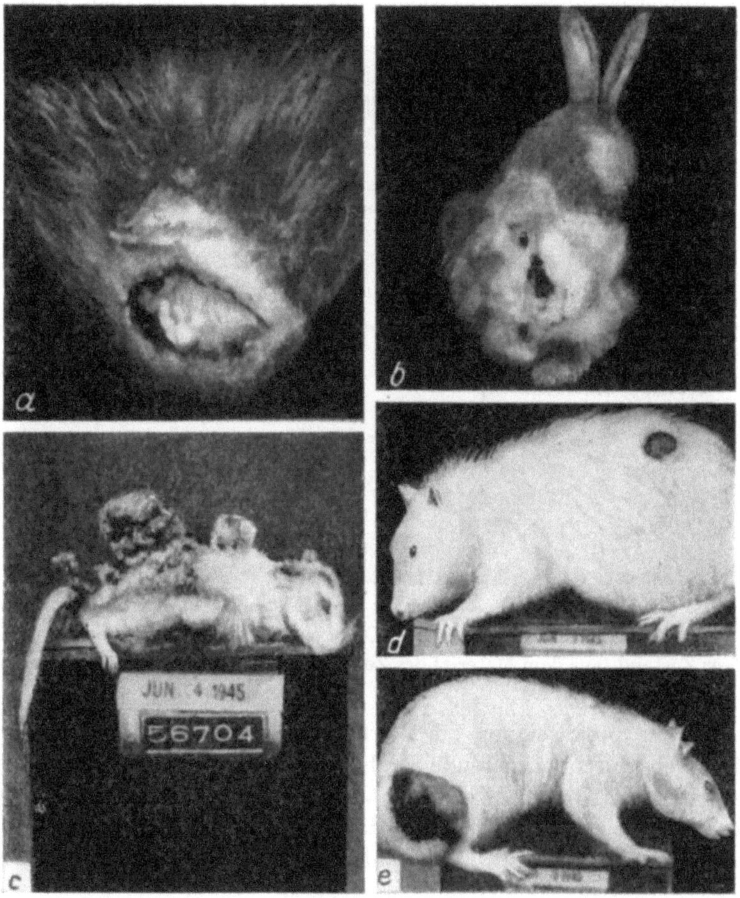

Abb. 77. Epilation, Exulceration und Geschwülste infolge protrahierter Betabestrahlung (nach R. Zirkle).

a — Geschwürsbildung bei einem Kaninchen auf dem Boden einer Nekrose (6 Monate nach örtlicher Bestrahlung mit 30000 rep); *b* — Epilation und hartnäckige Geschwürsbildung bei Kaninchen (10 Wochen nach Ganzkörperbestrahlung mit 7500 rep); *c* — starke Keratose bei der Maus 6 Monate nach Ganzkörperbestrahlung mit 5000 rep. (Dieser Bestrahlungseffekt kommt selten vor); *d* — Geschwulst infolge Ganzkörperbestrahlung mit 4000 rep (10 Monate nach der Bestrahlung); *e* — Geschwulst infolge Ganzkörperbestrahlung mit 5000 rep (10 Monate nach der Bestrahlung)

Strahlenquellen gearbeitet haben. Übrigens hat, wie schon erwähnt, die Häufigkeit solcher bösartiger Geschwülste in den letzten Jahren stark abgenommen. Gewöhnlich entsteht der Strahlenkrebs einige Jahre (im Mittel 5—10 Jahre) nach dem Beginn der Einwirkung ionisierender Strahlung (Röntgen-, Radiumstrahlung u. a.) und stellt häufig das Endstadium einer vorangegangenen chronischen Strahlenschädigung der Haut (chronische Strahlendermatitis u. a.) dar, die ehedem eine Berufskrankheit der Ärzte und anderer Menschen war, die mit Röntgen- und Radiumstrahlung zu tun hatten. Am häufigsten befällt der Krebs die Fingerphalangen (vorwiegend links). In der Regel sieht man Platten-

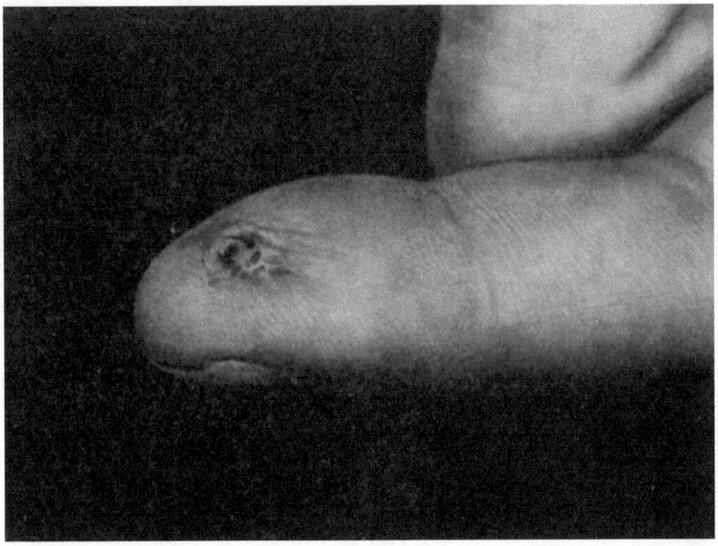

Abb. 78. Finger eines Röntgenologen nach Dauereinwirkung von Röntgenstrahlen; praecanceröser Zustand (aus dem Material des Zentralinstituts für Medizinische Radiologie).

epithelcarcinome mit Neigung zur Verhornung, seltener Basalzellencarcinome (Abb. 79). Krebs durch ionisierende Strahlung zeichnet sich durch einige klinische Besonderheiten aus: er wird relativ häufig in jungen Jahren beobachtet, die Lokalisation ist etwas ungewöhnlich (Haut der Hände), meist treten multiple, schmerzhafte Geschwülste auf. Der Strahlenkrebs verläuft klinisch in den meisten Fällen relativ gutartig. Doch kommen auch Metastasen in den regionären Lymphknoten und in inneren Organen vor (A. W. Goolden, A. Lacassagne u. a.).

Unter den Folgen der Einwirkung ionisierender Strahlung auf die Haut sind auch die Keloide zu erwähnen (Abb. 80), die bei den japanischen Atombombenopfern nach Verbrennungen besonders häufig waren.

Die Narbenkeloide können 2 Monate nach Heilung der Verbrennung auftreten, häufiger nach 5—6 Monaten. Ihre Häufigkeit ist vom Abstand der Opfer vom Epizentrum abhängig. So entwickelten sich bei 90% der Menschen, die sich in einem Abstand von 1,6—2,1 km befunden hatten, Narbenkeloide, bei größerem Abstand vom Epizentrum war die Zahl der Keloide kleiner (M. Tsuzuki). Nach chirurgischer Behandlung rezidivieren die Narbenkeloide häufig, möglicherweise infolge der überstandenen Strahlenkrankheit (A. V. Kozlova). Amerikanische Autoren erklären die Häufigkeit der Keloide nicht mit der gleichzeitigen Einwirkung ionisierender Strahlung, sondern der Größe der Verbrennungen, den unzureichenden Behandlungsmaßnahmen und den infektiösen Komplikationen.

Die chirurgischen Komplikationen durch Einwirkung ionisierender Strahlen auf das Knochensystem sind in Kap. X beschrieben (Abb. 81).

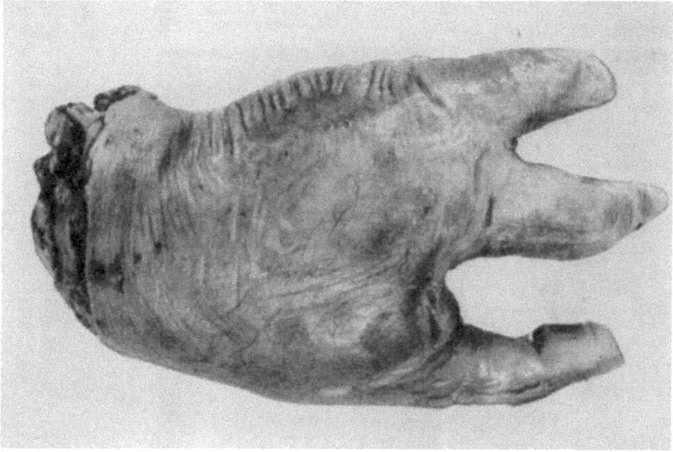

Abb. 79. Praecanceröser Zustand der Haut und Amputation der Finger (wegen Strahlenkrebs) nach Dauereinwirkung von Röntgenstrahlen (aus dem Material des Zentralinstituts für Medizinische Radiologie).

Das Auftreten von Geschwülsten ist eine der häufigsten Spätfolgen nach Einwirkung ionisierender Strahlung, besonders bei innerer Bestrahlung durch radioaktive Substanzen (D. I. Zakutinskij, N. A. Kraevskij, N. N. Litvinov, M. N. Pobedinskij, A. W. Goolden, M. Tubiana, E. F. Edson u. a.). Im Tierversuch stirbt rund die Hälfte der bestrahlten Tiere an Geschwülsten (J. Furth u. a.). Schon sehr lange ist der Schneeberger Lungenkrebs bei Bergarbeitern in Schneeberg und Joachimsthal bekannt, wo Uranerz u. v. a. gewonnen wird.

Japanische Pathologen weisen darauf hin, daß unter den Menschen, die eine Strahlenkrankheit durchmachten, bösartige Tumoren gegenüber der übrigen Bevölkerung bedeutend häufiger auftreten. Nach den Unterlagen der International Scientific Conference on Radiation Effects zeigte sich, daß unter den Atombombenopfern in Japan die Zahl der bösartigen Geschwülste 38,5% erreichte, während die durchschnittliche Häufigkeit solcher Geschwülste in Japan nur 6% beträgt. Am häufigsten wurden Knochentumoren beobachtet, jedoch auch Neubildungen in anderen Organen (Wirbelsäule, Magen, Lunge u. a.). Zur

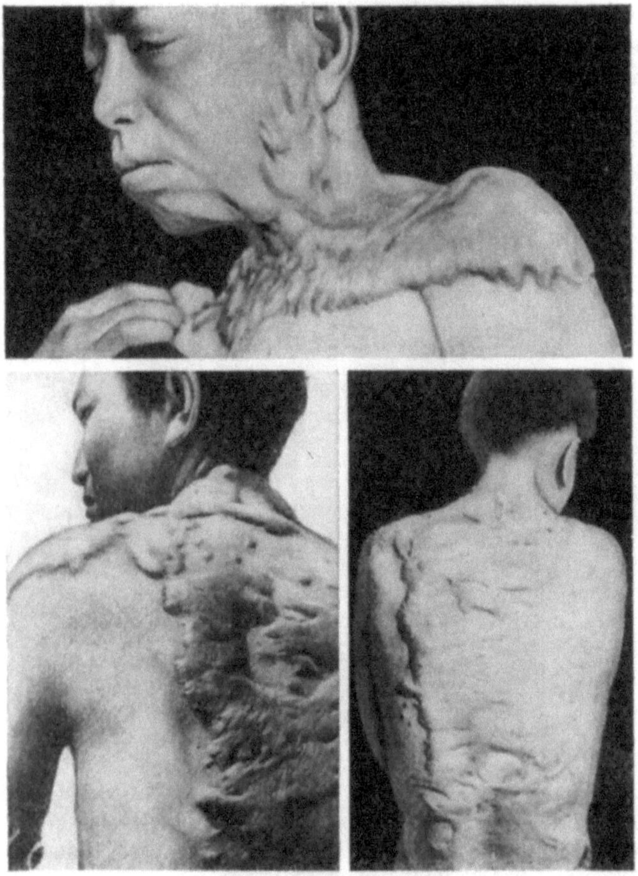

Abb. 80. Narbenkeloide nach Lichtverbrennung.

Illustration bringen wir nur einen Fall von Krebsentstehung nach der Atombombenexplosion in Japan.

Die Patientin K., 42 Jahre alt, befand sich zur Zeit der Explosion 2300 m vom Epizentrum entfernt. Sie trug Verbrennungen der Rückseiten beider Unterschenkel und Unterarme davon. Die Verbrennungen heilten sehr langsam; 1955 (fast 10 Jahre nach der Explosion) bestand immer noch ein Ulcus von 5×8 cm. Dies war in der letzten Zeit tiefer geworden, seine Ränder höckriger. Die histologische Untersuchung des excidierten Ulcus ergab ein Basalzellencarcinom (nach A. V. Kozlova).

Die wissenschaftliche Konferenz in Paguosha (Kanada 1957) stellte fest, daß die heutigen Atomwaffenversuche innerhalb der nächsten 30 Jahre bei Hunderttausenden von Menschen zu Leukämie und Krebs führen können und daß sie einen erheblichen genetischen Schaden für die Menschheit bedeuten. Die Strahlengefährdung bei einem Atomkrieg wäre noch viel tausendfach höher als bei den heutigen Versuchsexplosionen.

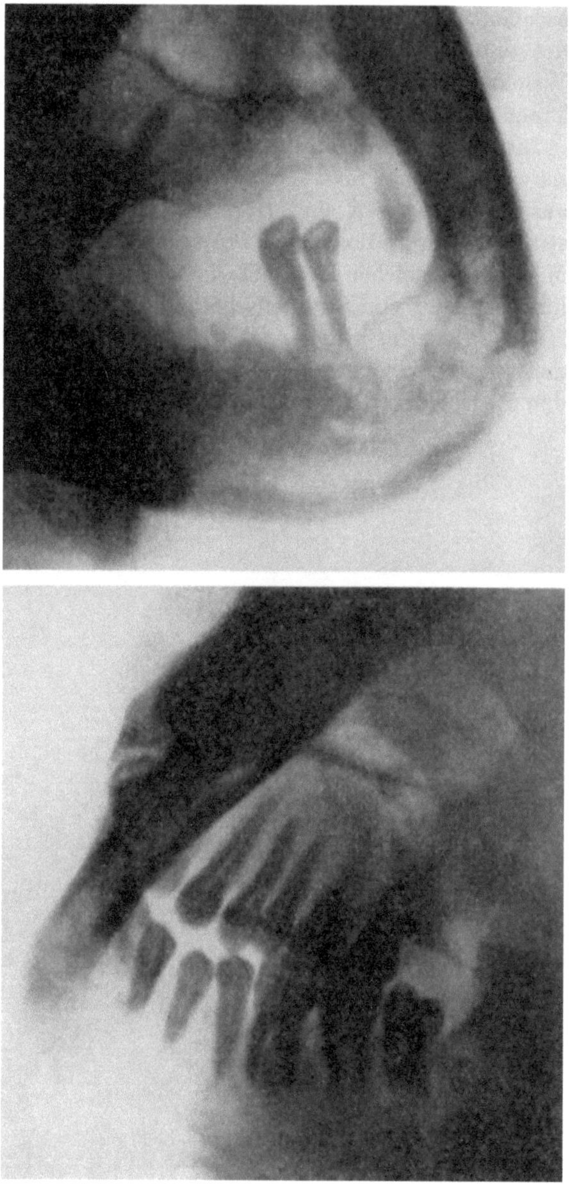

Abb. 81. Osteonekrose des Unterkiefers nach Strahlentherapie (aus dem Material des Zentralinstituts für Medizinische Radiologie).

Pat. P. Diagnose: Unterlippenkrebs. Er wurde zweimal mit Radiopunktur (Radiokobaltnadeln, 13064 r) behandelt. Bestrahlung der Unterkieferdrüsen an der Telegamma-Einheit mit 4000 r. 4 Monate nach Behandlungsende entstand eine Fistel in der Unterkiefergegend. Das Röntgenbild zeigt eine Osteonekrose des Unterkiefers

Unter den selteneren Komplikationen bei Strahlenkrankheit ist auf das Glottisödem (bei Bestrahlung der Halsgegend und des Mediastinums) und die daraus resultierende Asphyxie hinzuweisen, die ein Tracheotomie erforderlich machen können. Manchmal können nach Bestrahlung Blutungen durch Nekrose von Weichteilen und anliegenden Blutgefäßen entstehen. Solche Blutungen beobachtet man zum Beispiel manchmal bei der Behandlung von Zungen- oder Mundhöhlencarcinomen. Die Blutungen können so stark sein, daß sie eine Unterbindung des entsprechenden Gefäßes erforderlich machen. Schließlich können durch die Weichteilnekrosen Fisteln entstehen, wie Speiseröhrenfisteln (in Bronchien, Trachea, Mediastinum, Pericard), Rectumfisteln, Blasenfisteln u. a.

Die *Diagnostik* all dieser Bestrahlungskomplikationen ist gewöhnlich nicht schwierig, wenn man bei Menschen, die irgendwann ionisierender Strahlung ausgesetzt gewesen sind (Röntgen-, Radiumtherapie, Arbeiten mit Röntgenstrahlen oder radioaktiven Präparaten, Atombombenexplosionen u. a.), an die Möglichkeit solcher Komplikationen denkt und auf das recht charakteristische klinische Bild von Strahlenschäden der Haut und Knochen u. a. achtet.

Die *Behandlung* dieser chirurgischen Strahlenkomplikationen muß in den meisten Fällen operativ sein und bietet nichts Spezifisches, sondern ist nach den Regeln der allgemeinen Chirurgie durchzuführen.

Literatur

ABASOV, I. T., Erythropoese bei Kombination von Strahlenkrankheit mit Verbrennung. Bull. exper. Biol. und Med., 1957, 7, 35–37.

ABDULAEV, M. D., Heilung von Knochenfrakturen bei Strahlenschäden. Arb. d. 1. Transkaukasischen Konf. für med. Radiol., Tbilisi 1956, 35–40.

AGRANENKO, V. A., Heutiger Stand der Probleme der Blutersatzstoffe, der Probleme von Verbrennung und Strahlenkrankheit. Chirurgija, 1955, 9, 89–93.

ALEKSANDROV, N. N., RYŽKOV, S. V., ČESNOKOV, G. B. u. a., Besonderheiten des Verlaufs und der chirurgischen Behandlung von Verletzungen des Schädels und Gehirns bei Tieren, die durchdringender Strahlung ausgesetzt waren. Wissenschaftl. Allunionskonf. kombinierter Strahlenschäden, Moskau 1958, 34–36.

ALEKSEEVA, V. M., Die Anwendung von Knochenmarkextrakt bei der Behandlung experimenteller Strahlenleukopenien. Wissenschaftl. Tagung des Lenin-Instituts für Bluttübertragung, Leningrad 1956, 63–66.

ALLAVERDJAN, S. N., GRIGORJAN, G. Š., SERKOSJAN, E. CH., MAZMANJAN, S. A., Zur Frage der Anwendung von Fibrinhäutchen bei Strahlenschäden der äußeren Haut. 37. Plenum des Wissenschaftlichen Rates des Zentralen Instituts für Haematologie und Bluttransfusion, Moskau 1958, 65–66.

2. Allunionskonferenz der Pathophysiologen, Kiew 1956.

ANDREEVA, O. S., Über die Wirksamkeit einiger Mittel zur Desaktivierung der Hände bei Verseuchung mit Radiumsalzen. Med. Radiol., 1957, 3, 59–62.

ANTIPINA, A. N., ZEMLJANOJ, A. G., Die allgemeine morphologische Charakteristik der Heilung offener Frakturen bei Strahlenkrankheit. Med. Radiol., 1957, 1, 70–79.

ANTONJAN, K. A., BALASANJAN, M. I., AKOPJAN, S. A., PAPOJAN, S. A., AVETJAN, S. G., GASPARJAN, E. A., PCHRIKJAN, Ž. A., Immunbiologische Veränderungen bei eitrig-septischen Prozessen von Tieren, die an Strahlenkrankheit leiden. 37. Plenum des Wissenschaftlichen Rates des Zentralinst. für Hämatologie und Bluttransfusion, Moskau 1958, 39–41.

ANTONJAN, K. A., MOVSESJAN, M. A., POGOSJAN, V. P., Die Anwendung von Polyglukin bei akuten Blutverlusten bei Strahlenkrankheit. 37. Plenum des wissenschaftlichen Rates d. Zentralinst. für Hämatologie u. Bluttransfusion, Moskau 1958, 64–65.

Arbeiten der Allunionskonferenz für medizinische Radiologie (Experimentelle medizinische Radiologie) unter Red. von P. D. GORIZONTOV, Moskau 1957.

Arbeiten der Allunionskonferenz für medizinische Radiologie (Fragen der Hygiene und der Dosimetrie) unter Red. von A. A. LETAVET, Moskau 1957.

Arbeiten der Allunionskonferenz für medizinische Radiologie (Klinik und Therapie der Strahlenkrankheit) unter Red. von A. V. KOZLOVA, Moskau 1957.

Arbeiten der 1. Transkaukasischen Konferenz für medizinische Radiologie, Tbilissi 1956.

ARLOZOROV, Z. G., VARŠAVSKIJ, B. M., BURŠTEJN, Š. A., FREJMAN, G. J., Transfusion von Leukocyten-Masse bei strahlenbedingten Leukopenien. Arb. d. Allunionskonferenz f. med. Radiol.; Klinik u. Therapie d. Strahlenkrankheit.

ASTACHOVA, T. N., IL'JNSKAJA, J. V., Die Behandlung des mit Strahlenschäden kombinierten traumatischen Schocks. Vestn. Chir., 1959, II, 85–90.

ATAVIN, P. I., Operationen an den großen Blutgefäßen unter den Bedingungen einer akuten Strahlenkrankheit. Diss. Leningrad 1957. Voen.-med. Journ., 1957, 2, 32–35.

BABAŠEV, B. S., Über die Anwendung einiger Verfahren der chirurgischen Schmerzausschaltung bei Strahlenkrankheit. Wiss. Allunionskonferenz für kombinierte Strahlenschäden, Moskau 1958, 37.

BABAŠEV, B. S., Vergleichende experimentelle Beurteilung einiger Methoden der Schmerzausschaltung bei akuter Strahlenkrankheit. Diss. Alma-Ata 1960.

BAGDASAROV, A. A., BELJAEVA, B. F., ROGAČEVA, L. S., Haemotherapie der Strahlenkrankheit. Med. Radiol., 1956, 5, 45–50.

BAGDASAROV, A. A., ROGAČEVA, L. S., Die Behandlung der akuten und chronischen Form der Strahlenkrankheit. Arb. d. Allunionskonferenz f. med. Radiol.; Klinik u. Therapie der Strahlenkrankheit, Moskau 1957, 51–54.

BAJDAK, V. I., Resorption durch normale Haut und Brandwunden. 37. Plenum des Wissenschaftl. Rates d. Zentralinst. f. Haematologie u. Bluttransfusion, Moskau 1956, 60.

BAKIN, E. I., Der Einfluß durchdringender Strahlung auf die Funktionen des Zentralnervensystems. Vestn. Rentgenol., 1951, 3, 3–8.

BAKIN, E. I., DOLGAČEV, J. P., Zur Analyse des Wegs der reflektorischen pathologischen Prozesse bei Einwirkung von Radium-Emanation auf die peripheren Nerven. Vestn. Rentgenol., 1951, 6, 46–50.

BAKULEV, A. N., SEL'COVSKIJ, P. L., Einige Fragen der Wundbehandlung. Chirurgija, 1959, 5, 8–16.

BALABUCHA, V. S., FRADKIN, G. E., Anreicherung radioaktiver Elemente im Organismus und ihre Ausscheidung. Moskau 1958.

BALMUCHANOV, S. B., Einfluß des funktionellen Zustandes des Nervensystems auf die Entwicklung einiger Strahlenreaktionen. Diss. Alma-Ata, 1958. Arb. d. Lehrstuhls f. Röntgenol. des Kasachstanischen Med. Inst. Ausgabe 1, Alma-Ata, 1958, 116–122.

BARANOV, V. A., Kombinierte Schäden des Nervensystems bei Atomexplosion. Voen.-med. Journ. 1956, 4, 21–26.

BARAŠ, L. I., Die Heilung von Knochenfrakturen bei Strahlenkrankheit. Wissenschaftliche Allunionskonferenz für kombinierte Strahlenschäden, Moskau 1958, 67.

BARKAGAN, T. S., Der Einfluß äußerer Röntgen- und innerer Beta-Bestrahlung auf die Entwicklung einer aseptischen Entzündung. Pathol., Physiol. und Exper. Therapie, 1958, 1, 19–21.

BEHRENS, G., Der radioaktive Zerfall und Medizin (Übersetzung aus dem Englischen), Moskau 1954.

BELOKONSKAJA, N. V., Die Morphologie der Heilung geschlossener chirurgischer Wunden bei subakuter Form von Strahlenkrankheit. Arb. der Allunionskonf. für med. Radiol. (Klinik und Behandlung der Strahlenkrankheit), Moskau 1957, 126–129.

BERKUTOV, A. N., Die chirurgische Behandlung von Wunden bei kombinierten Schäden. Voen. med. Journ., 1956, 1, 17–22.

BERKUTOV, A. N., ALEKSANDROV, N. N., Massenversuch zur Untersuchung kombinierter Schäden. Wissenschaftl. Allunionskonf. für kombinierte Strahlenschäden, Moskau 1958, 8–12.

BERŠADSKIJ, B. I., Operative Behandlung von Röntgenverbrennungen. Chirurgija 1958, 3, 52–57.

BESEDOVSKIJ, R. A., Der Einfluß von Pentoxyl auf die Konzentration von Penicillin im Blut bei kombinierten Schäden. Im Buch: Die Wirkung ionisierender Strahlung auf den Tierorganismus. Kiew 1958, 14–15.

BESEDOVSKIJ, R. A., Die Resorption radioaktiven Phosphors P^{32} durch verschiedene Arten von Verbandmaterial. Wissenschaftl. Allunionskonf. für kombin. Strahlenschäden. Moskau 1958, 32–34.

BESPALKO, V. P., Die Herzgefäß- und Atemreflexe bei dauernder Kompression der Weichteilgewebe. Vestn. Chir. 1956, 6, 81–85.

BILJUKINA, T. F., BORDJUK, F. J., DASKOVSKAJA, V. S., RUDENSKAJA, M. V., Die Leberoperation unter den Bedingungen einer Röntgenganzbestrahlung bei Tieren. Wissenschaftl. Allunionskonf. für kombin. Strahlenschäden. Moskau 1958, 41–43.

BLINOV, N. I., Der Verlauf von Weichteilwunden und Knochenfrakturen bei Strahlenkrankheit im Experiment. Chirurgija 1956, 11, 46–53.

BOBROV, P. S., DACENKO, E. M., u. a., Die Heilung von Darmwunden bei akuter Strahlenkrankheit, Voen.-med. Journ., 1959, 4, 51–54.

BOGDANOV, N. I., Trauma und Strahlenkrankheit im Tierexperiment. Wissenschaftl. Allunionskonf. für kombin. Strahlenschäden, Moskau 1958, 79–80.

BOGDANOV, F. R., PONOMARENKO, N. E., ROKITJANSKIJ, V. I., Besonderheiten im Verlauf von Frakturen bei Einwirkung durchdringender Strahlung. Wissenschaftl. Allunionskonf. für kombin. Schäden, Moskau 1958, 61–63.

BOGOMOLEC, O. A., BOJKO, A. S., DJADJUŠA, G. F., ZECHOVA, Z. D., LAVRIK, V. JA., LEVČUK, G. A., Über die Verwendung von ACS bei Strahlenschäden. 2. Allunionskonf. für Pathophysiol., Kiew 1956, 33–34.

BOL'ŠAKOVA, G. A., Besonderheiten der Reaktion bestrahlter Tiere auf die Injektion von Analeptika. In der Sammlung: Strahlenkrankheit und kombinierte Schäden. Leningrad 1958, 101–107.

BONDINA, V. A., IL'INSKAJA, I. B., KOROSTOVCEVA, N. V., Der Einfluß des Blutverlustes auf den Verlauf der Strahlenkrankheit. Aktuelle Fragen der Bluttransfusion, Ausgabe 6, Leningrad 1958, 41–57.

BRAŽNIKOV, P. G., Der Verlauf von Bauchwunden bei Strahlenkrankheit. Diss. Kujbyšev 1957.

BRJAKIN, JU. M., Der experimentelle Peptonschock bei akuter Strahlenkrankheit und vergleichende Betrachtung einiger Behandlungsmethoden. Diss. Alma-Ata, 1960, und Gesundheitsschutz Kasachstan, 1958, 8, 62–84.

BRUSKIN, JA. M., Blutübertragung bei bösartigen Geschwülsten. Fragen der klin. und exper. Onkol., Bd. I 1938, 149–157.

BURENIN, P. I., RAZGOVOROV, B. L., AGIŠEV, A. V., Die Anwendung der Nekrektomie bei kombinierten Verbrennungen. Voen.-med. Journ., 1956, 1, 23–26.

BURMISTROV, V. M., SLINKO, V. G., Die Nekrektomie und Hautplastik thermischer Verbrennungen dritten Grades in der Latenzperiode der Strahlenkrankheit. Vestn. Chir. 1958, 6, 74–78.

BURMISTROV, V. M., SLINKO; V. G., Der lokale Verlauf von Verbrennungen dritten Grades bei Strahlenkrankheiten. Voen.-med. Journ. 1958, 8, 12–16.

BUŠNIN, B. I., VORONCOV, A. V., Zur Frage der vergleichenden Beurteilung der konservativen und operativen Behandlungsmethoden von Frakturen bei Strahlengeschädigten. Orthop. und Traumatol. 1958, 1, 13–16.

BYSTROVA, V. V., SOKOLOV, S. S., Morphologische Charakteristik des Wundheilungsprozesses bei Strahlenkrankheit. Med. Radiol., 1958, 5, 71—78.

BYSTROVA, V. V., TRUBAČEV, V. I., Über den Einfluß der Streptomycintherapie auf den Verlauf des Wundprozesses bei Strahlenkrankheit im Experiment. In der Sammlung: Strahlenkrankheit und komb. Schäden. Leningrad 1958, 300—307.

BYTKA, P. F., MIL'MAN, N. JA., Interossäre Fixation und Heilung von Frakturen der langen Röhrenknochen bei akuter Strahlenschädigung des Organismus. 1. Rep. onkol. Konf. der Röntgenol. und Radiol., Kišinev 1956, 75—76.

CAGAREJŠVILI, A., DOROCHOV, I., Enteroanastomose bei Strahlenschäden. Vestn. chir., 1956, 10, 88—91.

ČAJKOVSKAJA, M. JA., SERGEL, O. S., PETROSJAN, S. L., ELPAT'EVSKAJA, G. N., Der Einfluß von Blutverlust auf den Verlauf der Strahlenkrankheit bei Tieren. Arb. d. Allunionskonf. für med. Radiol.; Klinik u. Behandlung d. Strahlenkrankheit, Moskau 1957, 107—112.

ČEBOTAREV, E. E., Die Behandlung der Strahlenkrankheit mit dem Blutersatzstoff BK—8, Vitamin B_{12} und Streptomycin. Fisiol. žurn. 1956, II, 3, 162—167.

CHODYREVA, M. A., Hygienische Bewertung der Wirksamkeit einiger Waschmittel bei der Bearbeitung radioaktiv verseuchter Hände. Arb. d. Allunionskonf. für med. Radiol.; Fragen der Hygiene und der Dosimetrie. Moskau 1957, 52—57.

CHROMOV, B. M., Über die Schmerzausschaltung bei Strahlenkrankheit. Vestn. chir. 1956, 3, 65—73.

CHROMOV, B. M., Der Einfluß schmerzausschaltender Stoffe auf die Strahlenkrankheit. Chir. 1956, 5, 78—81.

CHROMOV, B. M., Zur Frage der chirurgischen Versorgung von radioaktiv verseuchten Wunden. Chir. 1956, 11, 61—65.

CHROMOV, B. M., Der Einfluß ionisierender Strahlung auf das Knochensystem. Ortoped., travmatol. i protezir. 1956, 5, 73—78.

CHROMOV, B. M., Radioaktiv verseuchte Wunden. Vestn. chir. 1957, 1, 110—120.

CHROMOV, B. M., Wunden und ionisierende Strahlung. Chir. 2, 1958, 125—133.

CHROMOV, B. M., Verbrennungen durch Atombombenexplosion. Vestn. chir. 1958, 5, 121—132.

CHROMOV, B. M., Die Anwendung einiger Hämopräparate bei der primären Versorgung und Behandlung von radioaktiv verseuchten oder durch Strahlenkrankheit komplizierten Wunden. Wiss. Allunionskonf. für kombinierte Strahlenschäden, Moskau 1958, 31—32.

CHROMOV, B. M., Chirurgische Operationen bei kombinierten Strahlenschäden. Wiss. Allunionskonf. für kombinierte Strahlenschäden, Moskau 1958, 38—40.

CHROMOV, B. M., Strahlenverbrennungen. In der Sammlung: Aktuelle Fragen der Bluttübertragung. Leningrad 1958, 6, 21—29.

CHROMOV, B. M., Allgemeine Behandlungsprinzipien der kombinierten Strahlenschäden. Klin. Med. 1959, 4, 5—11.

CIRJULIK, I. T., Das Eindringen von Radiosilber durch die ungeschädigte Haut und durch die Wundfläche im Experiment. Nov. chir. arch. 1958, 3, 46—49.

CVERAVA, E. N., SEMENSKAJA, E. M., TOPURIJA, Š. R., Der Einfluß komplexer Verletzungen (Druckwelle und Strahlenschäden) auf den Organismus. XXXVII. Plenum d. Wiss. Rates des Zentralinstitutes für Hämatol. und Blutübertragung, Moskau 1958, 62—63.

CYBIZOVA, S. L., Über die Empfindlichkeit von Tieren mit akuter Strahlenkrankheit und nachfolgender schwerer thermischer Verbrennung. Sow. zdravoochr. Kirgisii, 1956, 2, 23—24.

ČERKASOV, V. F., Fragen der pathologischen Physiologie der Strahlenschäden. Leningrad 1956.

ČERKASOV, V. F., Über den kombinierten Einfluß von ionisierender Strahlung und Blutverlust auf einige Funktionen des Tierorganismus. Autoref. Diss., Leningrad 1956.

ČERTKOV, I. L., Das Properdinsystem bei Strahlenkrankheit. Med. Radiol., 1959, 10, 75—78.

ČOČIA, K. N., Gewebetherapie bei Strahlenschäden. Vrač. delo, 1951, 1, 31—36.

ČOČIA, K. N., ŠVARCBERG, E. M., STOLJAR, E. JA., Die Anwendung der Blutübertragung gegen die Strahlenleukopenie. Med. Radiol., 1958, 5, 84—90.

ČŽU-ČŽUN-LIN, Verlauf des Hämothorax bei Strahlenkrankheit. Vestn. chir., 1957, 5, 104—109.

DAVYDOVA, I. N., MANOILOV, S. E., Prophylaxe und Behandlung von Strahlenschäden der Haut mit Stichlingsfett. Vestn. Rentgenol., 1956, 5, 16—20.

DAVYDOVA, S. A., Zur Frage über den Einfluß der Hypothermie auf die Strahlenempfindlichkeit von Tieren. 2. Allunionskonf. der Pathophysiol., Kiew 1956, 99.

DEMIN, N. N., SMIRNOV, K. V., ŠATERNIKOV, V. A., Über die Rolle der Ernährungsfaktoren bei Strahlenkrankheit. Med. Radiol., 1959, 3, 66—70.

DEMECKIJ, A. M., Über die Blutgerinnung bei Operationen an Blutgefäßen bei akuter Strahlenkrankheit. Gesundheitswesen Belorußlands, 1958, II, 16—18.

DEMECKIJ, A. M., Arteriennaht bei akuter Strahlenkrankheit. Gesundheitswesen Belorußlands, 1960, I, 23—25.

DEM'JANOV, V. M., Einige Besonderheiten im Verlauf infizierter Knochenfrakturen bei Schädigung durch ionisierende Strahlung. Ortoped. und Traumatol., 1958, 1, 9—13.

Desaktivierung (Zusammenstellung ausländischer Befunde). Institut für wiss. Informationen d. Ak. d. Wiss. d. UdSSR, Moskau 1955.

DMITRIEVA, E. V., Vergleichende Untersuchung der Regeneration von Skelettmuskulatur bei strahlenkranken Ratten mit und ohne Abschirmung der untersuchten Muskeln. Wissenschaftl. Allunionskonf. für kombinierte Strahlenschäden, Moskau 1958, 28—30.

DMITRIEVA, V. S., Chirurgische Behandlung von Wunden des Kieferbereiches bei akuter Strahlenschädigung. Wiss. Allunionskonf. für kombinierte Strahlenschäden, Moskau 1958, 20—23, Vestn. Rentgenol., 1959, 2, 52—56.

DMITRIEVA, V. S., Die Dynamik der Veränderungen des Gefäßsystems von Wunden in verschiedenen Perioden der Strahlenkrankheit. Exper. Chir. 1958, 5, 41—47.

DMITRIEVA, V. S., Primärbehandlung und Heilung von Schnittwunden im Kieferbereich bei verschiedenen Stadien akuter Strahlenschädigung. Stomatologija, 1958, I 35—38.

DMITRIEVA, V. S., Klinischer Wundverlauf im Kieferbereich bei akutem Strahlenschaden. Vestn. Rentgenol., 1959, 2, 52—56.

DŽANELIDZE, JU. JU., POSTNIKOV, B. N., Verbrennungen. Im Buch: Erfahrungen der sowjetischen Medizin im Großen Vaterländischen Krieg 1941—1945. Band I, Moskau 1951.

DŽAPARIDZE, T. N., Veränderungen im Blutsystem bei Strahlenkrankheit unter Hypothermie. Diss., Tbilisi 1958, Mitteilung d. Ak. d. Wiss. d. Grus. SSR, 1957, 5, 629—632.

DŽAVADJAN, N. S., SUKASJAN, G. V., NOVIKOVA, M. N., Zur Frage der Behandlung des traumatischen Schocks bei akuter Strahlenkrankheit. Wissenschaftl. Allunionskonf. für kombinierte Strahlenschäden, Moskau 1958, 6—7.

DŽAVADJAN, N. S., VOROB'EV, V. N., Über die Möglichkeiten, die Radioresistenz von Tieren durch vorbeugende Bestrahlung des Blutes in vivo oder Übertragung von in vitro bestrahltem Blut zu erhöhen. XXXVII. Plenum des Wissenschaftlichen Rates des Zentralinstitutes für Hämatologie und Bluttransfusion, Moskau 1958, 49—50.

EFENDIEV, F. A., GAIBOV, T. D., Verlauf und Behandlung thermischer Verbrennungen bei Strahlenkrankheit. XXXVII. Plenum des Wiss. Rates des Zentralinstitutes für Hämatologie und Blutübertragung, Moskau 1958, 63—64.

EGOROV, A. P., BOČKAREV, V. V., Blutbildung und ionisierende Strahlung. Moskau 1954.

ELANSKIJ, N. N., Über die traumatische Toxikose bei massiven geschlossenen Schädigungen der Weichteile. Chirurgija, 1950, 1, 3—7.

Empfehlungen der Internationalen Kommission für Strahlenschutz. Übersetzung aus dem Englischen, Moskau 1958.

ERKOV, V. P., Die Behandlung von Schußfrakturen des Oberschenkels durch Anwendung von Metall-Osteosynthese bei akuter Strahlenkrankheit. Diss. Leningrad 1958; Arb. d. Voen.-med. Akad., Band 97, Leningrad 1958, 5—24.

FARBER, V. V., Über die Stimulation der Hämopoese bei akuter Strahlenkrankheit. Med. Radiol. 1957, 3, 40—47.

FEDOROV, I. F., Die intravasale Hämolyse bei Hunden mit Bestrahlungs-, Verbrennungs- und kombinierten Schäden. Vortragsthesen der Wiss. Konf. über das Problem Frühmechanismen der Strahlenschädigungen, Charkow 1958, 41—42.

FEDOROV, I. I., MERENOV, V. V., Vergleichende experimentelle Befunde über die pathogenetische Behandlung des Strahlensyndroms. Im Buch: Die Wirkung ionisierender Strahlung auf den Tierorganismus. Kiew 1958, 155.

FEDOROV, N. A., SKURKOVIČ, S. V., ŠAMŠINA, E. V., CHOCHLOVA, M. P., Zur Frage der Pathogenese und Behandlung der Verbrennungs-Strahlenkrankheit. Wiss. Allunionskonf. für kombinierte Strahlenschäden, Moskau 1958, 53—55.

FEDOROV, N. I., CHODOSEVIČ, P. K., FEDOROVA, Z. P., GOSTEVA, E. A., Die Verteilung von radioaktivem Phosphor und Jod in Organen von Kaninchen, in Normalzustand, unter Pentotalnarkose und in grobem Reizzustand. Vortrag d. Akad. d. Wissenschaften der UdSSR, 1955, 100, 2, 393—396.

FILATOV, A. N., BOGOMOLOVA, L. G., ANDRIANOVA, I. G., Therapeutische Blutpräparate und ihre klinische Anwendung. Leningrad 1959.

FILATOV, V. I., Verlauf von Dünndarmverwundungen bei Versuchstieren mit Röntgenganzbestrahlung. Diss. Leningrad 1957; Voen.-med. Journ., 1957, 6, 37—41; Eksp. chirurg., 1958, 6, 60—21.

Fragen der Pathogenese, der experimentellen Therapie und Prophylaxe der Strahlenkrankheit, Sammlung unter der Red. von P. D. GORIZONTOV, Moskau 1960.

GAL'ČIKOV, V. I., SLIZKIJ, I. S., TUZIKOV, A. V., u. a., „Einheilung" von Fremdkörpern bei Strahlenkrankheit. Voen.-med. Journ., 1960, 7, 60—65.

GAMALEJA, A. N., GJURDŽIAN, A. A., ŽGUN, A. A., SIMONOV, P. V., Über den Einfluß der Novocainblockade des Hals-Vagosympathikus auf den Verlauf der akuten Strahlenkrankheit. Med. Radiol., 1956, 6, 3—6.

GAMALEJA, A. N., GJURDŽIAN, A. A., SIMONOV, P. V., BELJAEVA, L. A., Der Einfluß ionisierender Strahlung auf die Aktivität von Penicillin. Veon.-med. Journ. 1956, 11, 33—36.

GAMALEJA, A. N., GJURDŽIAN, A. A., ŽGUN, A. A., SIMONOV, P. V., Behandlung akuter Strahlenkrankheit bei Hunden mit Bluttransfusionen. Med. Radiol. 1957, 6, 56—61.

GARIBDŽANJAN, G. A., Besonderheiten des Verlaufes von Binnengelenkschäden unter aseptischen Bedingungen bei durch ionisierende Strahlung Geschädigten im Experiment. Ortoped. u. Traumatol. 1958, 1, 17—20.

GARŠIN, V. G., ZACHAR'EVSKAJA, M. A., Über die Wirkung von Röntgenstrahlung auf die Proliferation des Epitels. Arch. patol., 1953, 2, 72—75.

GAVRILOV, O. K., DERJABIN, I. I., Medikotaktische Bedeutung der Leistung der modernen Anästhesiologie. Voen.-med. Journ. 1958, 2, 39—44.

Gefahren ionisierender Strahlung für Menschen. Übersetzung aus d. Engl., Moskau 1958.

GNEDAŠ, JU. T., Der Einfluß der Übertragung von Eiweißblutersatz BK—8 auf den Verlauf des Wundprozesses bei Strahlenkrankheit. Kiew 1958.

GOL'DGAMMER, K. K., RAZGOVOROV, B. M., Über die Möglichkeit der Anwendung einer zirkulären Gefäßnaht bei Verletzung eines großen Blutgefäßes in verschiedenen Perioden der Strahlenkrankheit. Voen.-med. Journ. 1956, 8, 19—23.

GOLIKOV, G. T., Die Anwendung von Nähten bei infizierten Weichteilwunden bei Strahlenkrankheit unter Bedingungen verspäteter chirurgischer Versorgung und der Behandlung mit Antibiotika. Diss. Leningrad 1958; Voen.-med. Journ., 1957, 11, 15—19; Exper. Chir., 1958; 1, 40—43.

GOLOVIN, G. V., Methoden zur Beschleunigung der Heilung von Knochenfrakturen, Leningrad 1959.

GORBAN', G. M., Die Reaktion bestrahlter Tiere auf Narkotika. Arb. d. Allunionskonferenz f. mediz. Radiol.; Klinik und Behandlung von Strahlenkrankheit. Moskau 1957, 164—170.

GORELOV, F. I., Primäre chirurgische Versorgung von Darmschußwunden bei akuter Strahlenkrankheit. Diss. Leningrad 1958; Vestn. Chir. 1957, 8, 103—107; 1958, 7, 53—55.

GORIZONTOV, P. D., Das Problem der Pathogenese der akuten Strahlenkrankheit unter pathophysiologischem Aspekt. Med. Radiol., 1959, 1, 6—12.

GORIZONTOV, P. D., ROGOZKIN, V. D., Die Wirksamkeit verschiedener Arten von Hämotherapie bei experimenteller akuter Strahlenkrankheit. Klin. Med., 1959, 4, 5—11.

GORODINSKIJ, S. M., PARCHOMENKO, G. M., Arbeitshygiene bei der Arbeit mit radioaktiven Isotopen. Moskau 1954.

GRAEVSKAJA, B. M., KEJLINA, G. JA., Die Veränderungen des Kohlensäurestoffwechsels bei Röntgenganzbestrahlung des Tierorganismus. Vestn. Rentgenol. 1955, 4, 21—26.

GRANOVSKAJA, N. N., Das Eindringen einiger radioaktiver Stoffe durch geschädigte und ungeschädigte Haut. Autoref., Diss., Leningrad 1953.

GRAUL, E. H., Strahlensyndrom und radioaktive Verseuchung (Übersetzung aus dem Deutschen). Moskau 1960.

GREBENNIK, L. I., SOLOV'EVA, Z.I., Die Resorption, Ausscheidung und Verteilung radioaktiven Thiopental-Natriums in den Organen und Geweben von Ratten. Farmakol. und Toksikol. 1954, XVII, 1, 22—28.

GRIGOR'EV, JU. G., Einige Fragen der Klassifikation und Klinik der akuten Strahlenkrankheit beim Menschen. Klin. Med., 1956, 3, 12—24.

GRIGOR'EV, JU. G., Beiträge zur Untersuchung der Reaktion des menschlichen Zentralnervensystems auf ionisierende Strahlung. Moskau 1957.

GRINBERG, E. A., Leukozytentherapie der Strahlenkrankheit. Im Buch: Die Wirkung ionisierender Strahlung auf den Tierorganismus. Kiew 1958, 33—34.

GRUZDEV, G. P., Zur Frage der toxischen Eigenschaften des Blutes bestrahlter Hunde. Allunionskonf. für med. Radiol. (Vortragsthesen), Moskau 1956, 29—30.

GUSEJNOV, G. A., Einfluß der Röntgenstrahlen auf die Wiederherstellung des Blutes bei Tieren nach einem massiven Aderlaß. Azerbajdž. med. Journ., 1955, 12, 69—72.

GUSEVA, E. M., Experimentelle Befunde über die Resorption von radioaktivem Sulfasol in frischen Wunden. Vestn. Chir., 1955, 5, 63—67.

GUS'KOVA, A. K., BAJSOGOLOV, G. D., Zwei Fälle von akuter Strahlenkrankheit beim Menschen. Im Buch: Die Wirkung von Bestrahlung auf den Organismus. Moskau 1955, 23—38.

GVOZDEV, M. P., Metallische Osteosynthese von Frakturen, die durch Strahlenkrankheit infolge subkutaner Injektion von radioaktivem Phosphor kompliziert sind. Diss., Leningrad 1957, Vestn. Chir., 1956, 6, 52—59.

GZGZJAN, D. M., Die höhere Nerventätigkeit und der Zustand des rezeptorischen Apparates der Extremitäten bei Hunden nach Verletzung, Wundnaht und Bestrahlung. Wissenschaftl. Allunionskonf. über kombinierte Strahlenschäden, Moskau 1958, 25—28.

Hempelmann, N. L., Lisco, H., Hoffman, J. G., Das akute Strahlensyndrom (Übersetzung aus dem Englischen). Moskau 1954.

Hevesy, G., Radioaktive Indikatoren (Übersetzung aus dem Englischen). Moskau 1950.

Il'in, B. I., Beiträge zur Frage der klinischen und morphologischen Hautveränderungen, die unter dem Einfluß von schädigenden Röntgendosen aufgetreten sind. Diss., Leningrad 1956.

Il'inskaja, I. V., Astachova, T. N., Die Gabe von Knochenmark bei komplexer Behandlung der durch schweres Trauma komplizierten Strahlenkrankheit. Med. Radiol., 1960, 6, 68—69.

Il'inskaja, I. V., Astachova, T. N., Die Behandlung der durch traumatischen Schock komplizierten Strahlenkrankheit. Med. Radiol. 1959, 38—41.

Instruktiv-methodische Hinweise zur Prophylaxe, Diagnostik und Behandlung chronischer Strahlenkrankheit. Min. f. Gesundheitswesen UdSSR, Moskau 1958.

Internationale Ärztekommission zur Untersuchung des Einflusses der Folgen von Atom- und Wasserstoffbombenexplosionen. Lebens- und Gesundheitsbedingungen, 1956, 1, 62—64.

Isačenko, V. B., Die Reaktionsveränderungen des Organismus auf Barbiturate und die weckende Wirkung von Korasol nach Ganzbestrahlung. Med. Radiol., 1950, 1, 59—65.

Ivanov, I. I., Balabucha, V. S., Romancev, E. F., Fedorova, T. A., Der Stoffwechsel bei Strahlenkrankheit. Moskau 1956.

Ivanov, N. I., Der Einfluß von Alphateilchen des Poloniums auf Wunden. Arb. des Zentralinstitutes für Röntgenol., Band 5, Moskau 1941, 203—209.

Ivanov, N. I., Popov, V. N., Die Heilung von Knochenfrakturen bei Einwirkung von Röntgenstrahlen auf entfernte Bezirke. Arch. Biol. Nauk., 1940, 10, 69—75.

Ivanov, N. N., Die Heilung einer Fraktur bei Strahlenschaden. Wiss. Allunionskonf. für kombinierte Strahlenschäden, Moskau 1958, 65—67.

Ivanova, A. E., Sosova, V. F., Besonderheiten der Entzündungsreaktion der Haut bei Strahlenschäden. Med. Radiol., 1956, 6, 24—30.

Ivanova, N. P., Der Einfluß von Ganglienblockern auf den Verlauf der Strahlenkrankheit bei kombinierten Strahlenschäden. Wiss. Allunionskonf. über kombinierte Strahlenschäden, Moskau 1958, 55—56.

Ivanova, T. F., Die Behandlung offener Frakturen bei Strahlenkrankheit mit Antibiotika und Blutübertragung. Wiss. Allunionskonf. für kombinierte Strahlenschäden, Moskau 1958, 68—69.

Ivanova, T. F., Verlauf und Heilung offener Frakturen der langen Röhrenknochen bei Strahlenkrankheit im Experiment. Strahlenkrankheit und kombinierte Schäden. Leningrad 1958, 264—271.

Ivanova, T. F., Verlauf und Heilung offener Frakturen der langen Röhrenknochen bei Strahlenkrankheit im Tierexperiment. Diss., Leningrad 1959.

Jal'cev, P. D., Der Einfluß von Röntgenstrahlen auf die Heilung offener Frakturen der Röhrenknochen. Diss. Wladiwostok 1942; Arbeit d. Kursker med. Institutes, Ausgabe 1—2, 1946, 67—72.

Jaruševič, A. D., Intratracheale Äthernarkose bei Lungenoperationen in der Strahlenkrankheitsperiode. Vestn. chir. 1960, 5, 87—92.

Jumašev, G. S., Die Verteilung des Calciumisotops in den Röhrenknochen bei Frakturen mit nachfolgender Einführung eines Metallstiftes. Ortoped., travmatol. i protezir., 1955, 3, 3—6.

Kantorovič, M. M., Lejbin, L. S., Zur Frage von Nekrektomien bei schweren thermischen Verbrennungen auf dem Hintergrund einer Strahlenkrankheit. In der Sammlung von Arbeiten des Armeehospitals Petrozavodsk, 1958, 11—12.

KAPICA, L. M., FEDOROVA, A. D., Der Einfluß radioaktiver Phosphorisotope auf die Konsolidierung von Knochenfrakturen. Vestn. Chir. 1954, 7, 20—26.

KARAVANOV, A. G., REVIS, V. A., ŠLEFER, M. JA., Die Behandlung akuter Strahlenkrankheit durch Transplantation von Knochenmark und Milz im Experiment. Vrač. Delo, 1959, 45—52.

KARIBOV, JU, I., Klinisch-röntgenologische Untersuchung des Zustandes der Lungen bei akuter Strahlenkrankheit unter Hypothermiebedingungen. Wiss. Konf. junger Wissenschaftler des Röntgen-Radiolog. Institutes des Min. f. Gesundheitsw. RSFSR, Moskau 1958, 17—18.

KARJAKIN, A. M., Verlauf und Behandlung der Peritonitis bei akuter Strahlenkrankheit. Diss., Leningrad 1958, und Gesundheitswesen Turkmenistans, 1959, 3, 7—9.

KARLIN, M. I., Zur Frage der Komplikationen bei Röntgendiagnostik und -therapie. Vestn. Rentgenol., 1927, V, 4, 330—336.

KASAVINA, B. S., Über einige Besonderheiten des Eiweißstoffwechsels bei Frakturen und Wirkung ionisierender Strahlung. Wiss. Allunionskonf. für kombinierte Strahlenschäden, Moskau 1958, 72—75.

KAS'JANOV, I. S., ELPAT'EVSKAJA, G. N., Der Einfluß der Außentemperatur auf den Verlauf der Strahlenkrankheit. Vestn. Rentgenol. 1955, 4, 11—14.

KAS'JANOV, I. S., ZUJKOVA, E. A., VAGANOVA, N. T., KUTEPOVA, M. N., Der Verlauf einer Strahlenkrankheit bei Resektionen des Magens und Dünndarms. Wiss. Allunionskonf. für kombinierte Strahlenschäden, Moskau 1958, 40—41.

KAŠKAROV, S. E., SIPOVSKIJ, P. V., Die Heilung experimenteller Frakturen durch Metallosteosynthese unter den Bedingungen einer Strahlenkrankheit. Med. Radiol. 1956, 5, 65—72.

KAZANCEVA, N. S., Klinik, Diagnostik, Behandlung und Prophylaxe von Strahlenschäden der Haut. Autoreferat, Diss., Moskau 1956.

KAZARJAN, A. D., ABASKULIEVÅ, L. I., Die Behandlung experimentell infizierter Wunden bei Einwirkung ionisierender Strahlung. Wiss. Allunionskonf. für kombinierte Strahlenschäden, Moskau 1958, 16—17.

KAŽLAEVA, U. I., Der Verlauf geschlossener Frakturen der Extremitäten mit ihrer gleichzeitigen Kontusion bei akuter Strahlenkrankheit. Wiss. Allunionskonf. für kombinierte Strahlenschäden, Moskau 1958, 70; Vestn. Rentgenol. 1958, 3, 27—31.

KISELEV, P. N., Einige Untersuchungsresultate über die Wirkung ionisierender Strahlung auf Infektion und Immunität. Med. Radiol., 1957, 5, 55—65.

KISELEV, P. N., RABINOVIČ, R. M., METER, I. D., Veränderungen der Atmungsorgane, Besonderheiten des Verlaufes und Heilungsmöglichkeiten entzündlicher Prozesse der Lungen bei Strahlenkrankheit. Leningrad 1957.

KLEMPARSKAJA, N. N., ALEKSEEVA, A. G., PETROV, R. V., SOSOVA, V. F., Fragen der Infektion, der Immunität und Allergie bei akuter Strahlenkrankheit. Moskau 1958.

KLIMENKO, L. A., Der Einfluß trockenen Knoblauchpuders auf die Heilung eiternder Wunden bei Kranken und röntgenstrahlengeschädigten Kaninchen. Diss., Samarkand 1958.

KOMENDANTOVA, A. L., CHRUŠČEVA, E. A. MAJSJUK, A. P., BOCMANOV, K. V., KOKORINA, O. P., Besonderheiten des Verlaufs und der Behandlung kombinierter Schäden, die durch Verbrennungstrauma und ionisierende Strahlung hervorgerufen sind. Wiss. Allunionskonf. für kombinierte Strahlenschäden, Moskau 1958, 43—45, und Med. Radiol. 1959, 10, 54—58.

Konferenz junger Wissenschaftler über Fragen der medizinischen Radiologie, Leningrad 1955.

Konferenz über Spätschäden, die durch Einwirkung ionisierender Strahlung hervorgerufen wurden. Moskau 1956.

Koporulin, N. V., Volkov, S. I., Syc'ko, I. A., Die Ausbildung von Knochenkallus nach geschlossenen Frakturen bei Strahlenkrankheit. Voen.-med. Journ. 1958, 7, 56—58.

Korčanov, L. S., Jakubenko, A. V., Burmistrov, V. N., Slinko, V. G., Kondrat'eva, P. P., Prjachin, I. I., Sopova, T. L., Čalisov, I. A., Zajceva, K. I., Die Reaktion des Organismus auf traumatische Einwirkungen in verschiedenen Perioden der akuten Strahlenkrankheit. Wiss. Allunionskonf. für kombin. Strahlenschäden, Moskau 1958, 80—83.

Korčanov, L. S., Kondrat'ev, P. P., Röntgendiagnostik der Gasinfektion bei kombinierten Strahlenschäden. Voen.-med. Journ., 1960, 7, 55—60.

Korčanov, L. S., Prjachin, I. I., Jakubenko, A. V., Charakteristik einiger kombinierter Schädigungsarten und ihre Behandlung. Voen.-med. Journ., 1958, 7, 44—50.

Korenevskij, L. N., Umanskij, Ju. A., Sičkarenko, O. A., Wundverlauf bei durch verschiedene Arten ionisierender Strahlung hervorgerufener Strahlenkrankheit. I. Republik. Onkologische Konf. und II. Republik. Konf. f. Röntgenol. und Radiol. Kišinev 1956, 72—74.

Korol', S. A., Umanskij, Ju. A., Barštejn, Ju. A., Verlauf der Tetanus-Toxikoinfektion bei Einwirkung verschiedener Arten ionisierender Strahlung bei veränderter Ausgangsreaktion. Im Buch: Wirkungen ionisierender Strahlung auf den Tierorganismus. Kiew 1958, 77—78.

Kotel'nikov, L. M., Chirurgische Behandlung von Bauchschußwunden bei Schädigung der Tiere durch ionisierende Strahlung. Arb. d. Allunionskonf. f. med. Radiol.; Klinik und Behandlung der Strahlenkrankheit, Moskau 1957, 91—101.

Kotovščikova, M. A., Über Blutungsneigung und Veränderung der Gerinnungsfähigkeit und Viskosität des Blutes bei Strahlenkrankheit. In der Sammlung: Aktuelle Fragen der Bluttransfusion. Leningrad 1958, 6, 29—41.

Kovalenko, E. A., Über die Pathogenese funktioneller Störungen bei längerer Gewebskompression und Einwirkung durchdringender Strahlung und über die Behandlung nach längerer Gewebskompression. Autoref. Diss., Leningrad 1958.

Kozdoba, A. Z., Dubovyj, E. D., Der Einfluß von Röntgenstrahlen auf die Heilung von Knochenfrakturen. Arb. d. Röntgenol. Instituts Odessa, Kiew 1938, 3, 17—21.

Kozlova, A. V., Folgen der Explosionen von Atombomben in Hiroshima und der Wasserstoffbombe auf Bikini. Moskau 1957.

Kozlova, A. V., Vorob'ev, E. I., Klinik und Behandlung von Schäden, die bei Atombombenexplosionen auftreten. Moskau 1956.

Kozlova, N. V., Posttraumatische Regeneration des quergestreiften Muskelgewebes bei einmaliger Ganzbestrahlung mit Radiokobalt. In der Sammlung: Strahlenkrankheit und kombinierte Schäden. Leningrad 1958, 326—332.

Kraevskij, N. A., Abriß der pathologischen Anatomie der Strahlenkrankheit. Moskau 1957.

Kraevskij, N. A., Litvinov, N. N., Untersuchungen über die Entwicklung von Knochengeschwülsten bei Tieren, die radioaktiven Stoffen ausgesetzt waren. Arb. d. Allunionskonf. für med. Radiol. (Exper. med. radiol.), Moskau 1957, 197—201.

Krasnych, I. G., Zur Frage der Wechselwirkung des Wundtraumas mit ionisierender Strahlung. Exper. chirurg., 1959, Nr. 2, 59—60.

Krasovskaja, G. P., Der Einfluß der Strahlenkrankheit auf den Mineralstoffwechsel im Knochentransplantat. Wiss. Allunionskonf. für kombinierte Strahlenschäden, Moskau 1958, 78—79. Chirurg., 1958, 2, 120—125.

KRASOVSKAJA, G. P., Dynamik der Ablagerung von Phosphaten im Knochengewebe von Kaninchen während des Einheilungsprozesses des Knochenautotransplantats (Normal und bei Strahlenkrankheit). Diss., Leningrad 1960.

KRAVČENKO, A. A., Der Einfluß ionisierender Strahlung auf die Knochenregeneration. Ortop., travmatol. u. protezir., 1957, 4, 30—34.

KRJUKOV, J. N., Die Bildung postoperativer Brüche bei akuter Strahlenkrankheit im Experiment. Chirurg., 1957, 8, 95—97.

KRJUKOV, P. G., Die Ausscheidungsbeschleunigung einiger radioaktiver Stoffe aus dem Organismus. Autoref., Diss., Leningrad 1954.

KRUGLOV, A. N., KLAVDIENKO, I. M., Die Anwendung von Luminal bei frühzeitiger Röntgenallgemeinreaktion. Sowj. Gesundheitswesen Kirgisiens, 1952, 3, 31—34.

KRUK, I. N., Über die Entwicklung des Strahlenschocks bei akutem Strahlentrauma. Nov. chirurg. Arch., 1960, 2, 96—101.

KRUPKO, I. L., Behandlung von Knochenfrakturen bei Schädigung durch ionisierende Strahlung im Experiment. Vestn. chir., 1957, 6, 106—109.

KRUPKO, I. L., Grundprinzipien der Behandlung von Knochenfrakturen bei Schädigung durch ionisierende Strahlung. Ortoped. u. Travmatol., 1958, 1, 3—8.

KRUT'KO, N. F., Der Einfluß einiger neurotroper Stoffe auf die Regeneration des Knochengewebes bei akuter Strahlenkrankheit. Patol., Fisiol. u. Exper. Terapija, 1959, 1, 71—72.

KRYŽANOVSKIJ, G. N., LEBEDEV, N. N., Der Einfluß der Röntgenbestrahlung des Organismus auf die Wirkung des Antitetanusserums. Med. Radiol. 1956, 3, 59—62.

KUBLICKAJA, N. V., Entstehung, Ursachen, Prophylaxe und Behandlung geschädigter Haut bei Strahlentherapie von Patienten mit bösartigen und gutartigen Neubildungen. Vestn. Rentgenol., 1953, 1, 15—56.

KUDRJAŠOV, B. A., Blutungsneigung und Mittel zu ihrer Bekämpfung bei Verwundungen parenchymatöser Organe unter den Bedingungen der experimentellen Strahlenkrankheit. Chirurgija, 1957, 10, 108—112.

KURSANOV, A. L., u. a., Kombinierte Einwirkungen des Šostakovskij-Balsams und Tannins bei Röntgenschädigungen. Vestn. Chir. 1952, 6, 68—73.

KURŠAKOV, N. A., Klinik und Behandlungsprinzipien der akuten Strahlenkrankheit. Klin. Med., 1955, 6, 12—19.

KUZIN, M. I., Klinik und Pathogenese des Syndroms langdauernder Kompression. Diss., Moskau 1953.

KUZIN, M. I., Das Syndrom langdauernder Kompression — traumatische Toxikose. Chirurgija, 1959, 5, 16—24.

KUZIN, M. I., Klinik, Pathogenese und Behandlung des Syndroms langdauernder Kompression. Moskau 1959.

KUZ'MIN, D. S., Beiträge zur Austauschbluttransfusion. Wiss. Session des Leningrader Institutes für Bluttransfusion, Leningrad 1956, 62, und Med. Radiol., 1959, 6, 82—84.

KUZ'MINA-PRIGRADOVA, A. V., Über den Einfluß von Röntgenstrahlen auf die Bildung von Knochenkallus. Gospit. delo, 1946, 7—8.

LARIONOV, L. F., SEMENOV, L. F., DIKOVENKO, E. A., PROKUDINA, E. A., Zitiert nach M. N. POBEDINSKIJ.

LAVRENT'EV, L. N., Über die Entwicklung der autogenen anaeroben Infektion bei Tieren, die der Wirkung hoher Röntgenstrahlendosen ausgesetzt waren. Vestn. Chir., 1957, 12, 83—84.

LAVRIK, V. J., Der Einfluß der Abschirmung der Milz und der Blutübertragung auf den Verlauf der Strahlenkrankheit bei Hunden. Im Buch: Die Wirkung ionisierender Strahlung auf den Tierorganismus. Kiew 1958, 79—80.

Lavrik, V. J., Levčuk, G. A., Sologub, P. Ja., Zechova, Z. D., Einige experimentelle Befunde zur Anwendung von Alkohol-Glukose-Zitratblut bei der Behandlung der Strahlenkrankheit. 2. Allunionskonf. für Pathophysiol. Kiew 1956, 210; Vračebn. delo 1956, 10, 1025—1028.

Lebedinskij, A. V., Über den Einfluß ionisierender Strahlung auf den Tierorganismus (nach Befunden von Arbeiten sowjetischer Untersucher). Im Buch: Wirkung der Bestrahlung auf den Organismus. Moskau 1955, 43—77.

Lebedinskij, A. V., Zur Frage über die Folgen des radioaktiven Fallout von Strontium. Med. radiol., 1957, 5, 23—33.

Lejpunskij, A. I., Die radioaktive Gefahr von Explosionen reiner Wasserstoff- und gewöhnlicher Atombomben, Atomnaja Energija, 1957, 3, 12, 530—539.

Leonova, E. F., Veränderungen des arteriellen Druckes bestrahlter Tiere bei Äther und Hexenalnarkose. Med. radiol. 1959, 2, 3—10.

Lichačev, V. A., Behandlung infizierter Wunden in der Inkubationszeit der Strahlenkrankheit. Voen.-med. Journ., 1959, 4, 49—50.

Lipac, A. A., Nikolaeva, N. V., Behandlung von Blutverlust mit Polyglukin bei Strahlenschäden. Wiss. Allunionskonf. für kombinierte Strahlensch. Moskau 1958, 7—8.

Livanov, M. N., Kaburneeva, A. I., Über den Einfluß von Novocain auf einige Veränderungen, die im Nervensystem von Tieren durch ionisierende Strahlung hervorgerufen wurden. Med. radiol. 1958, 1, 9—16.

Lomonos, P. I., Veränderungen der bedingt-reflektorischen Tätigkeit von Hunden bei Röntgenbestrahlung. Plenum d. Leitung d. Allunions-Gesellsch. f. Röntgenol. und Radiol. Moskau 1962, 6—7.

Lubenskij, J. M., Über durchgehende Bauchschußwunden unter Bedingungen der akuten Strahlenkrankheit. Allunionskonf. für kombinierte Strahlenschäden. Voen.-med. Journ. 1958, 7, 50—52.

Makkaveeva, A. I., Einige biochemische Veränderungen bei Verbrennung unter Strahlenkrankheit. Wiss. Allunionskonf. für kombinierte Strahlenschäden, Moskau 1958, 56—58.

Marcinovič, M. R., Zur Frage der Klinik und Pathomorphologie stumpfer massiver Traumen der Weichteilgewebe. Voen.-med. Journ. 1956, 6, 13—19.

Mariev, A. I., Die Heilung einer durch verdeckte Naht operierten Weichteilwunde bei Strahlenkrankheit durch äußere Ganzbestrahlung. Diss., Leningrad 1955; Arb. d. Voen.-morsk. med. akad., Band 55, Leningrad 1956, 471—476.

Materialien der Internationalen Konferenz zur friedlichen Anwendung der Atomenergie. Moskau 1958, Band 10, 11, 12, 13, 14, 15.

Medizinische Fragen des Atomschutzes (Sammlung). Moskau 1955.

Medvedeva, G. I., Der Einfluß einer Ganzbestrahlung auf Entwicklung und Verlauf des traumatischen Schocks bei Kaninchen. Wiss. Konferenz für Radiologie, I. E. M., Leningrad 1957.

Michailov, V. P., Jaroslavceva, K. M., Posttraumatische Regeneration des Kaninchen-Uterusepithels bei Strahlenkrankheit. Arch. anat., gistol. i embr., 1959, 8, 59—70.

Milonov, P. A., Die Wirkung durchdringender Strahlung auf den Tierorganismus unter verschiedenen Temperaturbedingungen. Im Buch: Die Wirkung ionisierender Strahlung auf den Tierorganismus. Kiew 1958, 94.

Mišarev, O. S., Besonderheiten im Verlauf von Verbrennungen bei Strahlenkrankheit. Wiss. Allunionskonf. für kombinierte Strahlenschäden, Moskau 1958, 49—51.

Mišarev, O. S., Die momentane Verbrennung. Chirurgija, 1958, 5, 140—144.

MITROFANOV, V. G., Beiträge zum Problem des traumatischen Schocks bei Strahlenkrankheit. Wiss. Allunionskonf. für kombinierte Strahlenschäden, Moskau 1958, 4—6.

MITROFANOV, V. G., Neue Befunde über die Veränderungen der Oxydativ-Reparativ-Prozesse der Gewebsatmung und einiger Vitamine des B-Komplexes bei traumatischem Schock in Kombination mit Strahlenkrankheit. Vestn. Chir., 1959, 7, 112—126.

MITROFANOV, V. G., Über die Pathogenese des traumatischen Schocks und seine Kombination mit Strahlenkrankheit. Diss., Leningrad 1959.

MOČALINA, A. S., Hämolytische Eigenschaften der Gewebe bei Einwirkung ionisierender Strahlung auf den Organismus. Autoref., Diss., Moskau 1957.

MOGIL'NICKIJ, B. N., GOLOS, L. M., Der Einfluß von Röntgenstrahlen auf Wundflächen. Vestn. chir., 1935, 41, 114—116, 75—83.

MOKROVSKAJA, S. P., Verlauf von Darmwunden bei Strahlenkrankheit im Experiment. Med. Radiol., 1957, 1, 66—70.

MORDVINOVA, N. P., Therapie und Prophylaxe von Hautschäden bei Strahlentherapie. Arb. d. Allunionskonf. für med. Radiol. (Klinik und Behandlung der Strahlenkrankheit), Moskau 1957, 160—164.

MOROZ, B. B., VASIL'EVSKAJA, V. V., Veränderungen einiger immunologischer Reaktionen bei Tieren mit Strahlenkrankheit, die durch Polonium hervorgerufen wurde. Arb. d. wiss. Allunionskonf. für med. Radiol. (Exper. med. Radiol.), Moskau 1957, 166—170.

MOROZOV, A. N., Chirurgische Versorgung von Weichteilwunden bei Strahlenkrankheit. Vestn. Rentgenol., 1958, 2, 86—87, und Diss., Moskau 1959.

MOROZOV, A. N., Chirurgische Behandlung von Weichteilwunden bei Strahlenkrankheit. Wiss. Allunionskonf. für kombinierte Schäden, Moskau 1958, 14—15.

MOVSESJAN, M. A., ANTONJAN, K. A., POGOSJAN, V. P., Ergebnisse der Anwendung von Polyglukin bei akuten Blutverlusten von Tieren, die an Strahlenkrankheit leiden. Im Buch: Die Wirkung ionisierender Strahlung auf den Tierorganismus. Kiew 1958, 103.

MUCHAMEDŽANOV, I. A., Der Einfluß von Novocain auf die Resorptionsprozesse intramuskulär injizierter Stoffe. Arb. d. med. Institutes Stalinabad, Ausgabe 2, 1954, 129—135.

MURAV'EV, V. I., GUKASJAN, A. A., V'JUNSKOVSKIJ, D. N., Klinische Bewertung der chirurgischen Versorgung von Weichteilwunden bei röntgenbestrahlten Tieren. Arb. d. Allunionskonf. für med. Radiol. (Klinik und Behandlung der Strahlenkrankheit), Moskau 1957, 86—91.

MUŠINA, L. N., Der Einfluß von physischer Belastung, Umgebungstemperatur und Blutverlust auf den Grad akuter Strahlenkrankheit. Autoref., Diss., Moskau 1958.

NAGORJANSKAJA, V. P., Der Einfluß präoperativer Strahlentherapie auf die Heilung von Operationswunden. Vestn. Rentgenol. 1957, 2, 15—21.

NAZARIŠVILI, G. P., VEPCHVADZE, R. JA., VACHTANGIŠVILI, T. A., GARSIAŠVILI, K. T., Die Bildung von Knochennarben bei Strahlenkrankheit. Arb. d. 1. Transkaukasischen Konf. für med. Radiol., Tbilisi 1956, 29—35.

NEGOVSKIJ, N. P., Der Einfluß von Röntgenstrahlen auf die Heilung von Knochennarben. Arb. d. Zentralinstitutes für Röntgenol. und Radiol., Ausgabe 5, Moskau 1941, 148—158.

NEJMAN, M. B., SADILENKO, K. M., Thermonukleare Waffen. Moskau 1958.

NEKRASAS, E. I., Die Permeabilität der Blutkapillaren bei Peptonschock, traumatischem Schock und durch Strahlenkrankheit kompliziertem traumatischem Schock, Diss., Wilnjus 1960.

NEMENOV, M. I., Röntgentherapie durch Einwirkung auf das Nervensystem. Moskau-Leningrad 1950.

NESTERIN, M. F., Der Einfluß von Röntgenstrahlen auf die sekretorische Funktion des Magens und Darmes. Diss., Moskau 1957, Med. Radiol., 1958, 2, 61—66.

NESTERIN, M. F., EREMIN, G. P., Über den Einfluß der Nahrung auf den Verlauf von Strahlenschäden bei Tieren. Ernährungsfragen 1958, 5, 3—8.

NEŠČADIMENKO, I. P., KOSTENKO, M. S., ŠKAPINA, V. A., Der Einfluß ionisierender Strahlung auf die Katalase und das Blutbild bei Amytal-Schlaf und Novocainanästhesie. Zdravooch. Belorussii, 1956, 11, 51—53.

NEVSKAJA, G. F., Einige Behandlungsmittel für Strahlenschäden der Haut. Med. radiol., 1958, 1, 57—65.

NIFONTOV, A. G., Explosionstrauma durch Luftdruck. Moskau 1957.

NIKITIN, A. A., Verlauf und Behandlung kombinierter Schäden bei Strahlenkrankheit im Experiment. Ortoped. i Travmatol. 1958, 1, 21—24.

NIKITIN, A. A., TKAČENKO, S. S., Die Anwendung metallischer Osteosynthese bei Frakturen nach Ganzbestrahlung im Experiment. Vestn. chir., 1956, 6, 48—51.

NIKITIN, S. A., MAKSIMČUK, E. P., Der Röntgenschock beim Kaninchen und seine Kupierung durch Narkose. Arb. d. Röntgenol. — Onkol. Instituts Odessa, Ausgabe 1, 1933, 72—75.

NIKULINA, L., SOKOLOV, S., SEMENOV, L., Veränderungen der Leukozyten bei durch Hautwunden komplizierter Strahlenkrankheit. Konf. d. Leningrader Institutes für ärztliche Fortbildung, Leningrad 1956, 58—60.

NOVIKOVA, M. N., Untersuchung des Einflusses der Ganzbestrahlung auf die Veränderungen der Isohämoagglutinationseigenschaften des Blutes beim Hund. XXXVI. Plenum des wissenschaftl. Rates des Zentralinstitutes für Blutübertragung, Moskau 1957, 11—12.

Nukleare Explosionen (Übersetzung aus dem Englischen). Moskau 1958.

OGLOBLIN, A. A., Zur Frage der Röntgenstrahlenschädigung und des operativen Eingriffes an den geschädigten Bezirken. Vestn. Rentgenol., 1947, Band V, Ausgabe 1, 67—71.

ORBELI, L. A., Die Wirkung ionisierender Strahlung auf den Tierorganismus. Im Buch: Session der Akademie der Wissenschaften der UdSSR über die friedliche Anwendung der Atomenergie. Moskau 1955.

OREL, S. G., Behandlung kombinierter Verbrennungen dritten Grades durch freies Hauttransplantat im Experiment. Vestn. chir., 1957, 10, 114—119.

Organisation der medizinischen Versorgung bei Massenkatastrophen. Unter Red. von A. E. MINENKO, Kiew 1957.

PADERIN, N. D., TUMANOV, G. V., ZATJURJUKIN, V. G., Über die Homoplastik mit Strahlenkrankheit kombinierter Verbrennungen. Voen.-med. Journ., 1957, 4, 22—25.

Pathologische Physiologie der akuten Strahlenkrankheit. Unter Red. von P. D. GORIZONTOV, Moskau 1958.

PAVLOV, A. S., ZUBKOVSKIJ, G. A., Prophylaxe und Behandlung der Strahlenkrankheit. Moskau 1957.

PAVLOVA, M. N., Reaktionsfähigkeit des Knochengewebes bei Bestrahlung. Wiss. Allunionskonf. üb. kombinierte Strahlenschäden, Moskau 1958, 71—72.

PAVLOVA, M. N., Morphologische Knochenveränderungen bei Strahlenschäden. Plenum der wissenschaftlichen Räte der traumatologischen Institute, Moskau 1955, 159—164.

PEREPELKIN, S. R., Experimentelle Befunde über die therapeutisch-prophylaktische Ernährung bei Strahlenkrankheit. Arb. d. Allunionskonf. für med. Radiol.; Klinik und Behandlung der Strahlenkrankheit, Moskau 1957, 62—68.

PETROV, I. R., FILATOV, A. N., Plasmaersatzlösungen, Leningrad 1958.

PETROV, N. N., Dynamik der Entstehung und Entwicklung bösartiger Neubildungen bei Affen. Moskau 1951.

Petrov, R. V., Die Empfindlichkeit bestrahlter Tiere gegen pathogene Anaerobier und die Wirksamkeit der Serumprophylaxe gegen anaerobe Infektionen bei Strahlenschäden. Med. radiol., 1957, 2, 60–65.

Petrov, R. V., Rogozkin, V. D., Über die Prinzipien der antibiotischen Therapie bei akuter Strahlenkrankheit. Pathol. Physiol. u. exper. Therapie 1958, 1, 3–10.

Petrov, V. I., Freies Hauttransplantat bei Strahlenkrankheit. Vestn. chir., 1956, 9, 85–89.

Petrovskij, B. V., Versuch der Übertragung konservierten Blutes bei bösartigen Neubildungen. Sovj. med., 1938, 16, 30–31.

Pigalev, I. A., Klinik der Schäden durch radioaktive Stoffe. Im Buch: Biologische Wirkung der Strahlung und Klinik der Strahlenkrankheit. Unter der Red. von A. Ignat'ev, Moskau 1954, 76–107.

Piskunova, V. G., Vyčegžanina, A. M., Ein Fall von Strahlenkrankheit. Vrač. delo., 1955, 7, 641–642.

XXXVII. Plenum des Wiss. Rates des Zentralinstitutes für Hämatologie und Bluttransfusion, Moskau 1958.

Pliner, M. A., Klinik und Behandlung infizierter Frakturen des Unterkiefers bei Strahlenkrankheit. Diss., Leningrad 1960.

Pobedinskij, M. N., Blutübertragung als Gegenmaßnahme zur Behandlung von Strahlenschäden an den blutbildenden Organen. Vrač. delo, 1954, 6, 503–506.

Pobedinskij, M. N., Reaktion des Knochengewebes auf Röntgenbestrahlung und Bestrahlung durch radioaktive Stoffe. Vestn. chir., 1955, 11, 116–121.

Pobedinskij, M. N., Strahlenkomplikationen bei Röntgentherapie. Moskau 1954.

Pobedinskij, M. N., Über die blastomogene Wirkung ionisierender Strahlung. X. Session der allgemeinen Versammlung der Akademie der medizinischen Wissenschaften der UdSSR, Moskau 1956, 26.

Pobedinskij, M. N., Kudrickij, Ju. K., Die Hautreaktionen auf die Einwirkung ionisierender Strahlung. Moskau 1958.

Podljaščuk, L. D., Fridkin, V. Ja., Fragen der Regeneration und Reparation des Knochengewebes unter dem Einfluß von Röntgenstrahlen. Arb. d. wiss. Session d. Zentralinstitutes f. Röntgenol. und Radiol., Moskau 1949, 5–10.

Politova, E. M., Veränderungen des peripheren Blutes und des Knochenmarks bei durch geschlossene Extremitätenfrakturen komplizierter Strahlenkrankheit. Wiss. Konf. junger Forscher des Röntgen-Radiol. Institutes des Min. f. Gesundh. der RSFSR, Moskau 1948, 4.

Poljakov, A. L., Die Wirkung von Röntgenstrahlen auf die Wundheilung. Vestn. rentgenol., 1940, XXII, 268–286.

Poljakov, V. A., Neue Befunde über kombinierte Schäden durch Einwirkung von Atomwaffen. Erweitertes Plenum der wiss. Räte der traumatol. Institute, Moskau 1955, 152–154.

Poljakov, V. A., Autoradiographien von Knochen bei Frakturen. Arb. d. Allunionskonf. für med. Radiol., Klinik und Behandlung der Strahlenkrankheit, Moskau 1957, 119–123.

Poljakov, V. A., Filme aus schnell härtender flüssiger Plastikmasse für den primären Verschluß von Verbrennungen. Wiss. Allunions-Konferenz über kombinierte Strahlenschäden, Moskau 1958, 46–49.

Poljakov, V. A., Mikroröntgenographie von Knochennarben nach Frakturen und Einwirkung ionisierender Strahlung. Chirur., 1959, 5, 48–52.

Pomeranceva, M. D., Der Einfluß des Narkoseschlafes und des natürlichen Schlafes auf die Strahlenempfindlichkeit des Organismus. Autoref., Diss., Moskau 1956.

POMERANCEVA, M. D., Der Einfluß der Narkose auf die Strahlenreaktion bei Tieren. Arb. d. Institutes für Genetik der Akademie der Wissenschaften der UdSSR, 1958, 24, 409–425.

PONOMAR'KOV, V. I., Morphologische Veränderungen des Bauchfells bei akuter Strahlenkrankheit. Med. Radiol., 1958, 1, 50–57.

PONOMAR'KOV, V. I., Einige Besonderheiten der entzündlichen Reaktion des Bauchfells bei Strahlenkrankheit. Diss., Moskau 1959.

POPEL', L. V., Veränderungen der Eiweißfraktionen des Blutplasmas bei kombinierten Schäden. Voen.-med. Journ. 1957, 5, 17–22.

POPLAVSKIJ, K. K., Experimentelle Befunde über den Einfluß narkotischer Stoffe bei Strahlenkrankheit. Wiss. Konf. anläßlich des 40. Jahrestages der Gründung des Zentralinstitutes für Röntgenologie und Radiologie, Leningrad 1958, 25–26.

POPLAVSKIJ, K. K., Phasenveränderungen der Reaktivität bestrahlter Tiere und die Wirkung von Narkotika. In der Sammlung „Strahlenkrankheit und kombinierte Schäden", Leningrad 1958, 108–112.

POPOV, A. V., Sekretorische und motorische Funktion des Dünndarms bei akuter Strahlenkrankheit. Autoref., Diss., Leningrad 1958.

POPOJAN, S. A., ALLAVERDJAN, S. N., DEMIRČOGLJAN, I. G., ERZINKJAN, I. A., Zur Frage der Anwendung von Fibrinhäuten bei Strahlenschäden der äußeren Haut. Med. radiol., 1957, 6, 61–65.

PRAVECKIJ, V. N., Der Einfluß von Blutverlust auf den Tierorganismus, der durchdringender Strahlung ausgesetzt war. Arb. d. Allunionskonf. für med. Radiol.; Klinik und Heilung der Strahlenkrankheit, Moskau 1957, 123–126.

Primärprozesse des Strahlenschadens. Unter Red. von B. N. TARUSOV, Moskau 1957.

PROKOPČIK, A. I., Die Wirkung von Beta-Strahlen auf die Haut. Sammlung wiss. Arbeiten des Beloruss. dermatol. venerol. Instituts, Minsk 1954, Band 4, 96–100.

PROTAS, L. R., DANILIN, A. A., Funktionelle Veränderungen des Magen-Darm-Trakts bei experimenteller akuter und subakuter Strahlenkrankheit. Leningrad 1957.

PYTEL', A. JA., Das Syndrom der traumatischen Kompression der Extremitäten, seine Behandlung und Prophylaxe. Chirur., 1951, 10, 3–10.

Radioaktive Gefahr. Unter Red. von A. PIRIE (Übersetzung aus dem Englischen), Moskau 1958.

RAUŠENBACH, M. O., Über die Bedeutung der Blutbildungsfunktion des Properdinsystems und der Thrombocytenfaktoren für die Resistenz des Organismus gegen Strahlenschäden. Voen.-med. Journ. 1958, 8, 18–23.

RAUŠENBACH, M. O., DŽAVADJAN, N. S., Studium des Einflusses einer Transfusion von synthetischem Plasmaersatz „Periston" auf den Verlauf der akuten Strahlenkrankheit. XXXVI. Plenum d. Wiss. Rates des Zentralinstitutes für Bluttransfusion, Moskau 1957, 59–60.

RAUŠENBACH, M. O., VOROB'EV, V. N., ŠEREMET, Z. I., Die Wirkung ionisierender Strahlung auf konserviertes Blut und Plasma. XXXVII. Plenum d. Wiss. Rates des Zentralinstitutes für Hämatol. und Blutübertragung, Moskau 1958, 48–49.

RAUŠENBACH, M. O., CHOCHLOVA, M. P., Problem der therapeutischen Anwendung von Knochenmark bei Strahlenkrankheit. Med. radiol., 1960, 5, 67–74.

RAZGOVOROV, B. L., Primäre Wundnaht bei Strahlenkrankheit. Exper. chir., 1957, 2, 47–50.

REN, F., Das Atomproblem (Übersetzung aus dem Französischen), Moskau 1958.

REŠETOV, A. I., Über einige Besonderheiten der Entstehung und des Verlaufes von traumatischem Schock bei akuter Strahlenkrankheit. Diss., Leningrad 1958. Vestn. chir., 1957, 12, 85–89.

REVIS, V. A., Die freie homoplastische Transplantation von Knochenmark als Behandlungsfaktor bei akuter Strahlenkrankheit. Vestn. Rentgenol. radiol., 1960, 2, 44–52.

Rovnov, A. S., Besonderheiten des Verlaufs und der Therapie von Wunden bei kombinierten Schäden. Voen.-med. Journ., 1955, 3, 7—13.

Rovnov, A. S., Besonderheiten des Verlaufs von thermischen Verbrennungen bei Strahlenkrankheit. Chirurgija, 1956, 4, 88—94.

Rubinštejn, Ja. G., Nemkin, M. N., Šišljannikova, L. I., Heilung von Frakturen in verschiedenen Stadien der Strahlenkrankheit. Voen.-med. Journ. 1957, 6, 33—37.

Rudakova, Ju. I., Fursev, N. A., Zur Frage der Resorption von radioaktivem Phosphor in verbrannter Haut. II. Sitzung der Onkologen der UdSSR (Vortragsthesen), Kiew 1956, 204—205.

Rudakova, Ju. I., Reaktion des peripheren Blutes bei thermischen Verbrennungen und gleichzeitiger Strahlenschädigung. Arb. d. wiss. Konf. d. Med. Institutes Rostov, Rostov am Don, 1957, 397—399.

Rudenko, A. T., Der Verlauf offener Frakturen des Unterkiefers bei Strahlenkrankheit. Arbeit der VMMA, Band 55, Leningrad 1956, 477—481; Stomatologija, 1957, 2, 31—33.

Rudenko, O. V., Besonderheiten des Verlaufs von Erfrierungen bei Strahlenkrankheit. Med. radiol., 1959, 3, 34—39.

Rusakov, A. M., Der Einfluß von Röntgenstrahlen auf die Reaktionsfähigkeit gegen Narkotika. Vestn. Rentgenol., 1955, 5, 26—29.

Rusanov, S. A., Primäre Wundnaht bei kombinierten Strahlenschäden. Exper. chir., 1957, 3, 55—59.

Rybakov, A. I., Besonderheiten der Behandlung von Unterkieferverletzungen in Kombination mit Strahlenschaden. Voen.-med. Journ., 1958, 2, 44—48.

Ryžkov, S. V., Verlauf und Behandlung perforierender Schädelverwundungen bei durch ionisierende Strahlung Geschädigten. Exper. chirurgija, 1959, 4, 52.

Ryžov, N. I., Der Temperatureinfluß auf den Verlauf der akuten Strahlenkrankheit beim Hund. Autoref., Diss., Moskau 1958.

Sanockij, V. A., Allgemeine Prinzipien der Therapie bei Schäden durch radioaktive Stoffe. Med. radiol., 1957, 5, 14—23.

Sarkisov, M. A., Besonderheiten des Verlaufs und der Behandlung von Oberschenkelschußwunden bei Schädigung durch ionisierende Strahlung. Ortop., travmat. u. protez., 1959, 10, 21—26.

Sautin, A. I., Über die Dosimetrie von Wunden und Verbrennungen, die radioaktiv verseucht sind. Voen.-med. Journ. 1957, 4, 15—22.

Sbitneva, M. F., Versuch der Anwendung cytotoxischer Seren bei Strahlenschäden. Autoref., Diss.,, Moskau 1956.

Sears, T., Die Rolle des Arztes im Atomschutz (Übersetzung aus dem Englischen). Moskau 1955.

Sebrant, Ju. V., Die Klinik akuter Schäden, die durch äußere Beta-Bestrahlung hervorgerufen wurden. Arb. d. Allunionskonf. für med. Radiol.; Klinik und Therapie der Strahlenkrankheit, Moskau 1957, 26—30.

Sel'cer, V. K., Über die Möglichkeiten einer Beschleunigung der Heilung von Frakturen unter dem Einfluß von Röntgenstrahlen. Vestn. Rentgenol. 1951, 4, 76—81.

Sel'covskij, P. L., Blutersatzflüssigkeiten und ihre Anwendung in militärischen Behandlungseinrichtungen. Moskau 1952.

Semenov, Ju. V., Die Leukocytendynamik bei akuter Strahlenkrankheit unter großen und mittleren Dosen des Blutersatzmittels BK 8. Im Buch: Die Wirkung ionisierender Strahlung auf den Tierorganismus. Kiew 1958, 132.

SEVITT, S., Die Krankengeschichte des Fischers Kuboyama. Lebens-Gesundheitsbedingungen 1956, 1, 32—36.

SIDOROVA, V. F., Die Wiederherstellung der Regenerationsfähigkeit von röntgenbestrahlten Organen. Diss., Moskau 1953.

SIMONOV, V. V., Die intraossale Metallosteosynthese bei Frakturen und die Möglichkeit der Beschleunigung ihrer Heilung bei akuter Strahlenkrankheit. Diss., Leningrad 1958; Voen.-med. Journ., 1957, 12, 33—40.

SIPOVSKIJ, P. V., Besonderheiten im Verlauf des Wundregenerationsprozesses der Haut und des Knochens bei Strahlenkrankheit. 3. Republ. wiss.-prakt. Konf. f. Path. Anatomie in Petrosavodsk, 1956, 6—8; Gesundheitsw. Tadžikistans, 1958, 3, 22—25.

SIPOVSKIJ, P. V., Zur Frage des Einflusses ionisierender Strahlung auf den Osteogeneseprozeß. In der Sammlung: Strahlenkrankheit und kombinierte Schäden. Leningrad 1958, 181 bis 193.

SIČKORUK, I. A., Experimentelle Bestätigung der Heilung von Oberschenkelfrakturen bei Strahlenkrankheit durch intraossale Fixation mit Metallstift. Experiment. chirur., 1959, 4, 51.

SIZENKO, S. P., MARKEVIČ, V. V., Der Einfluß der intravenösen Novocaininjektion auf den Verlauf der Strahlenkrankheit im Experiment. Med. radiol., 1958, 2, 72—78.

SMIRNOV, E. A., Die Heilung von Wunden der Haut und des Unterhautzellgewebes bei weißen Ratten, die einer Ganzkörpergammabestrahlung ausgesetzt waren. Archiv patolog., 1959, 8, 32—39.

SMOLJAKOV, N., Über Röntgenverbrennungen. Vrač. delo. 1926, 5.

SOKOLENKO, E. A., Der Einfluß von Röntgenstrahlen auf das normale Knochengewebe Arb. d. Institutes für Röntgenol. u. Radiol., Moskau 1949, 15—19.

SOKOLOV, S. S., Der Einfluß der Strahlenkrankheit auf die Wundheilung bei Versuchstieren. Diss., Leningrad 1956, Vestn. chir., 1956, 6, 42—47.

SOSOVA, A. A., Einige Besonderheiten des Infektionsprozesses bei Strahlenkrankheit. Autoref., Diss., Moskau 1956.

SPASOKUKOCKIJ, JU. A., ČERNOGORCEVA, Z. L., GITIS, E. I., Die Behandlung der akuten Strahlenkrankheit durch Austauschbluttransfusion und vorhergehende Spülung des Gefäßsystems mit dem Blutersatzstoff „BK—8". Im Buch: Die Wirkung ionisierender Strahlung auf den Tierorganismus. Kiew 1958, 143—144.

SPASSKAJA, I. G., Einwirkungen auf das Nervensystem bei der die Strahlentherapie begleitenden Allgemeinreaktion. Plenum d. Leitung d. Allunionsgesellschaft f. Röntgenol. u. Radiol., Moskau 1952, 21—22.

STACHOVSKIJ, E. V., MIŠAREV, O. S., Eine Charakteristik der Mikroflora bei Verbrennung und Strahlenkrankheit. Wiss. Allunionskonf. für kombinierte Strahlenschäden, Moskau 1958, 58—59.

STARCEVA, I. A., Besonderheiten morphologischer Veränderungen in den Geweben bei Hypothermie unter den Bedingungen durchdringender Strahlung. Wiss. Allunionskonf. für kombinierte Strahlenschäden, Moskau 1958, 59—61.

STECULA, V. I., Morphologische Besonderheiten der Regeneration des geschädigten Knochens unter der Einwirkung ionisierender Strahlung. Wiss. Allunionskonf. zu Fragen kombinierter Strahlenschäden, Moskau 1958, 76—77.

Strahlenkrankheit und kombinierter Schaden des Organismus. Sammlung wiss. Arbeiten unter Red. von M. N. POBEDINSKIJ u. N. I. BLINOV, Leningrad 1958.

Strahlenmedizin. Unter Red. von A. V. LEBEDINSKIJ, Moskau 1955.

STREL'COV, V. N., MOSKALENKO, JA. I., Radioaktive Isotope als kanzerogene Agenzien. Med. Radiol., 1957, 5, 39–51.

STRUČKOV, V. I., Vergleichende Befunde über Schmerzausschaltungen bei chirurgischen Operationen. Chirurgija, 1954, 5, 17–24.

STUKKEJ, A. D., Die Häufigeit der Anwendung der Grundmethoden der Schmerzausschaltung in den Evakuierungsetappen. Im Buch: Erfahrung der sowjetischen Medizin im Großen Vaterländischen Krieg 1941–1945. Band 3, Moskau 1955, 506–516.

SUKJASJAN, G. V., DŽJAVADJAN, N. S., NOVIKOVA, M. N. u. a., Untersuchung des Einflusses der Transfusion von Polyvinyl-Pyrrolidon auf den Verlauf der akuten Strahlenkrankheit. Probl. hematolog. i pereliv. krovi, 1959, 3, 48–58.

SUROVIKINA, M. S., Der Einfluß von Nococain auf die Resorptionsprozesse von Stoffen aus dem Unterhautzellgewebe. Arb. des Med. Institutes Stalinabad, Ausgabe 2, 1954, 123 bis 129.

SVJATUCHIN, V. M., Chirurgische Behandlung von Röntgenverbrennungen. Vrač. delo 1926, 5.

SYZGANOV, A. N., TRAČENKO, G. K., LEVČENKO, S. N., Über die primäre Versorgung zufällig infizierter Quetsch-Riß-Wunden unter der Wirkung ionisierender Strahlung auf den Tierorganismus. Wiss. Allunionskonf. für kombinierte Strahlenschäden. Moskau 1958, 15–16.

SYZGANOV, A. N., BABAŠEV, B. S., BRJAKIN, JU. M., Schmerzausschaltung und Antischockmaßnahmen bei akuter Strahlenkrankheit. Vestn. d. Akad. d. Wiss. d. Kazach. SSR 1959, 12, 57–65.

Schädigende Wirkung von Atombomben (nach japanischen Angaben). Moskau 1954. Handbuch der medizinischen Radiologie, unter Red. von A. E. MINENKO, Kiew 1956.

Schutzmaßnahmen für die mit radioaktiven Stoffen arbeitenden Personen. Unter Red. von V. M. ŽDANOV, Moskau 1958.

ŠABAROV, I. A., Der Einfluß ionisierender Strahlung auf die Entwicklung der Immunität gegen Tetanus und Typhus abdominalis. Žurn. mikrobiol., epidemiol. u. immunobiol., 1957, 11, 125–129; Diss., Leningrad 1959.

ŠATSKIJ, S. N., BASMANOV, P. I., Staubschutzrespirator Modell ŠB 1 „Lepestok" für den Schutz der Atemorgane gegen radioaktive Aerosole. Arb. d. Allunionskonf. für med. Radiol.; Fragen der Hygiene und Dosimetrie, Moskau 1957, 44–48.

ŠČERBINA, M. G., Prophylaxe und Behandlung von Strahlenschäden der Haut und der Schleimhäute mit Phytonziden. Vestn. Rentgenol. 1955, 5, 40–42.

ŠEJKO, V. Z., Die Anwendung von puderartigen Mischungen gegen die Resorption radioaktiver Stoffe aus Weichteilwunden. 2. Staatl. wiss. Konf. junger Chir., Leningrad 1956, 10–11.

ŠEVELEV, A. S., Ionisierende Strahlung und Fragen der Transplantation von Knochenmark. Patolog., fisiolog. i eksper. terapija, 1960, I, 3–13.

ŠICHODYROV, V. V., Verlauf einer Entzündung bei akuter Strahlenkrankheit. Arb. d. Allunionskonferenz für med. Radiol.; Experimentelle medizinische Radiologie, Moskau 1957, 170–174.

TARUSOV, B. N., Grundlagen der biologischen Wirkung radioaktiver Bestrahlungen. Moskau 1955.

TEODOROVIČ, V. P., TEODOROVIČ, V. I., Behandlung von Röntgenleukopenien mit Leukocytenpräparaten. In der Sammlung „Aktuelle Fragen der Blutübertragung", Ausgabe 6.

TEREŠČENKO, O. JA.,Zur Frage des Einflusses des Gehirntraumas auf den Verlauf der Strahlenkrankheit. Autoref., Diss., Moskau 1958.

TICHODEEV, S. M., Geschlossene Lungentraumen in der Röntgenuntersuchung. Moskau 1946.

TICHONIN, I. JA., KAS'JANOV, I. S., VAGANOVA, N. T., KUTEPOVA, M. I., Besonderheiten im Verlauf der Strahlenkrankheit, die durch operativen Eingriff an Bauchorganen bei Morphinäthernarkose kompliziert ist. Vestn. Rentgenol. 1956, 1, 27—30.

TKAČENKO, S. S., Der Verlauf von Frakturen bei mittleren Stadien von Strahlenkrankheit. Ortoped. und Travmatol. 1958, I, 24—29.

TORBENKO, V. P., Die Aktivität einiger Fermente des Knochengewebes bei geschlossenen Frakturen und Wirkung ionisierender Strahlung. Wiss. Allunionskonf. für kombinierte Strahlenschäden. Moskau 1958, 75—76.

TROICKIJ, V. A., TUMANJAN, M. A., Der Einfluß ionisierender Strahlung auf die Immunität. Moskau 1958.

TRUBAČEV, V. I., Die Heilung von Weichteilwunden bei Strahlenkrankheit von Tieren, die mit Antibiotika, Vitaminen und Blutübertragungen behandelt wurden. Diss., Leningrad 1958; Vest. chir. 1957, 8, 99—103; Nov. chir. arch., 1958, 3, 42—44.

TRUŠINA, M. N., Zur Frage der Anwendung von Blutersatzstoffen in der komplexen Behandlung der akuten Strahlenkrankheit bei Hunden. In der Sammlung: Fragen der Pathogenese, d. experimentellen Therapie und Prophylaxe der Strahlenkrankheit. Moskau 1960, 281—296.

TUPIKOVA, T. M., Experimentelle Befunde über die Resorption von Radiophosphor aus der Gelenkhöhle und das Eindringen aus dem Blut in das Gelenk. Im Buch: Versuch zur Anwendung radioaktiver Isotope in der Medizin. Kiew 1955, 63—68.

TUŽILKOVA, T. N., Der Einfluß von Röntgenstrahlen auf die Regeneration von Muskelgewebe. Med. Radiol., 1956, 4, 14—22.

UDGODSKAJA, L. N., JUDIN, JU. G., Über den Einfluß physischer Belastung auf die klinisch-morphologischen Besonderheiten der akuten Strahlenkrankheit. Med. Radiol., 1957, 4, 68—74.

USPENSKAJA, L. F., Der Einfluß von Röntgenstrahlen auf normales Knochengewebe. Arb. d. wiss. Session des Institutes für Röntgenol. und Radiol., Moskau 1949, 11—14.

VAGANOVA, N. T., Vergleichende Beurteilung der Wirkung von Morphium und Promedol auf den bestrahlten Organismus. Wiss. Konf. der jungen Wissenschaftler des Institutes für Röntgenologie und Radiologie MfG d. RSFSR, Moskau 1958, 9.

VASADZE, G. Š., Über den kombinierten Einfluß von Dünndarmverletzungen und ionisierender Strahlung auf den Organismus von Tieren und über die Anwendung neuroplegischer Präparate in der komplexen Therapie von Perforationswunden des Dünndarms. Autoref., Diss., Leningrad 1958.

VASADZE, G. Š., ŠERAŠOV, S. G., Über Veränderungen der Empfindlichkeit gegen viszerales Trauma bei Tieren mit Strahlenkrankheit. Med. Radiol., 1959, 10, 59—66.

VASILENKO, M. E., Kombinierte Einwirkung von Schußwunden und durchdringender Strahlung auf die Blutbildung. Wissenschaftl. Allunionskonf. für kombinierte Strahlenschäden, Moskau 1958, 23—25.

VASIL'EV, P. V., SAKSONOV, P. P., Besonderheiten der Reaktion von Tieren auf Arzneimittel bei Strahlenpathologie. Farmakologija und Toksikologija, 1958, 3, 30—33.

VASIL'EVA, I. G., Veränderungen der Leukocyten und der Leukocytenformel des peripheren Blutes bei Strahlenkrankheit, die durch Licht- und thermische Verbrennungen kompliziert ist. Wissenschaftl. Konf. junger Wissenschaftler des Institutes für Röntgenologie und Radiologie der MfG d. RSFSR, Moskau 1958, 3.

VEKSLER, JA. I., Besonderheiten der Reaktion bestrahlter Tiere auf Allgemeinabkühlung. Pathol., Physiol. und experiment. Therapie, 1959, 1, 27—30.

VERCHOVSKAJA, N. I., FRANK, G. M., Die Verteilung des radioaktiven Phosphors in den Knochen von Kaninchen bei experimenteller Knochentuberkulose. Bull. exper. Biol. und Med., 1944, 1—2, 19—22.

VLASOV, V. V., Über einige Besonderheiten in Verlauf und Therapie kombinierter Wunden. Voen.-med. Journ. 1955, 7, 47—52.

VLASOVA, L. N., Der Einfluß einer Novocainblockade auf die Verteilung radioaktiven Phosphors in Nerven und Muskeln bei experimentellem entzündlichem Prozeß. Arb. über die Anwendung radioaktiver Isotope in der Medizin, Moskau 1955, 58—68.

VOLKOV, L. F., EGOROVA, A. P., Die Dynamik des Blutkomplementtiters bei Strahlenkrankheit in Kombination mit anderen Schäden. Voen.-med. Journ., 1956, 4, 27—30.

Wen bedrohen die Kernwaffenversuche? Übersetzung aus dem Englischen, Moskau 1958.

Wirkung der Bestrahlung auf den Organismus, Moskau 1955.

Wirkung ionisierender Strahlung auf den Tierorganismus (Vortragsthesen einer wissenschaftlichen Konferenz). Kiew 1958.

Wissenschaftliche Allunionskonferenz über Probleme kombinierter Strahlenschäden, Moskau 1958. Allunionskonf. der Pathophysiologen, Kiew 1956.

Wiss. Konferenz junger Gelehrter des Staatl. Institutes für Röntgenologie und Radiologie, Moskau 1956.

ZABUDSKIJ, B. D., Der Einfluß der Äthernarkose auf die Resorptionsgeschwindigkeit von subkutan injizierten Stoffen. Arb. des Med. Instituts Stalinabad, Ausgabe 1, 1954, 71—76.

ZAEC, T. L., SMIRNOVA, G. A., Zur Frage des Eindringens von radioaktivem Natrium und Calcium durch ungeschädigte Haut. Med. Radiol., 1957, 4, 66—68.

ZAJCEVA, K. K., Über die morphologischen Besonderheiten des Anwachsens freier Hauttransplantate bei akuter Strahlenkrankheit. Vestn. Chir. 1960, 3, 97—102.

ZAKUTINSKIJ, D. I., Spätfolgen der Wirkung ionisierender Strahlung. Med. Radiol. 1957, 1, 22—28.

ZAKUTINSKIJ, D. I., Probleme der Toxikologie radioaktiver Stoffe. Med. Radiol., 1958, 1, 3—9.

ZARECKAJA, JU. M., ANDREEVA, M. P., KVASNIKOVA, L. N., SIMKINA, S. A., Transplantation von Knochenmark bei Strahlenschäden. Vestn. Akad. d. Med. Wiss. UdSSR, 1960, 2, 63—70.

ZAV'JALOV, N. D., IVANENKO, V. I., Der Verlauf der Strahlenkrankheit bei Blutverlusten. Sowj. Gesundheitswesen Kirgisiens, 1957, 5, 30—31.

ZEMLJANOJ, A. G., Heilung geschlossener Frakturen der langen Röhrenknochen bei Strahlenkrankheit an Versuchstieren. Diss., Leningrad 1956; Med. Radiol., 1956, 5, 72—74; Vestn. Chir., 1956, 6, 59—64.

ZUBOVSKIJ, G. A., Ein Fall von akuter Strahlenschädigung der Haut. Vestn. Rentgenol. 1955, 6, 83—85.

ZUBOVSKIJ, G. A., Verlauf von Lichtverbrennungen der Haut bei Strahlenkrankheit im Experiment. Wiss. Allunionskonf. für kombinierte Strahlenschäden, Moskau 1958, 51—53.

ZUBOVSKIJ, G. A., Besonderheiten im klinischen Verlauf des Verbrennungsschocks bei Bestrahlung des Organismus mit durchdringender Strahlung. Vestn. Rentgenol. i Radiolog., 1958, 2, 84—86.

ZUJKOVA, E. A., KAS'JANOV, I. S., Die Invagination des Darmes als Komplikation bei Strahlenkrankheit. Vestn. Rentgenol., 1957, 5, 89—92.

ZURABAŠVILI, A. D., KVALIAŠVILI, A. A., SEMENSKAJA, E. M., ŠANIDZE, V. I., NAKEJŠVILI, B. R.,MAČABELI, M. I.,TODRIJA, M. V., Die Wirkung geschlossener Traumen des Schädels in Kombination mit Strahlenschaden auf den Organismus. Wiss. Allunionskonf. für kombinierte Strahlenschäden, Moskau 1958, 83—84; Mitteilung d. Med. Akad. d. Grus. SSR, 1958, 4, 497—504.

ŽGENTI, V. K., NAZARIŠVILI, G. P., KVALIAŠVILI, A. A., SEMENSKAJA, E. M., TOPURIJA, Š. R., CVERAVA, E. I., Der Einfluß kombinierter Schäden durch Wirkung von Druckwelle und Röntgenstrahlen auf Tiere. Wiss. Allunionskonf. für kombinierte Strahlenschäden, Moskau 1958, 3.

ŽITNJUK, I. D., Behandlung infizierter Wunden mit einem pulverförmigen Gemisch. Voen.-morsk. vrač, 1952, 2, 13—19.

ŽIŽINA, N. A., Der Einfluß mehrmaliger Röntgenbestrahlung mit kleinen Dosen auf das Knochengewebe. Med. Radiol., 1958, 4, 25—29.

ŽOGA N. A., Der Einfluß verschiedener Arten ionisierender Strahlung auf die Haut und den Allgemeinzustand der Versuchstiere. Med. Journ., 1954, 5, 17—25.

The action of the hydrogen bomb. Public. Health Soc. Med. a. Hyg. 1955, 1, 5, 411.

ALLEN, F. M., Biological modification of effects of roentgen rays. Amer. J. Roentgenol., 1955, 73, 1, 70—80.

ALPEN, E. L., SHELINE, G. E., The combined effects of thermal burns and whole-body X-irradiation on survival time and mortality. Ann. Surg., 1954, 140, 1, 113—118.

ANDREWS, H. L., LILJEGREN, E. J., Effect of morphine and N-ally-normorphine on radiation mortality. Amer. J. Physiol., 1955, 183, 322—324.

ANNUAL report for 1955. Federal Civil Defense Administration, Washington 1956.

ARMSTRONG, J. E., SCHAEFFER, J. K., ARTER, C. R., Treatment of burns in atomic disaster. United States Armed Forces Med. J., 1956, 7, 3, 320—326.

ARTZ, C., REISS, E., DAVIS, J., AMSPACHER, H., The Problem of burns in disaster. United States Armed Forces Med. J., 1953, 4, 1, 39—48.

ATOMIC BOMB., Effects on animals. Ulster Farmer, 1955, 55, 10, 35.

ATOMIC BOMB INJURIES, Chief Editor N. Kusano, Tokyo 1953.

BACLESSE, F., MAROIS, M., Sur la radiosensibilité du rat adulte en hypothermie. C. r. Acad. Sci, 1954, 238, 19, 1926—1928.

BARRET, C., SAENGER, E., Radiation hazards in the practice of surgery. Amer. J. Surg., 1956, 22, 8, 676—682.

BAUER, A. J., Preventive measures for atomic explosion. Milit. Surg. 1948, 103, 1, 55—57.

BAXTER, H., DRUMMOND, J. A., ROSE, B., STEPHANS-NEWSHAM, L. G., RANDALL, R. G., Blood histamine levels in swine following total body X-radiation and a flash burn. Ann. Surg., 1954, 139, 2, 179—185.

BEHRENS, C., Atomic Medicine. Baltimore 1953.

BEHRENS, C., Advances in medical defense against termonuclear injuries. Milit. Med., 1958, 123, 1, 1—9.

BERLIN, N. J., Military aspects of the biological effects of radiation. U. S. Armed Forces Med. J., 1958, IX, 6, 821—843.

The Biological effects of atomic radiation. Washington 1956.

BLOOM, W., Histopathology of irradiation from external and internal sources. New York — Toronto — London 1948.

Bond, V. P., Silverman, M. S., Cronkite, E. P., Pathogenesis and pathology of postirradiation infection. Radiation Res., 1954, 1, 1—6, 389—400.

Bowers, W., Principles of surgery in managing mass casualties. U. S. Armed Forces Med. J., 1956, 6, 7, 865—874.

Brecher, G., Wilbur, K. M., Cronkite, E. P., Transfusion of separated leukocytes into irradiated dogs with aplastic marrow. Proc. Soc. Exp. Biol. a. Med., 1953, 84, I, 54—56.

Brown, J. B., Report of surgical repair in the first group of atomic radiation injuries. Surg., Gyn. a. Obst., 1956, 103, 1, 1—4.

Brues, A. M., The physician in an atomic attack. Med. Clin. of North America, 1952, 36, 1, 263—272.

Burdick, K. H., Effect of anesthetic agents on rats following whole body irradiation. Current Res. Anesthesia a. Analgesia, 1953, 32, 5, 319—328.

Burger, H., Zur Frage des Strahlenschutzes durch Periston N. Strahlentherapie, 1955, 98, 2, 348—350.

Burston, S. R., Mass management of burns: civil defense aspect. Med. Australia, 1952, 11, 25, 873—874.

Butterfield, W., Flash burns from atomic weapons observations on flashburning of human subjects in the laboratory using infrared and predominantly white sources. Surg., Gyn. a. Obst., 1956, 103, 6, 655—665.

Bywaters, E. C., McMichael, Crush syndrome. Medical history of the second world war. Surgery, 1953, 673—688.

Calmers, A., Über die durch das Erdbeben in Messina usw., Arch. f. klin. Chirurg., 1900, 90, 701—747.

Canard, R., Upton, M., Ruggins, C., Cannon, B., Medical surveys of Marchales two years after exposure to fall-out Radiation. JAMA, 1957, 164, 11, 1192—1197.

Catsch, A., Experimentelle Grundlagen einer Therapie der Vergiftung mit radioaktiven Substanzen. Strahlentherapie, 1956, 99, 2, 290—300.

Charrow, K. C., A new look at civil defense Health Services with progress to date. Canad. Med. Assoc. J., 1957, 76, 5, 351—359.

Chorvon, L. M., A further survey of radiation sickness with particular reference to its treatment by pyridoxine. Brit. J. Radiol, 1949, XXII, 253, 49—55.

Christensen, A. W., How Public Health Service in carrying out civil defense responsibilities. JAMA, 1956, 160, 14, 1209—1211.

Christiansen, T., Atomwaffen. Nord med., 1953, 50, 36, 1217—1221.

CIVIL defense in the United States. Bull. Amer. Surg. 1951, 36, Sept., 215.

Clarkson, P., Clinical material concerning burns relevant to nuclear warfare. J. Royal Army Med. Corps, 1955, 10, 10—15.

CONGRÈS mondial des médecins pour l'étude des conditions actuelles de vie. Vienne 1953.

Cooney, J. P., Medical effects of nuclear warfare. Milit. Med., 1956, 118, 4, 264—266.

Cooper, Th. F., Organization for the management to the problem. Milit. Med., 1956, 118, 4, 379—380.

Costedoat, A., La protection médical de la population civile contre les attaques. Paris 1957.

Crawford, J. N., Medical aspects of the effects of atomic explosion. Canad. Med. Assoc., J. 1950, 62, 6, 529—534.

Cronkite, E. P., Treatment of radiation injuries. Milit. Med., 1956, 118, 4, 328—334.

Cronkite, E. P., Bond, V. P., Chapmann, W. H., Lee, R., Biological effects at atomic bomb gamma radiation. Science, 1955, 3160, 148—150.

CROSBY, W. H., Transfusion service in atomic bombardement areas, JAMA, 1956, 160, 13, 1168—1169.

DAMBRING, L., La chirurgie des blessés par armes atomiques. Presse méd., 1955, 63, 54, 1113—1114.

DAVIS, W. M., The combined effect of thermal burns and wholebody X-irradiation. Ann. Surg., 1955, 142, 1, 66—75.

DEVOIS, A., TAVERNIER, C., La méthode de Filatov dans le traitement des radiolésions. J. radiol. et électr., 1954, 35, 7—8, 669—671.

DOULL, J., DU BOIS, K. P., Influence of hibernation on survival time and weight loss of X-irradiated ground squirrels. Proc. Soc. Exp. Biol. Med., 1953, 84, 2, 367—370.

DRUMMOND, J. A., KAUFMANN, J., RANDALL, R. G., KAPURKAK, BAXTER, H., Some observations on hematological responses in swine to X-radiation and thermal injury, Plastic Surg., 1954, 13, 6, 431—439.

DUNHAM, C., CRONKITE, E., LE ROY, G., WARREN, A., Atomic bomb injury. JAMA, 1951, 147, I 50—54.

DWORACEK, H., Bepanthen als Hautschutz bei Röntgenschädigung. Strahlentherapie, 1953, 91, 4, 643—646.

EDSON, E. F., Occupational radiation hazards. Brit. med. bull., 1950, 7, 1—2, 57—63.

The effect of the atomic bomb on Hiroshima, Japan. Vol. I—III, Washington 1947.

The effect of atomic bomb on Nagasaki, Japan. Vol. I—III, Washington 1947.

ELLINGER, F., Die Histaminhypothese der biologischen Strahlenwirkungen. Schweiz. med. Wschr. 1951, 81, 3, 61—65.

ENGSTRÖM, A., A preliminary study of the in vivo and in vitro uptake of Sr^{90} in bone tissue and the osseous localization of radioactive fission products from atomic explosions. Acta orthop. scand., 1954. 24, 2, 101—114.

EUFINGER, H., Das Crush-Syndrom als Ausdruck des Spätschocks nach Muskeltrauma. Zbl. f. Chirurg., 1956, 33a. 1812—1813.

EVANS, E. I., The burn problem in atomic warfare. JAMA, 1950, 143, 13, 1143—1146.

FINKEL, A. J., HATHAMAY, E. A., Medical care of wounds contaminated with radioactive materials. JAMA, 1956, 161, 2, 121—126.

FREYER, G. E., Civil defense in Canada. JAMA, 1958, 166, 8, 939—942.

FROWEIN, K. R., FAHRENKAMP, K., Die Behandlung des Strahlenkaters mit intravenösen Novocaingaben. Strahlentherapie, 1950, 83, 1, 70—72.

FURTH, F. W., MOLLY, M. D., COULTERN, P., The treatment of the acute radiation syndrome in dogs with aureomycin and whole blood. J. Labor a. Clin. Med., 1953, 41, 6, 918—927.

FURTH, J., UPTON, A. C., CHRISTENBERRY, K. W., BENEDICT, W. H., MOSHMAN, Some late effects in mice of ionizing radiation from an experimental nuclear detonation. Radiology, 1954, 63, 4, 526—569.

GENAUD, P., Les effets radioactifs de l'explosion atomique. Presse méd., 1950, 58, 52, 904—907.

GENAUD, P., Les séquelles de l'explosion atomique. Presse méd. 1953, 1, 17—18.

GERSHLOWITZ, P., WEIDERSHEIM, M., TUCKER, R. D., Preparatory experiment on protection of skin against irradiation damage. Afric. Med. J., 1955, 29, 36, 846—847.

GLORIEUX, H., La bombe atomique envisagé par le Service de Santé de l'armée, Bruxell. méd., 1952, 32, 21, 1095—1108; 22, 11—56—1161; 23, 1211—1218.

GLORIEUX, H., Aspects médicaux de la défense contre la guerre atomique. Bruxell. méd., 1952, 32, 52, 2711—2729.

GOOLDEN, A. W., Radiation cancer. Brit. J. Radiolog., 1957, 30, 360, 626—640.

GRIFFITH, H. D., Beta- and X ray dosage in relation to skin reaction. Arch. Geschwulstforsch. 1954, 6, 305—311.

GROS, C. M., COMSA, I., Influence de l'anesthésie potentialisée (Laborin) sur le taux de mortalité des cobayes irradiés. Compl. rend. Acad. sc., 1954, 239, 14, 832—834.

GÜNSEL, E., Die Strahlenschäden am wachsenden Knochen. Strahlentherapie, 1953, 91, 4, 595—601.

GUSTAFSON, G. E., CEBUL, F. A., The effect of surgery on dogs following whole body X-irradiation. Surg., Gyn. a. Obst., 1954, 98, 1, 49—54.

HADDOW, A., Biological hazards of atomic energy. Oxford, 1952.

HAJDUKOVIC, S., KARENOVIC, J. J., Effect of hypothermia on radiosensivity of rats. Bull. Inst. Nucl. Sci, 1957, 7, 139—149.

HAMMOND, C. W., The treatment of post-irradiation infection. Radiation Res., 1954, 1, 1—6, 448—458.

HARRIS, N. O., The role of the radioactive isotope in bone metabolism. Milit. Surg. 1954, 114, 2, 108—111.

HARTGERING, B., Medical operations in radiologically contaminated areas. Milit. Med., 1957, 121, 4, 245—250.

HILFINGER, M. F., FERGUSON, J. H., Experimental transfusion of bone marrow emulsion into rabbits after total body irradiation. Amer. J. Patholog. 1951, 27, 4, 675.

HOIGNE, K., ESSILIER, A., Die Künstliche Niere. Verlauf und Behandlung des Crush-Syndroms. Schweiz. Med. Wochenschr., 1956, 86, 14, 351—355.

HOLLAENDER, A., Radiation Biology. Vol. I—III, New York—Toronto—London, 1954—1956.

HOLUBEC, K., Hiroshima-Bikini, Praha 1957.

HULTBERG, S., Local enzymatic treatment of radiation necroses of the skin. Acta Radiol., 1953, 39, 4, 343—352.

HUNTER, C., Radiation injuries in atomic warfare with stress on fallout. Canad. Med. Assoc. J. 1957, 76, 394—401.

ITIKAWA, O., Studies of the casualties in animal caused by radioactive substances. Res., Effects and Influences Nuclear Bomb Test Explosions, Tokyo, 1956, 685—692.

JAMMET, H., MATHE, G., PENDIC, B., Étude de six cas d'irradiation totale aigue accidentelle. Rev. Fr. Et. Clin. et Biol. 1959, 4, 3.

KAHN, J. B., Modification of sensitivity to X-radiation by morphine sulfate. Proc. Soc. Exp. Biol. Med. 1951, 78, 2, 486—489.

KARCHER, H., GEHRIG, D., Strahlenschäden und ihre Behandlung. Langenbecks Arch. u. Dtsch. Z. Chirurgie, 1955, 280, 6, 577—591.

KELLER, P. D., A clinical syndrome following exposure to atomic bomb explosions. JAMA, 1946, 131, 6, 504—506.

KIMMELDORF, D. J., JONES, D. C., GASTANERA, T. Z., Effect of X-irradiation upon the performance of daily exhaustive exercise by the rat. Amer. J. Physiol, 1953, 174, 3, 331—335.

KOLETSKY, S., CHRISTIE, J. H., Effect of antibiotics on mortality from internal radiation Proc. Soc. Exper. Biol. Med. 1950, 75, 2, 363—366.

KRÖNING, E., SIGMUND, R., Über die Wirkung von physiologischer Kochsalzlösung und Saccharoselösung auf die Mortalität nach Körper-Ganzbestrahlungen in Versuchen an Bl.-Mäusen. Z. Naturforsch., 1955, 108, 6. 322—328.

KÜNKEL, H. A., Versuche zur Entgiftung radioaktiv verseuchter Oberflächen. Strahlentherapie, 1954, 95, 2, 326—329.

KKUSANO, N., Atombombenschäden, Berlin 1954.

LACASSAGNE, A., GRICOUROFF, G., Action des radiations ionisantes sur l'organisme. Paris 1956.

LANGENDORFF, H., KOCH, R., Der Strahlenschaden und Möglichkeiten seiner Behandlung. Med. Klin., 1957, 52, 34, 1468–1474.

LAPP, R. E., Global fall-out. Bull. Atomic Scientists, 1955, 11,9, 336–343. L'Energie atomique et son utilisation militaire. Paris 1946.

LE ROY, G. V., The medical sequelae of the atomic bomb explosion. JAMA, 1947, 134, 14, 1143–1148.

LIFTON, S., Protective measure in nuclear warfare. Milit. Med. 1956, 118, 4, 296–299.

LOONEY, W. B., Late clinical changes following the internal deposition of radioactive materials. Ann. Internal Med., 1955, 42, 2, 378–387.

LORENZ, E., CONGDON, CH., Modification of lethal irradiation injury in mice by injection of homologous or heterologous bone. J. Nat. Cancer Inst., 1954, 14, 4, 955–961.

LOUSTALOT, P., Übersichtsbeitrag zur Frage des Crush-Syndroms. Schweiz. med. Wochenschr. 1950, 80, 1045–1051.

LOW-BEER, B. V., The clinical use of radioactive isotops. Illinois, 1951.

LYON, G., Radiation injuries resulting from nuclear explosion and fall-out (burns). Milit. Med., 1956, 118, 4, 279–285.

MAISIN, J., Guerre atomique et guerre de gaz. Bruxell. Méd. 1952, 3, 113–119, 4, 163–177.

MAISIN, J., MANDART, M., LAMBERTS, G., PLUYGERS, E., POELIO, G., Étude comparative de l'influence de certains antibiotiques sur la survie de rats soumis à une dose mortelle de rayons X. Compt. rend. Soc. Biol. 1950, 144, 21–22, 1560–1563.

MALLET, L., Bombardement atomique et effets abiotiques à distance. Presse méd., 1946, 2, 20.

MARGIN, O., Crush syndrom. Prakticky Lekar, 1955, 35, 180–181.

MARKLEY, K., BOCANEGRA, M., BAZAN, A., Clinical evacuation of saline solution therapy in burn shock. JAMA, 1956, 1465–1473.

MATHE, G., Transfusion et greffe de cellules myeloides chez l'homme. 1959. (Handschrift im Leningrader Institut für Bluttransfusion.)

MEDICAL Report on atomic bomb effects. Tokyo 1954.

MICHINSKO, HACHIYA a. WARNER, WELLS, Hiroshima Diary, New York 1955.

MILLER, A., Mass thermal burns, Milit. Med., 1956, 118, 4, 319–325.

MILLER, C. P., HAMMOND, C. W., TOMPKINS, M., The incidence of bacteremia in mice subjected to total body X-radiation. Science, 1950, 111, 540–541.

MILLER, R. W., COTTON, W. K., SWISHER, S. N., The effects of whole blood transfusion on dogs receiving a maximal sublethal exposure to ionizing radiation. Science, 1953, 118, 3056, 111–112.

MORGAN, K. Z., Maximum permissible concentration of radioisotopes in food, water and air and maximum permissible equilibrium amounts in the body. Acta Radiol. 1954, 41, 1, 30–46.

MORTON, J. J., Radiation burns due to atomic explosions. Ann. Surg., 1957, 146, 3, 314–321.

MUTH, H., Untersuchungen zum Problem der Radiumvergiftung. Strahlentherapie, 1954, 94, I, 126–136.

MYOSHI, K., Die japanischen Erfahrungen über die Strahlungsschäden nach Atombombenabwürfen. Med. Klin., 1957, 34, 8, 1438–1455.

NEUBERGER, F., MORITSCH, E., Bepanthen als Strahlenschutz der Schleimhaut. Monatsschr. Ohrenheilkunde und Laryngo-Rhinol., 1955, 89, 2, 141–143.

NICKSON, J. J., LAWRENCE, W., RACHWALSKY, J., Roentgen rays a. wound healing. Surgery, 1953, 34, 5, 859–862.

OSBORNE, J. C., The uptake of radiosulfur in the fractured humerus in the rat. Surg., Gyn. a. Obst., 1956, 103, I, 38–40.

OUGHTERSON, A. W., WARREN, S., Medical effects of the atomic bomb in Japan. New York–Toronto–London 1956.

PACE, F., Levels of accepted radiation exposure for a war emergency. Canad. Med. Assoc. J., 1957, 76, 5, 402–404.

PATEY, D. H., First aid prophylactic treatment of the compression syndrome. Brit. Med. J., 1943, 3, 212–213.

PATTERSON, H., FIGGE, F. H., Sodium pentobarbital anesthesia and mortality from X-radiation in C_{57} black mice. Science, 1952, 115, 2994, 547–548.

PEARSE, H., Thermal injuries of nuclear warfare. Milit. Med. 1956, 118, 4, 274–278.

PEARSE, H. E., KINGSLEY, H. D., Thermal burn from the atomic bomb. Surg., Gyn. a. Obst. 1954, 98, 4, 385–394.

PILLEMER, L., The properdin system. Trans. N. Y. Acad. Sci., 1955, 17, 526–530.

PILLSBURY, R., ARZT, C., Necessary compromises in therapy of burns sustained in nuclear warfare. JAMA, 1956, 162, 20, 956–958.

PIZON, P., Le sang et les bombes atomiques. Presse méd. 1956, 64, 17, 391–394.

PIZON, P., Les risques universels suscités par les explosions atomiques. Presse méd., 1957, 65 56, 1317–1319.

POWELL, C. P., GERSTNER, H. B., Effect of early exsanguinotransfusion on irradiated dogs. J. Lab. Clin. Med. 1954, 43, 4, 595–602.

PRASLIČKA, M., Beiträge zum Einfluß der Chloroform- und Äthernarkose auf die Wirkung der Röntgen-Bestrahlung. Českosl. biol., 1955, 4, 2, 88–97.

PRASLIČKA, M., Der Einfluß verschiedener Narkosen auf die Ausbildung früher histologischer Veränderungen der Milz bei Mäusen nach Bestrahlung. Českosl. biol. 1957, 6, 1, 16–22.

LES principes de l'organisation médicale et du traitement médical en cas de desastre par emploi d'armes thermonucléaires. Bull. internat. Serv. de Santé des Armées, 1956, 11, 486–487.

RADAKOVICH, M., DUTTON, A. M., SCHILLING, J. A., Effect of total body irradiation on wound closure. Ann. Surg., 1954, 139, 2, 186–194.

RADIOACTIVE dust on Japan's. Grower, 1954, 42, 20, 933–935.

RADIOACTIVE fall-out in the Marshall islands. Science, 1955, 133, 3181, 1178–1179.

LE RAPPORT de la commission de l'énergie atomique des USA sur les effets des explosions nucléaires à grande puissance. Presse méd. 1955, 63, 18, 369–371.

RAUBITSCHEK, H. V., Pathologische Befunde an den Opfern des A-Bombenangriffs über Nagasaki und Hiroshima. Wien. klin. Wschr., 1954, 66, 8, 143–145.

RAVENTOS, A., Wound healing and mortality after total body exposure to ionising radiation. Proc. Soc. Exper. Biol. Med., 1954, 87, 1, 165–167.

RAVINA, A., Premiers effets connus de la bombe à hydrogène sur l'homme. Presse méd., 1954, 62, 41, 881.

RESEARCH in the effects and influences of the nuclear bomb. Tokyo 1956.

REYNOLDS, M. L., LYNCH, F. X., Atomic bomb injuries among survivors in Hiroshima. Publ. Health Rep., 1955, 70, 3, 261–270.

RICHARDS, G. E., PETER, M. V., Nembutal in the treatment of radiation sickness. Amer. J. Roentgenol., 1936, 35, 4, 522–525.

RIED, J. D., BROOKS, J. W., The influence of X-radiation on mortality following thermal flash burns. Ann., Surg. 1955, 142, 5, 844–850.

ROBINSON, D. W., The hazards of surgery in irradiated tissue. Arch. Surg., 1955, 71, 3, 410—418.

SALISBURY, P. F., REKERS, P. E., MILLER, J. H., MARTI, N. F., Effects of early cross transfusion on X-irradiation disease. Science, 1951, 113, 2923, 6—7.

SCHLUNGBAUM, W., Die Strahlenkrankheit. Ärztl. Wschr. 1954, 41, 961—966.

SEVITT, S., The case of Mr. Kuboyama; a clinical and pathological study of the first victim of the hydrogen bomb. Med. World, 1956, 84, 5, 385—390.

SHECHMEISTER, I. L., FISHMAN, M., The effect of ionizing radiation on phagocytosis and the bactericidal power of the blood. J. exper. Med. 1955, 101, 3, 259—274.

SHIRABE, R., Medical survey of atomic bomb casualities. Milit. Surg., 1953, 113, 4, 251—263.

SILLEVAERTS, C., La therapeutique des lésions occasionnées par la bombe atomique. Bruxell. méd. 1952, 32, 11, 545—554; 12, 606—615; 660—669; 14, 699—708; 15, 762—772.

SILVERMAN, M. S., CHIN, P. H., The effect of whole body X-irradiation of mice on immunity to tetanus toxid. J. Immunology, 1955, 75, 4, 321—325.

SIMEONE, F. A., Atomic bomb injury: Mechanical injuries, JAMA 1951, 147, 8, 1658—1663.

SMITH, R. L., Emergency medical care. Milit. Med., 1956, 118, 4—6.

SOKOLOFF, B., REDD, J. B., DUTCHER, R., Capillary fragility and vitamin P protective action against radiation. Proc. Soc. Exper. Biol. Med., 1950, 75, 6—9.

SPITTLER, A. W., BATCH, J. W., RUTLEDGE, B. A., Whole body irradiation on the healing of fresh fractures. Arch. Surg., 1954, 68, 1, 93—104.

STEIN, J. J., BELLAMY, A. W., DOWDY, A. H., WARREN, S. L., Role of the radiologist in atomic attack. Radiology, 1953, 61, 2, 234—243.

STEPHENSON, W., COHEN, B., Postirradiation fractures of the neck at the femur. J. Bone Surg., 1956, 38, 4, 830—845.

STONER, R. D., HALE, W. M., Increased susceptibility of mice to anaphylactic shock following cobalt 60 gamma radiation. J. Immunolog. 1954, 72, 5, 419—423.

STORER, J. B., HEMPELMANN, J. H., Hypothermia and increased survival rate of infant mice irradiated with X-rays. Amer. J. Physiol. 1952, 171, 2, 341—349.

STROUD, A. N., BRUES, A. M., SUMMERS, M. M., Protection of mice against X-irradiation by plasma proteins. J. Nat. Cancer Inst., 1955, 15, 4, 1109—1123.

TOWLER, G. S., Utilization of barrier creams in atomic energy plants. Atomics, 1956, 7, 3, 88—90.

TRENTIN, J. G., Mortality and skin transplantability in X-irradiated mice receiving isologous, homologous or heterologous bone marrow. Proc. Soc. Exper. Biol. Med. 1956, 92, 4, 688—693.

TSUZUKI, M., Effets cliniques immédiats et tardifs des bombes à uranium et à hydrogène, Méd. hyg. 1954, 12, 265, 159—160.

TSUZUKI, M., Erfahrungen über radioaktive Schädigung der japanischen Fischer durch Bikini-Asche. Münch. med. Wochenschr. 1955, 97, 34, 988—994.

TUBIANA, M., PAOLETTI, C., Le traumatisme atomique, Rev. practic. 1954, 4, 5, 395—400.

U. S. Federal civil defense administration, Washington:

1. Blood and blood derivatives programm, 1952.
2. Radiological decontamination in civil defense, 1952.
3. Organisation and operation of civil defense casualty Services, 1953.
4. Effects of nuclear explosions upon drugs, 1955.
5. Introduction to radioactive fallout, 1955.
6. Procedure for evacuation traffic moment studies, 1955.

WARREN, S., The Nagasaki survivors as seen in 1947, Mil. Surg., 1948, 102, 2, 98—103.

WARREN, S., DRAEGER, R. H., The pattern of injuries produced by the Atomic bombs at Hiroshima and Nagasaki. U. S. naval med. bull., 1946, 46, 9, 1349—1357.

WHAT every medical officer should know abouth the atomic bomb. Bull. U. S. Army med. Departm., 1948, 3—7.

WHITNEY, M., The federal civil defence administration medical stockpile. Milit. Med. 1956, 118, 4, 260—261.

WILLIAMS, E. G., INGRAHAM, S. C., Biological-medical considerations in atomic defense. Publ. Health rep., 1956, 71, 2, 173—180.

WILSON, R. R., Nuclear radiation at Hiroshima and Nagasaki, Radiat. Res. 1956, 4, 349—359.

WOOLHOUSE, F., The definitive treatment of burns in mass casualties. Canad. Med. Assoc. J., 1957, 76, 5—10.

ZIRKLE, R., Biological effects of external beta radiation. New York 1951.

Sachregister

Kursivzahlen verweisen auf Seiten mit Abbildungen

Abführmittel bei Strahlenschädigung 136
Abschnürbinde 134
Adsorbentien 66f., 168
Aetherchloroformnarkose 144
Aethersauerstoffnarkose 147
Alamgordo (USA) 17
Alkohol-Glucose-Zitratblut 92f.
Alkoholnarkose 146
Alkohol-Schutzeffekt 146
Aloe zur Stimulation des Wundprozesses 83
Alphateilchen (α) 10
Amputation, Früh-A. bei Kompressionssyndrom 268
—, primäre 122
Anämie 88
Anämien, aplastische 19
Anaesthesie 141ff.
—, intraossale 156
Anfangsperiode der Strahlenkrankheit 30
Antibiotica-Anwendung bei Operation 164, 198, 254
—, Anwendung bei Strahlenkrankheit 76, 180
—, Anwendung zur Prophylaxe 69
—, Zusatz bei Wundspülung 201
Antihistamine bei Schock 75
Antischockmaßnahmen bei Kompressionssyndrom 266
—, bei Verbrennung 214
Atemanaleptika 157
Atombombe, Druckwelle 2ff., 24
—, Epizentrum der Explosion 9
—, Explosion auf der Erdoberfläche 6
—, —, Knochenbrüche 235
—, — und zu erwartende Verluste 65
—, — unter Wasser 6
—, Kernreaktionszone 2
Atombombe, Klassifikation der Schädigungen bei Explosion *22*
—, Lichtstrahlung 7ff.
—, nominelle 2
—, —, Trinitrotoluol-Äquivalentgewicht 2
—, —, Zerstörungszonen 3, *4*, *5*
—, Schädigungsradien ungeschützter Menschen 43
—, „sekundäre Geschosse" 25
—, Spektren der Hitzestrahlung 8
—, Sterblichkeit in Japan 22
—, Strahlung, durchdringende (ionisierende) 10ff.
Atome, angeregte 10
Atropin 143
— bei Schock 75
Aufstehen nach Operation 127
Augenblicksverbrennungen 206f.
Autotransfusion durch Clark-Lagerung 127
Avertin 150

Barbiturate 148
Barium als Knochensucher 238
Basiswelle 24
Behandlung der Strahlenverbrennungen 232ff.
Behandlung, präoperative 123ff.
—, postoperative 123ff.
—, primäre chirurgische B. offener Frakturen 248
—, reine Lichtverbrennungen 214
Behandlungsschema bei kombinierten Strahlenschäden 86
Behandlung von radioaktiv verseuchten Verwundeten 72
Bestrahlungsdosen, kleine zur Stimulation der reparativen Wundprozesse 70
Betateilchen (β) 10, 11

Bikini-Wasserstoffbombe 1954 14ff., 223, 230
„Blitztod“ bei akuter Strahlenkrankheit 271
Blockade der Extremitäten 74
— der Nebennieren 74
— mit Novocain 74
Blutersatzstoffe 97, 101f.
Blutgerinnung 58
Blutgerinnungszeit 88
Blutleerbinde 66
Blutstillung 163
Bluttransfusion bei Blutungsneigung 133
— bei Röntgentherapie 90
— bei Verbrennungen 215
— bei Wundversorgung 181
—, Gefahren und Komplikationen 107
—, Indikationen 102, 108f.
— mit Alkohol-Glucose-Zitrat-Blut 92f.
Bluttransfusion mit Ionenaustauscherverfahren 92
— mit Kationitblut 92
— mit Leukocytenmasse 97
— und erhöhte Sterblichkeit bei Tieren 95
— und Kontraindikation 107
— von Vollblut und Erythrocytenmasse 94
—, Zeitpunkt bei Strahlenkrankheit 91, 96
Blutungen, sekundäre — Prophylaxe 134
Blutungsbereitschaft, Bekämpfung 140
Blutungsneigung 133
Blutveränderung bei Strahlenkrankheit 88f.
Blutverlust und Überlebensquote bestrahlter Tiere *61*
Bodenverseuchung, radioaktive 15
Bogomolec-Serum 83, 232f.
Bomben, „reine“ 19
Brandwunden, mit radioaktiven Substanzen kontaminiert 213
Bromide 143
Brusthöhlenverletzungen 184

Calcium als Knochensucher 238
Chirurgische Behandlung, primäre bei offenen Frakturen 248
Chirurgische Eingriffe bei Reaktorunfällen (Los Alamos/USA) 114
Chloralhydrat 143
Clark-Lagerung zur Autotransfusion 127
Crushsyndrom 26

Darmnaht mit Omentumplastik 163
Dauerstreckverbände 249
Dekontamination 158, 201
Dermatitis suberythematosa 225
Desaktivierung der Haut 161f.
— der Plastikstoffe 160
— des Instrumentariums 197
— vor der Operation 157, 197
Diät 137
Dickdarmverletzungen 188
Dosen der primären Gammastrahlung 13
Dosimetrie im OP 161
Dosimetrische Kontrolle 203
Dosis, Höchstgrenze der zulässigen D. bei ionisierender Strahlung 12
— und Sterblichkeit 32
Druckwelle 2ff., 24
—, Schädigungen durch die Druckwelle 26
Dünndarmverletzungen 186
durchdringende (ionisierende) Strahlung 10ff.

Eiterinfektion bei radioaktiven Mixta 203
Eiweißblutersatzstoff BK 8 100
Eiweißlösung Colipk Nr. 1 zur Infusion 92 101
Eiweißlösung zur Infusion (Nr. 1) 92,
Enterocolitis 136
Epilationsreaktion 225
Epizentrum 9, 25, 29, 43
Erbrechen, postoperatives 136
Erfrierungen und Strahlenkrankheit *63*
Ernährung, parenterale 138f.
Erythrocytenmasse zur Bluttransfusion 94, 97
Exzitationsperiode bei Narkose 142

„fall out“ 16, 18
Fieberperiode der Strahlenkrankheit 31
„flash burns“ 206
Frakturbehandlung, operative 253f.
Frakturen in Kombination mit Strahlenschäden 243
—, offene, radioaktiv verseuchte 256
—, primäre chirurgische Behandlung offener F. 248
Frakturheilung bei Strahlenkrankheit *244*
Fraktur mit Pseudarthrose 245
Futteralblockade mit Novocain 266

Gammastrahlen (γ) 11
Gammastrahlung 10f.
—, Dosen der primären 13
Ganglionblocker bei kombinierten Strahlenschädigungen 151
— bei Kompressionssyndrom 267
— bei Schock 75
Ganzbestrahlungsversuche an Kaninchen mit Lungenverletzungen 184
Gasbrandserum bei akuter Strahlenkrankheit 81, 180
Gasbrandserumgabe 202
Gefäßoperationen 164
Genesungsperiode der Strahlenkrankheit 31
„Geschosse, sekundäre" 25
Geschwülste 19
Getränke 133
Gewebetherapie bei Strahlenverbrennungen 232f.
Gewebsimplantate 82
(Gips-)Verbände, ruhigstellende bei Kombination mit Strahlenschäden 249
Glottisödem bei Strahlenkrankheit 278
Grade der Strahlenverbrennung 225ff.
Gradeinteilung der Strahlenkrankheit 31f.
Granulocytopenie 88
Größenbestimmung bei Verbrennungen 209
Grundumsatz 137

Haemostatica 169
Haemotherapie 94
Häufigkeit der mechanischen Traumen 23 (Tab. 1), 25
— der Strahlenschäden 23 (Tab. 1)
— der Verbrennungen 23 (Tab. 1)
Halbwertszeiten der radioaktiven Isotope 41
Hautnekrosen bei Kompressionssyndrom 264
Hautplastiken 183
Hautreaktion auf ionisierende Strahlung 225ff.
Hauttransplantation 183, 218
Heilungszeit von Weichteilwunden *62*
Herzinsuffizienzen 133
Hilfe, erste bei Knochenbrüchen mit Strahlenschädigung 67
—, — bei Verbrennungen 68
Hilfe, erste medizinische bei kombinierten Strahlenschäden 65—86
Hiroshima 1, 22, 44, 114, 206, 226
„Hiroshimamaske" 209
Hiroshima-Statistik, Letalität 270
Hitzestrahlung 8
Hitze-Verbrennungen 206f.
Höhenstrahlung, kosmische 12
Hypoproteinämie 137
Hypothermie, Einfluß auf Sterblichkeit bestrahlter Tiere 126, 150

Immunität, natürliche, Minderung durch Bestrahlung 42
Implantate von Geweben 82
Indikation bei Bluttransfusion 102
Indikation bei Operation Strahlengeschädigter 116ff.
Indikation zur primären Amputation 122
Induzierte Strahlung 13
Infektionsbekämpfung 140
Infektion und kombinierte Strahlenschäden 52
Infusion von Blut und Blutersatz, Indikationen 108ff.
— von Eiweißlösungen 92
Inhalationsnarkose mit Aether 143
Inkorporation radioaktiver Stoffe 277
Ionenaustauscherverfahren bei Bluttransfusion 92
Ionisation 10
Ionisationsdichte 41

Jodtinktur 162

Kampfstoffe, bakteriologische und chemische 45
—, radioaktive mit Wundverseuchung 189
Kapillarpermeabilität 58
Keloidbildung bei Verbrennungen 221, 278
Kernreaktionszone 2
Klinik der akuten Strahlenkrankheit beim Menschen 34—39
Knochenbrüche, erste Hilfe 67
Knochenbrüche und ionisierende Strahlung 235ff.
Knochengeschwülste 242
Knochengewebe, Strahlensensibilität 235
Knochenmark-Transplantation 100

„Knochensucher“ 41, 238
Kombinierte Schäden 43—64
Komplexbildner (EDTA, Komplezin) 202f.
Komplikationen, eitrig-septische bei Strahlenkrankheit 174, 177
Kompressionssyndrom, Antischockmaßnahmen 266
— = Crush-Syndrom, traumatische Toxikose, Releasesyndrom, Syndrom der Dauerquetschung u. a. 258ff.
—, Frühamputation 268
—, Ganglionblocker 267
— mit Hautnekrosen 264
— mit Nierenfunktionsstörungen 264
— mit Strahlenkrankheit 265
—, Neuroplegica 267
—, Prognose 265
Kontaktverbrennungen 209
Kontraindikation bei Bluttransfusionen 107
— bei Operation Strahlengeschädigter 116ff.
Krebs, Schneeberger Lungenkrebs 277
Kunststoff-Filme als Verbandmaterial 68f.

Latenzperiode der Strahlenkrankheit 30
Leberverletzungen 185
Leukämie als Folge der Bestrahlung des Knochenmarks 19
Leukocytenmasse und ACTH nach A. A. BAGDASAROV 98
— und Transfusionsreaktionen 99
— zur Bluttransfusion 97
Leukopenie 46, 88, 174, 245
Lichtstrahlung 7ff.
Lichtstrahlung als Brandursache 9
Lichtstrahlungsschutz 221f.
Licht-Verbrennungen 206f.
Lobelin, Atemanaleptica 157
Lokalbehandlung 216
Luftschutzanlagen gegen Druckwelle 24
„Lufttrauma“ 26
Luminal 143
Lymphopenie 88

„Macheffekt“ 3
Magenverletzungen 185
Magnesiumnarkose 144
Marshall-Inseln 1954, Strahlenverbrennungen, 223, 231
Material, Beseitigung von radioaktivem M. 160
Mechanisches Trauma 24ff.
— als reine Verletzungsform 24
— primäres 25
— sekundäres 25
Medikamente, Einfluß der ionisierenden Strahlung auf die M. 84
Metallosteosynthese 252
Mischverletzungen (radioaktive) und erste Hilfe 66
Mixta, radioaktive 45, 115, 191, 203
Morphin 142
Morphin-Aether-Narkose 144
Mundpflege nach Operation 129

Nagasaki 1, 22, 44, 114
Narbenkeloide nach Verbrennungen 278
Narcotica 266
Narkose, intravenöse 148
Narkose mit Aether 143
— mit Aetherchloroform 144
— mit Magnesium 144
Narkosemittel bei Strahlenkrankheit 130
Narkose, rectale 150
Narkose-Vorbereitung mit Morphin 142
Nebennierenblockade 74
Nembutal 148
„Neunerregel“ 209
Neuroplegica 152
— bei Kompressionssyndrom 267
Neutronen 11
—, langsame (thermische) 11
—, schnelle 11
Nierenfunktionsstörung bei Kompressionssyndrom 264
Nierenschädigung 139
Novocain 153, 198, 266
Novocain-Blockade 154, 266
— nach VIŠNEVSKI 74, 232
Novocaingabe, intravenös 74, 154

Obstipation, Bekämpfung 136
Omentumplastik 163, 186
Operation, abdominal bei Strahlenkrankheit 120f.
—, Antibiotica-Anwendung 164
— bei kombinierten Stralenschäden 116ff.
—, medikamentöse Vorbereitung 130

Operation mit Lungenkomplikation 132
— mit Schutzanzügen, Schutzmasken 158ff.
— mit vorheriger Desaktivierung 157
Operations-Dosimetrie 161
Operationsfeld, Vorbereitung 161
Operationsräume, speziell für radioaktiv kontaminierte Patienten 157
Operationstechnik 163
Operation und Herzinsuffizienz 133
— und Mundschleimhautpflege 129
Operative Behandlung der Strahlenulcerationen 234
„Organotropie" radioaktiver Stoffe 40
Osteoradionekrosen 237, 242
Osteosynthese 249, *251*, 256
„osteotrope" radioaktive Stoffe 41f.

Penicillin 181
Perioden der Strahlenkrankheit 30f.
Periston als Blutersatzstoff 102
Peritonitis 137
Phosphor^{32} 41
Phosphor als Knochensucher 238
Pint 105
Plastik-Halbkombination für Op-Personal 158
Plutonium^{239} 41
Plutonium als Knochensucher 238
Pneumonie bei Bestrahlten 131
—, leukopenische 131
Polyvinylpyrrolidon als Blutersatzstoff 102
Polyvitamingaben 138
Postoperative Pflege 123ff.
Präoperative Vorbereitung 123ff.
Prognose bei kombinierten Verbrennungen 220
— des Kompressionssyndroms 265
Properdin 55
Properdinspiegel bei Strahlenschäden *56*
Prophylaxe bei Schock 69, 72
— bei Wundinfektion 69
— der Strahlenverbrennungen 234
— mit Antibiotika 69
— sekundärer Blutungen 134
Pseudoarthrose als Strahlenfolge bei Frakturen 245

Radioaktive Stoffe, Inkorporation 277
—, natürliche 12
—, Organotropie 40
—, „osteotrope" 41
—, Resorption durch den Organismus 33, 67
—, Resorption durch Serosa 195
—, Resorption durch Synovia 195
Radioaktive Stoffe, Resorption durch unverletzte und verletzte Haut 189ff.
—, Resorption durch Wunden 190f.
Radioaktivität, induzierte 16, 33
Radioaktive verseuchte Wunden 189ff.
Radiogene Tumoren 242, 275
— bei Inkorporation radioaktiver Stoffe 277
Radio-Elemente, allg., siehe unter den betreffenden Elementen (z. B. „Radio-Phosphor" unter „Phosphor")
Radium^{226} 41
Radium als Knochensucher 238
„Radiumkiefer" 242
Rakete, interkontinentale ballistische Fernrakete 1
Regenerationsfähigkeit der Zellen 62
Regenerationsprozesse 140
Resorption radioaktiver Stoffe durch den Organismus 33, 67
— — — durch unverletzte und verletzte Haut 189ff.
Röntgen-Einheit 12
„Röntgenpulmonitis" 131
Röntgentherapie mit Bluttransfusion 90
Ruhigstellung verletzter Extremitäten 134

Salbenverbände 140
Sauerstofftherapie 74
Saugpuder 66f, 168
Schädel- und Gehirnverletzungen 184
Schädigungen der Bauchorgane 26
— der Lungen 26
Schädigungen des Knochenmarks 42
— des Zentralnervensystems 26
— durch Strahlen 27ff.
— haematologische 26
—, kombinierte Formen 43—64
—, —, Schock 49
—, —, Sterblichkeit 47
—, — und erste Hilfe 65—86

Schädigungen, kombinierte und Infektion 52
Schlafmittel bei Strahlenkrankheit 130
Schneeberger Lungenkrebs 277
Schock bei kombinierten Strahlenschäden 49f.
Schock bei kombinierten Verbrennungen 220
Schockbehandlung 74ff.
Schockdisposition 52
Schockprophylaxe 69, 73
Schock, traumatischer 50, 259
—, Verbrennungsschock, 214
Schuß-(Gewehr-)Frakturen 252
Schutzanzüge für Op-Personal 158
Schutz gegen Lichtstrahlungswirkungen 221f.
Schutzmasken für Op-Personal 158, *159*
Spektrum der Hitzestrahlung 8
Spinal-Anästhesie 153
Sterblichkeit bei Erfrierungen und Strahlenkrankheit *63*
— bei kombinierten Strahlenschädigungen 47
— bei Strahlenkrankheit 32
Sterblichkeit, Einfluß der Hypothermie 126
—, erhöhte bei Bluttransfusion bestrahlter Tiere 95
Stickoxydul-Narkose 147
Stimulation des Wundprozesses durch Aloe-Injektionen 83
„Strahlenfrakturen" 237
Strahlenkapazität, Gefährdung des Hilfspersonals 18
Strahlenkrankheit, abdominale Operation 120f.
—, Abhängigkeit von der Entfernung zum Epizentrum 29f.
—, akute 29
—, —, „Blitztod" 270
—, —, Gasbrandserum-Wirkung 81
—, Anfangsperiode 30
—, Anwendung von Schlaf- und Narkosemitteln 130
—, Atropin 143
—, Behandlung mit Alkohol-Glucose-Zitrat-Blut 92f.
—, Bluttransfusions-Zeitpunkt 91
—, Blutveränderungen 88
Strahlenkrankheit, Bromide 143
—, Chloralhydrat 143
—, die Klinik der Strahlenkrankheit beim Menschen 34—39
—, Frakturheilung *244*
—, Glottisödem 278
—, Gradeinteilung 31f.
—, Latenzperiode 30
—, Luminal 143
—, Medikation der Barbiturate 148
— mit Darmschußverletzungen 187
— mit Dickdarmverletzungen 188
— mit Dünndarmverletzungen 186
— mit eitrig-septischen Komplikationen 174
— mit Kompressionssyndrom 265
— mit Leberverletzungen 185
— mit Magenverletzungen 185
— mit Schädel- und Hirnverletzungen 184
— mit Morphinbeeinflussung 142
—, Mortalität 32
—, Nierenschädigung 139
—, primäre Wundversorgung 178
—, toxische oder Fieberperiode 31
— und Hautplastik 183
— und Peritonitis 137
— und Verbrennung 210f.
— und Wundbehandlung 170ff.
—, Verlauf 30f.
—, vierte oder Genesungsperiode 31
—, Wundtoilette 180
Strahlenschäden 27ff.
—, Behandlungsschema bei kombinierten St. 86
— der Haut 223
— in Kombination mit Frakturen 243
—, kombinierte 115
—, —, Ganglionblocker-Anwendung 151
—, — und Herzinsuffizienz 133
—, — und Operation 116ff.
— mit Blutungsneigung 133
—, reine 114
Strahlensensibilität des Knochengewebes 235
Strahlenspätschäden 274
Strahlenulcerationen 229f.
—, operative Behandlung 234

Strahlenverbrennung, Behandlung 232ff.
—, Bogomolec-Serum 232f.
—, Gewebetherapie 232f.
—, Hautreaktion 225ff.
—, Hiroshima 226
—, Los Alamos (USA) *228*
—, Marshall-Inseln (1954) 231
—, Novocainblockade 232
—, Prophylaxe 234
Strahlung, durchdringende (ionisierende) 10ff.
—, ionisierende, Einfluß auf Medikamente 84
—, — und Knochenbrüche 235ff.
—, —, Schutzeffekt des Alkohols 146
Streptomycin 181
Strontium^{89} 41
Strontium^{90} 18f.
Strontium als Knochensucher 238, 242
Sulfanilamid-Präparate 80
Syndrom der wechselseitigen Belastung 45
—, haemorrhagisches 58
—, Kompressionssyndrom 258ff.

Tetanusheilserum bei kombinierten Strahlenschäden 80
Tetanus-Infektion 57
Tetanusserum 202
Thermisches Trauma 27
Thoraxoperation 165
Thorium als Knochensucher 238
Thrombocytopenie 58, 88
TNT-Äquivalentgewicht 2
Toleranz-Dosis bei ionisierender Strahlung 12
Toxikose, traumatische 26
Transfusionsreaktionen bei Leukocytenmasse 99
Transossale Spülung der Wundhöhle 200
Transplantation von Haut 183, 218
— von Knochenmark 100
Transportfragen strahlenkranker Patienten 85
Trauma, thermisches und mechanisches 24ff., 210
Treffertheorie 28
Trockenplasma als Blutersatzstoff 104
Tumoren, radiogene 242, 275

Überlebensquote und Blutverlust bestrahlter Tiere *61*
Ulcerationen 229f.
— des Mundes durch Strahlen 230
Unterkühlung vor Bestrahlung 150

Verbrennungen, Antischockmaßnahmen 214
—, Behandlung reiner Lichtverbrennungen 214
—, erste Hilfe 68
—, Häufigkeit 205f.
—, Lokalbehandlung kombinierter V. 216
—, Keloidbildung 221
—, kombinierte mit Hauttransplantationen 218
— mit Bluttransfusion 215
— mit radioaktiven Substanzen kontaminiert 213
—, Narbenkeloide 278
—, primäre 206f.
—, Prognose bei kombinierten V. 220
—, sekundäre 209
—, Schock bei kombinierten V. 220
—, Schutzwirkung der Kleidung 208
—, Strahlenverbrennungen 223ff.
Verbrennungsformen, reine 206f.
—, kombinierte 210ff.
Verbrennungsschutz 207f.
Verbrennungen und ionisierende Strahlung 205ff.
Verletzungsformen, reine 24ff.
Verseuchung, radioaktive 14ff.
—, — der Luft 14, 15
—, — des Bodens 15f.
—, — des Wassers 17
Verwundeten-Behandlung radioaktiv Verseuchter 72
Vitamin-B-Komplex, Verwendung bei Schock 75
Vitamin-Zufuhr 138

Wasserstoffbombe 1, 4, *5*, 14, *15*
—, Bikini-Atoll 14f.
Wasserstoffradikale, Theorie der W. 28
Windrichtung und Strahlungsleistung 15
Winterschlaf, künstlicher und Röntgenbestrahlung 128

Wunden bei Strahlenkrankheit 170ff.
—, durch radioaktive Substanzen verseuchte 189ff.
Wundexzision 166
— bei radioaktiver Verseuchung 197, 200f.
Wundheilung, Verzögerung 176
Wundhöhle, transossale Spülung 200
Wundinfektion, eitrige Komplikationen 177
—, Prophylaxe 69
— und Sterblichkeit bei kombinierten Strahlenschäden *54*
Wundnähte 165ff.
Wundprozesse, stimulierender Einfluß kleiner Bestrahlungsdosen 170
Wundreinigung, mechanische 198
Wundspülung bei radioaktiver Verseuchung 197f.
Wundspülung mit Antibioticazusatz 201
Wundtoilette 180
Wundverband bei verseuchten Wunden 168
Wundversorgung, primäre bei Strahlenkrankheit 178, 198

Yttrium^{91} 41
Yttrium als Knochensucher 238

Zellen, Regenerationsfähigkeit 62
Zer^{144} 41
Zerstörungszonen der nominellen Atombombe 3, *4*
Zerstörungszonen der Wasserstoffbombe von 1954 am Bikini-Atoll 4, *5*
Žitnjuk, I. D., Saugpuder 66f.